Reinhold Merkelbach
Die Hirten des Dionysos

Reinhold Merkelbach

Die Hirten des Dionysos

Die Dionysos-Mysterien der römischen Kaiserzeit
und der bukolische Roman des Longus

B. G. Teubner Stuttgart 1988

Gedruckt mit Unterstützung der Förderungs-
und Beihilfefonds Wissenschaft der VG WORT GmbH,
Goethestraße 49, 8000 München 2

CIP-Titelaufnahme der Deutschen Bibliothek

Merkelbach, Reinhold:
Die Hirten des Dionysos : d. Dionysos-Mysterien d. röm.
Kaiserzeit u.d. bukol. Roman d. Longus / Reinhold
Merkelbach. – Stuttgart : Teubner, 1988
ISBN 3-519-07410-9

Gesamtherstellung: Passavia Druckerei GmbH Passau

Inhalt

Erster Teil Die Dionysosreligion in der römischen Kaiserzeit

Verzeichnis der Abbildungen

22 Tanz von Satyrn und Mänaden (Hadrumetum). Museum Sousse. Negativ des Deutschen Archäologischen Instituts in Rom 64.334

23 Tanz von Satyr und Mänade (Köln, Dionysosmosaik). Rheinisches Bildarchiv, Platten-Nr. 91488

24 Bocksopfer (Köln, Dionysosmosaik). Rheinisches Bildarchiv, Platten-Nr. 91483

25 Dionysos im Kreis der Jahreszeiten. Museum Algier. Nach F. G. de Pachtère, Inventaire des mosaïques de la Gaule et de l'Afrique III, Afrique proconsulaire, Numidie, Maurétanie (1911), 181

26 Weinlese der Eroten (Piazza Armerina). Negativ des Forschungsarchivs für römische Plastik, Universität Köln, PiA 54/19

27 Dionysos und Ariadne unter einer Weinlaube. Mosaik aus Thuburbo Maius im Musée du Bardo. Aufnahme des Museums

28 Dionysos im Kreis der Jahreszeiten. Mosaik in Trier, Walramsneustraße. Landesmuseum Trier, Photo Nr. RB. 57,1

29 Dionysos bei Ikarios. Mosaik aus Uthina (Oudna) im Musée du Bardo. Nach P. Gauckler, Inventaire des mosaiques de la Gaule et de l'Afrique II (fasc. 1), Afrique proconsulaire (Tunisie), 1910, 376

30 Hermes bringt den Dionysosknaben zu den Nymphen nach Nysa. Mosaik aus Nea Paphos in Zypern. Photo W. A. Daszewski

31 Weinlese der Eroten. Mosaik aus Thugga (Dougga) im Musée du Bardo. Negativ des Deutschen Archäologischen Instituts in Rom 61.571

32 Dionysos und die tyrrhenischen Seeräuber. Mosaik aus Thugga (Dougga) im Musée du Bardo. Negativ des Deutschen Archäologischen Instituts in Rom 61.534

33 Zeus mit dem Dionysosknaben und der Ziege Amaltheia. Münze aus Laodikeia am Lykos. Aufnahme von P. R. Franke (Vergrößerung 1:2)

34 Grabrelief des Knaben Super, aus Alexandria. In Bologna, Museo cicivo archeologico. Negativ des Museums N 201/12231

35 Dionysische Einweihungsszene. Terracotta-Relief im Kestner-Museum Hannover, Inv. Nr. 1336. Museumsphoto

36 Pan mit einem Hasen, vom Kölner Pobliciusgrabmal. Römisch-germanisches Museum Köln, Photo M. Jeiter

37 Pan mit der Syrinx, vom Kölner Pobliciusgrabmal. Römisch-germanisches Museum Köln. Photo Rheinisches Bildarchiv, Platten-Nr. 131975

38 Keltertanz der Satyrn. Terracottarelief in London, British Museum. Nach H. v. Rohden – H. Winnefeld Tafel XV

39 Keltertanz der Satyrn. Terracottarelief in München, Staatliche Antikensammlungen Nr. 928 (352). Photo F. W. Hamdorf

40 Amaltheia, Zeus-Ammon und Dionysos. Sarkophag aus Rom. Staatliche Antikensammlung in München. Nach P. Arndt – W. Amelung, Einzelaufnahmen 2960

41 Satyrn bei der Weinlese. Terracotta-Relief in München, Staatliche Antikensammlungen Nr. 926 (350). Aufnahme F. W. Hamdorf

42 Dionysos und die Horen. Paris, Louvre, Nr. 968. Froehner 205. Photo Alinari 22565

43 Bad des Dionysosknaben. Relief aus Perge. Photo Arkeoloji Anabilim Perge 1980/28, besorgt von Halûk Abbasoglu (Istanbul) und Sencer Şahin

44 Amaltheia und Dionysos, Brunnenrelief im Vatican Nr. 9510. Photo Alinari 6388

Verzeichnis der Zeichnungen im Text

Verzeichnis der Abkürzungen

A.M. = Athenische Mitteilungen

A.P. = Anthologia Palatina

P. Arias – M. Hirmer, Vasenkunst = Tausend Jahre griechische Vasenkunst (München 1960)

B.C.H. = Bulletin de Correspondance Hellénique

C. Bérard – J.P. Vernant, Bilderwelt = Die Bilderwelt der Griechen (Mainz 1985)

J. Boardman, Rotfigurige Vasen = Rotfigurige Vasen aus Athen. Die archaische Zeit (Mainz 1981)

J. Boardman, Schwarzfigurige Vasen = Schwarzfigurige Vasen aus Athen (Mainz 1977)

A. Bruhl, Liber Pater (Paris 1953)

C. Buecheler, Carmina = Carmina Latina epigraphica (Lipsiae 1895–1897)

C.I.G. = Corpus Inscriptionum Graecarum

C.I.L. = Corpus Inscriptionum Latinarum

L. Curtius, Wandmalerei = Die Wandmalerei Pompejis (Köln 1929)

Dessau = Inscriptiones Latinae selectae (1892–1916)

L. Deubner = Attische Feste (Berlin 1932)

K. Dunbabin = The Mosaics of Roman North Africa (Oxford 1978)

A. Furtwängler – K. Reichhold = Griechische Vasenmalerei (München 1900–1932)

A. Geyer = Das Problem des Realitätsbezuges in der dionysischen Bildkunst der Kaiserzeit (Würzburg 1977)

F.W. Hamdorf = Dionysos-Bacchus. Kult und Wandlungen des Weingotts (München 1986)

J. Harrison, Prolegomena = Prolegomena to the Study of Greek Religion (Cambridge 1903, 1908, 1921)

Harvard Studies = Harvard Studies in Classical Philology

W. Helbig – H. Speier, Führer = Führer durch die öffentlichen Sammlungen klassischer Altertümer in Rom, 4. Auflage (Tübingen 1963–1972)

H.G. Horn = Mysteriensymbolik auf dem Kölner Dionysosmosaik (Bonn 1972)

I.G. = Inscriptiones Graecae

I.G. Bulg. = G. Mihailov, Inscriptiones Graecae in Bulgaria repertae (Sofia 1958–1970)

I.G.R. = Inscriptiones Graecae ad res Romanas pertinentes (1906–1927)

I.K. = Inschriften griechischer Städte aus Kleinasien

I.G. urbis Romae = L. Moretti, Inscriptiones Graecae urbis Romae (Romae 1968–1979)

Jacoby, F. gr. Hist. = Die Fragmente der griechischen Historiker

J.H.S. = Journal of Hellenic Studies

G. Kaibel, Epigrammata = Epigrammata Graeca ex lapidibus conlecta (1878)

G. Koch – H. Sichtermann, Sarkophage = Römische Sarkophage (München 1982)

P. Kranz = Jahreszeiten-Sarkophage (Berlin 1984)

K. Lehmann-Hartleben – F. Olsen = Dionysiac Sarcophagi in Baltimore (1942)

H. Lloyd-Jones – P. Parsons, Suppl. Hell. = Supplementum Hellenisticum (Berlin 1983)

F. Matz, Sarkophage = Die dionysischen Sarkophage, 4 Bände, 1968–1975

F. Matz, Teleté = ΔΙΟΝΥΣΙΑΚΗ ΤΕΛΕΤΗ. Archäologische Untersuchungen zum Dionysoskult in hellenistischer und römischer Zeit. Akademie der Wissenschaften und der Literatur in Mainz, Abhandlungen der geistes- und sozialwissenschaftlichen Klasse, Jahrgang 1963, Nr. 15

M. P. Nilsson, Geschichte = Geschichte der griechischen Religion (Zweite Auflage, München 1961)

M. P. Nilsson, Mysteries = The Dionysiac Mysteries of the Hellenistic and Roman Age (Lund 1957)

D. L. Page, Melici = Poetae Melici Graeci (Oxford 1962)

K. Parlasca = Die römischen Mosaiken in Deutschland (1959)

W. Peek = Griechische Versinschriften (Berlin 1955)

E. Pfuhl = Malerei und Zeichnung der Griechen (3 Bände, München 1923)

Guil. Quandt, De Baccho ab Alexandri aetate in Asia Minore culto, Dissertationes philologicae Halenses XXI 2 (1912)

H. v. Rohden – P. Winnefeld, Architektonische römische Tonreliefs der Kaiserzeit (1911)

K. Schefold, Die Wände = Die Wände Pompejis (1957)

S. E. G. = Supplementum Epigraphicum Graecum

E. Simon – M. und A. Hirmer, Vasen = Die griechischen Vasen (München 1976)

Sylloge[3] = Guil. Dittenberger – F. Hiller v. Gaertringen, Sylloge inscriptionum Graecarum[3] (Berlin 1915–1924)

T. A. M. = Tituli Asiae Minoris

M. Totti, Texte = Ausgewählte Texte der Isis- und Sarapisreligion (Hildesheim 1985)

R. Turcan = Les sarcophages romains à représentations dionysiaques (Paris 1966)

U. v. Wilamowitz-Moellendorf, Glaube = Der Glaube der Hellenen (Berlin 1931–2)

G. Wojaczek = Daphnis. Untersuchungen zur griechischen Bukolik (Meisenheim 1969)

M. Yacoub = Musée du Bardo (Tunis 1970)

Z. P. E. = Zeitschrift für Papyrologie und Epigraphik

Von Philemon
für Baukis

Einleitung

Huc pater o Lenaee veni
(Georg. II 7)

Dieses Buch hat zwei Themen, die eng miteinander zusammenhängen: Die Religion und die Mysterien des Dionysos in der Zeit, als die Griechen in der Ruhe und Sicherheit der Pax Romana lebten, und den Hirtenroman des Longus.

Es wird von einem anderen Dionysos die Rede sein, als der Leser erwartet. Wenn der Name dieses Gottes fällt, dann denkt man an jenen gewaltigen Gott, in dessen Dienst die Athener Tragödie und Komödie geschaffen haben und der uns auf den Vasen so lebendig entgegentritt. Man denkt, im Bann von Nietzsches „Geburt der Tragödie", an Dionysos als den Antipoden des Apollon. Aber die großartige Dimension, welche wir im allgemeinen mit Dionysos verbinden, hat der Gott erst in Athen erhalten.

Vorher war er ein Gott der Natur gewesen, der Gott des Wachsens und Gedeihens der Fruchtbäume und der Reben, der Gott, durch dessen Wirken im Umlauf der Jahreszeiten (Horen) sich alles periodisch verjüngt und erneuert. Er war ein Gott des Draußen (ἀγρότερος) und der Felder, den die Landleute verehrten.

Es ist charakteristisch, daß Dionysos in den homerischen Gedichten eine untergeordnete Rolle spielt, ganz wie Demeter, die Göttin der Feldfrucht. Die kriegerischen Aristokraten Homers hatten an diesen Göttern der Bauern kein Interesse; sie erwarben ihren Lebensunterhalt mit dem Speer, nicht mit der Hacke.

Dionysos erhielt eine andere Bedeutung, als in Athen eine reiche städtische Kultur aufblühte. Der Tyrann Peisistratos, der sich auf das einfache Volk stützte, hat den Gott der Weinbauern in die Stadt geholt und neben den ländlichen Dionysien (Διονύσια κατ' ἀγρούς) die städtischen Dionysien (Διονύσια ἐν ἄστει) begründet. Wie es bei den ländlichen Festen Tänze und mimische Spiele gegeben hatte, so wurden nun auch in der Stadt dionysische Spiele eingerichtet; aber diese bekamen eine andere Dimension: Es wurden Preise für die besten „Spiele um den Bock" (Tragödien) und „Spiele im festlichen Schwarm" (Komödien) ausgesetzt, und die begabtesten Köpfe schrieben nun Theaterstücke, die für die ganze Bürgerschaft bestimmt waren, für die Aristokraten wie für das einfache Volk.

Die auf das Volk gestützte Tyrannis des Peisistratos wurde durch die Demokratie abgelöst, und nach dem Sieg der Griechen über die Perser gewann Athen eine überragende Stellung. Jeder Athener hatte das Empfinden, daß die Stadt seine Polis sei und daß es gerade auf seine Mitwirkung ankomme, und eine Zeitlang schien es, als sei dieser Stadt alles möglich: Man hatte die besten Architekten, Maler, Bildhauer; mit den Chören und Reigentänzen der Athener konnte keine andere Stadt konkurrieren; die Tragödien und Komödien waren das Erstaunen von Hellas. Man fühlte sich so stark, daß man militärische Eroberungsexpeditionen nach Zypern, Ägypten – und leider auch nach Sizilien ausschickte.

Es ist in Athen ein Lebensgefühl entstanden, welches eine vorher unvorstellbare Intensität hatte. Wenn es so etwas gibt wie eine Spannweite menschlicher Existenz, dann wurde sie in Athen um ein Vielfaches erweitert – zum Guten wie auch zum Bösen. Dieses umgewandelte Selbstverständnis der Athener fand seinen Ausdruck in veränderten Vorstellungen von den Göttern. Dionysos, früher nur ein Gott der Natur und der fröhlichen Feste der Landleute, wurde in Athen der Exponent der städtischen Hochkultur. Nichts ist für das klassische Athen so charakteristisch wie Tragödie und Komödie, Darbietungen im Dienst jenes Gottes, vor dem in der Festfreude alle gleich waren. Jetzt ist Dionysos die Antithese zu Apollon geworden, dem Gott des Maßes und der Disziplin. Daß doch eine Harmonie zwischen diesen beiden Polen bestand, darauf beruht das Wunder der attischen Hochkultur.

Dionysos als Antipode Apollons ist es, der unsere Vorstellungen beherrscht. In späteren Zeiten aber haben die Griechen andere Empfindungen und Vorstellungen mit Dionysos verbunden: „Wie einer ist, so ist sein Gott."

Das Experiment der attischen Demokratie ist politisch gescheitert. Aber im vierten Jahrhundert haben die Athener ein geistiges Reich geschaffen, die Philosophien des Platon und Aristoteles, des Epikur und der Stoa. Dies hatte zur Folge, daß die Bedeutung des Apollon und der Athena verblaßte. Sie waren die Götter der Klugheit; sie waren philosophische Götter. Aber nun haben Philosophen diejenigen Gedanken und Vorstellungen, welche in den Gestalten des Apollon und der Athena so anschaulich zum Ausdruck kamen, in abstrakter Form gefaßt und in Büchern niedergelegt. Man benötigte Apollon und Athena nicht mehr. Damit war „das Apollinische" als Gegenpol „des Dionysischen" weggefallen, und dies konnte nicht ohne Folgen bleiben für die Vorstellungen, welche die Menschen sich von Dionysos machten. Schon im 4. Jahrhundert sind bei den athenischen Dionysosfesten keine Tragödien mehr gespielt worden, die man mit den Stücken des 5. Jahrhunderts hätte vergleichen können.

Immerhin blieb Dionysos ein großer Gott. Als die Griechen in hellenistischer Zeit weite Gebiete des Vorderen Orients eroberten und beherrschten, haben sie ihre überlegene städtische Zivilisation mitgebracht, und deren Gott war jetzt Dionysos. In allen neugegründeten oder hellenisierten Städten wurden Theater errichtet, Kultstätten des Gottes; in großen Festprozessionen wurde die überschäumende Kraft dargestellt, welche diese Generationen empfanden. Im Mythos vom Eroberungsfeldzug des Dionysos nach Indien spiegelte sich ihr Lebensgefühl.

Auf dem Lande aber ist Dionysos zu allen Zeiten derselbe geblieben, der er von Anfang an war: Der Gott, der die Früchte und den Wein wachsen ließ und den die Landleute besonders bei der Weinlese und Kelter verehrten. Er war ein fast statischer Gott, in dessen Kult man die traditionellen ländlichen Feste feierte, welche den Kreislauf des Jahres markierten und die stetige Regeneration der Natur ins Bewußtsein riefen.

Im zweiten und ersten Jahrhundert wurden die Römer zu Herren aller Griechisch sprechenden Länder, und alles in allem war die römische Herrschaft ein Segen. Besonders seit die Bürgerkriege der Republik zu Ende gekommen waren und der römische Kaiser das Mittelmeergebiet regierte, als über Jahrhunderte hin im Inneren des römischen

Reiches Kriege fast unbekannt waren und alles Land von Britannien bis Mesopotamien ein einziges Wirtschaftsgebiet war, da entstand ein Wohlstand, wie ihn die Welt noch nie gesehen hatte.

Aber freilich, politische Menschen sind die Griechen in der Römerzeit in geringerem Maße gewesen als vorher. Sie liebten ihre Stadt und nahmen Anteil an ihrer Verwaltung; aber keiner konnte daran denken, selber etwas Bedeutendes bewirken zu können. Die Menschen wurden Individualisten, die vor allem für ihre Familie lebten.

Auch diese Leute haben den Dionysos verehrt, und aus ihrer Zeit sind viele Zeugnisse über den Kult des Gottes auf uns gekommen, Hunderte von Inschriften und Tausende von Darstellungen der bildenden Kunst. Von der Dionysosreligion dieser Zeit können wir ein deutliches Bild gewinnen. Die Menschen haben nicht mehr den dynamischen Dionysos der Athener und des hellenistischen Zeitalters verehrt, sondern den alten, statischen Gott, der in ewiger Wiederkehr das Ernteglück brachte und der – vielleicht – auch die goldene Zeit zurückbringen würde, ewigen Frieden, Güte, Heiterkeit, Reichtum und jede Wonne.

Die städtischen Kulte des Dionysos haben weiter bestanden; man hat große Prozessionen und Festmahlzeiten veranstaltet. Aber im ganzen hat sich der Kult des Gottes mehr auf die private Sphäre verlagert.

Grund und Boden war damals in der Regel im Besitz reicher Bürger, die in der Stadt lebten. Ihr gesellschaftliches Leben war in Vereinen organisiert, und viele dieser Vereine verehrten den Dionysos als ihren Gott. Man kam in der Stadt zu Trinkgelagen zusammen und unternahm regelmäßig dionysische Landpartien. Die Mitglieder nannten sich „Mysten", und ihre Festveranstaltungen waren „Mysterien"; aber ihre Zusammenkünfte sind nicht in unserem Sinn des Wortes mystisch gewesen.

Die Felder und Gärten vor der Stadt und auf dem Land, welche den reichen Städtern gehörten, wurden von Landleuten bewirtschaftet. Sie haben ihre Feste für Demeter und Dionysos, die Göttin des Getreides und den Geber des Weins, gefeiert wie eh und je.

Zur Zeit der Ernte sind die städtischen Besitzer der Felder aufs Land gekommen, um die Arbeiten zu kontrollieren. Sie haben dann an den ländlichen Festen teilgenommen, und in gewissem Maß waren auch noch in dieser Zeit während des Festes alle vor dem Gotte gleich: Die Weinlese war ein Vergnügen für die Besitzer wie für die abhängigen Landleute.

Die Welt der kaiserzeitlichen Dionysosverehrer im Umriß zu rekonstruieren ist der Zweck des ersten Teils dieses Buches. Freilich muß der Leser einige Geduld mitbringen, denn was die Inschriften und bildlichen Darstellungen darbieten, sind sozusagen lauter einzelne Mosaiksteine, aus denen einst das Bild zusammengesetzt war. Wir müssen Steinchen für Steinchen zur Hand nehmen und sie miteinander vergleichen. Nach und nach werden wir zu größeren Feldern kommen, und schließlich wird sich auch für uns ein Gesamtbild ergeben.

Die einzelnen Elemente des Dionysoskultes sind fast die gleichen geblieben wie in der klassischen Zeit. Um dies vor Augen zu führen, habe ich auch literarische Belege aus früheren Jahrhunderten angeführt und in den Anmerkungen auf dionysische Darstellungen verwiesen, die sich auf attischen Vasen finden. Die dionysischen Monumente der Kaiserzeit stehen in einer langen Tradition. Noch ganz wie früher hatte der Kult des

Gottes in hohem Maß den Charakter des schönen Spiels; auch noch in der Kaiserzeit kann man fast sagen: Der Kult des Dionysos war eine Religion des Schönen. Aber das allgemeine Lebensgefühl der Menschen war viel weniger hochgestimmt als früher. So kommt es, daß die heiteren und freundlichen Seiten des Gottesbildes geblieben, die gewaltigen Leidenschaften vergessen sind. Dionysos ist nicht mehr der Gott der Tragödie; er ist nur noch der Herr der Weinlese.

Im zweiten Teil dieses Buches wird dann der Roman des Longus besprochen. Erst in der römischen Kaiserzeit ist die literarische Gattung des Romans entstanden. Da die Gattungen der antiken Literatur religiöse Wurzeln haben, ist es von Interesse zu sehen, daß der Roman des Longus mit den „Mysterien" des Dionysos zusammenhängt. Vor dem Hintergrund der im ersten Teil zusammengestellten Fakten wird man deutlich erkennen, daß Longus seinen Roman für Dionysos-Mysten geschrieben hat. Bei fast jedem Punkt der Handlung gibt es Beziehungen zu dionysischen Ritualen und Festen.

In „Daphnis und Chloe" werden die religiösen Lebensgewohnheiten, ja das Lebensideal der Dionysosmysten der Kaiserzeit dargestellt: Der Roman ist der zentrale Text, von dem aus wir diese Religion verstehen können. Es handelt sich um ein verklärtes Clubleben, ein Leben in Schönheit und Wonne (τρυφή); aber diese Religion hatte keinen besonderen Tiefgang und kam fast ohne Philosophie aus. In diesem Punkt ist der Kontrast groß zu jenen anderen Religionen, welche erst in der Römerzeit aufgekommen sind, zu den Mysterien der Isis und des Mithras und zum Christentum: Die Dionysosreligion ist noch in der Kaiserzeit eine altertümliche Naturreligion geblieben.

Literarisch interessant ist, wie der Roman des Longus auf zwei Ebenen spielt: Die ganze Erzählung ist durchgehend auf den jahreszeitlichen Ablauf der dionysischen Feste bezogen. Diese religiösen Riten sind wie ein Kellergeschoß, über welchem sich dann die zusammenhängende Erzählung erhebt. In der modernen Literatur könnte man vor allem die Opern und Dramen mit Freimaurer-Hintergrund vergleichen: Die Entführung aus dem Serail, Die Zauberflöte, Nathan der Weise.

Ich bitte um Nachsicht dafür, daß dieses Buch in Paragraphen gegliedert ist, obwohl es weder eine Grammatik noch eine Gesetzessammlung ist. Der erste Teil ist, wie dargelegt, sozusagen aus Mosaiksteinen zusammengesetzt. Um die Korrektheit der Zusammensetzung zu dokumentieren und um die Beziehungen des Longus zu den im ersten Teil vorgeführten Belegen zu demonstrieren, waren ständige Querverweise nötig, und dies ließ sich mit Paragraphen am besten erreichen.*)

---

*) Hermann Wankel und Albert Henrichs haben das Manuscript dieses Buches gelesen und mich vor Fehlern bewahrt. – Walter Burkerts Buch „Ancient Mystery Cults" (Cambridge, Mass. und London 1987) konnte ich nur noch in der Korrektur benützen.

Erster Teil

Die Dionysosreligion
in der römischen Kaiserzeit

I   Dionysos als Gott der Natur

divini gloria ruris
(Georg. I 168)

Der Gott der Jahreszeiten

§ 1   Dionysos, der Gott des Weins und aller Baumfrüchte, war der Gott der Natur, die im Umlauf der Jahreszeiten immer neues Leben hervorbringt. Dies war so seit alter Zeit. Auf dem Feld der François-Vase, welches die Hochzeit des Peleus und der Thetis darstellt, folgen die Göttinnen der Jahreszeiten (Horen) unmittelbar auf Dionysos, der einen großen Weinkrug bringt.[1]

Aus der römischen Kaiserzeit gibt es viele dionysische Sarkophage, auf denen der Gott zwischen den Genien der Jahreszeiten abgebildet ist. Diese werden durch vier Eroten dargestellt, in deren Mitte Dionysos als Kind oder junger Mann steht.[2] Im Bildteil dieses Buches sind mehrere dieser Sarkophage reproduziert.[3]

Indem Dionysos den Kreislauf der Jahreszeiten regiert, ist er auch der Gott des sich stets erneuernden Lebens.[4] Die Trauben wachsen und werden abgeerntet; sie werden ausgepreßt, aber aus ihrem Vergehen entsteht der neue Wein; und die Weinstöcke werden im nächsten Jahr wieder neue Trauben tragen. So wiederholt sich der Kreislauf immer aufs neue. In der Bildersprache der Sarkophage bedeutet dies: Auch die Menschen dürfen darauf vertrauen, am Zyklus der ewigen Erneuerung teilzunehmen.[5]

---

[1] A. Furtwängler – K. Reichhold I (1900) Tafel 1–2; E. Pfuhl, Abb. 215 und 217; P.E. Arias – M. Hirmer, Vasenkunst Abb. 44 Mitte; E. Simon – M. und A. Hirmer, Vasen Abb. 53 und 56 unten.

[2] Für die Darstellungen mit 6 oder 8 Eroten s. § 97.

[3] Abb. 49 (Cagliari), 51 (Camaiore), 55 (Louvre), 78 (San Francisco) und 80 (Vatican). Auf dem Sarkophag im Metropolitan Museum (Abb. 61) reitet der Gott auf dem Panther zwischen den vier Genien der Jahreszeiten. – Alle dionysischen Jahreszeitensarkophage bei F. Matz, Sarkophage IV Nr. 246–259 und bei P. Kranz S. 59–63.

[4] Vgl. R. Turcan 421 über Dionysos als „le pouvoir régénérateur du responsable de la fécondité universelle" sowie 619: „Responsable des cycles alternés de la vie et de la mort, Bacchus qui présidait par là même aux palingénésies se retrouvait très normalement au milieu des Saisons."

[5] Für diese Hoffnung auf Erneuerung vgl. Seneca, Epist. 36,9–11 *mors nullum habet incommodum ... cogita nihil eorum, quae ab oculis abeunt et in rerum naturam, ex qua prodierunt ac mox processura sunt, reconduntur, consumi; desinunt ista, non pereunt, et mors ... intermittit vitam, non eripit: veniet iterum, qui nos in lucem reponat dies ... sed postea diligentius docebo omnia, quae videntur perire, mutari. aequo animo debet rediturus exire. observa orbem rerum in se remeantium: nihil videbis in hoc mundo extingui, sed vicibus descendere ac surgere. aestas abiit, sed alter illam annus adducet; hiems cecidit, referent illam sui menses; solem nox obruit, sed ipsam statim dies abiget. stellarum iste discursus, quicquid praeteriit, repetit: pars caeli levatur assidue, pars mergitur.*
Turcan 619 sagt über den Mysten des Dionysos: „Le consacré, nouveau βάχχος, revivait parmi les démons de l'année que le mythe unissait au réveil cyclique du dieu."

Auf dem Jahreszeitensarkophag in Dumbarton Oaks (Abb. 52) sieht man zwischen den Genien der Jahreszeiten nicht Dionysos, sondern das verstorbene Ehepaar, umgeben von einem Kreis mit den Zeichen des Zodiacus, also jenes Kreises am Himmel, welchen die Sonne im Lauf des Jahres durchwandert. Darunter ist die Weinlese dargestellt, das große dionysische Fest.

§2   Was auf den Sarkophagen die Gedanken auf Tod und Wiedergeburt lenkte, das bedeutete den lebendigen Menschen den fröhlichen, ewigen Kreislauf des Jahres. Wenn auf den Mosaiken der Kaiserzeit Dionysos im Kreis der Jahreszeiten dargestellt wird, so soll daran erinnert werden, daß die Jahreszeiten Früchte und Segen bringen und daß Dionysos – der Gott aller Fruchtbäume und besonders der Weintrauben – der Herr der Jahreszeiten und ihrer Gaben ist.[6]

Wer Wein trinkt, heißt es in einem Gedicht des Panyassis von Halikarnass, der leert den ersten Becher für die Grazien, die Jahreszeiten und Dionysos, für diejenigen Gottheiten, welche den Wein hervorbrachten:

> πρῶται μὲν Χάριτές τ' ἔλαχον καὶ εὔφρονες Ὧραι
> μοῖραν καὶ Διόνυσος ἐρίβρομος, οἵπερ ἔτευξαν.[7]

In Athen befand sich im Tempel der Horen (der Jahreszeiten) ein Altar des Dionysos.[8]

Ptolemaios II. Philadelphos (283–246 v. Chr.) hat in Alexandria einmal eine große Prozession veranstaltet, von der uns eine ausführliche Beschreibung erhalten ist; sie war weitgehend ein dionysischer Festzug.[9] Dort traten Satyrn und Silene auf; nach ihnen kam ein großer Mann mit dem Füllhorn im Arm. Er stellte das Jahr (Ἐνιαυτός) dar. Nach ihm kam eine Personifikation des alle vier Jahre stattfindenden großen Festes, eine schöne große Frau. Sie wurde begleitet von vier Darstellerinnen der Horen, deren jede ihre besonderen Früchte trug.[10]

Bei den Dionysosfesten, welche in der Kaiserzeit in Athen gefeiert wurden, sollen einige der Teilnehmer sich wie Horen, andere wie Nymphen, andere wie Bakchen aufgeführt haben.[11]

---

[6] K. Dunbabin 186: „Just as the Seasons in most of their appearances on mosaics seem principally to evoke a general, predominantly material, state of fertility and prosperity, so Dionysus when he accompanies them is thought of primarily ... as the god of wine and of fruitfulness and vegetation in general.“

[7] Fragment 13 Matthews und Kinkel bei Athenaios II 3 p. 36 D (Kaibel 1, 84).

[8] Philochoros 328 F 5 b Jacoby bei Athenaios II 7 p. 38 C (Kaibel 1, 89).

[9] Vgl. E. E. Rice, The Grand Procession of Ptolemy Philadelphus (Oxford 1983).

[10] Athenaios V 27 p. 198 B (Kaibel 1, 439, 24) nach Kallixeinos von Rhodos (bei Jacoby, Die Fragmente der griechischen Historiker 627 F 2, p. 169, 3): ἐπηκολούθουν Ὧραι τέσσαρες διεσκευασμέναι καὶ ἑκάστη φέρουσα τοὺς ἰδίους καρπούς. Die Früchte der Jahreszeiten sind meist: Frühling Blumen, Sommer Ähren, Herbst Trauben, Winter Oliven; vgl. Bücheler, Carmina epigraphica 439 (Sassina) und Nemesian, Bucol. 1, 78/9 (mit absichtlich verkehrter Zuteilung, im Topos der verkehrten Welt).

[11] Philostrat, Vita Apollonii IV 21 (ed. Kayser 1871, p. 140, 25) τὰ μὲν ὡς Ὧραι, τὰ δὲ ὡς Νύμφαι, τὰ δὲ ὡς Βάκχαι πράττουσιν.

Auf den Mosaikfußböden der Römerzeit erscheint Dionysos oft im Kreis der Jahreszeiten, so auf dem Mosaik aus Lambaesis (Abb. 25) und dem Dionysosmosaik aus Trier (Abb. 28).[12]

§3   Daß Dionysos den Kreislauf der Jahreszeiten regiert, liest man auch bei den antiken Dichtern. Schon in einem homerischen Hymnus auf den Gott steht das Gebet: „Gib, daß wir freudig wieder zu den Jahreszeiten (des nächsten Jahres) kommen, und von den (wiederkehrenden) Jahreszeiten zu vielen Jahren.“[13]

In einem attischen Epigramm aus dem 5. Jahrhundert v. Chr. heißen die Jahreszeiten „die dionysischen“ (Ὧραι αἱ Διονυσιάδες).[14]

In einem auf Papyrus erhaltenen Dionysoshymnus wird der Gott angerufen, der einmal im Jahr, an seinem großen Frühlingsfest, zu den Menschen kommt: „Wir wollen den Dionysos rufen an den heiligen Tagen, ihn, der zwölf Monate abwesend war; jetzt ist die Jahreszeit (wieder) da, jetzt sind die Blumen da.“[15]

In einem Dionysoshymnus aus der Kaiserzeit heißen die Jahreszeiten „die im Kreis laufenden“.[16]

Als Zeus den Dionysos aus seinem Schenkel zur Welt brachte, halfen die Horai bei der Geburt und bekränzten den Neugeborenen mit Efeu.[17]

§4   Auf zwei neuattischen (d. h. kaiserzeitlichen) Reliefs, die beide in mehreren, zum Teil beschädigten Exemplaren erhalten sind, führt Dionysos den Reigen der Jahreszeiten an. Auf dem einen Relief (Zeichnung 1) sind es drei Horen,[18] auf dem anderen vier

---

[12] Vgl. K. Dunbabin 186 und die vielen Nachweise im Index S. 300.

[13] Homer, Hymnus 26, 12–13
δὸς δ' ἡμᾶς χαίροντας ἐς ὥρας αὖτις ἱκέσθαι,
ἐκ δ' αὖθ' ὡράων εἰς τοὺς πολλοὺς ἐνιαυτούς.

[14] A.P. XIII 28 (Antigenes).

[15] Wiener Papyrus bei Page, Melici 929 b:
Διόνυσον ἀ[ύ]σομεν
ἱεραῖς ἐν ἁμέραις
δώδεκα μῆνας ἀπόντα·
πάρα δ' ὥρα, πάρα δ' ἄνθη.

[16] Orphischer Hymnus 53,7 ἐνὶ κυκλάσιν ὥραις. Vgl. 56,5.

[17] Nonnos 9,12 στέμματι κισσήεντι λεχώιδες ἔστεφον Ὧραι.

[18] Vgl. W. Fuchs, Die Vorbilder der neuattischen Reliefs (1959) 52/3. Das Vorbild des Dionysos ist im 4. Jahrhundert geschaffen worden und wurde im Jahr 1932 gefunden (Athen, Nationalmuseum 3727; Fuchs Tafel 9 a). Die abgebildete Zeichnung bei Ed. Schmidt, Archaistische Kunst in Griechenland und Rom (München 1922) S. 93 nach den Exemplaren in Schloß Goluchow, Klagenfurt, und Würzburg. Drei, nicht vier Horai kommen in den griechischen Texten und bildlichen Darstellungen seit Hesiod (Theogonie 901/2) und der François-Vase oft vor. Die Horai waren noch nicht astronomisch auf die Zeiträume zwischen den Sonnenwenden und den Tag-und-Nacht-Gleichen fixiert.

Zeichnung 1: Dionysos, gefolgt von den Göttinnen der drei Jahreszeiten (Horai)

(Zeichnung 2 und Abb. 42).[19] Dionysos schreitet ihnen voran, mit Stiefeln (Kothurn)[20] und im Arm das Füllhorn. Es folgt die Frühlingshore mit Blumen, die des Sommers mit der Ähre, die des Herbstes mit der Traube und Frau Winter im Mantel.

Der Gott der Pflanzen, Bäume und Früchte

§5   Dionysos ist ein Gott des Draußen,[21] der Pflanzen, Sträucher, Bäume und ihrer Früchte, der sich immer erneuernden Natur und des Segens, welchen diese den Menschen bringt. Er ist der Gott der Blumen (ἄνθιος, Ἀνθεύς) und heißt selbst „heilige Blume“.[22] Man feiert für ihn das „Blumenfest“ (Anthesteria), denn „er liebt die Blumen“ (*Bacchus amat flores*, Ovid, Fast. V 345). Wenn im Frühling das Gemach der Horen geöffnet wird,

---

[19] Das am besten erhaltene Exemplar ist im Louvre (Abb. 42). Dort ist aber die letzte Hore (die des Winters) weggebrochen. Sie befindet sich auf dem Exemplar in Freiburg (Eduard Schmidt, Archaistische Kunst in Griechenland und in Rom, München 1922, Tafel XVIII 2). Vgl. weiter W. Fuchs, Die Vorbilder der neuattischen Reliefs 51.

[20] Die Kothurne sind leichte Jagdstiefel; an die Kothurne der tragischen Schauspieler soll man hier nicht denken.

[21] ἀγρότερος, I. G. XII 5 (Tenos) 972, vgl. §67.

[22] Pausanias I 31, 4 (ἄνθιος) und VII 21, 6 (Ἀνθεύς). Dionysos ist φιλάνθεμος (Euripides Fr. 896 Nauck bei Athenaios XI 13, p. 465 B; ed. Kaibel 3, 13). Sein Sohn von Ariadne heißt Εὐάνθης (Schol. Apoll. Rhod. III 997). In den orphischen Hymnen wird er als ἱερὸν ἄνθος angerufen (50, 6).

Zeichnung 2: Dionysos, gefolgt von den vier Göttinnen der Jahreszeiten

sagt Pindar in einem Gedicht für ein dionysisches Fest, dann erblühen die Veilchen und Rosen.[23] Als Dionysos zum erstenmal badet, wachsen am Flußufer Rosen und Lilien.[24]

Er ist auch der Gott der Bäume (δενδρίτης, ἔνδενδρος);[25] vor allem Lorbeer (δάφνη), Fichte (πίτυς, ἐλάτη) und Eiche (δρῦς, πρῖνος) sind ihm heilig. In der Prozession des Ptolemaios II. Philádelphos gingen viele der Teilnehmer mit Fichtenkränzen.[26]

Der Gott selbst bekränzt sein Haupt mit Lorbeerblättern.[27]

Aber vor allem liebt Dionysos den Efeu (κισσός); neben der Weinrebe ist er die dem Gott heiligste Pflanze.[28] Er ist das sichtbare Zeichen dafür, daß das Leben sich immer erneuert: Man kann ihn zwar abschneiden, aber wenn nur ein kleiner Rest der Wurzel übrig bleibt, wächst der Efeu immer wieder mit überraschender Schnelligkeit an den Bäumen empor.

Die Fruchtbüschel des Efeus heißen κόρυμβοι. Auch sie waren dem Dionysos heilig.

§6   Vor allem ist Dionysos der Gott aller Bäume, die Frucht tragen. Nach dem stoischen Theologen Cornutus ist er „der Aufseher aller Kulturbäume".[29] Als der

[23] Fragment 75 + 76 + 83 Snell-Maehler, Verse 14–17.
[24] Nonnos 10, 171/2.
[25] Plutarch, Quaest. conviv. V 3,1 p. 675 F, p. 157,7 Hubert; Hesych s. v. ἔνδενδρος.
[26] Athenaios V 30 p. 200 A (Kaibel 1,443,22), V 31 p. 200 DE (Kaibel 1,445,3 und 9), V 32 p. 200 F (Kaibel 1,445,24) = Kallixeinos 627 F 2 (p. 172,7 und 31; 173,5 und 18 Jacoby).
[27] Homer, Hymn. 26,9 δάφνηι πεπυκασμένος.
[28] Ovid, Fasti III 767 hedera est gratissima Baccho.
[29] Kap. 30, p. 57,17 Lang τῶν ἡμέρων δένδρων ἐπίσκοπος.

„Schweller" (φλέως, φλεύς) läßt er die Früchte wachsen und gedeihen.[30] Er ist der Fruchtbringer (κάρπιμος)[31] und „der durch Früchte Schwere" (καρποῖσι βρυάζων).[32] Pindar hat gedichtet: „Dionysos der freudenreiche möge die Flur der Bäume mehren, das heilige Licht der herbstlichen Ernte",[33] und Vergil hat das zweite Buch seiner Georgica, welches den Obstbäumen und dem Weinbau gilt, mit einer Anrufung des Dionysos begonnen:

> Nunc te Bacche canam nec non silvestria tecum
> virgulta et prolem tarde crescentis olivae.
> huc pater o Lenaee (tuis hic omnia plena
> muneribus, tibi pampineo gravidus autumno
> floret ager, spumat plenis vindemia labris),
> huc pater o Lenaee veni …

„Jetzt will ich dich, Bacchus, besingen, und auch die Büsche und Sträucher und die Frucht des langsam wachsenden Ölbaums. Komm hierher, Vater Lenaeus (etwa: Vater der Kelter), denn hier ist alles voll von deinen Gaben, der Acker blüht, schwer vom Herbst der Trauben, die Weinlese schäumt mit vollen Lippen, komm hierher, Vater Lenaeus …"

Dionysos soll die Feigen gefunden haben[34]; er hat gelehrt, das Kernobst zu ernten;[35] vor allem Äpfel und Granatäpfel sind seine Früchte;[36] in Teos gab es sogar einen eigenen Dionysos für eine besondere Apfelsorte, den Διόνυσος Σητάνειος für die μῆλα Σητάνεια.[37] In heutige Vorstellungen übersetzt wäre das ein „Gravensteiner-Dionysos".

Dionysos als Gott der Bäume hat auch den Honig in den Bienenstöcken gefunden, welche die Bienen in den Bäumen angelegt hatten.[38]

Er trägt einen Myrtenkranz[39] und ist der Gott der Reben und des Weines.

---

[30] I. K. 13 (Ephesos) 902; 14, 1257 und 1270; 15, 1595; I. Priene 174; I. K. 2 (Erythrai) 207, 61.

[31] Orph. hymn. 53, 8.

[32] Orph. hymn. 53, 10.

[33] Fragment 153 Snell-Maehler δενδρέων δὲ νομὸν Διώνυσος πολυγαθὴς αὐξάνοι, ἁγνὸν φέγγος ὀπώρας.

[34] Deshalb heißt Dionysos bei den Spartanern συκίτης (so Sosibios ὁ Λάκων bei Athenaios III 14 p. 78 C, ed. Kaibel 1, 182, 19 = Jacoby, F. gr. Hist. 595 F 10). Vgl. weiter Hesych s. v. συκεάτης und Diodor III 70, 8, wo es heißt, daß Dionysos diejenigen Früchte gefunden habe, die man trocknen und aufbewahren kann. S. auch H. G. Horn 41–43.

[35] Diodor III 63, 2 τὸν … καταδείξαντα τὰ κατὰ τὰς … συγκομιδὰς τῶν ξυλίνων καλουμένων καρπῶν.

[36] Theokrit 2, 120; Philetas fr. 18 Powell; Neoptolemos von Parion in der „Dionysias" (bei Athenaios III 23 p. 82 D; Kaibel 1, 191, 13) „die Äpfel sind von Dionysos aufgefunden worden, wie auch die anderen Früchte", καθάπερ καὶ τῶν ἄλλων ἀκροδρύων. Auf der Kypseloslade war Dionysos in einer Grotte liegend dargestellt, in der Hand einen goldenen Becher; um ihn waren Weinpflanzen und Apfel- und Granatapfelbäume (Pausanias V 19, 6). – Vgl. weiter H. G. Horn 67/8 und seine Abb. 17 (ein Kratér mit Äpfeln auf dem Kölner Mosaik).

[37] Le Bas-Waddington, Voyage archéologique Nr. 106 = I. G. R. IV 1567. Für die Apfelsorte der μῆλα σητάνεια s. Athenaios III 20 p. 81 A (ed. Kaibel, 1, 187, 26).

[38] Ovid, Fasti III 733–762.

[39] Aristophanes, Frösche 330. Man kann die Beeren der Myrte essen.

Dionysische Tiere

§7   Mehrere Tiere stehen in enger Beziehung zu Dionysos: Löwe, Panther, Tiger, Elefant und Esel, und unter den Fischen der Delphin (s. §61). Die wichtigsten dionysischen Tiere aber waren Stier und Bock. In beiden hat sich der Gott verkörpert, und beide wurden als Schlachtopfer dem Gotte dargebracht. Es zeigt sich hier die nahe Beziehung zwischen dem Opfernden und dem Opfertier, welche für viele alte Kulte charakteristisch ist und die oft bis zu einer Art von Identität führte. Das Phänomen ist so bekannt, daß wir es hier nicht zu untersuchen brauchen.

Dionysos und der Stier

§8   Die Frauen in Elis haben Dionysos angerufen, er möge ihnen „mit dem Stierfuß rasend" erscheinen, als „gnädiger Stier":

> ἐλθεῖν ἥρως Διόνυσε .....
> βοέωι ποδὶ θυίων,
> ἄξιε ταῦρε,
> ἄξιε ταῦρε.[40]

Die Bakchen rufen den Gott bei Euripides an: „Erscheine als Stier."[41] In Kyzikos stand ein Standbild des Gottes in der Gestalt eines Stiers.[42] In Athen erhielt der Sieger beim Wettkampf im Dithyrambos als Preis einen Stier, der geopfert wurde.[43] Beim „Piräus-Fest" opferten die attischen Epheben einen Stier.[44]

Nach dem Mythos ist der Gott selbst in der Gestalt eines Stieres getötet worden, als die Titanen den Dionysos-Zagreus zerrissen.[45] In einem seltsamen Ritual auf der Insel Tenedos wurde diese mythische Episode kultisch dargestellt: Man opferte dem Dionysos ein neugeborenes Kalb, nachdem man ihm vorher „Kothurne", also dionysische Stiefelchen, angezogen hatte.[46]

Dionysos und der Bock

§9   Nach der mythischen Erzählung war Dionysos der Sohn einer illegitimen Verbindung des Zeus mit Semele. Die Mutter starb, als sie das Kind nach nur sechsmonatiger Schwangerschaft gebar. Zeus nähte den Sohn in seinen Schenkel ein und gebar ihn dann

---

[40] Plutarch, Quaest. Graec. 36 p. 299B (ed. Titchener, Teubner-Edition 2 [1], 353) = Page, Melici 871. Kürzer bei Plutarch, De Iside 35 p. 364E. Vgl. Cl. Bérard, in: Mélanges d'histoire ancienne et d'archéologie offerts à P. Collart (Cahiers d'archéologie Romande 5, 1976) 61–73.
[41] Vers 1017 φάνηθι ταῦρος. Vgl. weiter die Verse 618, 920/1, 1159.
[42] Athenaios XI 51 p. 476A (Kaibel 3, 46, 19).
[43] Anthol Pal. VI 213 (Simonides); vgl. auch Pindar, Ol. XIII 19.
[44] I.G. II² 1028 = Sylloge³ 717, Zeilen 16/7. Vgl. auch Pausanias VIII 19, 2 (in Arkadien).
[45] Nonnos, 6, 197–205.
[46] Aelian, Historia animalium XII 34.

nach weiteren drei Monaten aus seinem Schenkel. Aber er wollte das Kind nicht im Olymp unter den Augen seiner rechtmäßigen Gattin Hera aufziehen; er fürchtete ihre Nachstellungen und verwandelte den Knaben in ein Böcklein.[47] Daher trug der junge Gott den Beinamen ἐρίφιος „der zum Böcklein Gehörende".[48]

Ferner hat Dionysos bei Homer den Beinamen Εἰραφιώτης. Antike Grammatiker haben angenommen, dieses Beiwort sei von ἔριφος („Bock") hergeleitet.[49]

In einer für die Götter wenig rühmlichen Geschichte wurde berichtet, daß sie sich alle aus Furcht vor Typhon in Tiere verwandelt hätten; damals soll Dionysos sich in einen Bock verwandelt haben.[50]

Der Bock war das wichtigste Opfertier für Dionysos. Wir kommen darauf nochmals zurück (§ 132).

Dionysos in der Stadt

§ 10   Die Verehrung des Dionysos in der Stadt war eine attische Entwicklung. Die Athener haben den Gott in die Stadt geholt und dort wunderbare Dionysosfeste gefeiert, mit Dithyrambus, Tragödie, Satyrspiel und Komödie, und seitdem ist er der Gott der gewaltigen, „tragischen" Leidenschaften und des Theaters.

Nachdem in Athen das schriftlich fixierte Theater geschaffen und große Dionysosprozessionen in der Stadt abgehalten wurden, sind auch die anderen Griechen diesem Vorbild gefolgt. Man hat überall Theaterstücke aufgeführt, und prachtvoll ausgestattete, manchmal riesige Prozessionen sind durch die Städte gezogen.

Aber die Blüte der attischen Kultur hat nur etwa 250 Jahre gedauert, und die Athener selber haben später mit dem Gott nicht mehr die gewaltigen, freilich auch gezügelten Leidenschaften verbunden. Die ursprüngliche Seite des Gottes – Herr der Natur – ist in der späteren Zeit vorherrschend geblieben. Es ist charakteristisch, daß es nur wenige Tempel des Gottes gibt.[51]

---

[47] Ps. Apollodor, Bibl. III 29. Vgl. Nonnos 14, 155 ἐρίφωι πανομοίϊος.

[48] Hesych ε 5906 ἐρίφιος· ὁ Διόνυσος sowie ε 1000 (Εἰραφιώτης· ὁ Διόνυσος …) καὶ ἐρίφιος παρὰ Λάκωσιν. Stephanos von Byzanz s. v. Ἀκρώρεια· (Dionysos) ἐκαλεῖτο … παρὰ … Μεταποντίοις Ἐρίφιος (= Apollodor von Athen 244 F 132, p. 1079 Jacoby)

[49] Schol. A zu Homer, Ilias A 39 (als eine der möglichen Etymologien) Εἰραφιώτης … παρὰ τὸ ἐρίφωι αὐτὸν συνανατραφῆναι. Vgl. Hesych ε 1000 Εἰραφιώτης· ὁ Διόνυσος, παρὰ τὸ ἐρράφθαι ἐν τῷ μηρῷ τοῦ Διός. Ebenso urteilte Wilamowitz, Glaube II 67, 1. Ob diese Etymologie wirklich richtig ist oder nicht, ist für unseren Zusammenhang unerheblich; es kommt hier nur darauf an, zu zeigen, daß es für die Griechen eine natürliche Annahme war, Dionysos in Beziehung zu dem Bock zu setzen.

[50] Ovid, Metam. V 329; Antoninus Liberalis 28, 3.

[51] G. Gruben, Die Tempel der Griechen, verzeichnet nur die Tempel in Teos und Pergamon, beides hellenistische Gründungen. In Naxos ist in den letzten Jahren ein Dionysostempel aus dem frühen sechsten Jahrhundert ausgegraben worden. Auch der Dionysostempel in Korkyra ist alt (Thukydides III 81, 5 und Fund der Giebelgruppe). Pausanias I 20, 3 nennt zwei Tempel in Athen.

II Dionysische Vereine in der römischen Kaiserzeit

Die privaten Dionysos-Thiasoi

§ 11 Ein Verband der Dionysosverehrer, der in der Art der christlichen Kirche zentralisiert gewesen wäre, hat nie existiert: Jeder verehrte den Gott als dasjenige göttliche Wesen, welches er und seine Gruppe sich vorstellte.

Aber private dionysische Kultvereine (Thiasoi) hat es im römischen Imperium an fast allen Orten gegeben. Die Bräuche und Feste dieser Vereine sind recht verschieden gewesen. Immerhin ist doch ein Grundmuster des kaiserzeitlichen Dionysos klar kenntlich: Es handelt sich bei den privaten Dionysosvereinen um Gruppen, welche zu geregelten Zeiten Ausflüge aus der Stadt ins Land machten und den „Dionysos vor der Stadt" (πρὸ πόλεως) verehrten, wobei sie sich als Hirten maskierten, fröhlich zusammen aßen, tranken, tanzten und spielten. Das größte dionysische Fest war dasjenige, welches zum Abschluß der Weinlese gefeiert wurde.

Die Leitung der Vereine und der dionysischen Feste lag in den Händen der Reichen; diese Dionysoskulte sind Veranstaltungen der Bourgeoisie oder sogar der Aristokraten. Aber für die Dauer des Festes war doch auch eine gewisse Freiheit gegeben; alle waren Diener desselben Gottes, alle waren „Mysten". Man hat auch die Diener und Sklaven an den Festen des Dionysos teilnehmen lassen.

Die Bedeutung der Wörter „Myste" und „Mysterium"

§ 12 Wenn von Dionysos-Mysten und -Mysterien die Rede ist, darf man nicht an das denken, was wir Modernen mit dem Wort „mystisch" bezeichnen. Die „Mysterien" der alten griechischen Götter waren in der Regel öffentliche Kulte ohne tiefsinnige Spekulationen und ohne Theologie. Der Sinn dieser Kulte lag in den Riten, also in Prozessionen, Festmahlzeiten, Spielen. Der Dionysoskult ist im wesentlichen auf dieser Stufe stehengeblieben.

Die Entwicklung zum „Mystischen" nahm ihren Ausgang von „orphischen" Gruppen und von den eleusinischen Mysterien.

Die Orphiker haben schon im 6. Jahrhundert v. Chr. versucht, den traditionellen Zeremonien einen tieferen Sinn zu unterlegen, und haben über den Sinn der Mythen, gerade auch der Dionysos-Mythen, spekuliert. Wir werden auf ihre Gedankengänge zurückkommen.

In Eleusis ist, ebenfalls seit dem 6. Jahrhundert, der Kult der Demeter und Persephone, der Göttinnen des Ackerbaus, mit einem großen Mysteriendrama begangen worden, welches geheim und nur den Eingeweihten zugänglich war. Die Mysten machten sich Hoffnungen auf ein besseres Los im Jenseits. Die Zeremonien sind zum Kult des attischen Staates erhoben worden.

In Alexandria hat man die Ägypterin Isis mit Demeter gleichgesetzt und in Anlehnung an den eleusinischen Kult eine neue griechisch-ägyptische Mysterienreligion geschaffen. Dies war eine Religion neuen Typs: Sie war nicht lokal, sondern stand allen Menschen offen, die sich entschlossen, dieser Religion beizutreten. Später sind die Mithras-Mysterien und das Christentum Religionen dieser neuen Art. Wenn von diesen Kulten die Rede ist, können wir mit den Wörtern „Myste" und „Mysterium" denjenigen Sinn verbinden, welchen wir ihnen heute beizulegen pflegen.

Daneben gab es in der Römerzeit die Kaisermysterien.[1] Dabei handelte es sich um Veranstaltungen, in welchen die Bourgeoisie durch gemeinsame Festmahlzeiten und öffentliche Prozessionen ihre Loyalität zum römischen Staat bekundete, der in der Person des Kaisers verkörpert war. Diese Feste wurden von Clubs der reichen Leute organisiert; wer Mitglied eines solchen Clubs war, der war „Myste". Diese Veranstaltungen waren also den dionysischen Festen recht ähnlich, und tatsächlich haben dionysische Clubs oft die Feiern für die Kaiser organisiert. Immerhin waren die dionysischen Thiasoi religiöse Vereine, während die Kaisermysterien für unsere Begriffe weltliche Veranstaltungen waren.

§ 13   Man hat also mit dem Wort „Myste" sehr verschiedenartige Vorstellungen verbunden. Im Fall der Dionysosmysterien der Kaiserzeit bedeutet das Wort, daß diese Person Mitglied eines der vielen privaten Dionysosvereine war.[2] Die Zusammenkünfte der Mysten hatten, wie das bei allen religiösen Veranstaltungen der Fall ist, eine religiöse und eine gesellschaftliche Seite. Wenn man über die verschiedenen, uns bekannten Dionysos-Vereine ein zusammenfassendes Urteil abgeben will, wird man sagen, daß die gesellschaftliche Seite die weitaus wichtigere war. Derjenige Gelehrte, der die hellenistischen und kaiserzeitlichen Dionysosmysterien am sorgfältigsten untersucht hat, M. P. Nilsson, schrieb:[3] „Manchmal scheint es, daß die sogenannten Mysterien mehr eine Redensart waren; Tänze, Maskierungen, Gelage und auch Hymnen waren die Hauptsache."[4]

---

[1] Vgl. vor allem H. W. Pleket, Harv. Theol. Rev. 58, 1965, 331–347.

[2] Zur Illustration sei noch vermerkt: Es gibt bei uns fest organisierte Gruppen, deren Beratungen nicht öffentlich bekannt gemacht werden. Dies gilt z. B. für die Beratungen der Fraktionen im deutschen Bundestag und der Fakultäten unserer Universitäten. In griechischer Terminologie könnte man die Angehörigen solcher Gruppen als „Mystai" bezeichnen. Natürlich wären Karnevalsvereine in griechischer Ausdrucksweise Vereine von Mysten.

[3] Geschichte II¹ (1950) 346. In der zweiten Auflage hat Nilsson diese Worte nicht wiederholt, aber sie sind völlig zutreffend, und Nilsson hat seine Ansichten auch keineswegs geändert, wie die in der nächsten Anmerkung zitierten Stellen zeigen.

[4] Vgl. auch in seinem Buch „The Dionysiac Mysteries of the Hellenistic and Roman Age" S. 74: The so-called mysteries were to many merely great banquets with a little thrill of religious ceremonies added, just as in certain modern orders. – S. 115 The Bacchic mysteries were not mysteries in the strict sense

Es hat allerdings Dionysos-Verehrer gegeben, welche begannen, theologische Spekulationen anzustellen. Wenn dies der Fall war, dann handelte es sich nicht mehr um eine dionysische, sondern um eine orphische Gruppe. Die Übergänge waren fließend, wie wir später erläutern werden (§ 140); aber im Prinzip gibt es über diesen Punkt keinen Zweifel.

Aus den Inschriften kennen wir eine Reihe von dionysischen Vereinen (Thiasoi). Es ist klar, daß es sehr viel mehr solche Vereine gegeben hat, als uns durch zufällig erhaltene Inschriften bekannt sind.

Der Verein der Pompeia Agrippinilla bei Rom

§ 14   Auf einem Landgut südlich von Rom ist eine lange Inschrift in griechischer Sprache gefunden worden, welche eine Liste von mehr als 400 Personen enthält. Alle sind „Mysten" und ehren ihre Priesterin Pompeia Agrippinilla.[5] Die Dame gehörte zu einer Familie der griechischen Aristokratie, welche Zugang zum römischen Senat gefunden hatte. Sie war Gattin des M. Gavius Squilla Gallicanus, der im Jahr 150 Consul war, und Mutter des M. Gavius Orfitus, der im Jahr 165 zum Consulat gelangte. Schon der Vater der Agrippinilla, M. Pompeius Macrinus, war Consul gewesen (im Jahr 115).[6]

Die Familie stammte aus Lesbos; der Ahnherr war jener Theophanes, welcher Berater und Geschichtsschreiber des Pompeius Magnus gewesen war und von diesem das römische Bürgerrecht und das nomen gentilicium Pompeius erhalten hatte; dessen Sohn Cn. Pompeius Macer hat in Rom gelebt, war Freund Ovids und Leiter der palatinischen Bibliothek. Aber ihren großen Grundbesitz in Lesbos hat die Familie immer behalten; sie ist dort durch mehrere Inschriften bezeugt.[7]

of the word, they were not hidden in secrecy. – S. 131 The Bacchic mysteries ... were convenient for easy-going people who wanted to be freed from qualms. – S. 146 (über die Totengedenkfeiern der Dionysosmysten) The banquet of the blessed Dead appealed to the taste of a public that was fond of the pleasures of life and did not take religion too seriously. The mysteries of Dionysos appealed to people who from education and conservatism kept to the old culture and religion and yielded less easily to the lure of the more demanding foreign religions, but who still wanted a little thrill of religion as a spice to the daily routine.

Zutreffend urteilt auch R. MacMullen, Paganism in the Roman Empire (1981) 23/4: ... „Mysteries". The world conjures up quite mistaken ideas of secrets about the gods revealed in darkness to a tiny circle of oath-bound devotees ... A *mysterion* normally meant something more open and unexciting ... Anyone at all could attend, quite unchallenged ... Theaters for mysteries were designed to hold not scores, but hundreds or thousands ... So-called mysteries were in general quite open, come-if-you-wish ceremonies, to which as large an audience as possible was attracted by interpretive dancing, singing and music of all sorts. – Vgl. den neuen Text aus Kyme, Epigr. anat. 1 (1983) 34 (Zeilen 12–19).

[5] I. G. urbis Romae 160. Erstedition von A. Vogliano und F. Cumont, Am. Journ. Arch. 37, 1933, 215–263 mit vorzüglichem Kommentar.

[6] S. zuletzt R. Hodot, Z. P. E. 34, 1979, 221–237. M. Pompeius Macrinus ist jener Mann, der den Ehrentitel „neuer Theophanes" trug.

[7] M. Pompeius Macrinus I. G. XII 2, 235 und Hodot (s. die vorige Anmerkung); Pompeia Agrippinilla I. G. XII 2, 236; Cornelia Cethegilla, I. G. XII 2, 237 (sie ist eine Tochter der Pompeia Agrippinilla und des M. Gavius Squilla Gallicanus und wird auch in Zeile 2 der römischen Inschrift genannt).

Es sei hier verzeichnet, daß aus dieser Familie der Pompei in Lesbos wahrscheinlich ein Mann namens Aulus Pompeius Longus Dionysodorus stammt, der in einer Inschrift geehrt wird. Diese lautet:

§ 15   Von den über 400 Mitgliedern dieses Thiasos waren nur etwa 15 römische Vollbürger. Alle anderen sind Sklaven oder Freigelassene; einige tragen dionysische Namen, wie Bacchis, Thyias (die Rasende),[8] Kentauros, Satyriskos, Daduchis (die Fackelträgerin).

Die Liste ist nach dionysischen „Dienstgraden" geordnet. Viele der Grade sind auch in anderen Inschriften bezeugt. Aber es gab kein verbindliches Schema, sondern jeder Verein schuf sich sein eigenes System. Einige der Grade in dieser Inschrift seien erwähnt:
– Agrippinilla selbst ist „Priesterin"
– ihre Tochter Cethegilla ist Fackelträgerin (δαδοῦχος)
– ein Hierophant („der das Heilige vorzeigt", ein hoher Grad)
– zwei „Träger des Gottes" (θεοφόροι)
– ein „Helfer und Ordner in Silensgestalt" (ὑπουργὸς καὶ σειληνόκοσμος)
– drei Trägerinnen des heiligen Korbes, der *cista mystica* (κισταφόροι)
– Vormänner der Rinderhirten (Archibukoloi), „heilige Bukóloi" und (einfache) Bukóloi
– Vorsteher und Vorsteherinnen der „Füchsinnen" (der mit Fuchspelzen bekleideten Frauen)
– drei Trägerinnen des Liknon, der Getreideschwinge (λικναφόροι)
– eine Trägerin des Phallos (φαλλοφόρος)
– zwei Feuerträger (πυρφόροι)
– viele Personen, Männer und Frauen, welche die Bezeichnung „die mit der Umgürtung" führen (ἀπὸ καταζώσεως); dies sind Mysten, die durch Umgürtung mit einem Tierfell in den Vereinen aufgenommen worden sind; die ideale Bekleidung der Mänade war ein Rehfell, aber man wird sich oft mit einem Ziegen- oder Schafsfell begnügt haben
– zwei Wächter der Grotte (ἀντροφύλακες); der Verein hatte also eine dionysische Grotte, welche von diesen beiden Männern in Ordnung gehalten wurde
– und endlich eine Reihe von „Schweigern" (σιγηταί); dies waren Novizen, die in der Bewährungszeit vor der Aufnahme in den Club zu schweigen hatten.

Also eine bunte Gesellschaft von Dionysosdienern, die nach Graden geordnet war. Aus den Namen der Grade ist zu ersehen, daß eine Statuette des Gottes benützt wurde und daß ein „Hierophant" „heilige Dinge vorzeigte". Die Getreideschwinge *(liknon)*, welche Vergil „mystische Schwinge des Iacchus" nennt *(mystica vannus Iacchi*, Georg. I 166), und der Phallos als Symbol der Zeugung spielten eine Rolle. Es gab eine Feuerzeremonie, vermutlich zum Braten des Opferfleisches,[9] und eine Grotte. Da Novizen vor-

---

ἁ βόλλα καὶ ὁ δᾶμος Αὖλον Πο[μπήϊ]ον Λόγγον Διονυσ[όδωρ]ον, παῖδα Αὐ[ρηλίου? Ἑ]ρμολάου τὸ[ν ἱρέα καὶ] ἀρχιρέα καὶ ἀγωνο[θέτα]ν καὶ [πα]ναγυρ[ιάρχαν τᾶς] Θερμ[ι]ακ[ᾶς πα]ναγύριος κτλ. (I. G. XII 2,249).
Man kann eine Beziehung zu demjenigen Longus in Erwägung ziehen (Identität oder Verwandtschaft), der den Hirtenroman geschrieben hat, denn (a) der Longus der Inschrift trägt den Namen Dionysodoros und (b) die Familie der Pompei (die in Lesbos und Rom belegt ist) hat in Rom den Dionysoskult gepflegt.

[8] Es gab in Delphi einen Kultverein der dionysischen Thyiades, s. Plutarch, De Iside 35 (p. 364 E und 365 A; ed. Sieveking p. 34,13 und 35,10/11); De mulierum virtutibus 13 (p. 249 EF ed. Nachstädt, Teubner-Edition II 1,242). Thyiades in Attika: Pausanias X 4,3.

[9] Auf den Deckeln der Sarkophage im Konservatorenpalast (Abb. 75) und im Vatikan (Abb. 77) wird unter einem Kessel Feuer gemacht.

kamen, muß es Einweihungszeremonien gegeben haben. Aber nichts wird von der Art gewesen sein, daß wir es heute „mystisch" nennen würden. Der Verein bildete einen Rahmen für frohe Festtage, an denen alle es sich gut gehen ließen.

Die Dionysosgrotte des Timokleides auf Thasos

§ 16   Auf Thasos ist ein hellenistisches Epigramm gefunden worden, das bisher nur in französischer Übersetzung mitgeteilt wurde. Der Text ist so charakteristisch, daß diese hier zitiert sei.[10]

Der Arzt Timokleides hat dem Dionysos eine Grotte und ein Vereinshaus für die Eingeweihten mit einer Nymphenquelle errichtet:

„Pour toi, un temple à ciel ouvert, enfermant un autel, et son berceau de pampres, ô prince des Ménades,[11] un bel antre,[12] toujours vert, voici, Dionysos Baccheus, ce qu' a fondé Timokleidès, fils de Diphilus; et pour les initiés un οἶκος vénérable où chanter évohé,[13] et l'onde des Nymphes Naïades, à l'éclat pur,[14] voici ce qu' avec ta grace, voulant mêler le nectar si doux qui suspend les soucis des hommes,[15] a consacré ton ministre, ô bienheureux; et toi, à ton tour, conserve un médecin à Thasos sa patrie, garde-le sain et sauf, toi qui reviens toujours jeune d'année en année."

Der thasische Arzt versteht also Dionysos als den Gott, der von Jahr zu Jahr wiederkehrt. In dem kleinen Gedicht erscheinen auch mehrere andere dionysische Themen, die wir später besprechen werden: die Weinlaube, die Grotte und die Nymphen.

Die ephesischen Dionysosmysten vor der Stadt

§ 17   Aus sechs ephesischen Inschriften[16] sind uns die „Demeterverehrer und Mysten des überquellenden Dionysos vor der Stadt" bekannt.[17] Sie haben in der Zeit des Kaisers Hadrian regelmäßig Festmahlzeiten abgehalten; diese wurden aus den Zinsen einer Stiftung bezahlt, welche ein reicher Mann namens Marcus Antonius Drosus gegeben hatte. In jedem Jahr wurden mehrere Feste veranstaltet, und alle Mahlzeiten wurden zum ewigen Gedächtnis in einer langen Liste verzeichnet. Um einen Begriff vom Inhalt der Inschriften zu geben, die leider alle fragmentiert sind, kombiniere ich einige zu einem zusammenhängenden Text:

---

[10] J. Pouilloux im Guide de Thasos (1969) 172 und bei Jeanne Roux, Euripide, Les Bacchantes (1972) 633/4. Sie führt einige Stellen auf Griechisch an, die hier jeweils in den Anmerkungen verzeichnet sind. Die Inschrift ist 1962 gefunden worden; es wäre an der Zeit, sie bekanntzugeben.

[11] ... ὑπαίθριον ... ναὸν ἀμφιβώμιον σκεπαστὸν ἀμπέλοισι, Μαινάδων ἄνα.

[12] καλὸν ἄντρον.

[13] οἶκον ... εὐαστήριον (B. C. H. 87, 1963, 862).

[14] ἁγνὸν γάνος.

[15] τὸ παυσίλυπον νέκταρ, ἥδιστον βροτοῖς.

[16] I. K. 12, 275; 14, 1267; 15, 1595 und 1600–1602; vgl. Z. P. E. 36, 1979, 151–6.

[17] I. K. 15, 1595, οἱ πρὸ πόλεως Δημητριασταὶ καὶ Διονύσου Φλέω μύσται.

„In dem Jahr, als Iulia Lateranè Prytanis von Ephesos war.
Im Monat Kaisareôn.
Die Folgenden haben geopfert (und anschließend gespeist):
M. Antonius Drosus, der Stifter
Secundinus der Priester
M. Lucceius Paulus
M. Antonius Artemidorus
Antenor, der auf dem Initiationsstuhl Platz nahm
Saturninus als Spieler der Wasserorgel
Ampliatus als Festredner zu Ehren des Gottes.
Im Monat Neokaisareôn.
Die Folgenden haben geopfert: (usw.)“

Die „Mysterien“ dieses Vereins, die in Inschriften auf Stein verewigt sind, waren von
keinem besonderen Geheimnis umgeben und sicherlich nicht „mystisch“ im modernen
Sinn des Wortes.

Der Mystenverein zu Philadelphia in Lydien

§ 18   In Philadelphia war ein reicher Mann namens Titus Aelius Glyco Papias Kaiserpriester und Curator der Finanzen des Rates der Stadt gewesen; er war zweifellos einer
der reichsten Männer am Platz. Für seinen Sohn haben wir eine Ehreninschrift, deren
Anfang fehlt. Dieser Sohn, Titus Aelius Glyco Papias Antonianus, wird „Myste gemäß
den Statuten“ genannt. Wahrscheinlich hat in den Statuten gestanden, daß allein der
Leiter des Vereins den Titel „Myste“ führen dürfe; „Myste“ hätte dann dasselbe bezeichnet wie anderenorts der Titel „Obermyste“ (ἀρχιμύστης). Die Inschrift[18] ist gesetzt von
den „Mysten um Dionysos den Anführer (Kathegemon)“; dies ist der pergamenische
Beiname des Dionysos. Unter der Inschrift ist Titus Aelius Glyco Papias Antonianus in
seiner dionysischen Festtracht abgebildet (Zeichnung 3). Er ist ganz in ein Tierfell
gekleidet; nur sein männliches Glied hängt offen heraus.[19] Das Tierfell scheint über den
Nacken und Hinterkopf gezogen zu sein; zwei Bockshörner zieren seine Stirn. Er hat
den rechten Arm und das rechte Bein im Tanzschritt erhoben und trägt in der linken
Hand als Abzeichen seiner Würde den Thyrsos-Stab.
    In einer anderen Inschrift wird der dionysische Mystenverein nach der rituellen Um-
gürtung mit Tierfellen „die Umgürtung“ (κατάζωσμα) genannt.[20]

---

[18] J. Keil – A. v. Premerstein, (Erste) Reise in Lydien S. 28 nr. 42 (die ehrende Körperschaft) ἐτείμησεν
Τ. Αἴλ. Γλύκωνα Παπίαν Ἀντωνιανόν, υἰὸν Τ. Αἴλ. Γλύκωνος Παπίου ἀρχιερέως καὶ λογιστοῦ τῆς ἱερᾶς
βουλῆς, τὸν ἐκ τῆς διατάξεως μύστην, ἐπιμεληθέντων τῶν περὶ τὸν Καθηγεμόνα Διόνυσον μυστῶν.
[19] Augustin hätte dazu gesagt, die Liederlichkeit tanze triumphierend in der Öffentlichkeit (*in propa-
tulo exsultante nequitia*, De civitate dei VII 21).
[20] K. Buresch, Aus Lydien S. 11 nr. 8 mit der Korrektur bei J. Keil – A. v. Premerstein, Zweite Reise
in Lydien S. 9; Guil. Quandt 180. Vgl. die Mysten ἀπὸ καταζώσεως im Thiasos der Pompeia Agrippinilla,
§ 15.

Zeichnung 3: Der oberste Dionysos-Myste zu Philadelphia in Lydien

Der Bacchuskult zu Madaura in Numidien

§ 19   Im Corpus der Briefe Augustins findet sich ein interessantes Zeugnis über den Bacchuskult in Madaura.[21] Ein gebildeter Heide aus dieser Stadt, Maximus, hatte sich bei Augustin über den neumodischen Kult der Christen und ihren Anspruch auf Ausschließlichkeit beklagt: „Weise mir durch Tatsachen auf, wer dieser Gott ist, den ihr Christen als euren eigenen für euch allein in Anspruch nehmt und von dem ihr uns glauben machen wollt, daß ihr ihn in geheimen Plätzen als Anwesenden sehen könnt.[22] Wir (Heiden) jedenfalls beten unsere Götter öffentlich, vor den Augen und Ohren aller Menschen, mit frommen Gebeten an … und bemühen uns, daß alle dies sehen und billigen können.“[23]

---

[21] Dionysische Thiasoi in Madaura: C.I.L. VIII 4681, 4883 und 4887.

[22] Maximus hat wohl, wie viele Heiden, vom Abendmahl gehört, bei dem Christus in Brot und Wein anwesend ist, und meint, daß die Christen vorgäben, beim Abendmahl seine Person zu sehen.

[23] Brief 16 im Corpus der Briefe Augustins, §3: *ipsa re adprobes, qui sit iste deus, quem vobis Christiani quasi proprium vindicatis et in locis abditis praesentem vos videre componitis. nos etenim deos nostros luce palam ante oculos atque aures omnium mortalium piis precibus adoramus … et a cunctis haec cerni et probari contendimus.*
Separat-Edition der Briefe 16 und 17 bei P. Mastandrea, Massimo di Madauros, Padova 1985.

Darauf antwortet Augustin, Maximus habe wohl den Gott Liber (= Bacchus) vergessen, der ja ebenfalls an geheimen Plätzen verehrt werde, für den aber auch öffentliche Zeremonien gefeiert würden, bei denen man sehen könne, wie die angesehensten Männer der Stadt auf öffentlichen Plätzen wie Rasende aufträten: „Wenn du (Maximus) aber sagst, eure heiligen Riten seien den unserigen vorzuziehen, weil ihr die Götter öffentlich verehrt, wir aber uns an Plätzen treffen, die privat sind, so frage ich dich erstens, wie du jenen Liber (Bacchus) vergessen konntest, von dem ihr meint, er dürfe nur den Augen weniger Eingeweihten gezeigt werden. Wenn du zweitens daran erinnerst, daß die Feiern eurer Religion öffentlich seien, so wolltest du nach deinem eigenen Urteil nichts anderes erreichen, als daß wir uns die Ratsherren und Ersten eurer Stadt wie im Spiegel vor die Augen führen, wie sie bakchantisch über die Plätze der Stadt rasen. Wenn bei einem solchen Fest ein Gott in euch Wohnung nimmt, dann könnt ihr ja selbst sehen, von welcher Art er ist, wenn er euch den Verstand wegnimmt; aber wenn ihr nur so tut (als sei der Gott in euch), was sollen dann eure Geheimzeremonien in aller Öffentlichkeit? Welchen Zweck hat eine so schändliche Lügnerei? ... Und wenn ihr bei gesunden Sinnen sein wollt, wieso reißt ihr den Zuschauern die Kleider weg?“[24]

Der Bacchus-Kult in Madaura war also eine Carneval-artige Veranstaltung, mit einer großen Prozession durch die Stadt, bei der die Teilnehmer der Prozession die Zuschauer foppten, sicher zum allgemeinen Gaudium. Der Kult war teils privat („geheim“) und teils öffentlich und lag in den Händen der Ratsherren und der Ersten der Stadt (decuriones et primores civitatis).

Ähnliche Umläufe bezeugt der Kirchenhistoriker Theodoretos noch im vierten Jahrhundert in Antiochia in Syrien. Mit Erlaubnis des Kaisers Valens (364–378) – so klagt er – „haben die Sklaven der trügerischen Religion die hellenischen (= heidnischen) Weihen vollzogen und das Dionysosfest gefeiert, indem sie als Bakchanten mitten über den Marktplatz liefen“.[25]

Reiche Herren als Vorsteher dionysischer Mystenvereine

§ 20   Sobald die uns erhaltenen dionysischen Inschriften etwas ausführlicher sind, zeigt sich, daß ein reicher Herr der Patron des Vereins war. Ich nenne hier nur wenige Fälle:

Patron der Iobakchen in Athen war Herodes Atticus, ein Milliardär; s. § 26.

Patrone des Dionysos-Vereins südlich von Rom waren Pompeia Agrippinilla und ihr Vater M. Pompeius Macrinus; s. § 14.

[24] Augustin, epist. 17,4 *primo illud abs te quaero, quo modo oblitus sis Liberum illum, quem paucorum sacratorum oculis committendum putatis. deinde tu ipse iudicas nihil aliud te agere voluisse, cum publicam sacrorum vestrorum celebrationem commemorares, nisi ut nobis decuriones et primates civitatis per plateas vestrae urbis bacchantes ac furentes ante oculos quasi specula poneremus. in qua celebritate si numine inhabitamini, certe videtis quale illud sit, quod adimit mentem; si autem fingitis, quae sunt ista etiam in publico vestra secreta? vel quo pertinet tam turpe mendacium? ... aut cur spoliatis circumstantes, si sani estis?*

[25] Hist. eccles. IV 24,3 τὰς Ἑλληνικὰς τελετὰς ἐπετέλουν οἱ τῆι πλάνηι δεδουλωμένοι ... τὰ Διονύσια ... ἐπλήρουν ... διὰ μέσης τῆς ἀγορᾶς βακχεύοντες ἔτρεχον.

§ 21   Als Vorsteher der „Dionysosmysten vor der Stadt" in Ephesos sind namentlich bekannt Marcus Antonius Drosus und Gaius Flavius Furius Aptus, beide sehr reiche Männer, die das römische Bürgerrecht besitzen. Das prachtvoll bemalte Haus des Gaius Flavius Furius Aptus ist von den Österreichern ausgegraben worden.[26]

Von einem weiteren Verein aus Ephesos ist als Präsident bekannt Gaius Iulius Epagathus. Er war ein reicher Mann und hat fast alle hohen Ämter der Stadt bekleidet. Er war gewesen: Prytanis (der nominell oberste Beamte, nach dem das Jahr benannt wurde) – (leitender) „Architekt der Göttin", der für den Artemistempel und die öffentlichen Bauten verantwortliche Mann – Oberst der Landpolizei (εἰρήναρχος) – Oberst der Stadtpolizei (στρατηγός) – und Direktor des städtischen Marktes (ἀγορανόμος).[27]

In Philadelphia war Titus Aelius Glyco Papias Antonianus Vorsteher der Dionysosmysten; sein Vater war Kaiserpriester und Curator der Finanzen der Stadt, s. § 18.

§ 22   In Byzantion kennen wir durch sechs Inschriften aus der Zeit der Kaiser Domitian und Trajan einen Mystenverein des Dionysos Kallon („Schöner"). Die Mysten trafen sich im Vorort Rhegion zu ihren Festen. Als Ämter sind bezeugt ein Priester, Gymnasiarchen, Agonotheten (Aufseher bei den Wettkämpfen) und die „Veranstalter der Festmahlzeit".[28] Es hat also in diesem Verein agonistische Wettspiele gegeben.

Als Wohltäter des Vereins werden Gaius Iulius Italicus und Lollia Catulla genannt, ein Ehepaar, welches die Funktion der Oberpriester im Kaiserkult der Stadt Byzantion ausübte.[29] Aus einer anderen Inschrift ergibt sich, daß Lollia Catulla öffentliche Opfer für die ganze Stadt vollzogen hat.[30] Die beiden gehörten also zu den reichsten und angesehensten Bürgern der Stadt. Der Verein war ein Familienverein; ein Freigelassener der Lollia Catulla namens Semnos war zeitweise Priester.[31]

---

[26] M. Antonius Drosus: I.K. 12,275; 14,1129; 15,1601. C. Flavius Furius Aptus I.K. 12,502 und 502a; 13,675 und 834; 14,1099 und 1267; 15,1932a; 17,3064. Sein Sohn T. Flavius Lollianus Aristobulus wurde römischer Senator.

[27] I.K. 14,1061 und 15,1600.

[28] S.E.G. XVIII 279–284; vgl. L. Robert, Hellénica XI 597–600. Als Beispiel sei zitiert S.E.G. XVIII 283, 4–7 οἱ μύσται Διονύσου Κάλλωνος ἐτίμησαν Σωτήριχον Ἀρίστωνος καὶ Σέμνον Λολλίας Κατύλλης εὐθοινήσαντας λαμπρῶς καὶ γυμνασιαρχήσαντας καὶ ἀγωνοθετήσαντας κτλ. Semnos war ein Freigelassener der Lollia Catulla.

[29] S.E.G. XVIII 284, 5 ἀρχιερεῖς.

[30] S.E.G. XVIII 282. Der oberste Jahresbeamte von Byzantion hieß „Hieromnamon". Die hohen Kosten dieses Amtes wurden öfters von der Kasse eines Tempels übernommen; dann galt der Gott oder die Göttin als der Hieromnamon des Jahres, und ein Mensch vollzog an seiner (oder ihrer) Stelle als ἱεροποιός die Opfer. Lollia Catulla hat zweimal stellvertretend und auf eigene Kosten diese Opfer vollzogen, bei welchen wohl die ganze Stadt bewirtet wurde. Der Text lautet (Zeilen 1–4): ἐπὶ ἱερομνάμονος θεᾶς Ἥρας, ἱεροποιοῦ δὲ αὐτῆς τὸ δεύτερον ἐκ τῶν ἰδίων Λολλίας Κοΐντου θυγατρὸς Κατύλλης κτλ.

[31] S.E.G. XVIII 280, 5–9 οἱ μύσται Διονύσου Κάλλωνος ἐτίμησαν Σέμνον Λολλίας Κατύλλης ἱερατεύσαντα ἐπὶ ἔτη β΄ καθεξῆς λαμπρῶς καὶ καλῶς. Vgl. auch oben Anm. 28, wo Semnos ebenfalls erwähnt wird. – Der in Nr. 281 erwähnte Diodoros, Sohn des Quintus, ist wahrscheinlich ein Bruder der Lollia Catulla, denn sie ist Tochter des Quintus, s. Anm. 30.

§23   Patron des „Apfel-Dionysos" in Teos war Tiberius Claudius Piso Pisoninus, der einmal Leiter der Festspiele des Verbandes aller Städte der Provinz Asia *(commune Asiae)* gewesen war. Das Ausrichten dieser Festspiele war teuer; die Leiter der Festspiele waren immer sehr reiche Leute.[32]

In Thasos ehrt der „Bakchosverein vor der Stadt" seinen „Hierophanten" (etwa: Oberpriester) Titus Aelius Magnus als *ducenarius* und „Ersten der Stadt".[33] Ein *Ducenarius* war ein ritterlicher Beamter im römischen Staat mit einem Gehalt von 200 000 Sesterzen; dies war die zweithöchste Gehaltsstufe. T. Aelius Magnus hat auch Gladiatorenkämpfe veranstaltet. Dies war nur im Rahmen des Kaiserkultes gestattet, und der Präsident dieser Schaustellungen war Oberpriester des Kaiserkultes in der Provinz. T. Aelius Magnus ist also ein solcher Kaiserpriester gewesen.

In einer anderen Inschrift aus Thasos ehrt ein Bakchosverein den Iunius Laberius Macedo, der den Titel ἀξιολογώτατος („hochangesehen") trägt. Diesen Titel führten römische Ritter (I. G. XII 8, 387).

Für weitere Namen sei auf die Anmerkung verwiesen.[34] Wir können zusammenfassend feststellen, daß die Leitung der Dionysosvereine in den Händen der reichen Bourgeoisie oder sogar der senatorischen und ritterlichen Führungsschicht lag.

---

[32] Le Bas-Waddington, Voyage archéologique Nr. 106 = I.G.R. IV 1567.

[33] I.G. XII Suppl. p. 167 Nr. 447, auch bei L. Robert, Les Gladiateurs dans l'Orient grec (1940) 107 Nr. 48 ἀγαθῇ τύχῃ· Τίτον Αἴλιον Μάγνον τὸν κράτιστον δουκηνάριον καὶ πρῶτον τῆς πόλεως ..... τὸ πρὸ πόλεως Βακχεῖον, τὸν ἑαυτῶν ἱεροφάντην κτλ.

[34] I.K. 22 (Stratonikeia) 527 und 672: Leiter des Dionysoskultes in der Stadt waren Myonides Damylas und sein Bruder Apollonides Hermias und eine Generation später die Söhne des Myonides Damylas; diese haben den Dionysosmysten und den meisten der Bürger Geld verteilt. Sie nennen sich' Ἰακχιασταί. Hierophant der Dionysosmysten auf der Insel Melos war M. Marius Trophimus, ein reicher Herr mit römischem Bürgerrecht (I.G. XII 8, 1125).
Auf der Insel Peparethos hat C. Coelius Pancarpus ein Heiligtum für Dionysos und die Mysten des Ortes erbaut (I.G. XII 8, 643).
In Abdera erbaut ein „Archibukolos" C. Cassius Sextus eine Grotte für Dionysos und die Mit-Mysten (J. Bousquet, B.C.H. 62, 1938, 51–54).
Auch wenn Dionysosvereine den Namen ihres Gründers tragen, darf man annehmen, daß er wohlhabend war und den Verein durch eine Stiftung gefördert hat. Als Beispiele seien angeführt:
Inschr. von Erythrai (I.K. 2) Nr. 222 die σπεῖρα Βραχυλειτῶν, die nach dem Gründer Brachylos hieß. Für diese σπεῖρα (Gruppe) stiftet Iulius Ephebicus einen Altar.
In I.K. 5 (Kyme) 30 wird ein Βακχεῖον für den Dionysos der „Mitglieder des Vereins des Menekleides" (τῶν θιασωτᾶν τῶν Μενεκλείδα) genannt.
Aus I.K. 5 (Kyme) 17 geht hervor, daß die Mitglieder eines Dionysosvereins ihr Heiligtum mit allen Einkünften (der Vereinskasse und den Pachteinnahmen) an einen Mann namens Lysias verpfändet hatten; die Schuldsumme war auf dem Tempel eingeschrieben. Als die Vereinsmitglieder die Schuld nicht zurückzahlen konnten, hat Lysias den Tempel und die Einkünfte in Besitz genommen. Augustus bezahlt die geschuldete Summe aus der kaiserlichen Kasse, damit der Gott sein Heiligtum zurück erhalte.
In Pergamon erbaut ein Iulius Carpophorus eine Vorhalle für den „Bromios" (Dionysos) des Pakoros-Vereins (der von Pakoros gegründet war):
Ἰούλ(ιος) Καρποφόρος ὁ καὶ Τέττιξ ἀνέθηκεν
αὐτοῖσι στύλοις πρόπυλον Βρομίῳ Πακοριτῶν (I. Pergamon 297).
Der Übername des Mannes ist natürlich Tettix (Zikade), nicht Γέττιξ.

Die dionysischen „Künstler vor der Stadt" in Smyrna

§ 24   In der Kaiserzeit waren die Schauspieler und Musiker in einem Weltverband organisiert, dessen zentraler Sitz in Rom war. In Smyrna gab es eine Filiale dieses Verbandes, welche für den Osten des Reiches zuständig war.[35] Diese Künstler waren als „Mysten des großen Dionysos Briseus[36] vor der Stadt" organisiert.[37] Sie hielten einen Agon mit Festspielen ab, und bei dieser Gelegenheit wurden neue Mitglieder aufgenommen, nachdem sie eine Eintrittsgebühr bezahlt hatten.[38] Hier ist klar, daß „Mystes" nichts anderes bedeutet als „Vereinsmitglied". Das Wort εἰσηλύσιον, welches hier mit „Eintrittsgebühr" übersetzt wurde, könnte man auch durch „Initiationsgebühr" wiedergeben.

Bakchische Rollen in Magnesia

§ 25   In einer Inschrift aus Magnesia am Mäander wird zum Namen der Personen mehrfach die Bezeichnung einer Rolle hinzugesetzt.[39] Es gibt dort unter den Dionysosmysten einen „Pappi" und eine „Amme" des Gottes. Der Pappi (ἄππας) spielte die Rolle des Ziehvaters,[40] die Amme (ὑπότροφος, also genauer: Unter-Amme) die Rolle einer der Nymphen von Nysa, welche den Dionysos aufzogen.[41] Man hat also in Magnesia die Kindheit des Dionysos in kleinen sakralen Spielen dargestellt, vermutlich anläßlich von Kinderweihen.

Die Iobakchen in Athen und die Rollen in ihrem sakralen Spiel

§ 26   Die Iobakchen in Athen waren ein angesehener Herrenclub, dessen wichtigster Zweck häufige Festmahlzeiten und Gelage waren. Die Statuten des Vereins sind uns aus einer langen Inschrift des Jahres 178 n. Chr. bekannt.[42] Damals hatte der reichste uns

---

[35] Diese smyrnäischen Künstler sind offenbar historisch dieselben, welche in hellenistischer Zeit ihren Sitz in Teos und Lebedos hatten und den Titel führten: „Die dionysischen Künstler aus Ionien und dem Hellespont" (οἱ ἀπ' Ἰωνίας καὶ Ἑλλησπόντου περὶ τὸν Διόνυσον τεχνῖται). Der Hauptsitz ist nach Rom verlegt worden, eine bedeutende Filiale blieb in Smyrna. – Ein Siegel des Vereins in I.K. 24,729 μυστῶν πρὸ πόλεως Βρεισέων.

[36] Briseus bedeutet: „Der die Früchte schwellen macht".

[37] I.K. 24,622 οἱ τοῦ μεγάλου πρὸ πόλεως Βρεισέως Διονύσου μύσται. Nr. 639 οἱ περὶ τὸν Βρεισέα Διόνυσον τεχνῖται καὶ μύσται.

[38] I.K. 24, 731 οἱ πεπληρωκότες τὰ (ε)ἰσηλύσια, vgl. Nr. 706.

[39] I. Magnesia 117.

[40] Vgl. Hesych ἄππας· ὁ τροφεύς. In der Inschrift von Magnesia werden zwei Männer genannt, die diese Rolle zu verschiedenen Zeiten gespielt haben. – In Thyaira bei Ephesos gab es einen παλαιὸς γέρων, wohl eine ähnliche Rolle (I.K. 17,3329).

[41] Eine andere ὑπότροφος auf dem Grabstein I. Magnesia 309.

[42] I.G. II² 1368 = Sylloge³ 1109 = L. Ziehen, Leges Graecorum sacrae (1906) Nr. 46 = F. Sokolowski, Lois sacrées (III, 1969) Supplément 51; Abbildungen bei O. Kern, Inscriptiones Graecae 48 und J. Kirchner – G. Klaffenbach, Imagines inscriptionum Atticarum (1948) Nr. 137/8, Tafel 50.

bekannte Mann der Antike, Tiberius Claudius Herodes Atticus,[43] das Amt des Priesters auf Lebenszeit übernommen und gleichzeitig große Spenden in Aussicht gestellt.

Die Aufnahme (Initiation)[44] in den Verein ist genau geregelt. Es ist eine Gebühr zu bezahlen, die geringer ist bei Kandidaten, deren Vater schon Vereinsmitglied war. Sie hatten offenbar einen Anspruch darauf, aufgenommen zu werden. Vermutlich haben sie schon als Kinder eine vorbereitende Weihe erhalten, s. § 99 und 112. Vor der Aufnahme eines neuen Mysten fand eine Prüfung statt, nach deren Abschluß schriftlich darüber abgestimmt wurde, „ob er des Bakchosvereins würdig und für ihn geeignet sei".[45]

§ 27   Gefeiert hat man die „Amphieterides" (das alle zwei Jahre wiederkehrende große Fest, s. § 96–97), das Bakchos-Fest (Βακχεῖα), die „Einholung" des Dionysos[46] „und jedes außerordentliche Fest des Gottes".[47]

Bei der „Einholung" des Dionysos wurde eine Art Predigt (θεολογία) vorgelesen. Im übrigen traf man sich am 9. jeden Monats, und jedes Mitglied des Vereins, welches in ein öffentliches Amt gewählt oder in irgendeiner Weise befördert worden war, mußte – je nach der Bedeutung des Amtes – einen Sonderbeitrag stiften. Wenn ein Iobakchos starb, wurde von Vereinswegen ein Kranz auf das Grab gelegt und anschließend zum Gedenken an ihn ein Becher Wein getrunken.

Die Feste der Iobakchen fanden auf einer „Streu" (στιβάς) statt, und daher wurden sowohl die Feste als auch das Vereinslokal „Stibás" genannt.

Es war Vorsorge getroffen, daß es bei den Trinkgelagen nicht zu Störungen kam. Es gab einen „Hüter der guten Ordnung" (εὔκοσμος) und seine Helfer, die „Pferde" (ἵπποι), also Männer, die als Silene herausgeputzt waren. Wenn ein Vereinsmitglied beim Gelage Lärm machte, dann stellte der Hüter der Ordnung neben ihn den Stab (Thyrsos) des Gottes, und der Ruhestörer hatte sofort das Lokal zu verlassen. Falls er dem Befehl nicht folgte, entfernten die „Pferde" ihn mit Gewalt.

§ 28   In den Statuten der Iobakchen ist vorgesehen, daß fünf Rollen verteilt werden, welche als Figuren in einem kleinen sakralen Spiel fungierten: Dionysos, Palaimon, Aphrodite, Proteurhythmos und Kore.[48] In der Inschrift werden allein diese Namen genannt. Aber es handelt sich um mythische Figuren, deren Geschichten bekannt sind, so daß wir uns einen Begriff vom Inhalt des Spiels machen können.

§ 29   *Dionysos und Palaimon:* Der Meerdämon Palaimon hieß ursprünglich Melikertes und war ein Sohn der Ino,[49] einer Schwester der Semele, der Mutter des Dionysos.

---

[43] Vgl. P. Graindor, Un milliardaire antique: Hérode Atticus et sa famille, Le Caire 1930; W. Ameling, Herodes Atticus, Hildesheim 1983.

[44] Es werden die Vokabeln εἰσέρχεσθαι und (ε)ἰσηλύσιον gebraucht.

[45] Zeilen 31–37 μηδενὶ ἐξέστω Ἰόβακχον εἶναι, ἐὰν μὴ πρῶτον ... δοκιμασθῇ ὑπὸ τῶν Ἰοβάκχων ψήφῳ, εἰ ἄξιος φαίνοιτο καὶ ἐπιτήδειος τῷ Βακχείῳ.

[46] Zeile 114 καταγώγια. Dionysosfeste dieses Namens sind an vielen Orten belegt, s. § 84.

[47] Zeile 44 καὶ εἴ τις πρόσκαιρος ἑορτὴ τοῦ θεοῦ.

[48] In den Zeilen 124/5.

[49] Ino, die Schwester der Semele, wird auch in dem Orakel genannt, welches den Einwohnern von Magnesia zur Errichtung eines Dionysostempels riet (I. Magnesia 215). Sie sollen nach Theben reisen

Als Semele bei der vorzeitigen Geburt des Dionysos gestorben war, hat Ino dem Knaben zusammen mit ihrem eigenen Sohn Melikertes die Brust gegeben; dieser war also ein Milchbruder des Dionysos.[50] Aber Hera war auf Dionysos eifersüchtig, verfolgte Ino und versetzte sie in Wahnsinn. So stürzte Ino sich mit ihrem eigenen Sohn ins Meer; sie wurde in die Meeresgöttin Leukothea und ihr Sohn Melikertes in den Meeresdämon Palaimon verwandelt. Ein Delphin[51] nahm die Leiche des Knaben Melikertes auf den Rücken und brachte ihn beim Isthmos von Korinth an Land. Er wurde dort unter einer Fichte (πίτυς) begraben, und zu seinem Gedenken wurden die isthmischen Spiele eingerichtet.[52] Leukothea aber und Palaimon, die Verwandelten, leben nun im Meer und sind gnädige Helfer der Schiffer.

§30   *Dionysos und Aphrodite:* Die Verbindung dieser beiden Götter ist nicht überraschend. Nach Anakreon spielen Eros, die Nymphen und Aphrodite zusammen mit Dionysos,[53] nach Panyassis von Halikarnass gilt die zweite Runde der Weintrinker dem Dionysos und der Aphrodite,[54] und im orphischen Hymnus (55,7) heißt Aphrodite „Beisitzerin des Bakchos".[55]

§31   *Proteurhythmos* (der erste Erfinder des guten Rhythmus): Dieser Gott mit dem redenden Namen ist sonst nicht bekannt. Daß es sich um eine dionysische Figur handelt, ist klar. Der beste Vorschlag zur Erklärung ist der von Jane Harrison,[56] daß Proteurhythmos mit dem „erstgeborenen Eros", Eros Protogonos, also dem kosmogonischen Eros

und sich dort drei Frauen als Anführerinnen dreier mänadischer Thiasoi holen, und diese Frauen sollen aus dem Geschlecht der Kadmostochter Ino stammen (Verse 9–10):

ἔλθετε δ᾽ ἐς Θήβης ἱερὸν πέδον, ὄφρα λάβητε
Μαινάδας, αἳ γενεῆς Ἰνοῦς ἄπο Καδμηείης.

Ein Weihepigramm für Ino, „die Amme des Bakchos" (Βάκχοιο τιθηνήτειρα) aus Melitaia in Thessalien: W. Peek, Philol. 117, 1973, 66–9; J. und L. Robert Bull. ép. 1974, 307; A. Henrichs, Harv. Stud. in Class. Phil. 82, 1978, 139.
Auch in dem Epigramm aus Tenos, I.G. XII 5,972 = Kaibel, Epigrammata 871 war Ino genannt, s. Wilamowitz, Glaube II 374.

[50] Nonnos 9,97 (Ino) δίζυγα μαζὸν ὄρεξε Παλαίμονι καὶ Διονύσωι. Orph. hymn. 75,1 (an Palaimon) σύντροφε ... Διωνύσου. Für Ino als Amme des Dionysos s. L. Ziehen, Leges Graecorum sacrae S. 142; A. Henrichs, Harv. Stud. 82, 1978, 137–143 („Ino, the archetypal Maenad") und §48–50.

[51] Ein dionysisches Tier, s. §61.

[52] Nach Philostrat, Imagines II 16 (p. 363,4 Kayer) gab es am Isthmos geheime Zeremonien (ὄργια) zu Ehren des Palaimon. Herodes Atticus, der Präsident der Iobakchen, hat für den Poseidontempel in Korinth eine Statue des Palaimon auf dem Delphin gestiftet (Pausanias II 1,8). Bei Appuleius (Metam. IV 31,6) ist Palaimon auf dem Delphin im Gefolge der Venus, wenn sie über Meer fährt. Korinthische Münzen zeigen ihn auf dem Delphin, mit dem Thyrsosstab in der Hand.
Im „orphischen" Hymnenbuch finden sich zwei Hymnen auf Leukothea und Palaimon (74 und 75). Palaimon wird gebeten, die Mysten auf See zu retten (75,5 σώζειν μύστας).

[53] Fragm. 357 Page (an Dionysos) ὦναξ, ὧι δαμάλης Ἔρως καὶ Νύμφαι κυανώπιδες πορφυρέη τ᾽ Ἀφροδίτη συμπαίζουσιν.

[54] Fragment 13 Kinkel und Matthews bei Athenaios II 3 p. 36D (Kaibel 1, 84, 6 und 10).

[55] Βάκχοιο πάρεδρε. – Man könnte viel mehr Belege anführen; es sei verwiesen auf H. G. Horn S. 100/1.

[56] Prolegomena 656; vgl. schon S. Wide, A.M. 19, 1894, 278 („kosmogonisch-orphischer Daimon").

identisch sei; als dieser Gott – das Weltei sprengend – erschien, da entstanden Erde und Himmelsfirmament, und die Sterne begannen ihren regelmäßigen, rhythmischen Reigen zu tanzen. In der Schrift Lukians über den Tanz heißt es:

„Die Männer, welche die Herkunft des Tanzes am richtigsten angeben, werden dir wohl sagen, daß der Tanz bei der ersten Entstehung des Alls entstanden sei; er kam zur Erscheinung zusammen mit jenem ältesten Eros. Gewiß ist der Reigentanz der Sterne und die veränderlichen Bewegungen der Planeten in bezug auf die Fixsterne und ihre Gemeinsamkeit im guten Rhythmus (εὔρυθμος κοινωνία) und ihre wohlgeordnete Harmonie ein Beweis für jenen erstentstandenen Tanz" (πρωτογόνου ὀρχήσεως).[57]

Dem Protogonos-Phanes-Eros gilt der sechste orphische Hymnus; er heißt dort „der durch den Äther Irrende, der sich in rauschendem Schwung bewegt, der durch seinen Flügelschlag sich im Kosmos überallhin bewegt".[58]

§32   *Dionysos und Kore:* Kore heißt „das Mädchen"; gemeint ist Persephone, die Tochter der Demeter. Eine Verbindung der beiden Göttinnen mit Dionysos ist für die „kleinen Mysterien", die Mysterien von Agrai, bezeugt, welche eine obligatorische Vorstufe für die Einweihung in Eleusis gewesen sind.[59] Diese Mysterien sollen eine „Nachahmung der Schicksale des Dionysos" enthalten haben.[60]

Wahrscheinlich sind hier orphische Vorstellungen heranzuziehen. Es gab nach den Orphikern drei Erscheinungen des Dionysos. Der erste Gott war am Anfang der Zeiten entstanden und hieß auch Phanes, Eros und Protogonos. Der zweite Dionysos war Zagreus, über den man besser nicht spricht; denn Zeus hatte sich mit Demeter verbunden und mit ihr Kore-Persephone als Tochter gezeugt; danach hatte er mit seiner Tochter Kore den Dionysos-Zagreus zum Sohn. Ihn, den zweiten Dionysos, haben dann die Titanen zerrissen; Athena rettete sein Herz und brachte es dem Zeus.[61] Dieser zeugte dann später mit Semele den dritten Dionysos.[62]

Die Iobakchen haben also wahrscheinlich ein sakrales Spiel gespielt, in dem eine orphische Version der Dionysosmythen dargestellt wurde. Sie waren zwar im wesentli-

---

[57] De saltatione 7 οἵ γε τἀληθέστατα ὀρχήσεως πέρι γενεαλογοῦντες ἅμα τῆι πρώτηι γενέσει τῶν ὅλων φαῖεν ἄν σοι καὶ ὄρχησιν ἀναφῦναι, τῶι ἀρχαίωι ἐκείνωι Ἔρωτι συναναφανεῖσαν· ἡ γοῦν χορεία τῶν ἀστέρων καὶ ἡ πρὸς τοὺς ἀπλανεῖς τῶν πλανήτων συμπλοκὴ καὶ εὔρυθμος αὐτῶν κοινωνία καὶ εὔτακτος ἁρμονία τῆς πρωτογόνου ὀρχήσεως δείγματά ἐστιν. Die Stelle ist von Jane Harrison angeführt.

[58] Orph. hymn. 6,1 αἰθερόπλαγκτον (was an die πλάνητες erinnert), 5 ῥοιζήτορα, 7 πάντη διηθεὶς πτερύγων ῥιπαῖς κατὰ κόσμον.

[59] Platon, Gorgias 497 C mit dem Scholion; vgl. L. Deubner S. 70.

[60] Steph. Byz. Ἄγρα καὶ Ἄγραι· χωρίον … ἐν ὧι τὰ μικρὰ μυστήρια ἐπιτελεῖται, μίμημα τῶν περὶ τὸν Διόνυσον.

[61] Vermutlich bezieht es sich auf diese Rettung des Herzens des Dionysos, daß es in einem ephesischen Dionysosverein eine Priesterschaft der „Retterin Athena" gab (I.K. 15, 1600, 18).

[62] Im „orphischen" Hymnus auf Persephone (Nr. 29) wird die Göttin in Vers 7 κούρη (= Kore) genannt, ist Tochter des Zeus und der Demeter und hat den Eubuleus geboren; und Eubuleus ist ein Name des zweiten Dionysos, des Zagreus.

chen ein Herrenclub für wohlhabende athenische Bürger, die sich zu Festmahlzeiten und Gelagen trafen und gewiß auch im bürgerlichen Leben gegenseitig unterstützten; aber gleichzeitig hatte ihr Verein auch eine religiöse Dimension.

Der dionysisch-orphische Mystenverein in Smyrna

§ 33   Bei zwei weiteren Vereinen finden wir orphische Einflüsse vor.

Ein Gedicht aus Smyrna bezeugt einen privaten dionysisch-orphischen Mystenverein.[63] Es beginnt mit den Worten: „Ihr alle, die ihr in den heiligen Bezirk und den Tempel des Bromios eintretet";[64] dann folgen Reinheitsvorschriften, die mehr orphisch-pythagoreisch als im eigentlichen Sinn dionysisch sind. Ich erwähne nur wenige Punkte:

(a) Diese orphischen Bakchosdiener dürfen keine Eier essen, wohl weil die Welt aus dem Ei entstanden ist[65] oder weil aus dem Ei ein Lebewesen entstehen würde – es würde durch das Essen getötet.

(b) Sie dürfen kein Herz essen, weil das Herz des Dionysos-Zagreus der einzige Teil des Gottes war, den Athena vor den Titanen gerettet und dem Vater Zeus gebracht hat.

(c) Sie dürfen keine Minze essen, denn die Nymphe Mentha war die Geliebte des Pluton, bevor er Persephone heiratete. Aus der Verbindung mit Mentha entstand nur die wild wachsende Pflanze der Minze; aus der Ehe mit Persephone-Kore aber erwuchs das Getreide. Als die verstoßene Mentha Drohungen gegen Persephone ausstieß, hat Demeter sie in die Erde gestampft und in die Pflanze „Minze" verwandelt.[66]

(d) Sie dürfen keine Bohnen essen, denn dies war den Pythagoreern und Orphikern verboten.[67]

(e) Sie werden davor gewarnt, Taten wie die der Titanen zu begehen, weil diese einst den Dionysos Zagreus zerrissen hatten.[68]

Der dionysisch-orphische Verein in Hierocaesarea

§ 34   Aus der Stadt Hierocaesarea bei Sardis, also aus dem lydischen Hinterland von Smyrna, haben wir eine interessante Weihinschrift.[69] Unter der Leitung eines Priesters, der den Titel „Hierophant" (Vorweiser der heiligen Dinge) trug, wurde dem *Erikepaios*

---

[63] F. Sokolowski, Lois sacrées d'Asie mineure nr. 84; M.P. Nilsson, Mysteries 133ff.; A.D. Nock, Essays on Religion II 847–852; I.K. 24,728.

[64] Zeile 2 [πάν]τες ὅσοι τέμενος Βρομίου ναούς τε περᾶτε.

[65] Zeile 12 μηδ᾽ ἐν Βακχείοις ὠὸν ποτὶ δαῖτα τ[ίθεσθαι].

[66] Zeile 14 ἡδεόσμου ἀπέχεσθ᾽ ὃν Δημή[τηρ ἐπάτησεν]. Vgl. Ovid, Metam. X 728–730; Strabon VIII 3, 14 p. 344; vor allem Oppian, Halieutica III 485–497.

[67] Orpheus fr. 291.

[68] Zeile 16 Τειτάνων προλέγειν μύσταις [e. g. πράξεις ἀλεάσθαι].

[69] Sie lautet: ἐπὶ ἱεροφάντου Ἀρτεμιδώρου τοῦ Ἀπολλωνίου Μηνόφιλος Περηλίας καὶ Σεκοῦνδος Ἀπολλωνίου οἱ συγγενεῖς Διονύσῳ Ἠρικεπαίῳ τὸν βωμόν (Keil-v. Premerstein, (Erste) Reise in Lydien, Denkschriften Akad. Wien, phil.-hist. Klasse 53 (1908) S. 54 nr. 12).

ein Altar gesetzt. Dieser Name bezeichnet jenen Urgott, der auch unter den Namen Protogonos, Phanes, Eros und Dionysos verehrt wurde. Er war der aus dem Weltenei entstandene erste Gott der orphischen Theogonie. Wir haben oben in §31 die Vermutung von Jane Harrison wiederholt, daß der Proteurhythmos der Iobakcheninschrift mit Protogonos-Erikepaios zu identifizieren sei.[70]

Das Buch der orphischen Hymnen

§35   Das wichtigste Zeugnis dafür, daß dionysische und orphische Vorstellungen in manchen Gruppen eng miteinander zusammenhingen, ist das Buch der Hymnen des „Orpheus".[71] Es ist im 2. Jahrhundert n. Chr. in Kleinasien geschrieben worden, und zwar nach aller Wahrscheinlichkeit für den Gebrauch eines Vereins. Der mittlere Teil des Buches, ein Drittel des Ganzen, enthält Hymnen auf Dionysos und die ihn umgebenden Götter. Wir werden daher diese Hymnen gelegentlich heranziehen.

[70] Auch der sechste der orphischen Hymnen ist diesem Gott gewidmet. Der Name Erikepaios steht in Vers 4.

[71] Wenn das Buch unter dem Namen des Orpheus steht, so bedeutet dies nicht, daß der kaiserzeitliche Dichter eine literarische Fälschung begangen hätte; er wollte nur zum Ausdruck bringen: „Wenn Orpheus heute für unseren Club Hymnen schreiben würde, dann würde er etwa so dichten, wie hier zu lesen ist."

III Die mit Dionysos verbundenen Götter und mythischen Personen

Fortunatus et ille, deos qui novit agrestis
Panaque Silvanumque senem nymphasque procaces
(Georg. II 493–4)

Dionysos und Demeter

§ 36 Wir wenden uns zu einer Besprechung der Götter und mythischen Personen, die in Verbindung zu Dionysos stehen: Demeter, Pan, die Nymphen und der „Rinderhirt" (Bukólos) Daphnis.

Dionysos als Gott des Weins und der Baumfrüchte wird oft zusammen mit Demeter, der Göttin des Getreides, genannt und kultisch verehrt. So heißt der Mystenverein in Ephesos „die Demeterverehrer und Mysten des überquellenden Dionysos vor der Stadt".[1]

Vergil ruft am Anfang der Georgica die beiden Götter an (I 7–9):

> Liber et alma Ceres, vestro si munere tellus
> Chaoniam pingui glandem mutavit arista
> poculaque inventis Acheloia miscuit uvis,

„Liber und nährende Ceres, so wahr durch eure Gabe die Erde die chaonische (in Dodona verehrte) Eichel mit der fetten Ähre vertauscht und in die Wasser (Acheloos) haltenden Becher die neu gefundenen Trauben hineingemischt hat".

Tibull bittet zu Beginn seines zweiten Buches Bacchus und Ceres, zu einem ländlichen Fest zu kommen:

> Bacche, veni, dulcisque tuis e cornibus uva
>   pendeat, et spicis tempora cinge, Ceres (II 1, 3/4).

---

[1] I. K. 15, 1595 οἱ πρὸ πόλεως Δημητριασταὶ καὶ Διονύσου Φλέῳ μύσται. Vgl. I. K. 14, 1270, wo nebeneinander der Priester der Dionysos Phleos und derjenige der eleusinischen Göttinnen genannt werden. In einem anderen dionysischen Mystenverein in Ephesos gibt es einen eigenen Priester der Demeter (I. K. 15, 1600, 63).
Einige weitere Belege: Pindar, Isthm. 7, 4; Sophokles, Antigone 1115–21; Euripides, Bakchen 274–280; Prodikos, Vorsokratiker 84 B 5; Moschion 97 F 6, 23–27 Snell; Kallimachos, Hymn. 6, 70/1. Im Iobakchen-Hymnus des „Archilochos" werden Demeter und Kore angerufen (Fr. 322 West). Kult in Sikyon: Pausanias II 11, 3; in Puteoli: Dessau 3366. Für die Verehrung des Dionysos in Eleusis s. die Frösche des Aristophanes; L. R. Farnell, The Cults of the Greek States III 362; F. Graf, Eleusis und die orphische Dichtung Athens in vorhellenistischer Zeit (1974) 40–78.

§37   Das Erntefest der Thalysia war ein Fest für Demeter und Dionysos.[2]

Strabon sagt, die Griechen riefen den Dionysos auch „Iakchos" und „Anführer der Mysterien", er sei „ein Daimon der Demeter", und die Reigentänze und Weihen seien diesen Göttern gemeinsam.[3]

Noch um das Jahr 350 n. Chr. wird von der vornehmen heidnischen Römerin Fabia Aconia Paulina, der Gattin des Vettius Agorius Praetextatus, gesagt: *sacratae apud Eleusinam deo Iaccho, Cereri et Corae, sacratae apud Laernam*[4] *deo Libero et Cereri et Corae*,[5] „die in Eleusis dem Gott Iakchos, der Demeter und der Kore geweiht ist, die bei Lerna dem Dionysos, der Demeter und der Kore geweiht ist."

Auf dem Elfenbeindiptychon der Symmachi und Nicomachi ist auf der einen Seite eine Priesterin der Demeter-Ceres und auf der anderen eine Bacchus-Priesterin mit Efeukranz abgebildet; beide stehen vor einem Altar.[6]

In den orphischen Hymnen heißt die eleusinische Demeter „die Hausgenossin des Bromios", und die Nymphen „bringen den Menschen ihre Gaben zusammen mit Bakchos und Demeter".[7] Einer der häufigsten Beinamen der Demeter ist *Chloe*, „die Grüne".[8]

Auf den dionysischen Sarkophagen ist neben der Weinlese mehrfach auch die Getreide-ernte abgebildet, so auf den beiden Stücken im Thermenmuseum Abb. 69 und 76.

Pan und die Nymphen

§38   Von allen Dienern des Dionysos ist Pan „der am meisten dionysische".[9] Gleich nachdem Pan geboren wurde, brachte sein Vater Hermes ihn zu den olympischen Göttern, und alle hatten an dem Kind ihre Freude, ganz besonders aber Dionysos

---

[2] Menander rhetor II 4 (p. 120 Russell-Wilson).

[3] Strabon X 3, 10 p. 468 C. οἱ μὲν οὖν Ἕλληνες … Ἴακχόν τε καὶ τὸν Διόνυσον καλοῦσι καὶ τὸν ἀρχηγέτην τῶν μυστηρίων, τῆς Δήμητρος δαίμονα· … καὶ χορεῖαι καὶ τελεταὶ κοιναὶ τῶν θεῶν εἰσι τούτων.

[4] Ein gemeinsamer Kult des Dionysos und der Demeter in Lerna in der Argolis ist auch bezeugt bei Pausanias II 36, 7–37 und in dem Epigramm I.G. IV 666 = Kaibel, Epigrammata 821.

[5] Dessau 1260 = C.I.L. VI 1780.

[6] R. Delbrück, Die Consulardiptychen und verwandte Denkmäler (1929) Tafel 54; W.F. Volbach–M. Hirmer, Frühchristliche Kunst (1958) Abb. 90/91; P. Metz, Elfenbein der Spätantike (1962) Abb. 1; W.F. Volbach, Elfenbeinarbeiten der Spätantike und des frühen Mittelalters (³1976) Nr. 55, Tafel 29; Th. Kraus, Das römische Weltreich (1967) Tafel 381.

[7] 40, 10 Βρομίοιο συνέστιος, 51, 16 (Νύμφαι) σὺν Βάκχωι Δηοῖ τε χάριν θνητοῖσι φέρουσαι.

[8] Eupolis fr. 196 Kassel-Austin; Athenaios XIV 10 p. 618 D (Kaibel 3, 364, 11) = Semos von Delos 396 F 23 Jacoby; Pausanias I 22, 3; Schol. Aristoph. Lysistrate 835 = Philochoros 328 F 61 Jacoby; Cornutus 28 p. 55, 14 Lang; I.G. II² 5006 (delphisches Orakel für Athen); 949, 7 (attisches Fest der Chloia für Demeter und Kore); 4748; 4750; 4777; 4778; 1356, 16 (= Sokolowski, Lois sacrées Suppl. [III, 1969] Nr. 28, 16); Sylloge³ 1024, 11 (Mykonos; = Sokolowski [III, 1969] 96, 11); I.K. 2 (Erythrai) 201 b 5 und c 9. Vgl. auch I.G. II² 1358, 49 (= Sokolowski [III, 1969] Nr. 20 B 49); dort wird zwar nur Chloe genannt, aber es handelt sich sicher um Demeter Chloe, der ein Schweineopfer dargebracht wird. In Thorikos brachte man Demeter am Tag der Chloia (τὴν Χλο[ῖ]αν) ein Opfer, s. G. Daux, L'Antiquité Classique 52 (1983) 153, Zeile 38.

[9] Lukian, Bis accusatus 9 Πᾶνα, τῶν Διονύσου θεραπόντων τὸν βακχικώτατον.

Bakcheios.[10] Im dritten bukolischen Gedicht des Nemesian singt Pan einen Hymnus auf Bacchus. In einem der dionysischen Mystenvereine zu Ephesos gab es einen eigenen Priester des Pan.[11] Auf dem dionysischen Grabmal des Poblicius in Köln ist Pan zweimal im Relief abgebildet (Abb. 36 und 37). Auf einem Fresco in Pompei ist dargestellt, daß Hermes gerade das Dionysoskind dem Papposilen und den Nymphen übergeben hat; zwischen Hermes und dem Kind kniet Pan, die Hand mit freudiger Gebärde erhoben (Abb. 1).

Pan ist immer in Gesellschaft der Nymphen. Aus Lebadeia in Böotien haben wir eine Weihinschrift für Pan, die Nymphen und Dionysos.[12] Pan „schweift mit den reigentanzgewohnten Nymphen durch die baumreichen Auen",[13] und wenn er auf seiner Flöte spielt, dann „singen die hellsingenden Bergnymphen dazu, während sie mit ihren Füßen rasch um die dunkle Quelle schreiten, und ein Echo umtönt den Gipfel des Berges".[14] Auf einem Fresco aus Pompei spielt Pan den Nymphen auf der Flöte vor (Abb. 5), und auf einer der Silberschalen von Mildenhall (Abb. 85) ist ein Konzert des Pan (mit der Syrinx) und einer Dionysosdienerin (mit der Doppelflöte) dargestellt; oberhalb von ihnen liegt einen Nymphe (mit dem Wasserkrug). Man soll sich also vorstellen, daß dieses Konzert „bei der Nymphe", d. h. an einer Quelle oder einem Nymphaeum, stattfindet.

Pan mit seinen Ziegenbocksfüßen und Hörnern ist das mythische Vorbild der dionysischen Ziegenhirten (Aipóloi).

Die Nymphen waren Ammen und Begleiterinnen des Dionysos. Dies wird oft erwähnt, z. B. im homerischen Hymnus (26, 9–10), von Anakreon,[15] Aeschylus[16] und Sophokles.[17] Nach Strabon sind die „Bakchai" Dienerinnen des Dionysos und werden auch Najaden und Nymphen genannt.[18]

In Thasos hat Timokleides dem Dionysos eine Nymphengrotte geweiht.[19] In einem Dionysosverein zu Ephesos gab es zwei Priester der Nymphen.[20]

[10] Homer, Hymnus 19 (auf Pan), 45/6
πάντες δ' ἄρα θυμὸν ἔτερφθεν
ἀθάνατοι, περίαλλα δ' ὁ Βάκχειος Διόνυσος.
[11] I. K. 15, 1600, 48.
[12] I. G. VII 3092 Θυμάδης Ξενώνιος, Ἀντιγενίς, Νύμφαις, Πανί. – Θυμάδης Ξενώνιος Πανὶ Διονύσωι (Ξενώνιος ist Patronymikon, „der xenonische"). – Weihung für Pan und die Nymphen z. B. I. G. II² 4646.
[13] Homer, Hymnus 19, 2–3 (über Pan)
ὅς τ' ἀνὰ πίση
δενδρήεντ' ἄμυδις φοιτᾶι χοροήθεσι νύμφαις.
[14] Homer, Hymn. 19, 19–21
σὺν δέ σφιν (dem Pan) τότε νύμφαι ὀρεστιάδες λιγύμολποι
φοιτῶσαι πυκνὰ ποσσὶν ἐπὶ κρήνηι μελανύδρωι
μέλπονται, κορυφὴν δὲ περιστένει οὔρεος ἠχώ.
[15] Fr. 357 Page, s. §31 Anm. 53.
[16] Eumeniden 22–24.
[17] Antigone 1126 ff.; Oedipus auf Kolonos 680.
[18] Strabon X 3, 10 (p. 468 C.) πρόπολοι δὲ ... Διονύσου ... Βάκχαι, ... καὶ Ναΐδες καὶ Νύμφαι ... προσαγορευόμεναι.
[19] S. §16.
[20] I. K. 15, 1600, 27 und 36.

§39   Im 51. orphischen Hymnus werden die Wassernymphen angerufen:

Νύμφαι, θυγατέρες μεγαλήτορος Ὠκεανοῖο,
ὑγροπόροις γαίης ὑπὸ κεύθεσιν οἴκι' ἔχουσαι,
κρυψίδρομοι, Βάκχοιο τροφοί, χθόνιαι, πολυγηθεῖς,
καρποτρόφοι, λειμωνιάδες, σκολιοδρόμοι, ἁγναί,
5   ἀντροχαρεῖς, σπήλυγξι κεχαρμέναι, ἠερόφοιτοι,
πηγαῖαι, δρομάδες, δροσοείμονες, ἴχνεσι κοῦφαι,
φαινόμεναι, ἀφανεῖς, αὐλωνιάδες, πολυανθεῖς,
σὺν Πανὶ σκιρτῶσαι ἀν' οὔρεα, εὐάστειραι,
πετρόρυτοι, λιγυραί, βομβήτριαι, οὐρεσίφοιτοι,
10   ἀγρότεραι κοῦραι, κρουνίτιδες ὑλονόμοι τε,
παρθένοι εὐώδεις, λευχείμονες, εὔπνοοι αὔραις,
αἰπολικαί, νόμιαι, θηρσὶν φίλαι, ἀγλαόκαρποι,
κρυμοχαρεῖς, ἁπαλαί, πολυθρέμμονες αὐξίτροφοί τε,
κοῦραι ἁμαδρυάδες, φιλοπαίγμονες, ὑγροκέλευθοι,
15   Νυσ⟨α⟩ῖαι, μανικαί, παιωνίδες, εἰαροτερπεῖς,
σὺν Βάκχωι Δηοῖ τε χάριν θνητοῖσι φέρουσαι (κτλ.).

„Ihr Nymphen, Töchter der großherzigen Ozeans, die ihr in den Wasseradern unter der Erde wohnt und euren Lauf verbergt, Ammen des Bakchos, in der Erde wohnend und viel Freude bringend,[21] die ihr die Früchte wachsen laßt, auf den Wiesen lebt, einen gewundenen Lauf nehmt, ihr erhabenen, die ihr euch an Grotten und Höhlen freut und im Dunst einherschreitet, Quellgeister, leicht laufende, mit feuchten Gewändern und leichtem Schritt, bald sichtbar, bald unsichtbar, ihr im Waldtal, die ihr viele Blumen wachsen laßt und mit Pan auf den Bergen springt und Euhoi ruft, von Felsen herabträufelt, bald hellklingend, bald dumpf tönend, auf den Bergen lebend, ihr Mädchen des Draußen, ihr Quellnymphen im Walde, schön duftende Mädchen mit weißen Gewändern, kühlend mit dem Luftzug, die ihr die Ziegen weidet, ihr Hirtinnen, die ihr von den Tieren geliebt seid und herrliche Früchte bringt, auch am kühlen Tau eure Freude habt, ihr zarten, die ihr vieles wachsen laßt und reiche Nahrung bringt, ihr Eichennymphen, die ihr gern spielt und euren Weg im Feuchten nehmt, ihr vom Berg Nysa,[22] die ihr bald Wahnsinn und bald Heilung bringt und euch am Frühling freut, ihr, die ihr mit Bakchos und Demeter den Menschen Glück bringt..."

Die Geliebten des Pan: Pitys, Echo und Syrinx

§40   Die Auen und Wälder durchschweifend, hat Pan sich immer wieder in Nymphen verliebt; aber immer haben sie seine Werbung zurückgewiesen. Die drei wichtigsten dieser Nymphen nennt Theokrit in dem Gedicht „Syrinx": es sind Pitys die Fichtennymphe (Vers 4), die Schallnymphe Echo (Vers 5/6) und Syrinx, die Nymphe der Flöte.[23]

---

[21] Ein Epitheton des Dionysos (Hesiod, Theogonie 941).
[22] D.h. die Ammen des Dionysos.
[23] Die drei Nymphen auch bei Nonnos, Dion. 2, 118/9.

(a) Als Pan die Pitys verfolgte, wurde sie in eine Fichte verwandelt; nun windet sich der Gott einen Kranz aus Fichtenzweigen und legt ihn um sein Haupt.[24]

§ 41   (b) Auch die Liebe des Pan zur Echo war vergeblich.[25]

§ 42   (c) Als Pan die Nymphe Syrinx verfolgte, wurde sie in Schilf verwandelt. Um wenigstens eines Restes der Geliebten habhaft zu werden, schnitt Pan Schilfrohre von ungleicher Länge ab und fügte sie zur Hirtenflöte zusammen; wenn er nun auf der Flöte spielte, küßte er die Pflanze und damit auch seine Geliebte.[26]

Wie Pan auf der Flöte (Syrinx) spielt, sieht man auf vielen Darstellungen, z.B. auf dem Fresco aus Pompei Abb. 5, der Silberschale von Mildenhall Abb. 85 und dem Relief vom Kölner Grabmal des Poblicius Abb. 37. – Die Flöte ist für den Hirten ganz unentbehrlich.

Der panische Schrecken

§ 43   Nicht immer sind die Geister der Natur den Menschen freundlich gesinnt. Sie haben eine unheimliche Seite; ganz unverhofft können schreckliche Ereignisse eintreten. Als bei Theokrit ein Ziegenhirt den Thyrsis[27] auffordert, zur Mittagszeit auf der Syrinx zu spielen, lehnt dieser ab; er fürchtet, Pan zu wecken, der von der Jagd ermattet schläft; „er ist gefährlich, und bittere Galle sitzt stets unter seiner Nase".[28]

Man hat unerklärliche Unglücksfälle, die sich in der freien Natur ereigneten, dem Zorn des Pan zugeschrieben. Ein charakteristischer Beleg für diese Vorstellung ist uns aus dem Buch erhalten, welches Porphyrios über den philosophischen Kern der Orakelsprüche geschrieben hat.[29] Aus einer Gruppe von Holzfällern waren neun getötet worden; es gelang nicht zu ermitteln, welches die Ursache des Unglücksfalles war. Möglicherweise war es zu einem Streit gekommen, in dessen Verlauf die neun erschlagen wurden, und die Überlebenden haben aus Furcht vor Strafe über den wahren Hergang

---

[24] Lukian, Deorum dialogi 2 (22), 4; Properz I 18, 20 *Arcadio pinus amica deo*; Nonnos, Dion. 2, 85.

[25] Vgl. z.B. Moschos fr. 2 bei Stobaios IV 20, 29 (4, 443 Hense); Anthol. Pal. XVI 156; Lukian, Deorum dialogi 2 (22), 4; unten § 190.

[26] Ovid, Metam. I 689–712; Achilleus Tatios VIII 6, 7–10; Nonnos 16, 332.

[27] Der Name Thyrsis ist zum Substantiv Thyrsos gebildet, hat also dionysischen Klang.

[28] Theokrit 1, 15–18

οὐ θέμις ὦ ποιμὴν τὸ μεσαμβρινὸν οὐ θέμις ἄμμιν
συρίσδεν· τὸν Πᾶνα δεδοίκαμες· ἦ γὰρ ἀπ' ἄγρας
τανίκα κεκμακὼς ἀμπαύεται· ἔστι δὲ πικρός,
καί οἱ ἀεὶ δριμεῖα χολὰ ποτὶ ῥινὶ κάθηται.

Für den panischen Schrecken s. auch Hymn. Orph. 11 (an Pan) Vers 7 φόβων ἔκπαγλε βροτείων, 12 βαρύμνις, 23 Πανικὸν ... οἶστρον.

[29] Περὶ τῆς ἐκ λογίων φιλοσοφίας. Der Abschnitt ist erhalten bei Eusebios, Praeparatio evangelica V 5, 7–6, 2 (1, 232, 15–233, 19 ed. K. Mras). Vgl. G. Wolff, Porphyrii de philosophia ex oraculis haurienda librorum reliquiae (Berlin 1856) 128/9.

geschwiegen.[30] Jedenfalls hat man sich nun an den Apollon von Didyma[31] gewendet. Der Gott ließ ein Orakel ergehen, in welchem die Schuld an dem Unglücksfall dem Pan zugeschrieben wurde, dem „Diener des Dionysos". Pan schritt mit den Nymphen durch den Wald und blies seine Syrinx; „aber plötzlich pfiff er hell auf seiner Flöte und verwirrte alle Holzfäller; alle, die ihn sahen, waren verwirrt über die schreckliche Gestalt des wütenden Dämons, der auf sie losging. Und sicherlich hätte der kalte Tod alle gepackt, wenn nicht die Artemis von den Feldern, die sehr ergrimmt war, seiner Angriffswut ein Ende gesetzt hätte; darum sollt ihr (Orakelsucher) sie anflehen, damit sie euch als Helferin beistehe."[32]

Man hat also einen panischen Schrecken für etwas gehalten, das im Bereich des Möglichen und Denkbaren lag, ausgelöst durch den leibhaftigen Pan.

Der Bukólos Daphnis

§44   Daphnis ist eine Figur, von der die verschiedensten Geschichten erzählt wurden. Man kann ihn das mythische Vorbild der Hirten nennen. Er wird öfters in dionysischen Zusammenhängen genannt.

Im zweiten Epigramm des Theokrit[33] weiht Daphnis dem Pan die Geräte des Hirten:

Δάφνις ὁ λευκόχρως, ὁ καλᾶι σύριγγι μελίσδων
    βουκολικοὺς ὕμνους, ἄνθετο Πανὶ τάδε,
τοὺς τρητοὺς δόνακας, τὸ λαγωβόλον, ὀξὺν ἄκοντα,
    νεβρίδα, τὰν πήραν, ἇι ποκ᾽ ἐμαλοφόρει[34]

„Daphnis mit der weißen Haut, der auf der schönen Syrinx bukolische Lieder spielt, hat dem Pan dies geweiht: die durchbohrte Rohrpfeife, das Wurfholz für die Hasenjagd, den spitzen Speer, das Rehfell und den Ranzen, in dem er einst Äpfel trug."

---

[30] Dies ist die Erklärung von G. Wolff.

[31] ὁ ἐν Βραγχίδαις ᾽Απόλλων.

[32] Die Verse lauten:

χρυσοκέρως βλοσυροῖο Διωνύσου θεράπων Πάν
βαίνων ὑλήεντα κατ᾽ οὔρεα χειρὶ κραταιῆι
ῥάβδον ἔχων, ἑτέρηι δὲ λιγὺ πνείουσαν ἔμαρπτε
σύριγγα γλαφυρήν, Νύμφηισι δὲ θυμὸν ἔθελγε·
ὀξὺ δὲ συρίξας μέλος ἀνέρας ἐπτοίησεν
ὑλοτόμους πάντας, θάμβος δ᾽ ἔχεν εἰσορόωντας
δαίμονος ὀρνυμένου κρυερὸν δέμας οἰστρήεντος.
καί νύ κε πάντας ἔμαρψε τέλος κρυεροῦ θανάτοιο,
εἰ μή οἱ κότον αἰνὸν ἐνὶ στήθεσσιν ἔχουσα
῎Αρτεμις ἀγροτέρη παῦσεν μένεος κρατεροῖο·
ἦν καὶ χρὴ λίσσεσθ᾽, ἵνα σοι γίγνητ᾽ ἐπαρωγός.

[33] Es ist für unsere Zwecke gleichgültig, ob das Epigramm wirklich von Theokrit stammt (wie ich annehme) oder nicht. Es ist jedenfalls ein hellenistisches Epigramm und bezeugt die bukolisch-dionysischen Vorstellungen, die wir hier besprechen.

[34] Anthol. Pal. VI 177; Gow-Page, The Greek Anthology, Hellenistic Epigrams 3398–3401; Page, Epigrammata Graeca 1788–1791.

Da ein echter Rinderhirt schwerlich eine weiße Haut behalten kann, dürfte dieser Daphnis ein Städter sein, also ein Dionysosmyste. Auch die geweihten Gegenstände, vor allem das Rehfell (νεβρίς), sprechen dafür, daß Daphnis nicht nur ein Diener des Pan, sondern auch des Dionysos ist.

§45   Eine unmittelbare Beziehung des Daphnis zu Dionysos wird im fünften bukolischen Gedicht des Vergil vorausgesetzt.[35]

Die beiden Hirten Menalcas und Mopsos haben sich in eine Grotte begeben, vor welcher ein wilder Weinstock einige Beeren trägt,[36] also an einen dionysischen Ort. Dann singen die beiden Lieder auf den Tod des Daphnis. Mopsos beginnt mit einem Klagelied: Die Nymphen beklagten den Tod des Hirten, die ganze Natur schien stillzustehen und zu klagen;[37] die Hirten führten ihre Herden nicht zur Tränke an den Fluß, die Tiere selbst wollten weder essen noch trinken, selbst die Löwen beklagten den Tod des Daphnis, die Berge und Wälder klagten; die Hirtengöttin Pales und Apollo selbst haben die Felder verlassen; wo bisher Gerste wuchs, gedeiht nun nur Unkraut, wo Veilchen und Narzissen blühten, wachsen nur noch Disteln und Dornen. Alle trauern über Daphnis, denn dieser war es gewesen, der die Mysterien des Dionysos begründet hatte:

> Daphnis et Armenias curru subiungere tigris
> instituit, Daphnis thiasos inducere Bacchi
> et foliis lentis intexere mollibus hastas (bucol. 5, 29–31),

„Daphnis hat gelehrt, die armenischen Tiger vor den Wagen zu spannen, den Reigen des Bacchus anzuführen und die biegsamen Thyrsos-Stäbe mit zarten (Efeu-)Blättern zu umwinden."

Aber das Antwortlied des Menalcas ist tröstlich: Daphnis ist zu den Göttern entrückt, die Trauer der Natur um ihn ist in Freude umgeschlagen.

> 56 Candidus insuetum miratur limen Olympi
> sub pedibusque videt nubes et sidera Daphnis.
> ergo alacris silvas et cetera rura voluptas
> Panaque pastoresque tenet Dryadasque puellas.
> 60 nec lupus insidias pecori nec retia cervis
> ulla dolum meditantur; amat bonus otia Daphnis.
> ipsi laetitia voces ad sidera iactant
> intonsi montes; ipsae iam carmina rupes,
> ipsa sonant arbusta: „deus, deus ille, Menalca".

[35] Die antiken Erklärer und auch viele der modernen nehmen an, daß Daphnis bei Vergil ein Deckname des Caesar sei. Ich glaube das nicht mehr.
[36] Bucol. 5, 6–7 *Aspice ut antrum / silvestris raris sparsit labrusca racemis.*
[37] Dies ist ein traditionelles Motiv bei Erzählungen vom Tod eines Gottes; so wuchsen keine Pflanzen mehr, als Hades die Persephone geraubt hatte. Vgl. z.B. Euripides, Helena 1327–37; Seneca, Phaedra 469–474; Appuleius, Metam. V 28, 5.

65   sis bonus o felixque tuis! en quattuor aras
      ecce duas tibi, Daphni, duas altaria Phoebo.
      pocula bina novo spumantia lacte quotannis
      craterasque duos statuam tibi pinguis olivi,
      et multo in primis hilarans convivia Baccho
70   ante focum, si frigus erit, si messis, in umbra
      vina novum fundam calathis Ariusia nectar.
      cantabunt mihi Damoetas et Lyctius Aegon;
      saltantis satyros imitabitur Alphesiboeus.
      haec tibi semper erunt et cum sollemnia vota
75   reddemus nymphis et cum lustrabimus agros.
      dum iuga montis aper, fluvios dum piscis amabit,
      dumque thymo pascentur apes, dum rore cicadae,
      semper honos nomenque tuum laudesque manebunt.
      ut Baccho Cererique, tibi sic vota quotannis
80   agricolae facient.

„Der hellhäutige[38] Daphnis bestaunt die ihm noch ungewohnte Schwelle des Olymp und sieht die Wolken und die Sterne[39] zu seinen Füßen. Daher herrscht Wonne in den frischen Wäldern und auf dem übrigen Land und bei Pan und den Hirten und den Dryaden (Eichen-Nymphen). Weder stellt der Wolf dem Weidevieh nach, noch planen Stellnetze irgendeine List gegen die Hirsche, denn der gute Daphnis liebt dem Müßiggang (der goldenen Zeit). Die Berge selbst, deren Bäume nicht mehr gefällt werden, lassen ihre Töne zum Himmel erschallen; die Felsen und die Büsche lassen das Lied ertönen: Menalcas (sei unbesorgt), er ist jetzt ein Gott. Mögest du (Daphnis) zu den Deinen gut und glückbringend sein! Sieh, hier errichte ich vier Altäre, zwei für dich, Daphnis, und zwei als Opferstätten für Phoebus (Apollo). In jedem Jahr werde ich dir zwei Becher mit frischschäumender Milch und zwei Krüge mit fettem Öl hinstellen und werde vor allem das Gelage mit vielem Bacchus (Wein) fröhlich machen; vor dem Herd, wenn Kälte herrschen wird, und im Schatten, wenn Erntezeit ist, werde ich ariusischen (chiotischen) Wein als neuen Nektar in die Becher gießen. Damoetas und der Lyktier Aegon werden vor mir singen, Alphesiboeus wird die springenden Satyrn nachahmen. All diese Ehren werde ich dir auch dann immer darbringen, wenn wir den Nymphen die üblichen Gaben bringen und wenn wir die Äcker (durch Rundgang und Opfer) heiligen. Solange der Eber die Bergeshöhen, solange der Fisch die Flüsse liebt, solange die Bienen sich von Thymian und die Zikaden vom Tau nähren, solange wird diese Ehre und dein Namen und deine Ehre bleiben; die Landleute werden dir ebenso jährliche Opfergaben geben wie dem Bacchus und der Ceres."

[38] Mit dem Wort *candidus* nimmt Vergil das λευκόχρως Theokrits auf.
[39] Die Planeten laufen unterhalb der Fixsternsphäre; Daphnis blickt auf Sonne, Mond und Planeten herab.

In der Freude über die Apotheose des Daphnis fühlen sich die Hirten so, als sei bereits die goldene Zeit angebrochen; vielleicht wird auch auf die Unsterblichkeitshoffnungen angespielt, welche die Dionysosmysten hegten. Jedenfalls wird ein fröhliches Gedenkfest eingerichtet, an welchem man zusammenkommen und gemeinsam Wein trinken wird, wo gesungen und getanzt wird, wo man den Nymphen Geschenke verheißt und die Fluren heiligt; und dies Fest wird gleichmäßig gelten für Daphnis, Dionysos und Ceres-Demeter.

Nachdem Menalcas und Mopsos diese beiden Lieder auf Daphnis gesungen haben, schenken sie einander eine Rohrflöte und einen Hirtenstab, also bukolisch-dionysische Gaben.

IV   Dionysische Mythen

Haud fas Bacche tuos tacitum tramittere honores
(Silius Italicus VII 162)

Properz über die Dionysos-Mythen

§ 46   Welche Vorstellungen die Alten von ihren Göttern hatten, das haben sie in ihren mythologischen Erzählungen ausgedrückt. In der Römerzeit waren die bekanntesten Dionysosmythen diejenigen, welche Properz in einer Anrufung des Bacchus aufzählt:

> Dicam ego maternos Aetnaeo fulmine partus,
>   Indica Nysaeis arma fugata choris,
> vesanumque nova nequiquam in vite Lycurgum,
>   Pentheos in triplices funera grata greges,
> curvaque Tyrrhenos delphinum corpora nautas
>   in vada pampinea desiluisse rate,
> et tibi per mediam bene olentia flumina Naxon,
>   unde tuum potant Naxia turba merum (III 17, 21–28).[1]

„Ich werde rühmen, wie du durch einen Aetna-Blitz aus deiner Mutter geboren wurdest, – und wie die bewaffneten Scharen der Inder durch die Reigen der Frauen vom Nysa-Berg in die Flucht geschlagen wurden, – und wie Lykurg vergeblich im Wahnsinn gegen die neue Weinpflanze wütete, – und wie der Tod des Pentheus den drei Mänadenscharen willkommen war, – und wie die tyrrhenischen Seefahrer als biegsame Körper von Delphinen aus dem weinumrankten Schiff in die Tiefe gesprungen sind, – und wie für dich mitten durch Naxos schönduftende Ströme flossen, aus denen die Schar der Naxier deinen Wein trinkt."

Diese Mythen sowie die Episode vom Aufwachsen des Dionysos bei den Nymphen sind in der Kaiserzeit die beliebtesten Geschichten über den Gott und sollen kurz besprochen werden.

---

[1] Die genaue Lesung in Vers 27/8 ist umstritten; die besten Emendationen scheinen mir entweder 27 *per Diam … nasci* (Baehrens) oder 28 *potant Bacchica turba* (Shackleton Bailey). Aber für unsere Zwecke ist unwichtig, welche Lesart gewählt wird.

Semele gebiert den Dionysos

§47   Als Semele von Zeus den Dionysos empfangen hatte, erbat sie von ihm, daß er ihr einen einzigen Wunsch erfülle, und als der Gott ihr dies unglücklicherweise zugesagt hatte, wünschte sie, ihn in seiner Gestalt als Herr des Blitzes zu sehen. Zeus erschien ihr in seiner tötenden Lichtgestalt; Semele gebar sterbend den Dionysosknaben im sechsten Monat. Zeus nähte das Kind in seinen eigenen Schenkel ein, und als die neun Monate vollendet waren, gebar er den Dionysos aus seinem Schenkel.

Eine der mythischen Gruppen in der Prozession des Ptolemaios II. Philadelphos (s. §2) war das Brautgemach der Semele.[2] Der Tod der Semele ist auf den Sarkophagen Abb. 46 (Baltimore) und 67 (Vatican) dargestellt, die Schenkelgeburt in Abb. 46 (Baltimore). Ein Gemälde mit der Geburt des Dionysos durch die sterbende Semele beschreibt Philostrat.[3]

Dionysos bei den Nymphen

§48   Als Zeus das Kind aus dem Schenkel geboren hatte, konnte er es wegen der Eifersucht seiner Gattin Hera nicht im Olymp behalten. Er beauftragte den Götterboten Hermes, das Kind wegzubringen. In seinem Kompendium der Dionysosmythen hat Nonnos drei Varianten aneinandergehängt, in denen von der Aussetzung des Dionysos und seiner Rettung durch die Nymphen erzählt wurde:

(a, Nonnos 9, 25–36) Als das Kind nach der Schenkelgeburt noch nicht gebadet war,[4] brachte Hermes es zu den Nymphen des Flusses Lamos in Kilikien. Auf dem Sarkophag im Vatican (Abb. 67) ist der gelagerte Flußgott mit dem Ruder in der Hand abgebildet. Die Nymphen nahmen das Kind der Reihe nach auf den Arm und reichten ihm ihre Brüste, aus denen die Milch von selbst hervorquoll. Gewiß haben die Nymphen das Kind auch gebadet und gewickelt.

(b, Nonnos 9, 37–131) Aber weil Hera das Kind bei den Nymphen erspäht hatte, holte Hermes es dort wieder ab und brachte es zu Ino, der Schwester der Semele, die gerade den Palaimon geboren hatte. Ihre Brüste waren voll von überquellender Milch, und sie nährte beide Kinder, Dionysos und Palaimon, und ihre Dienerin Mystis hat die erste nächtliche Weihezeremonie für den Dionysosknaben veranstaltet.[5]

---

[2] Athenaios V 31 p. 200 B (Kaibel 1, 444, 8) = Kallixeinos von Rhodos 627 F 2 Jacoby (p. 172, 16).
[3] Imagines I 14, p. 315/6 Kayser (ed. 1871).
[4] Vers 25 ἀχυτλώτοιο … λοχείης.
[5] Andere Varianten des Mythos der Ino: Als Kadmos entdeckte, daß seine Tochter Semele den Dionysos geboren hatte, sperrte er Mutter und Kind in einen Kasten und übergab sie dem Meer. Semele starb, aber Dionysos wurde in Brasiai an Land getrieben; Ino kam dort vorbei und zog den Sohn ihrer Schwester auf (Pausanias III 24, 3 ff.).
Nach Oppian (Kyneg. IV 237 ff.) haben alle drei Schwestern der Semele das Kind auf einem Berg in Böotien genährt und den mystischen Tanz um Dionysos getanzt, haben aber dann das Kind in einer Cista verborgen und nach Euboea gebracht; dort haben sie es dem Aristaios übergeben, der es zusammen mit den Nymphen großgezogen hat. – Vgl. auch §25.

(c, Nonnos 9, 132–205) Aber Hera erspähte das Kind auch dort, und so brachte Hermes es nach Phrygien zur Göttermutter Rhea, der Mutter der Hera und des Zeus, also zur Großmutter des Dionysos, und diese erzog nun als „Amme" (Vers 154) den Knaben.[6]

§49   Die zwei letzten Fassungen finden sich auch in dem mythographischen Kompendium, das den Namen des Apollodor trägt:[7]

Als Zeus den Dionysos geboren hatte, übergab er das Kind Hermes, und dieser brachte es der Ino. Aber Hera verfolgte Ino, und um den Knaben vor dem Grimm der Hera zu retten, verwandelte Zeus ihn in ein Böcklein; dann brachte Hermes ihn zu den Nymphen nach Nysa in Asien, d. h. zu Rhea.

Dasselbe berichtet Ovid über die Kindheit des Dionysos:

> furtim illum primis Ino matertera cunis
> educat; inde datum nymphae Nyseïdes antris
> occuluere suis lactisque alimenta dedere,

„Heimlich hat ihn seine Tante Ino zuerst in der Wiege erzogen; dann wurde er den Nymphen von Nysa gegeben, und diese haben ihn in ihren Grotten verborgen und mit Milch genährt" (Metam. III 313–5).[8]

Bei Haliartos in Böotien gab es eine von Efeu umwachsene Quelle (Κισσοῦσσα), in der die Ammen des Dionysos ihn nach seiner Geburt badeten.[9] Da der Efeu ein Rankengewächs ist, muß es bei der Quelle Büsche gegeben haben, an denen er emporwachsen konnte.

In all diesen Varianten wird das Kind zu den Nymphen gebracht, also zu den Göttinnen der Quellen und Gewässer; sie haben den neugeborenen Knaben gebadet und gestillt und aufgezogen. Die antiken Quellen sagen nicht ausdrücklich, daß der Vater Zeus seinen Sohn „ausgesetzt" hat; aber jedenfalls hat er den Hermes ausgeschickt mit dem Auftrag, das Kind irgendwie los zu werden, was auf eine Aussetzung hinausläuft. Übrigens war Zeus selbst auch schon von seiner Mutter Rhea ausgesetzt worden, weil sie befürchtete, der Vater Kronos könnte das Kind verschlingen. Die Ziege Amaltheia hat das Zeuskind dann gesäugt und in wunderbarer Weise gerettet. Diese wiederholten Aussetzungen gehen sicherlich auf alte Rituale zurück.

---

[6] Diese Episode ist abgebildet auf dem Kratér des Klio-Malers (im Vatikan; um 440/430 v. Chr.): P. E. Arias – M. Hirmer, Vasenkunst Abb. XLIV, vor Abb. 193; F. Brommer, Satyrspiele (²1959) S. 53, Abb. 50; A. Furtwängler – K. Reichhold Tafel 169; E. Simon – M. und A. Hirmer, Vasen, Tafel XLVIII (neben Abb. 199). Sophokles hat ein Satyrspiel „Dionysiskos" geschrieben, und Aeschylus die „Ammen des Dionysos" (Διονύσου τροφοί).

[7] Bibl. III 28/9.

[8] Auch Diodor erzählt, daß Hermes das Dionysoskind zu den Nymphen von Nysa gebracht habe (IV 2, 3–5; vgl. III 64, 5–6).

[9] Plutarch, Lysandros 28, 7 τὴν κρήνην τὴν Κισσοῦσσαν προσαγορευομένην, ἔνθα μυθολογοῦσι τὰς τιθήνας νήπιον ἐκ τῆς λοχείας ἀπολοῦσαι τὸν Διόνυσον. Amatoriae narrationes 1 p. 772 (Hubert p. 397, 20) ἡ κόρη κατὰ τὰ πάτρια ἐπὶ τὴν Κισσόεσσαν κρήνην κατήιει ταῖς Νύμφαις τὰ προτέλεια θύσουσα.

ΣΑΛΠΙΩΝ
ΑΘΗΝΑΙΟΣ
ΕΠΟΙΗΣΕ

Zeichnung 4: Hermes bringt das Dionysoskind in bakchischem Zug nach Nysa zu den Nymphen und Papposilen. Vase des Salpion. Vgl. auch §83

§ 50   In der bildenden Kunst sind die Episoden aus der Kindheit des Dionysos immer aufs neue dargestellt worden. Wie Hermes den Knaben zu den Nymphen bringt, sieht man z.B. auf einem Fresco aus Pompei (Abb. 1) und der Vase des Salpion in Neapel (Zeichnung 4 und Abb. 88).[10]

Dann wird der Knabe gebadet. Dies ist auf dem Mosaik aus Zypern (Abb. 30), dem Relief aus Perge (Abb. 43) und mehreren Sarkophagen dargestellt.[11] Schließlich gibt eine Nymphe dem Knaben die Brust.[12] Man kann diese Nymphe vielleicht Ino nennen; dies liegt besonders bei dem Fresco aus Rom Abb. 10 nahe, weil zwei junge Frauen im Hintergrund stehen, in denen man die beiden anderen Kadmostöchter (Agaue und Autonoe) sehen könnte.

Bezeichnend ist, daß zwei der Reliefs mit Darstellungen des Dionysosknaben von Brunnen stammen, das Relief aus Rom Abb. 45 und das unten näher besprochene Relief der Amaltheia mit dem Füllhorn (Abb. 44). Ein Brunnen ist schon an sich ein *Nymphaeum*, ein Aufenthaltsort der Nymphen.

Papposilen als Erzieher des Dionysosknaben

§ 51   Bei den Nymphen, die den göttlichen Knaben großzogen, war auch der alte Silen, „der Wächter und Diener seines Zöglings, des Gottes",

... custos famulusque dei Silenus alumni (Horaz, de arte poet. 239).

Die griechischen Wörter sind „Pädagoge und Erzieher", παιδαγωγὸς καὶ τροφεύς (Diodor IV 4, 3).

Der alte Silen (Papposilen) ist oft dargestellt. Auf dem Fresco in Pompei Abb. 1 hält er das Dionysoskind mit beiden Händen in die Höhe. Auf dem Mosaik in Zypern Abb. 30

[10] Man sehe weiter die Sarkophage in Baltimore (Abb. 46) und in der Villa Albani (Abb. 81) sowie das Mosaik aus Zypern (Abb. 30).

[11] In Baltimore, hier Abb. 47; in München, Abb. 56; in Rom, Museo Capitolino, Abb. 58; in Woburn Abbey, Abb. 83.

[12] Mosaik aus Cuicul Abb. 19; Sarkophag in Baltimore Abb. 47.

Zeichnung 5: Papposilen, der Dionysosknabe, Pan, Satyrn und Nymphen. Fresco aus dem Haus des
        Marcus Lucretius in Pompei

ist er durch das Wort „Erzieher" (ΤΡΟΦΕΥΣ) bezeichnet; er tritt zu Hermes heran, um
das Kind zu empfangen. Auf dem Deckel des Sarkophags in Baltimore (Abb. 46) und
dem Sarkophagrelief aus der Villa Albani (Abb. 81) schreitet er gebückt auf die Gruppe
der Nymphen zu, die das Kind pflegen. Ein Fresco in Pompei (Zeichnung 5) zeigt ihn
mit dem Dionysoskind auf dem Schoß hoch zu Wagen. Der Knabe trägt den Thyrsos,
ist also schon eingeweiht worden. Links reicht eine Nymphe einer anderen einen großen
Mischkrug (Kratér) auf den Wagen. Rechts bläst ein Satyr die Doppelflöte; er trägt ein
Tierfell und einen Fichtenkranz; hinter ihm Nymphen. Ein Satyr mit Schwänzlein führt
das Ochsengespann, welches den Wagen zieht; neben den Ochsen schreitet ein kleiner
bocksfüßiger Pan. Er hat einen Hirtenstab geschultert, an dem ein Becher hängt.[13]

[13] Neapel, Museo nazionale Inv. 9285; Haus des M. Lucretius (IX 3, 5); vgl. K. Schefold, Die Wände
249 (16) und W. Helbig, Wandgemälde der vom Vesuv verschütteten Städte Campaniens (1868) Nr. 379.
Abbildungen bei P. Herrmann – R. Herbig, Denkmäler der Malerei des Altertums (Bruckmann, München
1904 ff.) Textband I S. 77 und Tafel 61; A. Bruhl pl. XI neben S. 126.

Amaltheia als Nymphe und als Ziege

§ 52   Es hat auch eine Variante der Kindheitsgeschichte des Dionysos gegeben, in welcher das Kind durch eine Ziege oder Nymphe namens Amaltheia genährt wurde. Das Horn der Amaltheia war bekannt als ein Füllhorn mit allen guten Gaben. Eine Ziege Amaltheia soll den Zeus, den Vater des Dionysos, als kleines Kind genährt haben (oben § 49), und dieses Motiv ist vom Vater auf den Sohn übertragen worden. Münzen aus Laodikeia in Phrygien zeigen Zeus mit dem Dionysoskind auf dem Arm und einer Ziege daneben (Abb. 33).[14]

Auf einem Relief aus Rom (Abb. 40)[15] sitzt ein Knabe unter einer Ziege und saugt an ihrem Euter. Daß es der Dionysosknabe ist, ergibt sich aus den anderen Darstellungen auf dem Relief: Links steht ein Korb, aus dem eine Schlange herauskriecht; dies ist die aus vielen Darstellungen bekannte *Cista mystica*, in der sich entweder eine Schlange oder heilige Gegenstände befanden, welche symbolischen Wert hatten. Rechts vom Knaben eine Priapos-Statuette. Darüber sieht man zwei Masken, eine des Zeus-Ammon mit den Widderhörnern und eine andere des Pan.

§ 53   Eine literarische Fassung des Mythos von Zeus-Ammon, dem Dionysosknaben und der Amaltheia steht bei Diodor; er hat sie aus dem hellenistischen Mythographen Dionysios Skytobrachion genommen.[16] Dieser Dionysios hat – wie vor ihm Euhemeros von Messene – die Auffassung vertreten, daß die jetzt als Götter verehrten Personen ursprünglich alle Menschen gewesen und dann auf Grund ihrer Taten als Götter aufgefaßt worden seien. Er hat die alten mythischen Geschichten neu erzählt und darzulegen versucht, daß man all das, was über die sogenannten Götter berichtet wurde, auf historische Menschen beziehen müsse. Es habe also, so lesen wir, einen Mann namens Zeus-Ammon gegeben, der mit einem libyschen Mädchen (einer „Nymphe") namens Amaltheia den Dionysos gezeugt und danach die Nymphe als Herrscherin über ein fruchtbares Gebiet in Afrika eingesetzt habe. Dieses Gebiet sah wie ein Kuh-Horn aus und hat daher den Namen „Horn der Amaltheia" erhalten. Diese Umsetzung des Mythos in scheinbare Historie ist nur denkbar, wenn es vorher einen Mythos von Dionysos und einem nährenden Tier namens Amaltheia gegeben hat.

§ 54   Eine Variante dieses Mythos ist auf einem Relief aus Rom dargestellt, welches die Einfassung eines Brunnens gebildet hat (Abb. 44). Das Dionysoskind sitzt unter einem

---

[14] Unter Marc Aurel (als Caesar): Danish Museum Phrygia Nr. 580; Sammlung v. Aulock Nr. 3849. Unter Iulia Domna: F. Imhoof-Blumer, Monnaies grecques S. 407 Nr. 131. – Unter Otacilia Severa: Sammlung v. Aulock 3866 = P. R. Franke, Kleinasien zur Römerzeit (München 1968) Nr. 317 (unsere Abb. 33); F. Imhoof-Blumer, Monnaies grecques S. 407 Nr. 132; Brit. Mus. Catal. Phrygia S. 323 Nr. 258. – Mit dem Kopf des Demos von Ladodikeia: Imhoof-Blumer, Monn. grecques S. 407 Nr. 129; Brit. Mus. Cat. Phrygia S. 298 Nr. 124/5 mit Tafel XXXVI 5; Danish Mus. Phrygia 542; v. Aulock Nr. 3831.

[15] Heute in der Glyptothek in München.

[16] Diodor III 68/9 = Jacoby, F. gr. Hist. 32 F 8 (Band I S. 240) = J. S. Rusten, Dionysios Skytobrachion (Opladen 1982) S. 135/6 Fragm. 8.

Feigenbaum; links von ihm steht die Nymphe mit einem großen Füllhorn und gibt ihm
zu trinken. In der Mündung des Horns befindet sich ein Bohrloch, aus welchem in der
Antike das Brunnenwasser (= die Nymphen) hervorsprudelte. Unter dem Baum sitzt
eine Ziege; daneben grast eine andere. Die Kombination von Füllhorn, Quelle und
Ziegen macht die Deutung auf Amaltheia sicher. Rechts hinter dem Dionysoskind
eröffnet sich eine Grotte; aus ihr tritt ein jugendlicher Pan und bläst auf einer neunrohri-
gen Querflöte (Syrinx). Er hat ein Fell umgehängt und trägt in der Hand ein Wurfholz
(Lagobólon). Das Relief stellt eindrucksvoll dar, daß die Rettung des ausgesetzten Kindes
einem Wunder glich. Es scheint in großer Gefahr; denn am Feigenbaum ringelt sich eine
Schlange empor und wird gleich die junge Vogelbrut angreifen, die über ihr im Nest
sitzt. Auf dem Felsen über dem Eingang zur Grotte sitzt ein Adler und hält einen toten
Hasen im Schnabel, den er gerade erlegt hat. Aber weder Schlange noch Adler bedrohen
das göttliche Kind.

Wenn Amaltheia als Ziege den Zeus und den Dionysos nährt, so scheint dies ein ganz
mythischer Zug zu sein. Aber wenn die Mütter nicht genug Milch hatten, sind Kinder
früher wirklich von Ziegen genährt worden.[17]

In einem anonymen Dichterfragment heißt es schließlich, daß eine der Mänaden
namens Eriphe („Ziege“) dem Dionysos als erste die Brust gegeben habe, und daß der
Gott daher den Beinamen „Eiraphiotes“ erhalten habe:

κεῖθι δέ οἱ πρώτη μαζὸν ἐπέσχ᾽ Ἐρίφη
χωρὶς ἀπ᾽ ἀνθρώπων καὶ ἐπώνομασ᾽ Εἰραφιώτην.[18]

Es ist klar, daß es Traditionen gegeben haben muß, nach denen nicht eine Mänade
namens Ziege, sondern eine wirkliche Ziege den Dionysos gesäugt hat.

Papposilen und die Nymphen weihen das Dionysoskind

§55   Die Nymphen haben auch die ersten dionysischen Weihen für den göttlichen
Knaben gefeiert. Wie schon oben (§48) erwähnt, berichtet Nonnos darüber (9, 111–131):
Eine Nymphe namens Mystis wachte nachts bei dem Knaben und „erfand die Weihe-
zeremonien des nächtlichen Dionysos, die von ihrer mystischen Kunst den Namen

---

[17] In dem Essai „De l'affection des peres aux enfants" erzählt Montaigne (II 8) „daß es in meiner
Gegend ganz üblich war, die Dorfweiber, wenn sie ihre Kinder nicht von der eigenen Brust stillen
können, sich mit Ziegen behelfen zu sehen; und ich habe eben jetzt zwei Lakaien, die nicht länger als
acht Tage Muttermilch getrunken haben. Diese Ziegen nehmen sehr schnell die Gewohnheit an, die
Kleinen säugen zu kommen, erkennen sie an der Stimme, wenn sie plärren, und laufen herbei: Wenn
man ihnen einen anderen als ihren Säugling reicht, leiden sie es nicht; und ebenso will das Kind von
keiner andern Ziege etwas wissen" (hier zitiert nach der Übertragung von Herbert Lüthy: Montaigne,
Essais, Zürich 1953, S. 380).

[18] H. Lloyd-Jones – P. Parsons, Suppl. Hell. fr. (adespot.) 1045 aus Etymol. Magn. 371, 57 Gaisford
... ὁ Διόνυσος λέγεται ... ἀπὸ Ἐρίφης τροφοῦ αὐτοῦ, οἷον „Κεῖθι δέ οἱ κτλ.". Hemsterhuys hat
vermutet, daß dies ein Kallimachosfragment sei, und Lloyd-Jones – Parsons sagen dazu: „fortasse recte".

erhielten".[19] „Sie entzündete als erste das Feuer der Fichtenfackel für den nächtlichen Tanz und rief dröhnend ‚euhoi‘ für den wachenden Dionysos";[20] sie hat auch als erste den Thyrsosstab mit Efeu umwunden und auf seiner Spitze die Büschel der Blüten befestigt,[21] sich das Rehfell um die Hüfte gebunden[22] und die cista mystica erfunden, welche in ihrem Inneren das „Spielzeug",[23] d.h. die Symbole der heiligen Weihe, enthielt.[24]

§ 56   Wieder sind mehrere Darstellungen der bildenden Kunst auf diese mythische Episode zu beziehen.

Auf einem Fresco aus dem Farnesinahaus in Rom steht der bekränzte Dionysosknabe und hält den Thyrsos in der Hand; eine junge Frau (eine Nymphe) beugt sich liebevoll von hinten über ihn (Abb. 11).

Auf einem der Stuckreliefs auf dem Grab des Freigelassenen P. Aelius Maximus auf der Isola sacra bei Ostia steht der Dionysosknabe, durch die Beischrift LIBER PATER gekennzeichnet, bekränzt und mit dem Thyrsosstab in der Hand. Neben ihm steht eine Frau mit der Beischrift NYSIS OROS, also eine Verköperung des heiligen Berges Nysa und seiner Nymphen, und legt ihre Hand auf den Kopf des Knaben. Hinter ihr steht die cista mystica mit der Aufschrift MYSTERIA; mit diesem Wort werden die heiligen Gegenstände in der Cista bezeichnet. Links brennt ein Altar (Zeichnung 6).[25]

Auf einem zweiten Stuckrelief von demselben Grab (Zeichnung 7) steht links der alte SILENUS mit dem Thyrsosstab. In der Mitte saß der Dionysosknabe, ebenfalls mit Thyrsos, auf einem kleinen Panther. Daneben steht die Beischrift LIBER PATER CON-SACRATUS, also „die Einweihung des Dionysos", wobei „Dionysos" mit dem lateini-

---

[19]   Verse 113–5
καὶ πινυτὴ θεράπαινα φερώνυμα μύστιδι τέχνηι
ὄργια νυκτελίοιο διδασκομένη Διονύσου
καὶ τελετὴν ἄγρυπνον ἐπεντύνουσα Λυαίωι (κτλ.).
[20]   Verse 118–9
πρώτη νυκτιχόρευτον ἀναψαμένη φλόγα πεύκης
εὔιον ἐσμαράγησεν ἀκοιμήτωι Διονύσωι.
[21]   Verse 122–3
αὐτὴ δ’ ἔπλεκε θύρσον ὁμόζυγον οἴνοπι κισσῶι
ἀκροτάτωι δὲ σίδηρον ἐπεσφήκωσε κορύμβωι.
[22]   Vers 126.
[23]   παίγνια, lateinisch crepundia (Appuleius, Apologie 56). Vgl. § 103.
[24]   Verse 127–8
καὶ τελετῆς ζαθέης ἐγκύμονα μύστιδα κίστην
παίγνια κουρίζοντι διδασκομένη (?) Διονύσωι.
Die Lesart in Vers 128 ist nicht gesichert.
[25]   Es sind nur die Zeichnungen erhalten, welche der Ausgräber Guido Calza sofort nach der Aufdek-kung anfertigen ließ; der Erhaltungszustand war so hoffnungslos, daß die Zeichnung das einzige Mittel blieb. – Vgl. Wilamowitz, Kl. Schr. V 1 (1937) 529/530; B. Andreae, Studien zur römischen Grabkunst (1963) 46–47.
Die rechte Szene zeigt ANTIOPE, als Mänade die Doppelflöte blasend, und einen Satyr (SATUR), der einen Korb trägt. Die Darstellung hängt mit der Antiope des Euripides zusammen, einem Stück mit dionysischen Hintergrund; s. § 117, Anm. 37.

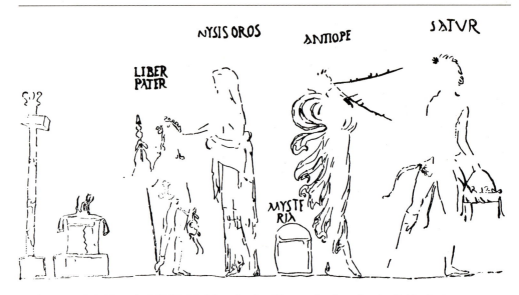

Zeichnung 6: Die Nymphe NYSIS OROS weiht den Dionysosknaben. Stuckrelief in Ostia

schen *Liber pater* wiedergegeben wird, obwohl es sich um den kleinen Dionysosknaben handelt. Rechts führt ein Satyr (mit der Beischrift SATUR) den Panther am Halsband. Die ganze Szene ist von zwei Wein-Bäumen mit großen Reben umgeben, die fast eine Weinlaube bilden.[26]

Auf einem der Felder des Mosaiks von Cuicul sitzt der Dionysosknabe, bekränzt und mit dem Thyrsosstab in der Hand, auf einem Panther (Abb. 16). Ein Satyr führt das wilde Tier am Halsband; hinter dem Knaben schreitet eine Nymphe, die das Kind sorgsam festhält.

Auch ein Stuckrelief aus der Farnesina (Abb. 84) stellt wahrscheinlich die Einweihung des Dionysosknaben dar. Man hat ihm einen Thyrsosstab in die Hand gegeben und sein Haupt ganz verhüllt. Er schreitet auf Papposilen zu, der im Begriff ist, von einem Korb (Liknon) die Decke wegzuziehen. Hinter dem Knaben eine Frau (eine Nymphe), die ihn geleitet; sie hat ihre Hand auf den Kopf des Knaben gelegt. Rechts von der Frau die Cista mystica und eine Dienerin. – Man könnte dieses Relief auch als Einweihung eines kleinen Menschen deuten. Aber für das Denken der Alten ist diese Unterscheidung nicht sinnvoll, da in den Initiationszeremonien der Menschen der Mythos des Gottes wiederholt wurde.[27]

In der linken Gruppe des Kindersarkophags in München (Abb. 56) führt ein Satyr einen Widder, der gewiß geschlachtet werden soll; auf dem Tier sitzt der Dionysosknabe

[26] Ebenfalls nach G. Calza. Vgl. die in der vorigen Anmerkung genannte Literatur sowie R. Turcan 409.

[27] Aus der Villa Farnesina sind noch mehrere andere dionysische Stuckfresken erhalten, die ich übergehe, weil ich sie nicht sicher deuten kann. Abbildungen bei Nilsson, Mysteries S. 80 fig. 12; A. Bruhl pl. VI–VII (neben S. 63 und 78); F. Matz, Teleté Tafeln 4–11. – Vgl. auch §98–103 über Kinderweihen.

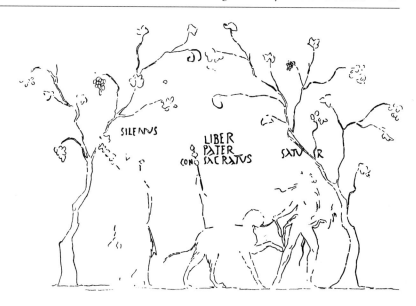

Zeichnung 7: Einweihung des Dionysosknaben durch den Ritt auf dem Panther. Stuckrelief in Ostia

und trägt das verhüllte Liknon auf seinem Kopf. Hinter ihm geht eine ältere Frau, die den Knaben stützt, vor ihnen eine jüngere Nymphe. Wie das Liknon dann anschließend enthüllt wird, zeigt das Stuckfresco aus der Villa Farnesina (Abb. 84, s. oben).

Die Mittelgruppe des Münchener Sarkophags stellt das Bad des Dionysosknaben dar und ist schon besprochen worden (§ 50). In der rechten Szene dieses Sarkophags überreicht Papposilen dem Dionysosknaben statt des Thyrsos einen Zweig vom Weinstock mit Reben. Ein sitzender Satyr hat den Knaben hochgehoben, so daß er auf den beiden Handflächen des Satyrs steht. Der kleine Dionysos ist mit einem Fell bekleidet; hinter ihm steht eine Nymphe und legt ihm die Hand auf die Schulter. Eine analoge Szene ist auf einem Sarkophag im Museo Capitolino dargestellt (Abb. 58); dort steht hinter dem Papposilen noch eine weitere Nymphe.

Wie auf dem pompeianischen Fresco (Zeichnung 5, § 51) zu sehen ist, haben Silen und der Dionysosknabe nach der Überreichung des Thyrsos einen Ochsenwagen bestiegen und sind nach Hause zurückgekehrt.

Der Sieg des Dionysos über die Inder

§ 57   Der Feldzug des Dionysos gegen die Inder ist oft dargestellt worden: Die tanzenden Mänaden siegten mit Leichtigkeit über die grimmigen, schwerbewaffneten Inder. In diesem Mythos fand das Gefühl der Griechen seinen Ausdruck, sie seien den Völkern des Orients so weit überlegen, daß sie fast spielend siegten. In der uns erhaltenen Literatur wird der Feldzug ausführlich in dem riesigen Epos des Nonnos erzählt, das den Namen *Dionysiaká* trägt und in 48 Gesängen alle mythischen Traditionen über

Dionysos zusammenfaßt. Nonnos hat um 440 n. Chr. geschrieben, also schon in christlicher Zeit. Eine seiner Vorlagen waren die *Bassariká* eines Dichters Dionysios.[28]

Der siegreiche Kampf des Gottes gegen die Inder ist auch auf mehreren Sarkophagen abgebildet.[29] Zweimal nähert sich der besiegte Inderkönig Deriades kniefällig dem Dionysos und wird begnadigt.[30] Nach dem Sieg über die Inder kehrte der Gott in einem Triumphzug zurück; sein Wagen wurde von Elephanten, Löwen oder Tigern gezogen. Auch dies ist öfters dargestellt worden, z. B. auf dem Mosaik aus Hadrumetum (Abb. 21).

Nach Athenaios wurden der Sieg des Dionysos über die Inder und der Pentheus-Mythos beim dionysischen Pyrrhiche-Tanz gespielt und getanzt. Anstelle der richtigen Lanzen schoß man aufeinander mit den Thyrsos-Stäben.[31]

Der Thraker Lykurgos: Ein bestrafter Gegner des Dionysos

§ 58   In vielfachen Varianten ist erzählt worden, daß Lykurgos, ein König der Thraker, sich dem Dionysos widersetzte und dafür bestraft wurde. Die Geschichte kommt schon bei Homer vor[32] und ist von Aeschylus in einer berühmten, uns verlorenen Tragödie auf die Bühne gebracht worden.[33] Bei Nonnos[34] verfolgt Lykurgos die Mänaden; aber eine von ihnen, Ambrosia (der personifizierte Göttertrank), tritt ihm entgegen. Lykurg packt sie und will sie fesseln; aber Ambrosia bittet die Mutter Erde, sie in einen Weinstock zu verwandeln, und dies geschieht sofort. Die Ranken des Weins umschlingen nun Lykurgos am ganzen Leib und sogar an der Kehle. Er will sich wehren und versucht, mit der Axt den Weinstock abzuhacken;[35] aber es gelingt ihm nicht, die Pflanze auszurotten, vielmehr erstickt er selbst: Die Ranken schnüren ihm die Kehle zu.[36]

Dieser vergebliche Kampf des Lykurgos gegen Ambrosia ist oft dargestellt worden,[37] zum Beispiel auf dem Mosaik in Cuicul (Abb. 17).

[28] E. Heitsch, Die griechischen Dichterfragmente der römischen Kaiserzeit S. 60–69 (Nr. XIX); E. Livrea, Dionysii Bassaricon et Gigantiadis fragmenta (Rom 1973).

[29] F. Matz, Sarkophage III Nr. 237–245.

[30] F. Matz III Nr. 243/4.

[31] Athenaios XIV 29 p. 631 AB (Kaibel 3, 392) ἔχουσι γὰρ οἱ ὀρχούμενοι θύρσους ἀντὶ δοράτων, προΐενται δὲ ἐπ᾽ ἀλλήλους καὶ νάρθηκας, καὶ λαμπάδας φέρουσιν ὀρχοῦνταί τε τὰ περὶ τὸν Διόνυσον καὶ τοὺς Ἰνδούς, ἔτι τε τὰ περὶ τὸν Πενθέα. Vgl. die θυρσόλογχα in der Prozession des Ptolemaios Philadelphos, Athenaios V 32 p. 200F (Kaibel 1, 445, 22) = Kallixeinos 627 F 2 (Jacoby 173, 16).

[32] Ilias Z 130–140.

[33] In den Ἠδωνοί, Fragm. 57–67 Radt. Die gesamte Tetralogie hieß „Lykurgie" (Test. 68 Radt). Überlegungen über die Rekonstruktion bei M. L. West, University of London, Institute of Classical Studies, Bulletin no. 30, 1983, 63–71.

[34] Dionysiaka 21, 1–61.

[35] Nach einer Variante schlägt er sich dabei selbst ins Bein; Hygin, fab. 132 und Servius zu Vergil, Aen. III 14.

[36] Vgl. auch das Papyrusfragment aus einer anderen epischen Darstellung der Geschichte von Lykurg bei D. L. Page, Select Papyri III (Literary Papyri) Nr. 129 = E. Heitsch, Die griechischen Dichterfragmente der römischen Kaiserzeit Nr. LVI (S. 172–175) = G. Zereteli–O. Krueger, Papyri russischer und georgischer Sammlungen I (Tiflis 1925) 69–88.

[37] Gute Übersicht bei Ph. Bruneau – Cl. Vatin, B. C. H. 90, 1966, 391–419 anläßlich eines neuen Mosaiks mit Lykurgos und Ambrosia aus Delos. Sie verzeichnen weiter Mosaike aus Herculaneum,

Pentheus

§ 59   Ein anderer Gegner des Dionysos war der Thebaner Pentheus; Euripides hat sein unglückliches Schicksal in den Bakchen dargestellt. Der Pentheusmythos zeigt, wie ein Feind des Gottes von den Mänaden bestraft wird. Die Bakchantinnen waren in drei Gruppen (Thiasoi) gegliedert, an deren Spitze die drei Kadmostöchter – Schwestern der Semele – standen, des Pentheus Mutter Agaue und ihre Schwestern Ino und Autonoe. Die Frauen hielten in ihrer dionysischen Raserei den Pentheus für ein wildes Tier und zerrissen ihn auf dem Kithairon.[38] Die Szene ist auf einem pompeianischen Fresco abgebildet[39] und findet sich mehrfach auf Sarkophagen.[40] Eine Variante liest man bei Oppian.[41] Nach ihm haben nicht die Mutter und deren Schwestern den Pentheus zerrissen, sondern rasende Mänaden, die den Dionysos gebeten hatten, er möge sie in wilde Tiere verwandeln, damit sie den Gegner des Gottes zerreißen und roh auffressen könnten. Da verwandelte der Gott sie in Panther, den Pentheus aber in einen Stier, und so kam Pentheus ums Leben.

Aber für Dionysos selbst sind Panther zahm. Auf den Mosaiken aus Trier (Abb. 28) und Hadrumetum (Abb. 21) ziehen sie seinen Wagen willig beim Triumphzug.

Im Pyrrhiche-Tanz wurde der Pentheus-Mythos gespielt, s. § 57.

Dionysos und die tyrrhenischen Seeräuber

§ 60   Dieser Mythos ist schon durch ein homerisches Zeugnis belegt; er ist eine der vielen Variationen des Themas, daß Dionysos der „lösende" Gott (Λυαῖος) ist, und spiegelt gleichzeitig ein kleines Kultdrama wieder, welches bei der Aufnahme der Dionysosmysten in den Kreis der Eingeweihten immer wieder gespielt worden ist. Man nahm den Neuling „gefangen" und fesselte ihn;[42] aber durch die Intervention des Gottes fielen die Fesseln wieder ab. Im 7. homerischen Hymnus ist ein solches Kultdrama in eine epische Erzählung umgesetzt worden. Der Inhalt des Hymnus sei kurz nacherzählt.

Aquileia, Narbonne, Ostia, Piazza Armerina und Karthago, eine Lampe aus Athen (S. 419 fig. 14), Münzen aus Alexandria, ein Diatret-Glas, den Fries des Dionysostempels in Baalbek (S. 412), ein Fresco aus Pompei (S. 408 fig. 6; K. Schefold, Die Wände 170) und einen Sarkophag aus Frascati (F. Matz, Sarkophage III Nr. 235; s. auch Nr. 236).

Das delische Mosaik auch bei Ph. Bruneau, Exploration archéologique de Délos XXIX Les mosaiques (1972) S. 79/80 Nr. 14 und S. 170/1 Fig. 80–82 sowie in der kleinen Broschüre Mosaiques de Délos (1973) S. 15–7 Nr. 5 Fig. 15.

[38] Wir kommen in § 137 auf diesen Mythos zurück.

[39] Im Haus der Vettier, s. L. Curtius, Die Wandmalerei S. 153 Abb. 99; vgl. auch Philostrat, Imag. I 18 (p. 320/1 Kayser).

[40] F. Matz, Sarkophage III Nr. 230–234.

[41] Kynegetiká IV 287–319.

[42] In jenem italischen Dionysoskult, der im Jahr 186 v. Chr. zu dem Bacchanalienskandal führte, sollen Menschen auf einer Theater-*machina* festgebunden und versenkt worden sein; es hieß, sie seien von den Göttern „geraubt" worden. Livius XXXIX 13, 13 *raptos a diis homines dici, quos machinae illigatos ex conspectu in abditos specus abripiant.*

Der Dichter hebt an davon zu singen, wie Dionysos am Meeresufer „erschien" (ἐφάνη), in Gestalt eines jungen Mannes, der geschlechtsreif geworden ist,[43] also das für die Initiation übliche Alter erreicht hat. Die dunklen Locken hingen von seinem Kopf, und er trug ein purpurnes Gewand. Da kamen tyrrhenische Seeräuber auf ihrem Schiff vorbei, zu ihrem Unglück. Als sie den jungen Mann am Ufer sahen, faßten sie den Entschluß, ihn gefangenzunehmen; sie meinten, er sei wohl der Sohn vornehmer Leute und werde gegen hohes Lösegeld zurückgekauft werden. Sie gingen an Land, nahmen ihn gefangen und brachten ihn auf ihr Schiff. Dort wollten sie ihn fesseln; aber dies gelang nicht, die Fesseln hielten nicht, sondern fielen zur Erde nieder, und der scheinbar Gefangene saß lächelnd auf dem Schiff. Da begriff wenigstens der Steuermann, was vorgefallen war, und rief den anderen Matrosen zu, sie sollten den Gefangenen freilassen; er sei gewiß ein Gott. Aber der Kapitän fuhr den Steuermann hart an: „Achte du auf den Wind und führe das Steuer; was mit diesem hier geschieht, ist Sache von uns Männern (und nicht von Feiglingen wie du einer bist). Wir werden ihn nach Ägypten oder Zypern oder bis ans Ende der Welt wegführen, und dann wird er uns schließlich seine Familie nennen (und wir werden das Lösegeld bekommen)." Dann setzte er das Segel, und der Wind blies hinein. Aber nun geschahen Wunder:

Auf dem Schiff rieselte süßer Wein, und ein göttlicher Duft kam auf. Von der Spitze des Mastbaums aus hing zu beiden Seiten ein Weinstock mit vielen Trauben herab. Um den Mastbaum schlang sich Efeu mit blühenden Dolden und Fruchtbüscheln, und die Ruderpflöcke waren bekränzt. Da bekamen die Seeräuber Angst und riefen dem Steuermann zu, er solle an Land steuern. Aber nun verwandelte sich Dionysos in einen brüllenden Löwen, und in der Mitte des Schiffes war ein zottiger Bär, der sich drohend aufrichtete, während der Löwe grimmig blickte. Da flohen die Matrosen alle ans Heck des Schiffes zum Steuermann, der allein besonnen geblieben war. Nun sprang der Löwe und packte den Kapitän; da fürchteten alle den Tod, sprangen vom Schiff ins Meer[44] und wurden in Delphine verwandelt. Nur den Steuermann hielt Dionysos fest, weil er Mitleid mit ihm hatte, „und machte ihn ganz glückselig" (καί μιν ἔθηκε πανόλβιον)[45] und sprach: „Sei getrost,[46] göttlicher Katreus, der meinem Sinn lieb ist; denn ich bin Dionysos der Tosende, der Sohn des Zeus und der Semele",

> θάρσει, δῖε Κατρεῦ,[47] τῶι ἐμῶι κεχαρισμένε θυμῶι·
> εἰμὶ δ' ἐγὼ Διόνυσος ἐρίβρομος, ὃν τέκε μήτηρ
> Καδμηὶς Σεμέλη Διὸς ἐν φιλότητι μιγεῖσα (Vers 55–57).

---

[43] πρωθήβης, denn ἥβη bedeutet oft die ersten Schamhaare (Hinweis von W. Burkert).

[44] Wohl Umsetzung eines Tauf-Rituals in Erzählung. Vgl. unten § 116.

[45] Die Seligpreisung des Mysten; vgl. den homerischen Demeterhymnus 480 ὄλβιος, ὃς τάδ' ὄπωπεν, Pindar, fr. 137 Snell/Maehler, Sophokles fr. 837 Radt, Euripides Bakchen 72 ff. ὦ μάκαρ, ὅστις εὐδαίμων τελετὰς θεῶν εἰδὼς βιοτὰν ἁγιστεύει καὶ θιασεύεται ψυχὰν κτλ.

[46] Dieses „Sei getrost" ist ein Kennwort der Mysterien, s. Firmicus Maternus, De errore profanarum religionum 22 θαρρεῖτε μύσται.

[47] Überliefert ist διεκατωρ. Ich stelle vermutungsweise den Namen Katreus her, der bei Ps. Apollodor (Bibliothek II 23) als mythologischer Name belegt ist.

Diese feierliche Selbstvorstellung des Gottes ist eine typische Form religiöser Rede. Sie kommt auch in den Hymnen auf Demeter und Apollon vor[48] und ist aus späteren Texten vielfach bekannt:

> „Ich bin Isis, die Herrin allen Landes",[49]
> „Ich bin der Weg, die Wahrheit und das Leben",
> „Ich bin die wahre Traube".[50]

§ 61   Die Geschichte von den tyrrhenischen Seeräubern wird mit interessanten Varianten auch von Ovid erzählt und steht in der „Bibliothek" des Ps. Apollodor, einem mythographischen Handbuch.

Bei Ovid kommt ein weiteres dionysisches Wunder dazu, indem bei ihm das Schiff der Seeräuber mit dem Gott an Bord plötzlich auf hoher See still steht, als ob es an Land in einer Trockenwerft läge:

> stetit aequore puppis
> haud aliter quam si siccum navale teneret (Metam. III 660/1).

In der mythographischen „Bibliothek" verwandelt Dionysos den Mastbaum und die Ruder des Schiffes in Schlangen, läßt Efeu über das ganze Schiff wachsen und lauten Flötenklang erschallen.[51]

Seit diesem mythischen Ereignis begleiten die Delphine den Gott, wenn er über See fährt. Der Delphin ist ein wunderbarer Fisch. Er ist ein Säugetier („Delphin" heißt geradezu „Gebärmutterfisch"; das griechische Wort δελφύς bezeichnet die Gebärmutter); er ist ein Tänzer und der klügste unter den Fischen. Im Gedicht vom Fischfang sagt Oppian über ihn:

> δελφίνων οὔ πω τι θεώτερον ἄλλο τέτυκται,

„Es gibt nichts, was dem Göttlichen näher wäre als der Delphin" (Hal. I 647).

Die Geschichte von der Verwandlung der Seeräuber in Delphine ist auf dem Lysikrates-Monument in Athen[52] und auf einem kaiserzeitlichen Mosaik aus Thugga in Afrika (Abb. 32) dargestellt.[53] Das Trierer Mosaik, welches Dionysos im Kreis der Jahreszeiten zeigt, ist von einem Fries von Delphinen eingerahmt (Abb. 28).

---

[48] Homer, Hymn. Dem. 268, Hymn. Apoll. 480. Für weitere Belege s. E. Norden, Agnostos Theos (1912) 186 und 219; N. J. Richardson im Kommentar zum homerischen Demeterhymnus (S. 243 und 248) und W. Bühler zu Moschos, Europa 154/5 (hier sind die Formeln „Sei getrost" und „Ich bin" miteinander verbunden, wie im homerischen Dionysoshymnus).

[49] Ἶσις ἐγώ εἰμι, ἡ τύραννος πάσης χώρας: I. K. 5 (Kyme), 41; M. Totti, Texte Nr. 1; vgl. Diodor I 27.

[50] ἐγώ εἰμι ἡ ὁδὸς καὶ ἡ ἀλήθεια καὶ ἡ ζωή (Joh. 14, 6); ἐγώ εἰμι ἡ ἄμπελος ἡ ἀληθινή (Joh. 15, 1; die Formel kommt in diesem Evangelium etwa 25mal vor).

[51] Bibl. III 38 τὸ δὲ σκάφος ἔπλησε κισσοῦ καὶ βοῆς αὐλῶν.

[52] J. Travlos, Bildlexikon zur Topographie des antiken Athen S. 348–351 mit Abb. 450–2. Vgl. auch Philostrat, Imagines I 19 (p. 321–3 Kayser).

[53] Wie Dionysos, von Delphinen umgeben, über See fährt, sieht man auf der berühmten Schale des Exekias: E. Pfuhl Abb. 231; P. E. Arias–M. Hirmer, Vasenkunst Abb. XVI (neben Abb. 58); J. Boardman,

Das Weinwunder

§62   Die größte Tat des Gottes ist gewesen, daß er den Menschen den Wein gab. In immer neuen Variationen ist erzählt worden, daß Dionysos bei den Menschen einkehrte und Wasser in Wein verwandelte. So berichtet Silius Italicus, daß Bacchus einst unerkannt in Mittelitalien bei dem alten Bauern Calpes eingekehrt sei. Dieser habe den Gast so liebevoll bewirtet, daß Bacchus ihm dafür danken wollte (VII 186–194):

Deesse tuos latices, hac sedulitate senili
captus, Iacche, vetas. subito, mirabile dictu,
fagina pampineo spumarunt pocula suco,
pauperis hospitii pretium; vilisque rubenti
fluxit mulctra mero, et quercu in cratera cavata
dulcis odoratis humor sudavit ab uvis.
„En cape", Bacchus ait, „nondum tibi nota, sed olim
viticolae nomen pervulgatura Falerni
munera" – et haud ultra latuit deus.

„Durch den Eifer des Alten ganz für ihn eingenommen, erlaubst du, Iacchus,[54] nicht, daß dein Naß fehle. Plötzlich schäumten die hölzernen Becher in wunderbarer Weise vom Saft der Trauben, als Dank für die bescheidene Gastfreundschaft; der billige Melkeimer flutete von rotem Wein; ein Eichenstamm war (plötzlich) ausgehöhlt und zu einem Mischkrug gemacht, süße Feuchtigkeit tropfte aus duftenden Trauben, und Bacchus sprach: ‚Nimm diese Gabe, die du noch nicht kennst, die aber einst den Namen des Falerner Weinbauern berühmt machen wird', und nun war offenbar, daß er ein Gott war."

Besonders guter Wein wuchs am See von Nikaia, und der älteste Name der Siedlung soll Ἑλικωρή „die rankenreiche" gewesen sein.[55] Dort hat einst Dionysos das Wasser eines Flüßchens in Wein verwandelt, um die spröde Nymphe des Ortes zu überlisten. Sie trank nichtsahnend aus der Quelle und sank in Schlaf, und als sie wieder erwachte, hatte Dionysos sie zu seiner Geliebten gemacht. Sie gebar dem Gott eine Tochter namens Τελετή „Einweihung".[56]

Schwarzfigurige Vasen S. 92 Abb. 104.3; E. Simon, Die Götter der Griechen S. 287 Abb. 279; E. Simon – M. und A. Hirmer, Vasen Tafel XXIV (neben Abb. 73); L. Deubner Tafel 14, 1; F. W. Hamdorf Farbtafel I (neben S. 52).

[54] *Iacchus* ist eine Variante des Namens *Bacchus*, in der das *Jauchzen* der Dionysosdiener lautmalend anklingt.

[55] Georgii Cyprii descriptio orbis Romani ed. H. Gelzer (1890) S. 11–12; s. Epigraphica Anatolica 5, 1985, 1–3.

[56] Nonnos, Dionysiaka 14 und 16; die Verwandlung von Wasser in Wein in 14, 412, vgl. 16, 253. Memnon von Herakleia bei Photios, Bibl. cod. 224 p. 234a 4–11 = Jacoby, F. gr. Hist. 434 F 1, 28, 9 p. 357, 21–30 (etwas andere Variante). Vgl. „Nikaia in der römischen Kaiserzeit" (Opladen 1987) 34–41.

Das Weinwunder wurde in den verschiedensten Varianten erzählt.[57] So soll in Naxos dem Felsen eine Weinquelle entsprungen sein (s. §64). Das eigentliche Wunder bestand aber darin, daß der Traubensaft sich in Wein verwandelte. So wurde in anderen Dionysos-mythen berichtet, daß der Gott an einem Tag die Rebe wachsen, die Trauben ansetzen und reifen, ernten und keltern lasse und dann den Saft in Wein verwandle. Von diesem Wunder haben Sophokles,[58] Euripides[59] und der hellenistische Dichter Euphorion[60] berichtet.

§63   Eine lebendige Schilderung der ersten Weinlese und des anschließenden Bacchus-festes gibt der bukolische Dichter Nemesian (3. Jahrh. n. Chr.). Als der Bacchus-Knabe heranwächst, so erzählt er in seinem dritten Gedicht, da reifen sofort die Trauben:

35	Interea pueri florescit pube iuventus[61]
	flavaque maturo tumuerunt tempora cornu.
	tum primum laetas ostendit pampinus uvas;
	mirantur Satyri frondes et poma Lyaei.
	tum deus, „O Satyri, maturos carpite fetus"
40	dixit, et „ignotos pueri calcate racemos".
	vix haec ediderat, decerpunt vitibus uvas
	et portant calathis celerique elidere planta
	concava saxa super properant; vindemia fervet
	collibus in summis, crebro pede rumpitur uva
45	rubraque purpureo sparguntur pectora musto.
	tum Satyri, lasciva cohors, sibi pocula quisque
	obvia corripiunt; quod fors dedit, arripit usus.
	cantharon hic retinet, cornu bibit alter adunco;
	concavat ille manus, palmasque in pocula vertit;
50	pronus at ille lacu bibit, et crepitantibus haurit
	musta labris; alius vocalia cymbala mergit,
	atque alius latices pressis resupinus ab uvis
	excipit; at potis saliens liquor ore resultat
	spumeus inque humeros et pectora defluit humor.
55	omnia ludus habet cantusque chorique licentes.
	et Venerem iam vina movent; raptantur amantes

---

[57] Auf der Insel Kranae vor Gytheion in Lakonien wurde im Frühling ein Dionysosfest gefeiert, bei dem man reife Trauben fand (Pausanias III 22, 2).

[58] Fr. 255 Radt. Vgl. Steph. Byz. s. v. Νῦσαι (p. 479, 10–12 Meineke) δεκάτη (sc. Νῦσα) ἐν Εὐβοίαι, ἔνθα διὰ μιᾶς ἡμέρας τὴν ἄμπελόν φασιν ἀνθεῖν καὶ τὸν βότρυν πεπαίνεσθαι.

[59] Phönissen 229–231.

[60] Schol. AD zu Homer N 21 = fr. 118 Scheidweiler = 100 Powell (Collectanea Alexandrina p. 48).

[61] Im homerischen Dionysoshymnus gleicht Dionysos einem νεηνίηι ἀνδρὶ ... πρωθήβηι (Hymn. 7, 3–4). Vgl. §60.

concubitu Satyri fugientes iungere Nymphas,
iam iamque elapsas hic crine, hic veste retentat.
tum primum roseo Silenus cymbia musto
60   plena senex avide non aequis viribus hausit.
ex illo venas inflatus nectare dulci
hesternoque gravis semper ridetur Iaccho.
quin etiam deus ille, deus Iove prosatus ipso,
et plantis uvas premit et de vitibus hastas
65   ingerit et lynci praebet cratera bibenti.

„Inzwischen erblühen die jugendlichen Haare des Knaben an der Scham und die blonden
Schläfen schwellen durch ein reifendes Horn an.[62] Damals brachte der Weinstock zum
erstenmal reife Trauben hervor; die Satyrn staunen über die Blätter und die Früchte des
lösenden Gottes. Da sagte der Gott: „Ihr Satyrn, pflückt die Früchte, sie sind reif"; und
„ihr Knaben, trampelt auf den Weinbeeren, die ihr noch nicht kennt". Kaum hatte er so
gesprochen, da pflücken sie die Trauben von den Zweigen und bringen sie in Körben
und beeilen sich, sie über gehöhlten Felsen mit raschen Fußsohlen auszuquetschen; es
braust die Weinlese auf der Höhe der Hügel, durch häufiges Trampeln mit den Füßen
wird die Traube zerquetscht; die Brust (der Satyrn) wird rot, bespritzt von dem purpurro-
ten Most. Da ergreifen die Satyrn, die fröhliche Truppe, die Becher, jeder den, der gerade
zur Hand ist; was der Zufall gegeben hat, wird in Gebrauch genommen. Einer hält einen
Humpen, ein anderer trinkt aus gekrümmtem Horn; dieser hält die hohlen Hände
zusammen und macht aus den Händen ein Trinkgefäß; aber jener trinkt mit vorgebeug-
tem Kopf aus der Wanne und schlürft den Most mit schnalzenden Lippen; ein anderer
taucht die Handtrommel (in die Bütte), und (wieder) ein anderer fängt zurückgelehnt
den Trank aus den ausgepreßten Trauben auf; aber sobald sie betrunken sind, springt
das überquellende Naß wieder aus dem Mund heraus, und die schäumende Flüssigkeit
fließt auf die Schultern und die Brust herunter. Alles ist Spiel, Gesang und zügelloser
Tanz. Und nun bringt der Wein auch schon Venus herbei; die verliebten Satyrn versuchen,
die fliehenden Nymphen zu erwischen und sich in Liebe mit ihnen zu verbinden, und
wenn diese schon beinahe entronnen sind, hält der eine sie an den Haaren, der andere
am Kleid fest. Damals zum erstenmal hat der alte Silen die von rosarotem Most volle
Trinkschale allzu begierig ausgetrunken; seine Kräfte waren dem nicht gewachsen, und
seit jenem Tag wird er immer von Iacchus (= Bacchus) ausgelacht, weil seine Adern
vom süßen Wein angeschwollen sind und er vom gestrigen Tag her noch einen schweren
Kopf hat. Ja, sogar jener Gott selbst, der Sohn des Iuppiter, tritt mit seinen Fußsohlen
auf die Trauben und führt (Thyrsos-)Lanzen aus dem Holz des Weinstocks und gibt dem
Luchs, wenn er trinken will, den Mischkrug."

[62] Man stellte sich den Gott manchmal als Stier und manchmal in gott-menschlicher Gestalt mit
Stierhörnern vor.

Zeichnung 8: Die Silensquelle auf Naxos (Ausschnitt aus der Phineusschale in Würzburg). Hochzeitszug des Dionysos und der Ariadne und Entdeckung der Quelle

Dionysos ließ nicht nur Weinquellen aufspringen; wenn er erschien, dann gab die Erde auch Milch und Honig. Dies hat Euripides mehrfach beschrieben.[63]

Bakchos soll auch als erster den Honig gefunden haben:

    a Baccho mella reperta ferunt   (Ovid, Fasti III 736).

Ariadne

§ 64   Als Theseus die von ihm aus Kreta entführte Ariadne auf Naxos verlassen hatte, versank die Unglückliche in tiefen Schlaf. Aber es nahte ihr das höchste Glück. Diese Szene ist auf Naxos mit einer großen Aufführung begangen worden: Dionysos erschien mit den Nymphen; diese tanzten um die schlafende Schöne. Dann erweckte Dionysos Ariadne als seine Braut, und man feierte sogleich die Hochzeit. Das Brautpaar bestieg einen Wagen, der von Löwen, Panthern und Hirschen gezogen wurde; die Tiere gingen friedlich nebeneinander wie einst in der goldenen Zeit. Ein Silen eilte dem Hochzeitszug voraus und entdeckte eine Weinquelle, die aus einem Löwenmaul in eine darunter stehende große Schale sprudelte; darüber hingen Weinranken mit Trauben. Der Satyr winkte den Nachfolgenden, rasch herbeizukommen.

Diese Szene ist auf der Phineus-Schale in Würzburg abgebildet (Zeichnung 8).

[63] Bakchen 142 und 704–711; Hypsipyle fr. 57 (G.W. Bond, Euripides Hypsipyle, 1963, S. 45; W. Cockle, Eur. Hyps., Rom 1987, S. 110/1). Vgl. auch Nonnos 45, 306–310 (Milch und Wein); Philostrat, Imagines I 14 (p. 316, 4–6 Kayser). – Milch und Wein im Gemach der Töchter des Minyas: Antoninus Liberalis 10, 2 und Aelian, Var. hist. III 42, 7. – Vgl. noch Nonnos 22, 16–27.

Vom Tanz der Mädchen um die schlafende Ariadne und der Silensquelle[64] handeln
Verse des Kallimachos.[65] Die ganze Folge der Ereignisse schildert ein Chorlied im
Oedipus des Seneca:

Naxos Aegaeo redimita ponto tradidit thalamis virginem relictam, meliore pensans damna marito: pumice ex sicco fluxit Nyctelius latex; ... ducitur magno nova nupta caelo.	„Das vom aegeischen Meer umkränzte Naxos hat das verlassene Mädchen dem Brautgemach zurückgegeben, indem es den Verlust (des The- seus) aufwog durch einen besseren Gatten; aus dem trockenen Fels floß die Feuchte des Nyk- telios (= Dionysos); ... die Braut wird zum hohen Him- mel emporgeführt" (488–497).

§65   Die Szene, wie Dionysos die schlafende Ariadne findet, ist vor allem aus dem
Epyllion des Catull[66] berühmt. Man sieht sie auch oft in der bildenden Kunst, z.B. auf
dem Fresco in Pompei (Abb. 7)[67] und auf den Sarkophagen in Baltimore (Abb. 48) und
Rom (Abb. 70).[68]

Die Hochzeit des Dionysos und der Ariadne

§66   Diese Hochzeit mit ihrer Entrückung des Brautpaars in den Himmel des Glücks
war das mythische Vorbild aller Hochzeiten der Dionysosmysten. Als eine Verheißung
auf hochzeitliche Seligkeit ist sie im zentralen Bild der Villa dei misteri in Pompei
dargestellt (Abb. 3). Auf einem Mosaik aus Thuburbo Maius in Africa (Abb. 27) ruhen
Dionysos und Ariadne unter einer Weinlaube.[69] Auf einem römischen Grabaltar reichen
die beiden sich unter einer Weinlaube die Hand (Abb. 12). Auch auf dem Sarkophag in
Kopenhagen (Abb. 60) hängen die Trauben so über dem Brautpaar, daß sie eine Laube
bilden; unter dem Paar befindet sich eine Grotte, in welcher zwei Eroten einen Pan

---

[64] Diese Weinquelle auf Naxos bezeugt auch Stephanos von Byzanz (s. v. Νάξος, p. 468, 13 Meineke):
ἔστιν ἐκεῖ κρήνη, ἐξ ἧς οἶνος ῥεῖ μάλα ἡδύς.

[65] Fr. 67, 11–14 (über die Schönheit der Kydippe):
κείνης οὐχ ἑτέρη γὰρ ἐπὶ λασίοιο γέροντος
    Σιληνοῦ νοτίην ἵκετο πιδυλίδα
ἠόϊ εἰδομένη μάλιον ῥέθος οὐδ᾽ Ἀριήδης
    ἐς χορὸν εὐδούσης ἁβρὸν ἔθηκε πόδα,
„keine andere glich der Morgenröte mehr im Angesicht als sie, wenn sie zu der feuchten Quelle des
zottigen alten Silens kam und wenn sie ihren zarten Fuß im Reigentanz um die schlafende Ariede (=
Ariadne) setzte".

[66] 64, 251–264; vgl. auch Ovid, Ars amatoria I 527–564.

[67] Andere pompeianische Bilder mit demselben Thema: Casa del Citarista (L. Curtius, Die Wandma-
lerei S. 307 Abb. 176); Strada d'Olconio (Curtius S. 313 Abb. 179); im Museo Nazionale in Neapel (Bruhl,
Liber pater pl. XIII neben S. 142). Vgl. weiter die Nachweise bei K. Schefold, Die Wände S. 367 (im
Index: „Ariadne aufgefunden") sowie Philostrat, Imagines I 15 (p. 316/7 Kayser).

[68] Vgl. F. Matz, Sarkophage III Nr. 207–229 mit den Verweisen auf S. 360 oben.

[69] Vgl. schon die attische Vase in München, Antikensammlungen 1562; Cl. Bérard – J.P. Vernant,
Bilderwelt S. 194 Abb. 184.

gefesselt haben. Auf zwei anderen römischen Sarkophagen (Abb. 62 und 79) findet in der Grotte, über der das Brautpaar sitzt, das Kelterfest statt: Pan, die Silene und Satyrn sind in die Kufen gesprungen und trampeln fröhlich auf den Trauben, während ein anderer Satyr (in Abb. 79) neue Trauben bringt und nachschüttet. Die Hochzeit des Dionysos und der Ariadne hat also anläßlich der Weinlese und der Kelter stattgefunden.

Oft ist auch die Fahrt der beiden auf dem Wagen abgebildet, wie schon auf der in §64 besprochenen Phineusschale. So fahren auf dem Sarkophag Abb. 77 die beiden aufeinander zu, Dionysos von links und Ariadne von rechts. Auf dem pompeianischen Fresco Abb. 6 fahren beide zusammen auf einem Wagen, der von Stieren gezogen wird, auf dem Münchner Sarkophag Abb. 59 auf einem Kentaurenwagen, der von einer Weinlaube überdacht ist.

Manchmal nimmt auch die Mutter Semele, die von Dionysos aus dem Hades befreit worden ist, an der Hochzeit teil, so auf dem Sarkophag in München Abb. 57: Da fährt Semele[70] in einem eigenen, von Löwen gezogenen Wagen dem Brautpaar voraus, das in einem Kentaurenwagen fährt. Auf dem Sarkophag im Konservatorenpalast Abb. 75 sitzen die beiden Frauen (Ariadne und Semele) zusammen in einem Wagen, und Dionysos folgt in einem zweiten Wagen nach. Wenn Semele in der Prozession mitfährt, wird nicht nur die Hochzeit, sondern gleichzeitig auch die Apotheose mit der Auffahrt in den Olymp dargestellt.

---

[70] Für die Deutung dieser Figur auf Semele s. R. Turcan 488 und 499.

V Das Leben auf dem Lande

Aurea secura cum pace renascitur aetas
(Calpurnius I 42)

Dionysos als der „auf den Feldern Lebende" (ἀγρότερος)

§ 67 Wenn man von den Theateraufführungen und den großen Schauprozessionen durch die Städte, die karnevalistischen Charakter trugen, absieht, dann sind die meisten Dionysoskulte ländliche Kulte gewesen, entsprechend dem Charakter des Gottes, der die Früchte und den Wein wachsen ließ. So hat Dionysos auch den Beinamen „der auf den Feldern Lebende" (ἀγρότερος) erhalten, der ihn in Gegensatz zu den Göttern der Stadt setzt; der Beiname gilt sonst der Artemis, der Herrin des „Draußen".[1]

Das älteste Dionysosfest in Athen waren die „Dionysia auf dem Lande" (Διονύσια κατ' ἀγρούς), und Herodot berichtet von einem Dionysosfest der Smyrnäer, welches in längst vergangener Zeit „außerhalb der Stadtmauer" gefeiert worden war.[2]

Das Dionysosheiligtum, welches Timokleides in Thasos geweiht hatte, lag „unter freiem Himmel".[3]

Die Dionysosmysten vor der Stadt

§ 68 Mehrere dionysische Clubs führten den Namen „vor der Stadt". Dies gilt z. B. für die Dionysosmysten von Smyrna und Ephesos. Auch in Magnesia, Milet, Erythrai, Teos und auf den Inseln Thasos und Thera sind dionysische Feiern vor der Stadt bezeugt.[4]

Was die Dionysosmysten „vor der Stadt" suchten, war nicht die unberührte Natur im Sinn der Romantiker. E. Rohde hat ihre Naturempfindung so charakterisiert:[5] „Stets blieb die Hingebung der Griechen an die stumme Natur eine sehr viel gelassenere als die des modernen Naturschwärmers. Dieser sucht in der Natur ein Etwas, welches nicht der Mensch sei … Das antike Naturgefühl blieb stets polytheistisch und plastisch. Auch der

---

[1] Kaibel, Epigrammata 871 = I. G. XII 5 (Tenos), 972 ϑυσσάδος ἀγροτέρου Βρο[μίου. Vgl. Wilamowitz, Glaube II 374.

[2] I 150 τοὺς Σμυρναίους ὁρτὴν ἔξω τείχεος ποιευμένους Διονύσωι.

[3] ὑπαίϑριον … ναόν, s. § 16.

[4] I. Magnesia 215, 35. – Milet: Epigramm der Alkmeonis unten § 139. – I. K. 2 (Erythrai) 210a. – Teos: C. I. G. 3092 = Le Bas-Waddington, Voyage archéologique 110, besser bei L. Robert, Etudes anatoliennes 24/5. – Thasos: I.G. XII Suppl. p. 167 Nr. 447, auch bei L. Robert, Les gladiateurs dans l'Orient grec (1940) 107 Nr. 48. – Thera: I.G. XII 3, 420 und 522.

[5] Der griechische Roman ^{1}511 = ^{3}544.

späte Grieche sucht in der Natur wohl, statt der Verwirrung der Menschenwelt, eine ewig in gleichem Maß bewegte Harmonie, statt des hastigen Getümmels der Stadt die beschauliche Andacht auf stiller Flur; aber … eine gewissermaßen rationale Natur, vom Menschen gebändigt, gesänftigt, gebildet, ist es, in der er Ruhe und sanfte Erquickung aufsucht."

Die Rinderhirten (Bukóloi)

§ 69 Bei den Landpartien haben die Männer unter den Dionysosmysten die Rollen von Hirten angenommen, und Bukólos (Rinderhirt) war unter den Dionysosdienern ein Ehrentitel. Dionysos soll selbst einst in den Tälern Rinder geweidet haben.[6] Manchmal gab es auch einen Ober-Bukolos (ἀρχιβούκολος). Wir finden diese Ränge im Verein der Pompeia Agrippinilla bei Rom, in Apollonia am Pontos, Killai in Thrakien, Physkos, Perinthos, Pergamon, Ephesos, Philadelphia und Abdera.[7] Bei den Iobakchen in Athen gab es einen „Bukolikós".[8] In den orphischen Hymnen wird das Wort „Bukólos" synonym mit „Mystes" gebraucht.[9]

Lukian berichtet, daß die Ionier bei den Dionysosfesten tagelang den Tanzvorführungen der Korybanten, Satyrn und Bukóloi zusehen.[10]

In Athen wurde die heilige Hochzeit des Dionysos mit der Frau des „Basileus" (Königs) im Bukoleion (Gebäude der Bukóloi) gefeiert;[11] in der frühen Zeit hat man sich den Gott auch als Stier vorgestellt, und so war der Titel eines Rinderhirten für die Dionysosdiener angemessen. Der Sprachgebrauch findet sich schon bei Aristophanes und Euripides.[12] In der Kaiserzeit bezeichnet „Bukólos" in dionysischem Zusammenhang einen dionysischen Mysten. Das Wort hatte einen „bukolischen"Klang; man dachte an das sorgenfreie Landleben, welches in der bukolischen Poesie geschildert war.

---

[6] Ps. Theokrit 20, 33 χὠ καλός(!) Διόνυσος ἐν ἄγκεσι πόρτιν ἐλαύνει. Manche Editoren streichen den Vers; A. S. F. Gow bemerkt: „Probably … the line is an adscript from some other source". Jedenfalls ist der Vers antik und belegt die Vorstellung von Dionysos selbst als einem Bukólos.

[7] Apollonia: I. G. Bulg. I 401. – Killai: I. G. Bulg. III 1517. – Physkos: I. G. IX 1², 670 = F. Sokolowski, Lois sacrées des cités grecques, Supplément (III, 1969) Nr. 181. – Perinthos: G. Kaibel, Rhein. Mus. 34, 1879, 211 = A. Dieterich, Kl. Schr. 72–74 = O. Kern, Orphicorum Fragmenta p. 61, test. 210 = M.P. Nilsson, Mysteries 54 (Anm. 49). – Pergamon: I. Perg. 485 = Sylloge³ 1115; A. M. 24, 1899, 179 Nr. 31 und S. 180 = I. Perg. II 486a. – Ephesos: I.K. 14, 1268 und 15, 1602 c + d 26 und o 2. – Philadelphia: K. Buresch, Aus Lydien S. 11 Nr. 8 = Guil. Quandt S. 179/180 = M.P. Nilsson, Mysteries 55 Anm. 60. – Abdera: J. Bousquet, B.C.H. 62, 1938, 51–54.

[8] Sylloge³ 1109, 123.

[9] 1, 10 und 31, 7. Vgl. A. Dieterich, Kl. Schr. 103.

[10] De saltatione 79, s. § 82.

[11] Aristoteles, Ath. pol. 3.

[12] Wespen 10; Kreter fr. 472 Nauck = 79 Austin (in Vers 11 βούτης); zitiert in § 142.
Antiope Fr. 203 Nauck (bei Clemens Alex., Strom. I 163, 5) lautet etwa:
    ἔνδον δὲ θαλάμοις βουκόλον ⟨βλέπειν δοκῶ⟩
    κοσμοῦντα κισσῶι στῦλον εὐίου θεοῦ.
Hier ist das Ende von Vers 1 probeweise von Maximilian Meyer ergänzt; κοσμοῦντα ist Konjektur von Toup, die mir ziemlich sicher scheint (überliefert ist κομῶντα).

Die Ziegenhirten (Aipóloi)

§70   Die Ziegenhirten rangierten einen Rang unter den Rinderhirten. Aus Theokrits Gedicht „Das Erntefest" (Thalysia) ergibt sich, daß auch Aipóloi unter den als Hirten verkleideten Teilnehmern dionysischer Feste waren. Dort erzählt Simichidas (das ist der Deckname Theokrits), daß er auf dem Weg zum Erntefest seinem Freund Lykidas begegnet sei und mit ihm einen bukolischen Sangeswettstreit geführt habe. Er beschreibt den Lykidas so (7, 13–19):

> ἦς δ' αἰπόλος, οὐδέ κέ τίς νιν
> ἠγνοίησεν ἰδών, ἐπεὶ αἰπόλωι ἔξοχ' ἐώικει.
> ἐκ μὲν γὰρ λασίοιο δασύτριχος εἶχε τράγοιο
> κνακὸν δέρμ' ὤμοισι νέας ταμίσοιο ποτόσδον,
> ἀμφὶ δέ οἱ στήθεσσι γέρων ἐσφίγγετο πέπλος
> ζωστῆρι πλακερῶι, ῥοικὰν δ' ἔχεν ἀγριελαίωι
> δεξιτερᾶι κορύναν,

„er war ein Ziegenhirt, und keiner, der ihn sah, hätte dies verkennen können, denn er glich einem Ziegenhirten ganz ungemein; es hing ihm auf den Schultern das gelbe Fell eines zottigen, dichthaarigen Bocks, das nach Lab roch; um seine Brust war ein altes Gewand mit einem breiten Riemen festgeschnürt, und in seiner Rechten hielt er einen krummen Knüppel aus dem Holz einer wilden Olive".

Die Maskerade war also so gut, daß man auf den ersten Blick sah, welche Rolle Lykidas angenommen hatte. – Für die Mysten „mit der Umgürtung" (ἀπὸ καταζώσεως) s. §15.

In den Inschriften kommen die Ziegenhirten (Aipóloi) als Rang nicht vor. Dies dürfte damit zusammenhängen, daß alle Rangbezeichnungen einer ständigen Inflation unterliegen.

Die Streu (Stibás)

§71   Das Festmahl der Dionysosmysten fand auf frisch geschnittenem, duftendem Gras statt, und zwar auch dann, wenn man in einem Haus oder einem Bankettsaal tafelte. Die schönste Beschreibung steht in dem soeben zitierten Gedicht des Theokrit. Lykidas stellt sich vor, daß er ein Fest feiern wolle, wenn sein Freund Hageanax gut an seinem Reiseziel angekommen sei; dann wird er selbst sich bekränzen und den besten Wein aus dem Mischkrug schöpfen.

> χἀ στιβὰς ἐσσεῖται πεπυκασμένα ἔστ' ἐπὶ πᾶχυν
> κνύζαι τ' ἀσφοδέλωι τε πολυγνάμπτωι τε σελίνωι (7, 67/8),

„und die Streu wird ellenhoch sein, bedeckt von Wiesenkraut und Asphodill und vielgewundenem Eppich", und er wird im Andenken an Hageanax tief in den Becher blicken.

Auch das Demeterfest (die Thalysia) des Theokrit findet auf einer solchen Streu statt, in der Nähe einer Nymphengrotte (also einer Quelle). „Wir legten uns freudig nieder", erzählt er, „auf tiefen Lagern auf der Erde, die aus süß-duftendem Schilf bereitet waren, und auf frisch geschnittenem Weinlaub; viele Pappeln und Ulmen wiegten sich über unseren Häuptern, und in der Nähe plätscherte das heilige Wasser, das aus der Nymphengrotte herabfloß",

ἔν τε βαθείαις

ἁδείας σχοίνοιο χαμευνίσιν ἐκλίνθημες

ἔν τε νεοτμάτοισι γεγαθότες οἰναρέοισι·

πολλαὶ δ' ἄμμιν ὕπερθε κατὰ κρατὸς δονέοντο

αἴγειροι πτελέαι τε· τὸ δ' ἐγγύθεν ἱερὸν ὕδωρ

Νυμφᾶν ἐξ ἄντροιο κατειβόμενον κελάρυζε (7, 132–137).

Solche „Stibádes" sind für die dionysischen Feste oft bezeugt. Als Ptolemaios IV. Philopator in Alexandria des Dionysosfest der „Lagynophoria" feierte, lagerten die Gäste auf Streu.[13]

Philostrat erzählt über Herodes Atticus, den Milliardär: „Wenn das Dionysosfest kam und das Standbild des Dionysos in Prozession zum Heiligtum des (Heros) Akademos gebracht wurde, gab er (Herodes) im (Stadtviertel) Kerameikós allen Städtern und Fremden ein Gelage, wobei sie auf einer Streu von Efeu lagerten".[14]

Auch der Dionysosverein der Iobakchen, der von Herodes Atticus subventioniert wurde, hielt seine Festmahlzeiten auf einer Stibás ab, ja, das Bankettgebäude selbst und auch die Mahlzeiten wurden mit demselben Wort „Stibás" bezeichnet.[15]

Das Wort kommt auch in Inschriften aus Pergamon,[16] Rhodos[17] und Rom[18] vor, immer im Zusammenhang mit Dionysosfesten.

In Smyrna hat ein reicher Mann eine Stibás für einen Ganymedes-Verein gestiftet. Vermutlich war auch dies ein dionysischer Club,[19] dessen Mitglieder beim Trinkgelage wie Ganymedes in den Olymp entrückt zu sein glaubten.

Die Grotten

§72   In der oben (§71) angeführten Stelle aus den Thalysia des Theokrit ist uns schon eine Nymphengrotte begegnet. Die Dionysosfeste sind oft neben oder in solchen – natürlichen oder künstlichen – Grotten gefeiert worden.[20] Im Mystenverein der Pompeia

---

[13] Eratosthenes bei Athenaios VII 2, p. 276 B (Kaibel 2, 112, 3) κατακλιθέντες ἐπὶ στιβάδων.

[14] Vit. soph. II 1, 3 p. 58, 1–2 Kayser (1871) κατακειμένους ἐπὶ στιβάδων κιττοῦ.

[15] Sylloge³ 1109.

[16] I. Pergamon I 222.

[17] I.G. XII 1, 786, Zeile 21.

[18] Dessau 3369/70. Vgl. Ch. Picard, Comptes-rendus de l'Académie des Inscriptions et Belles-Lettres 1944, 127 ff. und B.C.H. 68/9, 1944, 240 ff.; M.P. Nilsson, Mysteries 63.

[19] I.K. 24, 722 τὴν στιβάδαν ἐξήρτισε Γανυμηδίταις.

[20] Die dionysischen Grotten sind von P. Boyancé sorgfältig behandelt worden: L'antre dans les mystères de Dionysos, Atti della Pontificia Accademia Romana die Archeologia, Serie III, Rendiconti, vol. 33 (1960/1) 107–127. Vgl. auch Cl. Bérard, in: Mélanges d'histoire ancienne et d'archéologie offerts à P. Collart (Cahiers d'archéologie Romande, 5, 1976) 61–65.

Agrippinilla gab es das Amt der „Wächter der Grotte" (ἀντροφύλακες). Dionysos selbst soll in einer Grotte aufgezogen sein. Auf dem Relief in Rom (Abb. 44) sitzt der kleine Gott neben der Grotte, und eine Nymphe gibt ihm aus dem Füllhorn zu trinken. Diese Nymphengrotte war in Nysa; so sagt Silen im dritten bukolischen Gedicht des Nemesian über Bacchus:

> Hunc nymphae Faunique senes Satyrique procaces
> nosque etiam Nysae viridi nutrimus in antro,

„ihn haben die Nymphen, die alten Faune, die frechen Satyrn und ich selbst in Nysa in der grünen Höhle genährt".[21]

Andere berichten, der junge Gott sei in einer Höhle in Böotien[22] oder auf Euboea[23] oder in Brasiai in Lakonien[24] oder in Korkyra[25] oder in Afrika[26] aufgezogen worden. Auf dem Sarkophag im Vatican (Abb. 67) bringt Hermes den Dionysosknaben in eine Grotte neben dem Lamosfluß, der als liegender Mann mit Ruder dargestellt ist. In Naxos gab es eine Dionysosgrotte.[27] Auf der Lade des Kypselos in Olympia lagerte Dionysos in einer Grotte; er hatte einen goldenen Trinkbecher in der Hand.[28] Vor einer Höhle beim Fluß Kallichoros (in der Nähe von Herakleia Pontiké) hat Dionysos nach dem Sieg über die Inder Reigentänze aufgeführt.[29]

Im Paean des Philodamos von Skarpheia heißt es, daß dem Dionysos bei den Pythien eine würdige Grotte errichtet wurde.[30]

Der Hirt Brongos hat den Dionysos in einer Höhle empfangen und bewirtet.[31] Pan, der im dritten Gedicht des Nemesian ein Preislied auf Bacchus singt, lebt in Arkadien in Grotten.[32]

In einem auf zwei Papyrusfragmenten gefundenen Stück aus einem Drama sagt ein Dionysosdiener, der sich „Myste" nennt: „Ich, der Junge, spielte in den Höhlen."[33]

Im orphischen Hymnus heißt es, daß die Nymphen, die Ammen des Dionysos, ihre Freude an Grotten und Höhlen haben.[34]

---

[21] 3, 25/6. Vgl. schon Homer, Hymn. 26, 6 und Ovid, Metam. III 314/5 (oben §49).
[22] Oppian, Kyneg. IV 248.
[23] Oppian, Kyneg. IV 273.
[24] Pausanias III 24, 4.
[25] Schol. Apoll. Rhod. IV 1131.
[26] Diodor III 69, 1 und 3; 70, 1.
[27] Porphyrios, De antro nympharum 20 (p. 70, 13 Nauck; p. 20, 23 Westerink).
[28] Pausanias V 19, 6.
[29] Apollonios von Rhodos II 907.
[30] Vers 140, bei Powell, Collectanea Alexandrina p. 169 ζαθέωι τε τ[εὖ]ξαι θεῶι πρέπον ἄντρον.
[31] Nonnos 17, 37–66.
[32] Bucol. III 14.
[33] B. Kramer, Z.P.E. 34, 1979, 1–14; B. Snell–R. Kannicht, Trag. Graec. Fr. II, Adespoton 646 a; ein neues Fragment ediert K. Maresch als Pap. Köln 6, Nr. 242. Dort Vers 8 ἤθυρον ἐγὼ νέος ἄντροις und Vers 15 ὁ μύστης. – Der Sprecher der Verse könnte auch Dionysos selbst sein.
[34] 51, 5 ἀντροχαρεῖς, σπήλυγξι κεχαρμέναι (oben §39). Eine Mänade in der Höhle auf der Vase in Paris, Louvre G 159; J.D. Beazley, Attic Red-Figure Vase-Painters² (1963) 413, 26; Cl. Bérard–J.P. Vernant, Bilderwelt S. 39 Abb. 30.

Als Horaz, von dionysischem Dichterenthusiasmus erfüllt, Augustus verherrlichen will, ruft er aus:

> Quo me Bacche rapis tui
>   plenum? quae nemora aut quos agor in specus
> velox mente nova? quibus
>   antris egregii Caesaris audiar
> aeternum meditans decus …

„Wohin entraffst du mich, Bacchus, den von Dir Erfüllten? In welche Haine oder in welche Grotten werde ich rasch getrieben, von neuem Sinn erfüllt? In welchen Höhlen wird man hören, wie ich Gedichte über den ewigen Ruhm des herrlichen Caesar (Augustus) dichte …"[35]

§73 Anläßlich des großen Festes, welches Ptolemaios II. Philadelphos in Alexandria veranstaltete, ließ er auch eine Riesenbühne (Skené) errichten. Auf ihr befanden sich 20 dionysische Grotten, in deren Mitte Nymphen (d.h. Göttinnen der Quellen) zu sehen waren,[36] und in der großen Prozession wurde eine Nymphengrotte mitgeführt, in der Milch und Honig flossen.[37] Auf dem Prunkschiff, das Ptolemaios IV. Philopator für Fahrten auf dem Nil bauen ließ, wurde ebenfalls eine dionysische Grotte eingerichtet.[38]

Als Antonius in Athen ein Dionysosfest feiern wollte, ließ er das Theater mit einem Holzgerüst überdecken und richtete darin eine dionysische Grotte ein.[39]

Eine bekannte Berliner „Lenäenvase" zeigt eine Mänade in einer Grotte vor einer Maske des Dionysos: A. Frickenhaus, Lenäenvasen Abb. 1 (auf S. 3; 72. Programm zum Winckelmannfeste der archäologischen Gesellschaft zu Berlin 1912); W. Wrede, Athen. Mitt. 53, 1928, 89; Cl. Bérard, Mélanges P. Collart (oben Anm. 20) S. 67 Fig. 2; P. Boyancé, L'antre dans les mystères de Dionysos (oben Anm. 20) S. 109 fig. 1.
Auf einer attischen Vase in Privatbesitz erwehrt sich eine Mänade eines zudringlichen Satyrn in einer Grotte, s. den Katalog der Hamburger Ausstellung „Aus der Glanzzeit Athens, Meisterwerke griechischer Vasenkunst in Privatbesitz" (Firma BATIG in Hamburg, Esplanade 39) S. 112 Nr. 53 (W. Hornbostel). – Im homerischen Aphroditehymnus heißt es, daß die Silene sich in Höhlen mit den Nymphen verbinden (Vers 262/3).

[35] Carm. III 25, 1–5. Das Gedicht ist besprochen von A. Henrichs, „Horaz als Aretaloge des Dionysos", Harv. Stud. Class. Philol. 82, 1978, 203–211. Es gibt eine schöne Übersetzung des Gedichtes von Novalis; sie beginnt mit den Worten: „Wohin ziehst du mich, Fülle meines Herzens, Gott des Rausches".
Für die dionysische Grotte am Anfang von Vergils fünftem bukolischen Gedicht s. §45.

[36] Athenaios V 26 p. 196 F (Kaibel 1, 437, 6–12) = Kallixeinos von Rhodos 627 F 2 (p. 167, 5 Jacoby). Bei diesen Nymphen wird es sich um liegende Figuren mit umgekipptem Wasserkrug gehandelt haben. Die Stelle ist textkritisch schwierig; vielleicht ist Meinekes Vorschlag νύμφαι ἐ⟨γ⟩λύφθησαν (statt ἐλείφθησαν) der beste.

[37] Athenaios V 31 p. 200 C (Kaibel 1, 444, 18) = Kallixeinos von Rhodos 627 F 2 (p. 172, 19 Jacoby).

[38] Athenaios V 39 p. 205 F (Kaibel 1, 455, 24) = Kallixeinos 627 F 1 (p. 164, 28 Jacoby).

[39] Athenaios IV 29 p. 148 B (Kaibel 1, 336, 20) = Sokrates von Rhodos 192 F 2 Jacoby.

Von Grotten im Dionysoskult berichten Livius,[40)] Plutarch[41)] und Macrobius.[42)]

Eine dionysische Grotte (μάγαρον) wird in einer Inschrift aus Abdera erwähnt,[43)] Höhlen (ἄντρα) in Inschriften aus Rumänien[44)] und Thasos.[45)]

Auf den Sarkophagen sind Dionysos und Ariadne mehrfach über einer Grotte gelagert.[46)]

Diese Grotten sollten an das einfache Leben der ältesten Menschen erinnern. Sie sind auch in anderen Kulten vorgekommen; aber für den Dionysoskult sind sie besonders charakteristisch gewesen.

Nymphen, Quellen, Wasserbecken

§74   Zu diesen dionysischen Grotten gehören fast immer Quellen oder kleine Bäche. In der mythischen Sprache der Alten waren das „Nymphen" oder „Najaden". Auch wenn man dem Dionysos eine künstliche Kultstätte errichtete, hat man einen Platz für die Nymphen vorgesehen, ein Wasser-Bassin. Als Timokleides in Thasos eine Grotte für die Dionysosmysten errichtete, hat er die „reine Labsal" (ἀγνὸν γάνος) der Nymphen nicht vergessen, s. §16.

Solche Wasser-Bassins, „Nymphaeen", findet man auch oft in herrschaftlichen Häusern, die mit dionysischen Mosaiken geschmückt sind. So im Fall des Kölner Dionysosmosaiks: Wenn man aus der Tür des Speiseraumes schritt, der mit diesem Mosaik geziert ist, trat man in einen Hof mit Säulenumgang und erblickte unmittelbar vor sich ein Nymphaeum, „das an dieser völlig aus dem Zentrum des Hofes gelegenen Stelle eigens als ausschließlich auf den Speiseraum bezogener Blickfang errichtet wurde".[47)] In Thugga ist das Mosaik mit Dionysos und den tyrrhenischen Seeräubern (Abb. 32) unmittelbar neben einem Wasserbassin angebracht.[48)]

[40)] XXXIX 13, 13 *abditos specus*; vgl. zu §60, Anm. 42.

[41)] De sera numinis vindicta 27 p. 565 E βακχικὰ ἄντρα (p. 438, 11 Pohlenz). Man kann auch jene natürliche Grotte (*spelunca*) „dionysisch" nennen, welche Tiberius sich zwischen Terracina und Gaeta für Festgelage einrichten ließ (Tacitus, Ann. IV 59; Sueton, Tib. 39). Bei den Ausgrabungen ist eine Statuengruppe gefunden worden, welche darstellte, wie Odysseus dem Polyphem Wein darreicht und ihn betrunken macht. Der Ort heißt heute, volksetymologisch entstellt, Sperlonga. Vgl. B. Andreae, Odysseus (1982) 103–188.

[42)] Sat. I 18, 3 *speluncas Bacchicas*.

[43)] J. Bousquet, B.C.H. 62, 1938, 51–54.

[44)] D. Pippidi, B.C.H. 88, 1964, 155 = Studii de istorie a religilor antice (Bukarest 1969) 111 aus Mangalia: [ἡ ἱέρ]εια τῆς Ἀθηνᾶς [Name] Ἀπολλωνίου [θυγά]τηρ τὸ ἄντρον [ἀνέθη]κε Διονύσωι [Βακχεῖ] καὶ τοῖς θια[σείταις]. Vgl. J. und L. Robert, Bull. ép. 1965, 262.

[45)] Vgl. §16.

[46)] Man sehe die Exemplare in Kopenhagen (Abb. 60), im Vatican (Museo Chiaramonti, Abb. 62) und in der Villa Doria Pamphilj (Abb. 79).

[47)] So A. Geyer 96; ich habe oben der Deutlichkeit halber „auf den Speiseraum" geschrieben, während A. Geyer „auf den Oecus" sagt. Ein Plan des Hauses mit dem Kölner Dionysosmosaik bei H.G. Horn S. 3 Abb. 1.

[48)] A. Geyer 137; K. Dunbabin 42. – A. Geyer bespricht mehrere andere dionysische Mosaike, die zu Wasserbecken in Beziehung stehen:

Lauben (σκιάδες)

§ 75 Wo keine Grotten vorhanden waren, haben schattige Lauben denselben Zweck versehen. So wurde in der Prozession des Ptolemaios II. Philadelphos ein Standbild des Gottes gezeigt, welches in einer Laube stand, „die mit Efeu und Weinpflanzen und den übrigen Früchten geschmückt war, und daran hingen Kränze und Binden und Thyrsos-Stäbe und Handtrommeln und Kopfbinden und Masken für das Satyrspiel, die Komödie und Tragödie".[49]

In Thasos weiht Timokleides dem Dionysos einen Altar, der von Weinpflanzen überdacht ist.[50]

Wie Dionysos und Ariadne ihre Hochzeit unter einer Laube feiern, sieht man auf einem Relief aus Thuburbo Maius (Abb. 27). Auf zwei römischen Grabreliefs reichen die beiden sich die Hand in einer Laube (Abb. 12). Auch auf dem Sarkophag in Kopenhagen (Abb. 60) ruhen Dionysos und Ariadne in einer Laube.

Auf einem Sarkophag in München fährt das Paar auf einem Hochzeitswagen, der von einer Weinlaube überdeckt ist (Abb. 59).[51]

Die Hasenjagd

§ 76 Ausflüge dionysischer Herrenclubs wurden manchmal in der Form von Hasen-jagden durchgeführt. Dionysos selbst war ein Jäger gewesen.[52]

(a) S. 111 in der „Konstantinschen Villa" in Daphne bei Antiochia, s. D. Levi, Antioch Mosaic Pavements S. 226 ff. mit Tafel 53 ff.
(b) S. 116 über das Mosaik im „House of the Triumph of Dionysos" in Daphne: „Fundstelle ist ... ein Triclinium, das durch eine Säulenhalle hindurch Ausblick auf ein halbkreisförmiges Wasserbassin gewährte". Vgl. D. Levi, Antioch Mosaic Pavements 99 mit Tafel 15 und R. Stillwell, Dumbarton Oaks Papers 15, 1961, 55.
(c) S. 114 über das Mosaik von Acholla-Botria (in Africa proconsularis): „Der Raum ... ist axial auf eine mit Meeresszenen geschmückte Apsis orientiert, die ... ein Scheinnymphaeum darstellt." Vgl. S. Gozlan, Monuments Piot 59, 1974, 113 und K. Dunbabin 248 Nr. 4 (Maison de Neptune).
[49] Athenaios V 28 p. 198 D (Kaibel 1, 440, 14–24) = Kallixeinos von Rhodos 627 F 2, p. 169, 20 Jac. ἄγαλμα Διονύσου ... περιέκειτο δ᾽ αὐτῶι καὶ σκιὰς ἐκ κισσοῦ καὶ ἀμπέλου καὶ τῆς λοιπῆς ὀπώρας κεκοσμημένη, προσήρτηντο δὲ καὶ στέφανοι καὶ ταινίαι καὶ θύρσοι καὶ τύμπανα καὶ μίτραι πρόσωπά τε σατυρικὰ καὶ κωμικὰ καὶ τραγικά.
[50] S. § 16.
[51] Auf der Schale der Exekias (s. § 61, Anm. 53) fährt Dionysos, von den Delphinen begleitet, über das Meer, lässig zurückgelehnt und von einem Weinstock beschattet, der sich am Mast emporgerankt hat und eine Laube bildet.
[52] Einer seiner Beinamen ist Zagreus, „der mächtige Jäger". Vgl. ferner Euripides, Bakchen 137 ἀγρεύων und 1192 ὁ γὰρ ἄναξ ἀγρεύς. In Vers 1006 singt der Chor der Bakchen χαίρω θηρεύουσα. Auf der attischen Amphora in München (Staatliche Antikensammlungen 8763) steht Dionysos zwischen vier jungen Männern, die ihre Jagdbeute – Füchse und Hasen – und Wein für die Mahlzeit bringen (Cl. Bérard – J.P. Vernant, Bilderwelt S. 110 Abb. 106; D. v. Bothmer, The Amasis Painter and his World, Malibu–London 1985, Cat. 4 S. 79).

Nonnos erzählt, daß er in der Pflege der Rhea und der Nymphen am Berg Nysa rasch so kräftig und schnell wurde, daß er Hasen und Rehe im Lauf einholte und einfing (9, 169–172).[53]

Auf dem Mosaik aus Hadrumetum (Abb. 22) nascht ein Hase an den Trauben (links unten). Vermutlich wird er zur Strafe eingefangen werden. Der Pan auf dem Kölner Grabmal des Poblicius (Abb. 36) hat jedenfalls einen Hasen erlegt. Im dritten bukolischen Gedicht des Calpurnius rühmt sich der Hirt Lycidas, er habe oft Hasenjunge gefangen (Vers 77).

Die Hirten führten fast immer ein Wurfholz zur Hasenjagd (λαγωβόλον) mit sich; in Theokrits Thalysia ist es ein Abzeichen eines dionysischen Hirten (s. §119), und in Theokrits zweitem Epigramm weiht Daphnis dem Pan das Wurfholz gegen Hasen.[54]

Auf einem Mosaik aus Caesarea in Mauretanien wird die Weinlese abgebildet (Abb. 13); rechts steht ein junger Mann und hält in der einen Hand einen Korb voll Trauben und in der anderen einen Hasen.[55] Ein anderes Feld auf demselben Mosaik zeigt einen Fuchs, der sich an die Trauben heranmacht und sie nascht; aber links davon ist er bereits gefangen am Baum aufgehängt, sein Kopf ist abgeschnitten, und der Leib wird in seine Teile zerlegt (Abb. 14).

Um das Lebensgefühl dieser Jäger zu charakterisieren, seien drei Verse aus dem Prooemium zum Jagdgedicht des Nemesian angeführt; er fordert den Leser auf, mit ihm zur Jagd zu kommen:

> Huc igitur mecum, quisquis percussus amore
> venandi, damnas lites avidosque tumultus
> civilesque fugis strepitus bellique fragores (99–101),

„Jeder einer möge hierher zu mir kommen, du, der du Freude an der Jagd hast und die Prozesse verdammst und das gierige Durcheinander, der du das Getöse in der Stadt[56] und den Lärm des Krieges fliehst".[57]

Auf den Jahreszeitensarkophagen hält der Genius des Herbstes oft einen erlegten Hasen in der Hand.[58] Auch auf dem Sarkophag im Vatican (Abb. 80), der durch die Theaterszene unter dem Rundbild des Verstorbenen als dionysisch charakterisiert ist, trägt der Genius des Winters als Abzeichen den Hasen; auf dem Sarkophag im Conservatorenpalast (Abb. 66) ist es der Genius des Herbstes. Auf dem Deckel des letztgenannten Stückes jagt außerdem ein Hund hinter einem Hasen her.

---

[53] Ein Hase in einer kleinen Grotte zu Füßen des Dionysos auf dem Sarkophag in Ostia bei F. Matz, Sarkophage I Nr. 71 A, Taf. 68.

[54] S. §44.

[55] Ein Hase auch auf dem dionysischen Mosaik von Melos: R. C. Bosanquet, J. H. S. 18, 1898, 67 Abb. 4; A. Geyer 140 mit Tafel 12.

[56] *civiles*, „was in der *civitas* (Stadt) ist".

[57] Es sei ausdrücklich vermerkt, daß diese Stelle aus Nemesian nicht in dionysischem Zusammenhang steht; es soll nur gezeigt werden, daß diese Jäger die Erholung suchen.

[58] So auf dem Sarkophag in New York Abb. 61, wo Dionysos auf dem Tiger in der Mitte steht, und auf den zwei römischen Sarkophagen Abb. 68 und 74, welche mit ihren 6 bzw. 8 Jahreszeitengenien den Kreislauf einer dionysischen Zweijahresperiode (τριετηρίς) darstellen, s. §97.

Der Fischfang

§77 Auch das Fische-Fangen ist eine der Freuden, welche der Städter auf dem Lande genießt. So gehört das Fischen zu den dionysischen Motiven. Als im ersten Gedicht des Theokrit ein Ziegenhirt den Sänger Thyrsis – der einen dionysischen Namen trägt – dazu bringen will, vom mythischen Rinderhirten Daphnis zu singen, verspricht er ihm einen Becher zu schenken, der mit dionysischen Motiven verziert ist: Am Rand sind Efeuranken abgebildet, auf der Fläche ein Weingarten und ein Fischer, der sein Netz von einem Felsen aus ins Meer geworfen hat und es nun mit Fischen angefüllt wieder herauszieht.

Als Nonnos erzählt, wie Dionysos zum erstenmal gebadet wurde, da berichtet er auch, daß die Satyrn ins Wasser sprangen und daß einer von ihnen mit der Hand einen Fisch griff und ihn dem jungen Gott reichte.[59]

Auf dem Mosaik von Thugga in Africa, dessen Mittelbild Dionysos und die tyrrhenischen Seeräuber zeigt, fischen links zwei Eroten mit Fischreusen und rechts drei Männer mit Netz und Harpune (Abb. 32).[60]

Der Vogelfang

§78 Ein anderes ländliches Vergnügen war der Vogelfang mit Leimruten (ἰξός) und Schlingen. Der Sarkophag von San Lorenzo (Abb. 71) zeigt rechts von dem mittleren Baum einen solchen Vogelfänger, der gerade einen Vogel erwischt hat.

Die Zeit für den Vogelfang war vor allem der Winter, wo es keine andere dringendere Arbeit gab. Auf vielen dionysischen Jahreszeitensarkophagen hält der Genius des Winters zwei erlegte Vögel in der Hand.[61]

Der Tiergarten (Parádeisos)

§79 Inbegriff des Glückes, welches man in der Natur mit Tieren und Pflanzen erleben konnte, war derjenige Garten, welchen die Griechen „Parádeisos" nannten. Man verstand darunter einen großen, eingezäunten Bereich, in welchem wilde und zahme Tiere, und vor allem auch die verschiedensten Vögel, lebten. Dort sollte es alle Früchte

---

[59] 10, 153–6.

[60] Auf dem dionysischen Fußbodenmosaik von Melos ist ein Fischer in einem (ergänzten) Boot mit Fischen abgebildet (R. C. Bosanquet, J. H. S. 18, 1898, 67 Abb. 4; A. Geyer 140 mit Tafel 12).
Fischende Silene kamen schon in den „Netzfischern" (Diktyulkoi) des Aeschylus vor. Ein angelnder Silen auf der Londoner Schale (E 108) bei F. Brommer, Satyrspiele² (1959) S. 59 Abb. 58.

[61] Abb. 49 (Cagliari), 51 (Camaiore), 55 (Louvre), 66 (Konservatorenpalast in Rom), 68 (ehemals Palazzo Lazzaroni in Rom), 74 (Thermenmuseum).

geben und seltene, bunte, dekorative Tiere, also z. B. Papageien und radschlagende Pfauen.[62] Solche „paradiesischen" Szenen finden sich öfters in der dionysischen Kunst.

Auf dem Mosaik von Hadrumetum (Abb. 21) fahren Dionysos und Nike auf einem Wagen, der von Tigern und Löwen gezogen wird. Vor ihnen trinkt ein Panther Wein aus einer Schale. Um sie herum sind die Eroten bei der Weinlese; neben ihnen sitzen die verschiedensten Vögel in den Zweigen.

Ein anderes Mosaik aus Hadrumetum (Abb. 22) bildet acht Satyrn und Mänaden in paarweisem Tanz ab. Sie sind jeweils von Pflanzenranken eingerahmt, tanzen also im Freien. An den Rändern des Mosaiks befinden sich verschiedene Tiere: Pfauen, Enten, Hühnervögel, ein Hirsch und ein Panther, und ein Hase, der Trauben nascht.

Auf dem Mosaik von Uthina (Abb. 29) ist die Mittelgruppe (Dionysos bei dem Weinbauern Ikarios) von dichten Weinzweigen eingefaßt, die wunderbarerweise aus großen Mischkrügen (an den vier Ecken) herauswachsen. Im Geäst ernten die Eroten Trauben, und zwischen ihnen befinden sich viele Vögel.

Schließlich sei noch der Klinensarkophag von San Lorenzo in Rom genannt (Abb. 71–73), der die Eroten bei der Weinlese darstellt. Im Gezweig tummeln sich viele Vögel mit den prachtvollsten Schwänzen. Unten reitet ein Eros auf einem Löwen, andere auf einem Hahn und einer Gans. Ein Eros benützt einen Ziegenbock als Trage-Tier für die geernteten Trauben. Ein Hund hat eine Gans gefangen, ein Hahn packt eine Eidechse am Schwanz, ein Löwe brüllt, ein Hund blickt aufmerksam um sich; unter dem Löwenreiter duckt sich ein Füchslein, und zwischen den Beinen des Ziegenbocks schreitet eine Schildkröte.

Der Frieden, die Wonne (τρυφή), das goldene Zeitalter

§ 80   Das Landleben, wie die Dionysosmysten es sich vorstellten, war ein Leben in Frieden, Überfluß und Glück. Sie wünschten in jeder Hinsicht ganz und gar glücklich zu sein, in froher Gemeinschaft mit allen Freunden, mit gutem Essen und Trinken, mit den Freuden der Liebe, mit bequemem Ausruhen und dem Freisein von allem Lärm und allen Sorgen der Stadt. Was sie erwünschten, war – griechisch gesprochen – τρυφή. Unsere Lexika geben als Äquivalent für diese Vocabel an: „Schwelgerei, Üppigkeit, Weichlichkeit, Leichtfertigkeit", also Begriffe, die moralisch negativ gefärbt sind. Die Griechen und Römer haben es nicht so gesehen und haben sich keine Skrupel gemacht, wenn sie das Leben genossen. Sie haben ihren Kindern die Namen *Tryphon* und *Tryphaina* gegeben, was wir mit „Schwelger(in)" übersetzen; aber was die Eltern meinten, als sie ihren Kindern diese Namen gaben, war nur: „Dem Kind soll es später gut gehen, es soll alles reichlich haben". Eine angemessenere Übersetzung von τρυφή wäre

---

[62] Die Bedeutung der Parádeisos-Vorstellung in der dionysischen Kunst hat A. Geyer sehr gut herausgearbeitet, S. 99–101, 104–6, 126 und 138. Für die Gärten der Römerzeit s. P. Grimal, Les jardins romains à la fin de la république et aux deux premiers siècles de l'Empire (1943, ³1984).

„Wonne".[63] Man muß jedes moralische Urteil fernhalten, wenn man die Religion des Dionysos verstehen will.

Die Dionysosdiener haben sich zurückgewünscht in jene *aurea aetas,* in welcher nach ihren Vorstellungen die ersten Menschen gelebt hatten, „einfach und unbefleckt von jeder Bosheit".[64] Für die Zeit des dionysischen Festes kehrte diese goldene Zeit wieder zurück.

Man konnte sich unbesorgt der Freude hingeben; denn Feinde des Dionysos konnten nicht bestehen. Ohne selbst Krieger zu sein, überwand der Gott alle Gegner, wie es die mythischen Erzählungen von seinen Siegen über Pentheus, Lykurg und von seinem siegreichen Feldzug gegen die Inder zeigten; und wenn eine zusätzliche Gewähr für die Überlegenheit des Gottes nötig gewesen wäre, so war sie darin gegeben, daß Pan in seinem Gefolge war, der Hirtengott, der „panischen Schrecken" einjagen konnte.[65]

In dem orphisch-dionysischen Hymnenbuch wird vierzehnmal darum gebetet, daß die Götter Frieden schicken mögen; hier seien drei Verse aus dem Hymnus an Artemis angeführt:

ἐλθέ, θεὰ σώτειρα, φίλη, μύστηισιν ἅπασιν
εὐάντητος, ἄγουσα καλοὺς καρποὺς ἀπὸ γαίης
εἰρήνην τ' ἐρατὴν καλλιπλόκαμόν θ' ὑγίειαν (36, 13–15),

„Komm, rettende Göttin, liebe, freundlich begegnend allen Mysten, und bringe schöne Früchte aus der Erde und den lieblichen Frieden und Hygieia (die Göttin der Gesundheit) mit den schönen Haaren".

Als ein Beispiel dafür, wie man sich das ländliche Glück dachte, sei die Schilderung der jetzt eingetretenen goldenen Zeit angeführt, welche ein neronischer Hofdichter in einem bukolischen Gedicht gegeben hat. Der Erzähler trägt charakterischerweise den Namen *Mystes.* Er spricht:[66]

15   Cernis ut attrito diffusus caespite pagus
16   annua vota ferat sollemnesque incohet aras?

---

[63] Als Platon im Symposion den Dichter Agathon eine Preisrede auf Eros halten läßt, die zwar den Vorstellungen des Sokrates (und Platon) diametral entgegengesetzt ist, aber offensichtlich den gängigen Vorstellungen entsprechen soll, da läßt er den Agathon sagen, Eros sei der Vater der Wonne (τρυφῆς πατήρ, p. 197 D).

[64] Pap. Köln 6, Nr. 242, 9 ἁπλοῦς, πάσης κακίας ἀμίαντος.

[65] Vgl. § 43.

[66] Carmen Einsidlense II 15–28, behandelt von Wolfgang Schmid, Bonner Jahrbücher 153, 1953, 70–84 = Ausgewählte philologische Schriften 477–493; ich folge ihm weitgehend, auch in der Übersetzung. Das Gedicht ist nur in einer einzigen Handschrift erhalten und teilweise durch Fehler in der Überlieferung entstellt; es ist unvermeidlich, daß man sich den Text an einigen Stellen irgendwie lesbar machen muß. Ich notiere zur Textgestaltung:
Vers 21 *non* Hagen und W. Schmid, *num* E (der Codex); *nasci* Merkelbach, *nati* E
Vers 22 *nec* Merk., *et* E
Vers 25 *securus* Riese, *securas* E; *tuta* W. Schmid, *totas* E.
Meine Fassung der Verse 21/22 ist nur ein Versuch.

```
        spirant templa mero, resonant cava tympana palmis,
18      Maenalides teneras ducunt per sacra choreas,
        tibia laeta canit, pendet sacer hircus ab ulmo
20      et iam nudatis cervicibus exuit exta.
        ergo non dubio pugnant discrimine nasci
22      nec negat huic aevo stolidum pecus aurea regna.
        Saturni rediere dies Astraeaque virgo
24      totaque in antiquos redierunt saecula mores.
        condit securus tuta spe messor aristas,
26      languescit senio Bacchus, pecus errat in herba,
        nec gladio metimus nec clausis oppida muris
28      bella tacenda parant.
```

„Siehst du, wie alle Landbewohner auf dem niedergedrückten frischen Gras die jährlichen Gelübde darbringen und feierlich Altäre errichten?[67] Die Tempel duften von Wein, die hohlen Handpauken ertönen unter den Händen; Nymphen vom Mainalos[68] führen beim Opfer zarte Reigentänze auf, froh erklingt die Flöte, der geweihte (d. h. geopferte) Bock[69] hängt an der Ulme, er hat seinen Nacken schon frei gemacht und die Eingeweide ausgezogen.[70] So sträuben sich die Tiere nicht dagegen, daß sie geboren sind zu einem Scheidepunkt, der mit Sicherheit kommt, und auch das unbedarfte Tier leugnet nicht, daß jetzt die goldene Zeit da ist. Zurückgekehrt sind die Zeit des Saturn (d. h. die aurea aetas) und die Göttin der Gerechtigkeit, die als Sternbild der Jungfrau an den Himmel versetzt gewesen war; unsere Zeit ist ganz und gar zu den alten Sitten zurückgekehrt. Der Schnitter bringt ohne Sorge und in sicherer Hoffnung die Ähren ein, (im Kruge) altert die Gabe des Bacchus, das Vieh zieht auf der Weide seine Bahn; wir mähen nicht mit dem Schwert, und die Städte bereiten sich nicht auf Kriege vor, indem sie sich in Mauern einschließen; denn von Kriegen auch nur zu sprechen ist verboten."

---

[67] Zu Vergil, Aeneis VI 252 *incohat aras* bemerkt der antike Kommentator Servius: *verbum sacrorum*.
[68] Einem arkadischen Berg, der dem Pan heilig ist.
[69] Zitat aus Vergil, Georg. II 395 (unten § 132).
[70] Das Tier hat sich freiwillig opfern lassen.

VI   Einige dionysische Feste

Adsit laetitiae Bacchus dator
(Aen. I 734)

Prozessionen und Weinlese als „Mysterium"

§ 81   Die meisten dionysischen Feste sind mit großen öffentlichen Prozessionen begangen worden, welche den heutigen Carnevalsumzügen ähnlich waren. Wir betrachten derartige Veranstaltungen als völlig weltlich. Auch Weinlese und Kelter sind für uns profan. Die Alten haben es anders empfunden. Vor der Weinlese haben die italischen Weinbauern dem Weingott Liber, seiner Gattin Libera und den Kelterpressen in zeremonieller Weise geopfert.[1]

Der kaiserzeitliche Redner Maximus von Tyros vergleicht in einer Rede die Berufe des Bauern und des Soldaten und sagt, der Bauer sei bei weitem der bessere von beiden: „Denn welche der beiden Gruppen ist geeigneter für Feste, Mysterien und Festversammlungen? Ist es nicht so, daß der Soldat ein Festteilnehmer ist, den die Musen nicht beflügeln, während der Bauer die besten Lieder singt?[2] Und daß der eine den Mysterien fremd ist, während der andere ganz und gar zu ihnen gehört? Und daß der eine beim Fest Schrecken einjagt, während der andere der friedlichste von allen ist? Mir scheint, daß überhaupt niemand anders die Feste und Weihen für die Götter eingerichtet hat als die Bauern. Sie haben als erste bei der Kelter dem Dionysos die Reigentänze aufgeführt, als erste die heiligen Weihen der Demeter auf der Tenne eingerichtet, als erste die Entstehung der Olive der Athena zugesprochen, als erste von den Früchten der Erde den Göttern gespendet, die sie geschenkt haben."[3]

Die Weinlese ist also nach Maximus eine Art Mysterium gewesen, und wenn man sich daran erinnert, daß das Wort „Mysterium" eine viel eingeschränktere Bedeutung hatte, als man gewöhnlich annimmt, dann ist diese Aussage des Maximus völlig zutreffend.

---

[1] Columella XII 16,4 *sacrificia Libero Liberaeque et vasis pressoriis quam sanctissime castissimeque facienda*. – R. Turcan 562 stellt mit Recht fest: „Il y a ... tout un aspect liturgique de la *vindemia*".

[2] ἐμμελέστατος bedeutet auch „geschickt, tauglich (für die Musen)".

[3] Orat. 24,5 ἑορταῖς γε μὴν καὶ μυστηρίοις καὶ πανηγύρεσι ποῖον πλῆθος ἐπιτηδειότερον; οὐχ ὁ μὲν ὁπλίτης ἑορταστὴς ἄμουσος, ὁ δὲ γεωργὸς ἐμμελέστατος; καὶ ὁ μὲν μυστηρίοις ἀλλότριος, ὁ δὲ οἰκειότατος; καὶ ὁ μὲν ἐν πανηγύρει φοβερώτατος, ὁ δὲ εἰρηναιότατος; δοκοῦσι δέ μοι μηδὲ τὴν ἀρχὴν συστήσασθαι ἑορτὰς καὶ τελετὰς θεῶν ἄλλοι τινὲς ἢ γεωργοί, πρῶτοι μὲν ἐπὶ ληνῶι στησάμενοι Διονύσωι χορούς, πρῶτοι δὲ ἐπὶ ἄλωι Δήμητρι ὄργια, πρῶτοι δὲ τὴν ἐλαίας γένεσιν τῆι Ἀθηνᾶι ἐπιφημίσαντες, πρῶτοι δὲ τῶν ἐκ γῆς καρπῶν τοῖς δεδωκόσι θεοῖς ἀπαρξάμενοι.

Dionysische Feste in Kleinasien

§ 82   Kleinasien war in der Zeit der römischen Kaiser besonders reich, und entsprechend wurden dort auch besonders prächtige Feste gefeiert. Hierüber berichtet Lukian in seiner Schrift „Über den Tanz": „Der bakchische Tanz wird vor allem in Ionien und am Pontos ausgeführt und hält – obwohl es ein Satyrtanz ist – die Menschen dort so gefangen, daß sie, jeweils zu der festgesetzten Zeit, alles andere vergessen und tagelang sitzen und den Panen[4] und Korybanten und Satyrn und Bukoloi zusehen; die Tänzer sind die vornehmsten und Ersten in jeder Stadt, und sie schämen sich dessen keineswegs, sondern sind auf dies stolzer als auf ihre vornehme Herkunft und ihre bürgerlichen Leistungen für die Stadt und auf das hohe Ansehen ihrer Vorfahren."[5]

Als Antonius in der Zeit seiner Herrschaft über den Osten des römischen Reiches nach Ephesos kam, veranstalteten die Ephesier zu seiner Begrüßung ein großes dionysisches Fest. Plutarch berichtet darüber: „Die Frauen kamen ihm in der Verkleidung von Bakchen, und die Männer und Knaben in der Verkleidung von Panen und Satyrn entgegen, und die ganze Stadt war voll von Efeu und Thyrsos und der Musik von Zithern und Flöten, und sie riefen ihn an als Dionysos den gunstgewährenden und gnädigen."[6]

Ein solches Dionysosfest zu Ehren eines Generals zu improvisieren, fiel den Ephesiern nicht schwer, sie waren an solche Feste gewöhnt.

Prozessionen

§ 83   Viele dionysische Festlichkeiten sind mit Prozessionen begangen worden. Die Prozession des Ptolemaios II. Philadelphos haben wir schon herangezogen. Auch auf bildlichen Darstellungen sieht man oft Umzüge. Auf der Vase des Salpion in Neapel bringt Hermes das Dionysoskind nach Nysa, gefolgt von zwei Satyrn und einer Nymphe (Zeichnung 4, oben § 50). Eine kleine Prozession von fünf Personen ist auf dem unteren Feld des Mosaiks von Thuburbo Maius (Abb. 27) dargestellt. Auf dem pompeianischen

---

[4] Es ist überliefert ΤΙΤΑΝΑΣ, aber die Konjektur ΠΑΝΑΣ ist fast sicher richtig (ΤΙ und Π konnten leicht verlesen werden). Es gibt zwei parallele Stellen, Plutarch, Antonius, 24 (Βάκχας ... Σατύρους καὶ Πᾶνας) und Platon, Gesetze VII p. 815 C (Νύμφας τε καὶ Πᾶνας καὶ Σειληνοὺς καὶ Σατύρους). Zur Verteidigung der überlieferten Lesart (Titanen) könnte man geltend machen, daß die Titanen bei einem Kultdrama mitgespielt haben könnten, welches die Zerreißung des Dionysos Zagreus darstellte; aber es ist unwahrscheinlich, daß diese „orphische" und geheime Episode des Dionysosmythos in der Öffentlichkeit aufgeführt worden ist. Vgl. § 133.

[5] De saltatione 79 ἡ μέν γε Βακχικὴ ὄρχησις ἐν Ἰωνίαι μάλιστα καὶ ἐν Πόντωι σπουδαζομένη, καίτοι σατυρικὴ οὖσα, οὕτω κεχείρωται τοὺς ἀνθρώπους τοὺς ἐκεῖ, ὥστε κατὰ τὸν τεταγμένον ἕκαστοι καιρόν, ἁπάντων ἐπιλαθόμενοι τῶν ἄλλων, κάθηνται δι' ἡμέρας Πᾶνας (s. die vorige Anmerkung) καὶ Κορύβαντας καὶ Σατύρους καὶ βουκόλους ὁρῶντες · καὶ ὀρχοῦνταί γε ταῦτα οἱ εὐγενέστατοι καὶ πρωτεύοντες ἐν ἑκάστηι τῶν πόλεων, οὐχ ὅπως αἰδούμενοι ἀλλὰ καὶ μέγα φρονοῦντες ἐπὶ τῶι πράγματι μᾶλλον ἤπερ ἐπ' εὐγενείαις καὶ λειτουργίαις καὶ ἀξιώμασι προγονικοῖς.

[6] Vita Antonii 24 εἰς γ' οὖν Ἔφεσον εἰσιόντος αὐτοῦ (sc. Ἀντωνίου) γυναῖκες μὲν εἰς Βάκχας, ἄνδρες δὲ καὶ παῖδες εἰς Σατύρους καὶ Πᾶνας ἡγοῦντο διεσκευασμένοι, κιττοῦ δὲ καὶ θύρσων καὶ ψαλτηρίων καὶ συρίγγων καὶ αὐλῶν ἡ πόλις ἦν πλέα, „Διόνυσον" αὐτὸν ἀνακαλουμένων „χαριδότην καὶ μειλίχιον".

Fresco Zeichnung 5 fährt Papposilen mit dem Dionysosknaben und Gefolge, und auf dem Fresco Abb. 6 fahren Dionysos und Ariadne bei ihrer Hochzeit hoch zu Wagen. Ähnliche Darstellungen finden sich auch oft auf den Sarkophagen.[7] Sie sind mythische Gegenbilder zu Prozessionen und Hochzeitsumfahrten, welche die Dionysosdiener im Leben durchgeführt haben. M. P. Nilsson hat geradezu gesagt, ein wichtiger Zweck vieler Dionysosvereine sei gewesen, eine große Prozession zu veranstalten.[8]

Katagógia (Fest der Einholung)

§ 84   Dionysos ist oft als der Gott des Nicht-Alltäglichen und manchmal sogar des Ganz-Anderen aufgefaßt worden.[9] Wenn er zu den Menschen kam, dann kam er aus einer anderen Welt. Diese Vorstellung hat ihren Ausdruck darin gefunden, daß man sich dachte, er komme aus der Ferne, über See. So haben viele Griechen das Eintreffen des Gottes gefeiert, indem sie sein Schiff auf einen Wagen montierten und den Gott auf einem *carrus navalis* in Prozession durch die Stadt führten.

Man nannte dies das Fest der „Einholung" (Katagógia, Katagogé); es ist vor allem in Athen und den ionischen Städten Kleinasiens oft bezeugt.[10] Aus Ephesos wird in den Akten des heiligen Timotheos[11] berichtet, daß die Teilnehmer sich unanständige Anzüge anzogen (in denen vermutlich der Phallos öffentlich prangte) und ihre Gesichter mit Masken verhüllten, Stöcke und Götterbilder trugen, Lieder sangen, die Herumstehenden schlugen[12] und diesen Umzug für etwas Notwendiges hielten, das ihnen Heil bringen sollte.[13]

---

[7] So auf den Sarkophagen in München (Abb. 57 und 59) und in Rom (Abb. 75, im Palazzo Conservatori, und Abb. 77, im Vatican). – Weitere Abbildungen dionysischer Prozessionen auf Mosaiken: (a) Thysdrus (El Djem): K. Dunbabin Abb. 175; H. G. Horn Abb. 35; A. Geyer Taf. 10, 1. – (b) Acholla-Botria: S. Gozlan, Monuments Piot 59, 1974, 113 Abb. 48; A. Geyer Taf. 11. – (c) Nea Paphos: K. Nikolaou, Ancient Monuments of Cyprus (1968) Taf. 39; A. Geyer Taf. 9. – (d) Antiochia am Orontes: D. Levi, Antioch Mosaic Pavements (1947) Taf. 16c; A. Geyer Taf. 10, 2.

[8] Opuscula selecta II 537 „On voit le but: former une procession imposante". P. 538 „Les efforts en vue de créer des grandes processions pompeuses avec un personnel nombreux".P. 541 (über Pompeia Agrippinilla) „Il apparaît qu'avant tout elle a eu en vue une procession magnifique". – Über die Prozessionen nach der Weinlese und Kelter s. unten § 89.

[9] A. Henrichs hat zu dem Ausstellungskatalog des Fogg Art Museum „Dionysos and his Circle" (von C. Houser; Harvard 1979) einen einleitenden Essai geschrieben; er beginnt mit den Worten: „Dionysos is different".

[10] Das Wort καταγειν wird von Schiffen benützt, die von der Reise über See in den Heimathafen zurückkehren. – Einige Belege: Euripides, Bakchen 85 Διόνυσον κατάγουσαι. – Inschrift der Iobakchen, Sylloge³ 1109, 114. – In Milet s. B. Haussoulier, Rev. Et. Gr. 32, 1919, 262 Zeile 21 (= F. Sokolowski, Lois sacrées d'Asie mineure Nr. 48). – I. Priene 174, 21 = Sylloge³ 1003 = F. Sokolowski, Lois sacrées d'Asie min. 37.

[11] Ed. H. Usener, Bonn 1877, S. 11 Zeile 45ff.; J. Keil, Österr. Jahreshefte 29, 1935, 82–92; H. Delehaye, Anatolian Studies Buckler (1939) 77–84 = Mélanges d'hagiographie 408–415. Vgl. die Inschrift I. K. 13, 661, 20.

[12] wie dies die Teilnehmer am rheinischen Karneval auch heute noch tun.

[13] Καταγωγίων ... ἑορτὴν ... ἐπιτελούντων προσχήματα μὲν ἀπρεπῆ ἑαυτοῖς περιτιθέντες, πρὸς δὲ τὸ μὴ γινώσκεσθαι προσωπείοις κατακαλύπτοντες τὰ ἑαυτῶν πρόσωπα, ῥόπαλά τε ἐπιφερόμενοι καὶ

Das Tennen-Fest (ἁλῶια)

§85   Wenn das Getreide geerntet und auf der Tenne gedroschen war, wurde die Spreu vom Korn getrennt, indem man alles zusammen in der Getreideschwinge (λίκνον, s. §101) schaukelte. Wenn die Arbeit beendet war, feierte man das Erntefest. Es heißt bei Theokrit „Thalysia" und gilt nicht nur der „Demeter von der Tenne",[14] sondern auch dem Dionysos;[15] man lagert auf einer Streu (στιβάς, s. §71), es gibt Birnen und Äpfel und herrlichen Wein.

In Athen hieß das Fest ἁλῶια, „Tennenfest", und man feierte es als eine mystische Feier für Demeter, Kore und Dionysos. Es wurden alter Wein geöffnet und Phalloi aufgestellt,[16] „als Symbol der Zeugung der Menschen".[17]

Das Tennenfest war also eines der vielen Feste, bei denen die Menschen sich in den Kreislauf der Natur einordneten.

Weinlese und Kelterfest (Epilenia, Lenaia)

§86   Die Weinlese endete mit einem großen dionysischen Fest. Wenn die Trauben geerntet waren, wurden sie in der Kelter (Lenós) ausgepreßt. Dann feierte man in ganz Griechenland das Kelterfest. Es hieß Epilenia oder Lenaia.[18] Die Trauben wurden mit den Füßen zertrampelt; dabei sangen die Kelterer zur Flötenbegleitung ein Kelterlied.[19]

Die Weinlese und das Kelterfest der Satyrn und Silene sieht man auf attischen Vasen.[20]

εἰκόνας εἰδώλων καὶ τινὰ ᾄσματα ἀποκαλοῦντες ἐπιόντες τε ἀτάκτως ἐλευθέροις ἀνδράσιν καὶ σεμναῖς γυναιξίν ... ἐν τοῖς ἐπισήμοις τῆς πόλεως τόποις ὡσανεὶ ἀναγκαῖόν τι καὶ ψυχωφελὲς πράττοντες κτλ. Der christliche Berichterstatter (aus viel späterer Zeit) berichtet, die Ephesier hätten bei dieser Gelegenheit auch Morde begangen. Das sind Greuelmärchen. So etwas wäre schon in einer griechischen Polis ausgeschlossen gewesen, wieviel mehr unter der Herrschaft der Römer.

[14] 7,155 Δάματρος ἁλῶιδος.

[15] Dies bezeugt auch Menander rhetor II 4 p. 120 Russell-Wilson.

[16] Zweifellos in den Getreideschwingen (λίκνα), s. §128.

[17] Scholia in Lucianum p. 279/280 Rabe: ἁλῶια· ἑορτὴ Ἀθήνησι μυστήρια περιέχουσα Δήμητρος καὶ Κόρης καὶ Διονύσου ... ἐν οἷς προτίθεται αἰσχύναις ἀνδρείοις ἐοικότα, περὶ ὧν διηγοῦνται ὡς πρὸς σύνθημα (Symbol) τῆς τῶν ἀνθρώπων σπορᾶς γινομένων. – Vgl. den Attizisten Pausanias α 76 Erbse (Untersuchungen zu den attizistischen Lexika, Berlin 1950, S. 158) und L. Deubner 60–65.

[18] Epilenia: I. K. 15 (Ephesos) 1602b 2. Das Wort Λήναια ist von λήνη „die Bakchantin" abgeleitet, aber im Ergebnis kommt das auf dasselbe heraus.

[19] Pollux IV 55 ἐπιλήνιον αὔλημα ἐπὶ βοτρύων θλιβομένων. – Scholion zu Clemens Alexandrinus, Protrept. 2,2 „ληναΐζοντας" (ed. Stählin 1,297,4) ἀγροικικὴ ᾠδὴ ἐπὶ τῶι ληνῶι ἀιδομένη. Vgl. das Kelterlied in der Prozession des Ptolemaios II. Philadelphos, unten Anm. 26. – Ein Bild der Weinlese gibt das Anacreonteum 59 West. – Libanios schreibt im Herbst an einen Freund (Epist. 1288 [364], ed. Foerster XI 358): νῦν οἱ βότρυες οἶνος, καὶ ὁ Διόνυσος πανταχοῦ τῶν ἀγρῶν ᾄδεται.

[20] Sorgfältig behandelt von B.A. Sparkes, „Treading the Grapes", Bulletin van de Vereeniging tot Bevordering der Kennis van de antieke Beschaving te 'sGravenhage 51, 1976, 47–56. Ich nenne einige dieser Vasen:
Amphora in Leningrad: E. Pfuhl Abb. 287; B.A. Sparkes Abb. 9.
Amphora in Rom, Villa Giulia 2609: Cl. Bérard – J.P. Vernant, Bilderwelt S. 194 Abb. 183.

Auf Terracotta-Reliefs der Kaiserzeit sind Weinlese und Kelter öfters dargestellt. Auf dem Exemplar Abb. 41 in München pflücken zwei Satyrn die Trauben. Auf einem Londoner Relief (Abb. 38) tanzen zwei junge Satyrn, mit Fellen bekleidet, in einer Kufe einen Rundtanz und zertreten die Trauben. Die Kufe ist im Querschnitt dargestellt, so daß man die Füße der Tanzenden sehen kann. Links bläst dazu ein Satyr auf der Doppelflöte, und rechts bringt ein älterer Satyr einen neuen Korb mit frisch gepflückten Trauben, um ihn in die Kufe auszuleeren. Ein ähnliches Exemplar befindet sich in München (Abb. 39). Man findet die Weinlese auch oft auf Fußbodenmosaiken.[21]

§ 87   Viele Trinkbecher aus Terra sigillata sind mit Bildern der Weinlese und Kelter verziert, so die Becher des Marcus Perennius aus Arretium in Neuss (Zeichnung 9 und Abb. 86)[22] und New York (Zeichnungen 10–11) sowie der Becher aus Graufesenque Abb. 87.

§ 88   Auf römischen Sarkophagen wird immer wieder Weinlese und Kelter dargestellt.[23] Im Bildteil dieses Buches finden sich viele Belege.[24]

Amphora in München, Staatliche Antikensammlungen 1562: Cl. Bérard – J.P. Vernant, Bilderwelt S. 194 Abb. 184.
Amphora des Amasismalers in Basel, Antikenmuseum Kä 420: J. Boardman, Schwarzfigurige Vasen S. 86 Abb. 89; Sparkes Abb. 4; F.W. Hamdorf S. 59 Abb. 12.
Amphora des Amasismalers in Würzburg: E. Pfuhl Abb. 222; P.E. Arias – M. Hirmer, Vasenkunst Abb. 55; E. Simon, Die Götter der Griechen S. 286 Abb. 278; E. Simon – M. und A. Hirmer, Vasen Tafel 68; D. v. Bothmer, The Amasis Painter and his World (Malibu–London 1985) Cat. 19 S. 61 und 113/4; Sparkes Abb. 5.
Kratér in Bologna, Museo Civico 241: Cl. Bérard – J.P. Vernant, Bilderwelt S. 195 Abb. 186; Sparkes Abb. 27.
[21] So in Caesarea in Mauretanien (Abb. 13), Hadrumetum (Abb. 21), Piazza Armerina (Abb. 26), Thugga (Abb. 31) und Uthina (Abb. 29). Als man in Rom zum Andenken an die heilige Constantia, die Tochter Constantins, eine Kirche errichtete (Santa Costanza, an der Via Nomentana), hat man Weinlese und Kelter im Mosaik abgebildet: G. Matthiae, Mosaici medioevali nelle chiese di Roma (1967) Farbtafeln IV–V und Schwarzweißtafeln 4 und 16–20. F.W. Hamdorf S. 104 Abb. 76.
[22] Vgl. H. Chantraine – M. Gechter – H.G. Horn – K.H. Knörzer – G. Müller – Chr. Rüger – M. Tauch, Das römische Neuss (1984) S. 111 Abb. 75. – Ein ähnliches Exemplar in New York: Corp. Vas. ant., U.S.A., The Metropolitan Museum of Art, Fasc. 1 Arretine Relief Ware, by Christine Alexander, Cambridge (Mass.) 1943, Pl. XVIII.
[23] Literatur: Th. Keppel, Die Weinlese der alten Römer, Progr. der königlichen Studienanstalt Schweinfurt 1874, 3–10 „Die Weinlese ein Fest"; F. Matz, Vindemia. Zu vier bakchischen Sarkophagen, Marburger Winckelmannsprogramm 1949, S. 19–26; M. Bonanno, Un Gruppo di Sarcofagi Romano con scene di Vindemmia, Prospettiva 13, 1978, 43–49 (Weinlese der Eroten; die behandelten Sarkophage sind nicht in das Corpus von F. Matz aufgenommen).
[24] Man sehe die Sarkophage in
- Baltimore Abb. 48 (Deckel: Weinlese und Kelter der Eroten)
- Rom, Thermenmuseum Abb. 76 (auf dem Sarkophag Weinlese erwachsener Satyrn und Bakchen; auf dem Deckel Kelter der Eroten)
- Rom, Palazzo Conservatori Abb. 66 (Deckel: Weinlese und Kelter der Eroten)
- Rom, Palazzo Venezia Abb. 65 (Weinlese und Kelter der Eroten)
- Dumbarton Oaks Abb. 52 (unter dem Mittelbild Weinlese der Eroten)

Zeichnung 9: Weinlese und Kelter. Terra-sigillata-Becher des M. Perennius in Neuss

Die Personen, welche die Trauben ernten und keltern, sind bald als Menschen, bald als Satyrn und Mänaden, und am häufigsten als Eroten gebildet, dies letztere z.B. auf dem Sarkophag aus Arelate (Arles; Zeichnung 12).

Auch auf den christlichen Sarkophagen sind Weinlese und Kelter – christlich umgedeutet – immer wieder dargestellt worden.[25]

§ 89   Bei der Prozession des Ptolemaios II. Philadelphos wurde ein Wagen mitgeführt, auf dem 60 Satyrn standen und zur Flötenbegleitung ein Kelterlied (μέλος ἐπιλήνιον) sangen.[26]

– Rom, Klinensarkophag in San Lorenzo Abb. 71–3 (Weinlese der Eroten)
– Rom, Thermenmuseum Abb. 70 (Deckel: Weinlese der Eroten)
– Rom, Thermenmuseum Abb. 74 (Deckel: Weinlese der Eroten)
– Cagliari Abb. 49 (unter dem Mittelbild Kelter der Eroten)
– Rom, Museo Chiaramonti Abb. 62 (unter dem Mittelbild Kelter der Satyrn)
– Rom, Thermenmuseum Abb. 69 (Fragment eines Deckels: Kelter der Eroten)
– Rom, Villa Doria Pamphilj Abb. 79 (unter dem Mittelbild Kelter der Satyrn)
– Köln–Weiden Abb. 82 (unter dem Mittelbild Kelter der Eroten).

[25] Beispiele: Porphyr-Sarkophag der Constantia, der Tochter Constantins (heute im Vatican, Nr. 566); R. Delbrueck, Antike Porphyrwerke (1932) 219 mit Tafel 104; W. Helbig – H. Speier, Führer I Nr. 21 (B. Andreae); F. W. Deichmann – G. Bovini – H. Brandenburg, Repertorium der christlich-antiken Sarkophage I (1967) Nr. 174 Tafel 41/2; G. Koch – H. Sichtermann, Sarkophage S. 578 Anm. 22 mit Abb. 598; G. Lippold, Die Skulpturen des vaticanischen Museums III 1 (1936) S. 165 Nr. 566 Tafel 67. Sarkophag des Iunius Bassus (Grotte Vaticane): F. Gerke, Der Sarkophag des Iunius Bassus (Berlin 1936); F. W. Deichmann – G. Bovini – H. Brandenburg Nr. 680 Tafel 105. Sarkophag des guten Hirten (Vatican, Museo Pio Cristiano): F. W. Deichmann – G. Bovini – H. Brandenburg Nr. 29 Tafel 10.
[26] Athenaios V 28 p. 199 A (Kaibel 1, 441, 14) = Kallixeinos von Rhodos 672 F 2 (p. 170, 11 Jacoby).

Zeichnung 10: Weinlese und Kelter. Terra-sigillata-Becher des M. Perennius in New York

Zeichnung 11: Weinlese und Kelter. Terra-sigillata-Becher des M. Perennius in New York, andere Seite

Zeichnung 12: Weinlese der Eroten. Sarkophag in Arles

Plutarch berichtet über das Fest bei der Weinlese: „In der früheren Zeit wurde das traditionelle Dionysosfest in volkstümlicher und fröhlicher Art mit einer Prozession begangen. Erst kam ein großer Weinkrug und ein Zweig mit Trauben (κληματίς); dann zog einer den Bock hinter sich her; ein anderer der Teilnehmer trug einen Korb mit Feigen, und am Ende von allem kam der Phallos."[27]

Einer der festlichen Akte in der Zeit der Weinlese war in Attika das Fest des „Tragens der Weinzweige" (ὠσχοφόρια). Von einigen Weinpflanzen erntete man nicht die einzelnen Traubenbüschel, sondern schnitt ganze Zweige ab, an denen viele Traubenbüschel hingen, und trug diese in festlicher Prozession durch die Stadt.[28]

Große Herren beim Kelterfest

§ 90   Kaiser Antoninus Pius, das Muster eines römischen Edelmanns, begab sich zur Zeit der Weinlese auf eines seiner Landgüter und feierte das Fest zusammen mit den Landleuten.[29] Sein Adoptivsohn Marc Aurel begleitete den Vater und kommt in seinen Briefen an Fronto nebenher darauf zu sprechen. „Die Jäger und Winzer (bei der Weinlese), die mit ihrem Jubelgeschrei mein Schlafzimmer mit Lärm erfüllen",[30] hindern ihn an literarischen Arbeiten. Einige Tage später hat Marcus selbst an der Weinernte teilgenommen. „Wir haben beim Ernten der Trauben mit Hand angelegt und haben (mit den Winzern) zusammen geschwitzt und gejubelt und einige wenige in der Höhe hängende (Weintrauben) als Überreste der Weinlese übriggelassen."[31] Einige Stunden später haben dann alle am Kelterplatz zusammen gegessen[32] und gern zugehört, wie die Landleute ihre Neckereien vorbrachten.[33]

Es ist typisch, daß auch große Herren zur Weinlese auf ihre Güter hinausgehen.

Ein anderes Beispiel dafür ist der Dichter Annianus. Er feierte die Weinlese fröhlich auf seinem Gut im Faliskerland. Dies berichtet Gellius, der zu dem Fest eingeladen war.[34]

Auch Symmachus ist zur Weinlese auf sein Landgut in Tusculum gereist.[35]

---

[27] De cupiditate divitiarum 8 p. 527 D (Pohlenz 343,20–344,2) ἡ πάτριος τῶν Διονυσίων ἑορτὴ τὸ παλαιὸν ἐπέμπετο δημοτικῶς καὶ ἱλαρῶς· ἀμφορεὺς οἴνου καὶ κληματίς, εἶτα τράγον τις εἶλκεν, ἄλλος ἰσχάδων ἄρριχον ἠκολούθει κομίζων, ἐπὶ πᾶσι δ' ὁ φαλλός. Vgl. die φαλλοφόρος im Thiasos der Pompeia Agrippinilla (oben § 15) und unten § 128.

[28] Plutarch, Theseus 23; Athenaios XIV 30 p. 631 B (Kaibel 3,393,1); L. Deubner 142–7.

[29] Historia Augusta, Antoninus Pius 11,2 *vindemias privati modo cum amicis agebat.*

[30] Marcus bei Fronto, Ad Marcum Caesarem IV 5,3 *venatores plane aut vindemiatores ..., qui iubilis suis cubiculum meum perstrepunt.*

[31] Bei Fronto, Ad Marcum IV 6,1 *uvis metendis operam dedimus et consudavimus et iubilavimus et aliquot ... reliquimus altipendulos vindemiae superstites.*

[32] IV 6,2 *loti igitur in torculari cenavimus.*

[33] *rusticos cavillantes audivimus libenter.*

[34] Gellius XX 8 *Annianus poeta in fundo suo, quem in agro Falisco possidebat, agitare erat solitus vindemiam hilare atque amoeniter.*

[35] Symmachus, Epist. III 23 und Macrobius, Sat. VII 7,14. Symmachus hat zu dem Fest auch seine Stadtsklaven mitgebracht.

Vom Kaiser Elagabal wird berichtet,[36] er habe seine Freunde zur Weinlese eingeladen, sich mit ihnen neben die Körbe gesetzt und sie über ihre Liebschaften ausgefragt. Als einige der Jüngeren Dinge erzählten, „die ihrem Alter entsprachen", sagte der Kaiser, die Weinlese, welche sie so feierten, sei eine wahrhaft freie. Der Verfasser der Kaiserbiographien fährt dann fort: „Manche berichten, eben er habe eingeführt,[37] daß beim Fest der Weinlese viele Scherzreden gegen die Herren geführt wurden, und zwar in Gegenwart der Herren."

Noch der oströmische Kaiser Tiberius I. Constantinus (578–582) hat die Zeit der Weinlese auf dem Lande verbracht, „damit nach kaiserlichem Brauch gescherzt werde".[38]

Das Kelter- und Hochzeitsfest der Kaiserin Messalina

§ 91   Ein seltsames Dionysosfest hat Messalina inszeniert, die dritte Gemahlin des Kaisers Claudius. Sie war mit ihrem ältlichen Gemahl nicht zufrieden und hielt sich einen schönen jungen Römer namens Silius als Liebhaber. Dies war der ganzen Stadt bekannt; aber keiner wagte, es dem Kaiser zu sagen. Messalina dachte schließlich, sie könne sich absolut alles erlauben, und heiratete den Silius offiziell; man feierte das Hochzeitsfest in der Form einer Weinlese. Schließlich wurde doch alles dem Kaiser gemeldet, und Messalina und Silius wurden getötet.

Wir sehen, welche Art von Dionysosfesten in der höchsten römischen Gesellschaft möglich war; und es ist charakteristisch, daß eine Hochzeit als bakchisches Fest inszeniert werden konnte. Tacitus berichtet (Annales XI 31, 2):

> At Messalina, non alias solutior luxu, adulto autumno simulacrum vindemiae per domum celebrabat. urgeri prela, fluere lacus; et feminae pellibus accinctae adsultabant ut sacrificantes vel insanientes Bacchae; ipsa crine fluxo thyrsum quatiens, iuxtaque Silius hedera vinctus, gerere cothurnos, iacere caput, strepente circum procaci choro.

„Als es Spätherbst geworden war, feierte Messalina – noch nie so ungezügelt wie jetzt – im Hause eine imitierte Weinlese. Man stampfte in den Keltertrögen, die Kufen füllten sich; Frauen, die mit Fellen umgürtet waren,[39] sprangen herum wie opfernde oder

---

[36] Historia Augusta, Vita Heliogabali 11 *cum ad vindemias vocasset amicos nobiles et ad corbes sedisset, gravissimum quemque percontari coepit, an promptus esset in Venerem ... contulit se ad iuvenes et ab his coepit omnia exquirere. a quibus cum audiret aetati congrua, gaudere coepit dicens vere liberam vindemiam esse quam sic celebrarent. ferunt multi, ab ipso primum repertum, ut in vindemiarum festivo multa in dominos iocularia et audientibus dominis dicerentur.* Als Quelle wird der Historiker Marius Maximus genannt.

[37] Natürlich ist der Brauch dieser Scherzreden so alt wie die Weinlese selbst.

[38] Paulus Diaconus, Hist. Langobard. III 12 *procedente autem eo (sc. Tiberio Constantino) ad villam, ut iuxta ritum imperialem triginta diebus ad vindemiam iocundaretur, etc.*

[39] Sie waren also gekleidet wie die Βάκχαι ἀπὸ καταζώσεως im Thiasos der Pompeia Agrippinilla. – Der Text ist zuletzt von A. Henrichs besprochen worden (Harvard Studies 82, 1978, 157/8).

rasende Bakchantinnen; sie selbst schwang mit gelöstem Haar den Thyrsos-Stab, und neben ihr war Silius, mit Efeu bekränzt; sie trugen Kothurne (Stiefelchen) und warfen den Kopf nach hinten, und rings um sie tobte der freche Reigen.“

Die Synode des Jahres 691 gegen die heidnischen Kelterfeste

§92   Noch im Konzil des Jahres 691/2 zu Konstantinopel sind dionysische Riten bei der Weinlese verboten worden. Es heißt in den Beschlüssen: „Ferner verbieten wir gänzlich die Tänze und Weihezeremonien von Männern oder Frauen im Namen der von den Heiden lügnerisch als Götter bezeichneten Wesen nach der alten Sitte ... und setzen fest, daß kein Mann Weiberkleider und keine Frau Männerkleider tragen darf und daß man weder komische noch satyreske noch tragische Masken anziehen darf und daß weder diejenigen, welche die Trauben in den Keltertrögen ausquetschen, noch diejenigen, welche den in den Fässern befindlichen Wein eingießen,[40] den Namen des verwünschten Dionysos anrufen dürfen.“[41]

Tänze und Theaterszenen beim Kelterfest

§93   Zu dem dionysischen Fest der Weinlese gehörten Tänze. Sie sind oft abgebildet; hier sei verwiesen auf die tanzenden Paare von Satyrn und Nymphen auf den Silberschalen von Mildenhall (Abb. 85), dem Fresco in Pompei (Abb. 8) und den Mosaiken von Hadrumetum (Abb. 22) und Köln (Abb. 23).
Columella beschreibt in seinem Werk über den Gartenbau den Tanz und Gesang bei der Weinlese (X 426–430):

Ac metimus laeti tua munera, dulcis Iacche,
inter lascivos Satyros Panasque biformes
bracchia iactantes vetulo marcentia vino,
et te Maenalium, te Bacchum teque Lyaeum
Lenaeumque patrem canimus.

„So ernten wir fröhlich deine Gaben, süßer Iakchos, indem wir mitten unter den ausgelassenen Satyrn und den zweigestaltigen Panen unsere Arme schleudern, die schon von altem Wein erschlafft sind, und rufen dich an als den Gott vom Mainalos-Berg, als Bakchos, als Löser und als Vater der Kelter.“

[40] Also das alte Fest des Öffnens der Fässer (πιθοίγια).
[41] J.D. Mansi, Sacrorum conciliorum nova et amplissima collectio XI (1765), 972 (Nachdruck von H. Weller, 1901): ἔτι μὴν καὶ τὰς ὀνόματι τῶν παρ' Ἕλλησι ψευδῶς ὀνομασθέντων θεῶν ἢ ἐξ ἀνδρῶν ἢ γυναικῶν γενομένας ὀρχήσεις καὶ τελετὰς κατά τι ἔθος παλαιὸν ... ἀποπεμπόμεθα, ὁρίζοντες μηδένα ἄνδρα γυναικείαν στολὴν ἐνδιδύσκεσθαι ἢ γυναῖκα τοῖς ἀνδράσιν ἁρμόδιον, ἀλλὰ μήτε προσωπεῖα κωμικὰ ἢ σατυρικὰ ἢ τραγικὰ ὑποδύεσθαι μήτε τὸ τοῦ βδελυκτοῦ Διονύσου ὄνομα τὴν σταφυλὴν ἀποθλίβοντας ἐν ταῖς ληνοῖς ἐπιβοᾶν μηδὲ τὸν οἶνον ἐν τοῖς πίθοις ἐπιχέοντας κτλ. Vgl. A. Henrichs, Harvard Studies 82, 1978, 158.

Es ist deutlich, daß einige der Winzer als Satyrn und Pane verkleidet sind, also Rollen spielen.

Dazu stimmt, daß die Landleute nach der Ansicht der Alten beim Kelterfest nicht nur die ersten dionysischen Tänze[42] getanzt, sondern auch kleine theatralische Szenen aufgeführt haben, aus denen dann später Tragödie, Satyrspiel und Komödie entstanden sind.[43]

Die dramatischen Aufführungen fanden in Athen bei den Dionysosfesten (den Dionysia und Lenaia) statt. Den Anfang mit diesen Spielen hatten (so nahm man an) Männer gemacht, die sich als Satyrn, Silene, Pane, Kentauren usw. verkleideten und kleine Mythen spielten, die teils ernst und teils heiter waren; bei den heiteren Aufführungen fehlte es nicht an Spott über einige der als Zuschauer anwesenden Teilnehmer des Festes.

Auf den Ursprung der Tragödie aus dem Bocksopfer kommen wir unten (in § 132) zurück.

Noch in den Dionysosvereinen und bei den Dionysosfesten der Kaiserzeit sind solche kleinen Dramen gespielt worden; wir haben aus der Inschrift der Iobakchen in Athen die Rollen des Dionysos, der Aphrodite, der Kore, des Palaimon und des „ersten Erfinders des schönen Rhythmus" (Proteurhythmos) kennengelernt.[44]

Ähnliche Spiele setzt Vergil in seinem fünften bukolischen Gedicht voraus. Dort will der Hirt Menalkas zu Ehren des verstorbenen und vergöttlichten Daphnis ein Gedenkfest einrichten, und bei dieser Gelegenheit soll einer der Hirten die tanzenden Satyrn nachahmen:

saltantis satyros imitabitur Alphesiboeus (bucol. 5,73).

Alphesiboeus wird also bei dem ländlichen Fest die Tanzrolle der Satyrn übernehmen. Auch Tibull sagt, daß die Landleute die ersten Theateraufführungen gegeben hätten:

---

[42] Maximus von Tyros, or. 24,4 πρῶτοι ... ἐπὶ ληνῶι στησάμενοι Διονύσωι χοροὺς. Vgl. § 81 und 172.

[43] Diese Ansicht ist auch zweifellos richtig. Im einzelnen diskutieren die Gelehrten darüber, ob die Komödie aus den Spielen im dionysischen Festzug (κῶμος) oder aus den Spielen auf den Dörfern (κώμη) herzuleiten sei. Das erstere war die Ansicht des Aristoteles (in der Poetik), das zweite die des Eratosthenes (Meuli, Ges. Schr. I 256 ff., besonders 276–8). Diese Meinung ist in der Antike zu allgemeiner Geltung gelangt. Für unsere Zwecke ist es nur von Belang, was die Griechen selber darüber in der Kaiserzeit gedacht haben, nicht, welches der wirkliche Sachverhalt in der alten Zeit gewesen ist.
Übrigens war es durchaus nichts Selbstverständliches, daß aus diesen Anfängen heraus die attischen Dramen entwickelt wurden. Die improvisierten kleinen Stücke bei den ländlichen Dionysosfesten können nichts anderes gewesen sein als der „Unterbau des Dramas", wie man mit glücklichem Ausdruck gesagt hat (K. Th. Preuss). Der entscheidende Umbruch geschah, als die Stücke vor der Aufführung schriftlich ausgearbeitet wurden. Noch stärker als beim Epos bedeutet für das Drama der Übergang zur Schrift die Entstehung von etwas ganz Neuem. Vermutlich wird man auch in Rechnung stellen dürfen, daß für den siegreichen Dichter, Choregen (Regisseur) und Chor ein hoher Siegespreis ausgesetzt war, so daß der Aufwand an Zeit für das Niederschreiben und Einstudieren des Stückes sich für die Sieger lohnte.

[44] Sylloge³ 1109,124/5, s. § 28–32.

agricola et minio suffusus, Bacche, rubenti
primus inexperta duxit ab arte choros (II 1,55/6)

„Der Landmann hat als erster, das Gesicht mit rötlichem Mennig gefärbt, die Reigentänze in einer bisher unbekannten Kunst aufgeführt."

Als Bacchus bei Silius Italicus dem Falerner Bauern den Wein zu trinken gegeben hat (oben §62), beginnt dieser zu tanzen und dankt dem Gott in ungefügen Worten (VII 200–203):

Postquam iterata tibi sunt pocula, iam pede risum,
iam lingua titubante moves, patrique Lyaeo
tempora quassatus, grates et praemia digna
vix intellectis conaris reddere verbis.

„Nachdem du (Falerner Bauer) zum zweitenmal den Becher geleert hast, erregst du Lachen mit deinem (unsicheren) Fuß und deiner stammelnden Zunge, und versuchst, dein Haupt (die Schläfen) schüttelnd, dem Vater ‚Löser' (dem Liber pater) Dank zu sagen und ihn zu rühmen, mit Worten, die man kaum verstehen kann."

§94   Auf zwei pergamenischen Inschriften werden die Bukóloi aufgeführt, „welche den Tanz getanzt haben".[45]

Unter den Dionysosmysten von Killai in Thrakien[46] werden Kureten genannt. Diese Kureten waren Tänzerkollegien, welche die sacralen Tänze tanzten und hohes gesellschaftliches Ansehen genossen. Sie wiederholten jene Tänze, welche im Mythos die mythischen Kureten um das Zeus-Kind und das Dionysos-Kind getanzt hatten.[47] In dem in §21 besprochenen Verein ephesischer Dionysosmysten gab es einen Priester dieser mythischen Kureten.[48]

Den Bericht des Lukian über die Dionysosfeste in Ionien mit den Aufführungen der Pane, Korybanten, Satyrn und Bukóloi haben wir in §82 angeführt; beim dionysischen Fest der Messalina tanzten Frauen, die als Bakchen verkleidet waren, s. §91.

Von den Athenern der Kaiserzeit erzählt Philostrat, daß sie bei den Dionysien, „wenn die Flöte ertönt, in gewandten Biegungen tanzen und mitten unter den epischen Versen mit der Götterlehre des Orpheus sich aufführen, als seien sie Horen (Göttinnen der Jahreszeiten), Nymphen und Bakchen".[49] Diese mythischen Episoden sind in dem epischen Gedicht des Orpheus vorgekommen und wurden bei den Dionysien als Ballett gespielt.[50]

---

[45] A. M. 24, 1899, 179 Nr. 31 und S. 180 = I. Pergamon II 486 a οἱ χορεύσαντες βουκόλοι.

[46] I. G. Bulg. III 1517, 20–22.

[47] Euripides fr. 472 Nauck = 79 Austin (aus den „Kretern") καὶ Κουρήτων βάκχος ἐκλήθην ὁσιωθείς.

[48] I. K. 15, 1600, 26.

[49] Vita Apollonii IV 21, p. 140,23–26 Kayser ὅτι αὐλοῦ ὑποσημήναντος λυγισμοὺς ὀρχοῦνται καὶ μεταξὺ τῆς Ὀρφέως ἐποποιίας τε καὶ θεολογίας τὰ μὲν ὡς Ὧραι, τὰ δὲ ὡς Νύμφαι, τὰ δὲ ὡς Βάκχαι πράττουσιν.

[50] Schon Platon spricht in den Gesetzen (VII p. 815 C) von dem „bakchischen Tanz, bei dem sie sich Nymphen und Pane und Silene und Satyrn nennen und diese nachahmen, wie sie betrunken sind", ὅση

Im dionysischen Pyrrhiche-Tanz wurden der Pentheus-Mythos und der Kampf des Dionysos gegen die Inder als Spiel vorgeführt.[51]

In zwei Briefen empfiehlt der Rhetor Libanios seinen Freunden eine Gruppe von Laienspielern, welche zur Zeit der Weinlese den Mythos des Gottes darstellen:

Brief 1212 (364) „An Demetrios. Diese Männer sind Diener des Dionysos und spielen in jedem Jahr den Mythos des Gottes. Sie kommen zu euch um der Festfreude und des Festmahls willen und wollen euren Seelen Freude bereiten. Mache ihnen ihren Aufenthalt so angenehm wie möglich, damit sie dich rühmen, und damit der Gott dir die Reben zu süßem Wein mache."

Brief 1213 (364) „An Euthalios. Dies sind Diener des Dionysos; sie sind meine Freunde, ganz besonders, weil sie an der Weihe der Feiernden teilgenommen haben (usw.)" – denn die Weinlese und die mit ihr verbundenen Spiele sind eine Art dionysisches Mysterium.[52]

§ 95   Solche Theaterszenen sind oft auf Werken der bildenden Kunst dargestellt.

Auf dem römischen Sarkophag Abb. 80 (in der Mitte, unten) hält ein kleiner Eros sich eine Satyrmaske vor das Gesicht und hat damit einen anderen so erschreckt, daß dieser zu Boden gefallen ist. Links und rechts von der Gruppe stehen zwei Eroten mit dem Hirtenstab in der Hand.

Eine ähnliche Szene ist auf einem Sarkophag aus Karthago (Abb. 53) abgebildet: Ein kleines, nacktes Kind hat sich eine Silensmaske aufgesetzt, die fast so groß ist wie es selbst, und erschreckt damit zwei andere Kinder.

Auf dem Deckel des Sarkophags im Vatican Abb. 77 befindet sich rechts von der Mittelgruppe eine Szene mit einer liegenden Nymphe und einem kleinen Eros, der ihr einen Hirtenstab abnimmt und in der anderen Hand eine Maske trägt, die für ihn viel zu groß ist.[53] Auf dem Kasten desselben Sarkophags reicht Ariadne, von rechts kommend, einem kleinen Eros eine Maske. Auf der linken Seite zieht ein Kentaur den Wagen des Dionysos; auf seinem Rücken steht ein kleiner Eros, der die Maske schon auf seinem Kopf trägt und sie jederzeit vor sein Gesicht herabziehen kann.

μὲν Βακχεία τ' ἐστίν ..., αἷς Νύμφας τε καὶ Πᾶνας καὶ Σειληνοὺς καὶ Σατύρους ἐπονομάζοντες ... μιμοῦνται κατωινωμένους.

[51] Athenaios XIV 29 p. 631 AB (Kaibel 3, 392); s. § 57. F. Matz, Sarkophage III Beilage 106 (Nr. 231) reproduziert die Zeichnung eines verschollenen Kindersarkophags, auf dem Kinder den Pentheus-Mythos spielen.

[52] Epist. 1212 (ed. Foerster XI 293) Δημητρίωι. οἱ ἄνδρες οἵδε τῶν περὶ τὸν Διόνυσόν εἰσιν ὑπηρετοῦντες καθ' ἕκαστον ἔτος τῶι μύθωι τῶι περὶ τοῦ θεοῦ. ἥκουσι δὴ παρ' ὑμᾶς εὐφροσύνης ἕνεκα καὶ τοῦ χαρίσασθαι ταῖς ψυχαῖς. ποίει τοίνυν αὐτοῖς τὴν ἐπιδημίαν ἡδίστην, ἵν' οὗτοι μέν σε ἐπαινῶσι, ποιῆι δέ σοι τὰς ἀμπέλους ἡδυοίνους ὁ θεός.
Epist. 1213 (ed. Foerster XI 294) Εὐθαλίωι. τοῦ Διονύσου μὲν οἵδε θεράποντες, ἐμοὶ δὲ φίλοι τά τε ἄλλα καὶ ὅτι τῆς τελετῆς τῶν τελουμένων μετέσχον κτλ.

[53] Bei S. Reinach, Répertoire des reliefs III 295, 3 ist ein Sarkophag aus dem Palazzo Mattei in Zeichnung abgebildet, wo eine Hand durch eine große Silensmaske langt und eine Schlange hält. F. Matz – F. v. Duhn, Antike Bildwerke in Rom mit Ausschluß der größeren Sammlungen II (1881) 2755; R. Turcan 420.

Nicht selten sind auf den dionysischen Sarkophagen Masken abgebildet, die sich auf Dionysos als den Gott des Theaters beziehen.[54]

Das Balsamfläschchen aus Glas (Zeichnung 15, § 102) stellt eine Initiationsszene dar; am Rand ist eine Silensmaske an einen Baum gelehnt.

Auf dem Relief mit der Säugung des Dionysosknaben durch die Ziege Amaltheia in München (Abb. 40) stehen über der Szene zwei große Masken des Zeus-Ammon und des Pan. Man wird die Masken als Hinweis darauf interpretieren dürfen, daß die Episode als kleines sacrales Drama gespielt worden ist.

Das Fest des zweiten Jahres (Trieteris)

§ 96   In den meisten griechischen Städten fand das größte der Dionysosfeste nur alle zwei Jahre statt. Man hatte zwei Wörter, welche den zweijährigen Abstand der Feste bezeichneten, „Amphieterides" (etwa: „ein Jahr ums andere")[55] und „Trieterides", also „in jedem dritten Jahr", wobei „inclusive" gezählt wurde; wenn man das Jahr des Festes als das erste zählte, fand das nächste Fest im dritten Jahr statt. Dieser Ausdruck war der üblichere.[56]

Warum das Fest nur alle zwei Jahre gefeiert wurde, darüber können wir nur Vermutungen anstellen. Vielleicht wurden die neuen Mitglieder bei den Trieterides aufgenommen; die Vorbereitungszeit dauerte zwei Jahre, und man hatte immer nur eine Gruppe von Novizen.[57]

Diodor berichtet, daß dieses Zweijahresfest von den Frauen gefeiert worden sei, und zwar hätten die Mädchen den Thyrsos getragen, hätten – gemeinsam von dem Gott begeistert – Jubelrufe ausgestoßen und so den Gott geehrt, während die Frauen in Gruppen (συστήματα) dem Gott geopfert und bakchisch getanzt, die Epiphanie (παρουσία) des Dionysos besungen und jene Mänaden nachgeahmt hätten, von denen man erzählte, daß sie in der alten Zeit Ammen des Gottes gewesen seien.[58]

---

[54] So auf dem Jahreszeitensarkophag in Camaiore Abb. 51, dem Sarkophag im Konservatorenpalast Abb. 66 und dem im Thermenmuseum (Abb. 70, neben der schlafenden Ariadne). Sehr oft sind Masken an den Ecken der Sarkophagdeckel abgebildet; man sehe die Sarkophage im Vatican Abb. 77, im Thermenmuseum Abb. 70 und 74, im Konservatorenpalast Abb. 75, in München Abb. 58 und in Baltimore Abb. 47. Sie haben eine Zierfunktion; aber das bedeutet nicht, daß sie darum keinen Sinn hätten. In den Werken der antiken Kunst haben auch Verzierungen ihren guten Sinn.

[55] Iobakcheninschrift, Sylloge³ 1109, Zeilen 43, 69, 113, 153; Orph. hymn. 52, 10 und 53, 1.

[56] Er ist so oft belegt, daß es unnötig ist, Belegstellen anzuführen. Interessant ist, daß auch die isthmischen und nemeischen Spiele alle zwei Jahre stattfanden, im Gegensatz zu den vierjährigen Perioden der Olympien und Pythien. Dies hängt wahrscheinlich damit zusammen, daß die Isthmien und Nemeen Dionysosfeste waren.

[57] Herodot II 4 und Censorinus, De die natali 18 sprechen von einem zweijährigen Schaltzyklus. Das kann kaum richtig sein.

[58] IV 3 διὸ καὶ παρὰ πολλαῖς τῶν Ἑλληνίδων πόλεων διὰ τριῶν ἐτῶν βακχεῖά τε γυναικῶν ἀθροίζεσθαι καὶ ταῖς παρθένοις νόμιμον εἶναι θυρσοφορεῖν καὶ συνενθουσιάζειν εὐαζούσαις καὶ τιμώσαις τὸν θεόν· τὰς δὲ γυναῖκας κατὰ συστήματα θυσιάζειν τῶι θεῶι καὶ βακχεύειν καὶ καθόλου τὴν παρουσίαν ὑμνεῖν τοῦ Διονύσου μιμουμένας τὰς ἱστορουμένας τὸ παλαιὸν παρεδρεύειν τῶι θεῶι μαινάδας.
Für θυρσοφόροι in Ephesos s. I.K. 14, 1268; 15, 1601 e 4; 1602 c + d 21; g + m 12; o 3 und 1982.

Bemerkenswert ist an diesem Zeugnis die Trennung der unverheirateten Mädchen von den Frauen und die theaterähnliche Wiederholung des Mythos von der Säugung des Dionysosknaben durch die Mänaden. An den von Diodor geschilderten Festen haben nur die Frauen teilgenommen; an anderen Orten aber wurden die Zweijahres-Feiern von beiden Geschlechtern, von Männern und Frauen, begangen.

§ 97   Die Trieteris ist auch auf einem Jahreszeitensarkophag im Thermenmuseum in Rom dargestellt (Abb. 74).[59] In der Mitte steht der junge Dionysos, leicht angetrunken und von einem Satyr gestützt; rechts und links von ihm je vier Eroten mit den Attributen der Jahreszeiten. Wenn der Kreislauf des Jahres sich zweimal vollendet hat, dann findet das dionysische Fest statt, bei welchem selbst der in der Mitte stehende junge Gott, der Herr des Festes, nicht mehr ganz sicher auf den Beinen stehen kann. Auf diesen Kreislauf setzten die Angehörigen des Toten ihre Hoffnung, als sie ihn in diesem Sarkophag bestatteten.

Auf einem Sarkophag in Rom, der heute im Metropolitan Museum ist (Abb. 61), und auf einem Sarkophag in San Francisco (Abb. 78) sieht man auf der Vorderseite die Genien der vier Jahreszeiten. Auf den Nebenseiten sind nochmals je zwei Jahreszeiten abgebildet und symbolisieren den zweiten Umlauf des Jahres.[60]

Auf der Vorderseite des Sarkophags aus Rom in Kopenhagen Abb. 54 sind die Genien des Frühlings und Herbstes zweimal abgebildet, sowohl links als auch rechts vom Brustbild des Toten. Ferner ist auf der linken Nebenseite der Sommer dargestellt, auf der rechten Nebenseite der Winter. Es handelt sich offensichtlich um eine verkürzte Darstellung des Zwei-Jahres-Periode.

[59] Beobachtet von R. Turcan 619.

[60] Vgl. im Bildteil die Beschreibungen der Nummern 61 und 78. Acht Jahreszeiten-Genien noch auf den Sarkophagen in Genua (P. Kranz Nr. 77), im Antiquario Comunale zu Rom (Kranz Nr. 45), in Ajaccio (Kranz Nr. 75) und in Gerona in Spanien (Kranz Nr. 35). Auf diesen Sarkophagen ist die natürliche Reihenfolge der Jahreszeiten meist nicht eingehalten, vielleicht aus dem Bedürfnis nach Variation, oder auch, weil der Sinn der Verdoppelung nicht mehr verstanden wurde. Daß aber bei einer Reihe von acht Jahreszeitengenien ursprünglich auf die dionysische Trieteris angespielt werden sollte, scheint klar.
Eine ähnliche Interpretation kann man von dem Sarkophag in Rom Abb. 68 geben, wo rechts und links von Dionysos je drei Jahreszeitengenien stehen, jeweils Winter – Frühling/Sommer (in einer Figur) – Herbst.

VII Kinderweihen

Zeugnisse für die Einweihung von Kindern

§ 98 Die Dionysosmysten haben ihre Kinder schon gleich nach der Geburt dem Gott geweiht, wenn das Kind gebadet wurde, und während seines ganzen weiteren Lebens hat das mythische Vorbild des Dionysos das Kind begleitet. Es wurde in der Getreideschwinge (Liknon) gewiegt wie einst der Gott, und sobald es stehen konnte, verlieh man ihm den Thyrsos-Stab. Freilich gab es einen Unterschied zwischen dem göttlichen und dem menschlichen Kind: Der Gott wuchs mit wunderbarer Schnelligkeit heran, so daß seine Ammen ihm auch sogleich den Thyrsos verleihen und ein Nachtfest anschließen konnten;[1] bei den Menschenkindern dauerte es einige Jahre, bis sie stehen und den Thyrsos halten konnten.

In den Einzelheiten sind die dionysischen Kinderweihen sicher von recht verschiedener Art gewesen. Die dionysischen Gruppen waren ja lauter einzelne, voneinander unabhängige private Vereinigungen.

§ 99 Man hat mit den Kinderweihen die Hoffnung verbunden, daß der Geweihte hier im Leben und auch drüben im Jenseits ein glückliches Los haben werde. Als dem Rhetor Himerios ein Knabe starb, bevor er voll eingeweiht worden war, klagte er: „In welcher Erde liegt jetzt dein heiliges Haar, das du nach deiner ersten Geburt[2] für Dionysos wachsen ließest? ... O weh Dionysos, wie konntest du ertragen, daß der geweihte Knabe deinem heiligen Bezirk entrissen wurde? ... Welch ein trauriger Bakchos-Dienst ... Wie soll ich noch auf Dionysos vertrauen, der mir den heiligen Knaben nicht bewahrt hat?"[3]

Auch in der unten § 111 und 141 angeführten Stelle aus der Trostschrift des Plutarch an seine Gattin ist vorausgesetzt, daß die Seele des gestorbenen kleinen Sohnes im

---

[1] Nach Nonnos 9, 111–131 hat die Nymphe Mystis den Dionysosknaben geweiht. Auf den Sarkophagen wird mehrmals dargestellt, wie Papposilen dem Dionysosknaben den Thyrsosstab übergibt, s. Abb. 46 (Baltimore) und 56 (München), auch 58 (Rom, Museo Capitolino). – Vgl. § 48–56 über die mythischen Episoden aus der Kindheit des Gottes.

[2] Vermutlich galt die Einweihung als zweite Geburt. Vgl. unten § 113.

[3] Orat. 8,7 (p. 67 Colonna) τίς κατέχει κόνις τὰς ἱερὰς ἐκείνας κόμας, ἃς Διονύσωι μετὰ τὴν πρώτην γένεσιν ἔτρεφες; ... οἴμοι Διόνυσε, πῶς ἤνεγκας ἐκ τοῦ σοῦ τεμένους παῖδα τὸν ἱερὸν ἁρπαζόμενον; ... ὦ σκυθρωπῆς βακχείας. Dann in § 18 (p. 71 Colonna) πῶς Διονύσωι πιστεύσω τὸν ἱερόν μοι παῖδα μὴ τετηρηκότι; Vgl. M.P. Nilsson, Mysteries 106. – Für die Bezeichnung des Knaben als ἱερὸς παῖς vgl. die Iobakcheninschrift Sylloge³ 1109, 55.

Jenseits ein glückliches Schicksal haben wird, weil der Knabe in die dionysischen Mysterien eingeweiht war.

Viele der Sarkophage mit dionysischen Darstellungen sind von so kleinen Maßen, daß ein Kind darin bestattet sein muß.[4] In der Regel wird dieses Kind in die Dionysosmysterien eingeweiht gewesen sein.

Wir haben eine Reihe von Grabepigrammen auf Kinder, die Dionysosmysten waren. In einem Gedicht aus der Gegend von Philippi wird der tote Knabe angesprochen und der Hoffnung auf ein glückliches dionysisches Jenseits Ausdruck gegeben:

> Nunc seu te Bromio signatae mystides at se
> florigero in prato congregium satyrum
> sive canistriferae poscunt sibi Naides aeque
> qui ducibus taedis agmina festa trahas …[5]

„Nun rufen dich zu sich entweder die dem Dionysos geweihten Mystinnen auf der blumigen Wiese, auf der die Satyrn mit ihnen im Reigen verbunden sind, oder ebenso die korbtragenden (κανηφόροι) Najaden, damit du unter der Führung der Fackeln den festlichen Zug anführst …“

Diese glücklichen Spiele der Kinder im Jenseits sind auf den Sarkophagen abgebildet.[6] Von einem Knaben heißt es auf dem Grab:

> Σατορνεῖνος ἐγὼ κικλήσκομαι· ἐκ δέ με παιδός
> εἰς Διονύσου ἄγαλμ᾽ ἔθεσαν μήτηρ τε πατήρ τε.[7]

„Ich heiße Saturninus; von Kind auf haben Vater und Mutter mich zu einem Bild (oder: zu einer Zierde) des Dionysos gemacht.“

Kinder wie Saturninus, die von den Eltern dem Dionysos geweiht worden waren, hießen πατρομύσται, „Mysten von vatersher“.[8]

[4] Vgl. R. Turcan 417 und 424.
[5] C. Bücheler, Carmina 1233, 17–20.
[6] Vor allem auf den Szenen der Weinlese und Kelter, so auf dem Sarkophag in San Lorenzo (Abb. 71–3), den Deckeln in Baltimore (Abb. 48) und im Thermenmuseum (Abb. 70 und 74) und dem Fragment aus demselben Museum (Abb. 69). Manchmal spielen die Kinder-Eroten zwischen den Beinen der Erwachsenen, wie auf dem Sarkophag in New York (Abb. 61) und dem in San Francisco (Abb. 78). Die Maskenspiele der Kinder auf den Sarkophagen aus Karthago (Abb. 53) und dem Vatican (Abb. 80) wurden schon erwähnt (§ 95).
Wenn es sich um Sarkophage handelt, auf denen nur das Spiel der Eroten dargestellt ist, während Dionysos selbst nicht erscheint, dann sind diese Stücke nicht in das Corpus von F. Matz aufgenommen. Man sieht ein, daß irgendwo eine Grenze gezogen werden mußte. Nichtsdestoweniger sind solche Szenen mit Eroten dionysisch zu deuten. Man sehe z.B. die trunkenen Putti auf den Sarkophagen aus Ostia und dem Lateran bei F. Cumont, Recherches sur le symbolisme funéraire des Romains S. 471 Fig. 101/2 und pl. XL 2 (neben S. 344).
[7] W. Peek 1030 = I.G. urbis Romae 1324. Andere Epigramme auf Kinder, die Dionysosmysten waren: I.G. urbis Romae 1169, s. § 102 Anm. 20; W. Peek 1029 = I.G. II² 11674 (Athen); W. Peek 975 = I.G. urbis Romae 1272; Z.P.E. 7, 1971, 280 (Tusculum); S. Cole, Epigraphica anatolica 4 (1984) 37 (aus Bithynien). Für den 8jährigen Knaben Leontius in einem dionysischen Sarkophag s. R. Turcan S. 35 und pl. 56 a.
[8] I.K. 24 (Smyrna) 731/2; vgl. die Iobakcheninschrift, Sylloge³ 1109, 39–41 (s. § 26).

Zeichnung 13: Kinderweihe, auf einem Terra-sigillata-Becher des M. Perennius in Arezzo

Das Baden des Kindes

§ 100   Schon das Baden des neugeborenen Kindes war eine dionysische Zeremonie:
Ganz so wie das Menschenkind hier war einst auch Dionysos von den Nymphen gebadet
worden. Die „Nymphen" vertraten in dem bildhaften Denken der Alten das Wasser;
jeder, der im Wasser gewaschen wurde, wurde von den Nymphen gebadet.

An das Bad schloß sich eine Feier aller Beteiligten an, wie sie auf Terra-sigillata-
Schalen des Perennius aus Arretium dargestellt ist. Ich beschreibe das Exemplar aus
Arezzo (Zeichnung 13): Links kommt ein Silen und trägt im Arm das eingewickelte Baby
zu der Weihe. Dann ist eine Kastagnettenspielerin hinter einem Vorhang abgebildet. Der
Vorhang sollte wohl die „mystische" Szene der Waschung des Kindes verbergen. Danach
legt eine Frau Kränze vor einer Statue des Priapos nieder, der ein Füllhorn trägt, und
ein Satyr bläst auf einer Doppelflöte. Es folgt eine Frau, die auf ihrem Kopf ein Liknon
trägt, und ein Satyr mit einer Fackel in der Hand und einem Weinschlauch auf dem
Rücken. Am Ende opfern eine Frau und ein Satyr ein Schwein. Zu der Weihe hat also
eine Zeremonie mit dem Liknon, eine Festmahlzeit und ein Trinkgelage gehört.

Ein ähnlicher Becher, auf dem nur die Figuren etwas anders angeordnet sind, befindet
sich im Metropolitan Museum.[9]

---

[9] F. Cumont – A. Vogliano, Am. Journ. Arch. 37, 1933, 240 figs. 1 und 2; M.P. Nilsson, Mysteries
S. 95 Fig. 22 a/b; F. Matz, τελετή Tafeln 15–17; Corpus vasorum antiquorum, U.S.A., The Metropolitan
Museum of Art, Fasc. 1 Arretine Relief Ware, by Christine Alexander (Cambridge, Mass. 1943) Pl.
II–IV.

Zeichnung 14: Eine Mänade und ein Satyr schaukeln das Dionysoskind im Liknon. Terracotta-Relief in London

Das Kind wird im Liknon gewiegt

§ 101   Dann wurde das Kind in einem Korb gewiegt. Dieser Korb hatte eine besondere Form: Er war eine Getreideschwinge (λίκνον, *vannus*). Aus zwei Darstellungen ist zu ersehen, daß die Dionysosverehrer die kleinen Kinder manchmal bei Nachtfeiern in einem Liknon gewiegt haben. Auf einem Terracottarelief in London (Zeichnung 14)[10] schaukeln ein Satyr und eine Mänade das Dionysoskind in bewegtem Tanz, und auf dem Sarkophag in Cambridge (Abb. 50) tun ein bärtiger und ein junger Satyr dasselbe.

Nach dem Mythos sind sowohl Zeus[11] als auch Hermes[12] als auch Dionysos in einem Liknon gewiegt worden;[13] Dionysos trug den Beinamen λικνίτης „der in der Schwinge".[14] Auf der Vase des Salpion bringt Hermes das Dionysoskind in einem Liknon zu den Nymphen (Zeichnung 4, oben § 50, und Abb. 88).

[10] Vgl. H. B. Walters, Catalogue of the Terracottas in the British Museum (1903) S. 384, D 525 und Pl. 41; H. v. Rohden – H. Winnefeld Tafel XCIX.

[11] Kallimachos, Hymn. 1, 48.

[12] Homer, Hermeshymnus 21, 254, 290, 357. Vgl. die Caeretaner Hydria im Louvre bei E. Simon, Die Götter der Griechen 297 Abb. 284; Corp. Vas. ant., Louvre, Tafel 8, 3–4.

[13] Servius auctus zu Vergil, Georg. I 166 *Nonnulli Liberum patrem apud Graecos* λικμε⟨ί⟩την (AIKMETNN der Codex) *dici adserunt; vannus autem apud eos* λικμός *nuncupatur, ubi de more positus esse dicitur, postquam est utero matris editus.* – Die Formen λικμός und λίκνον, λικνίτης und λικμίτης wechseln miteinander ab und sind gleichberechtigt.

[14] Orph. Hymn. 46 und 52, 3; Plutarch, De Iside 35 p. 365 A (ed. Sieveking p. 35, 11); M. P. Nilsson, Mysteries 38–45. Vgl. auch Hesych λικνίτης· ἀπὸ τῶν λίκνων, ἐν οἷς τὰ παιδία κοιμῶνται.

Man hat auch die Menschenkinder im Liknon gewiegt. Ein antiker Grammatiker
berichtet: „In der alten Zeit hat man die Kinder in Getreideschwingen zum Schlafen
gebracht; damit hat man auf Reichtum (an Getreide) und auf (reiche) Früchte
vorausgedeutet.“[15]

Im täglichen Leben wurde die Getreideschwinge benützt, um das Korn von der
Spreu zu trennen. Sie war manchmal wie ein großes Ruder geformt, meistens aber als
geflochtener Korb, in welchen man auf der Tenne das noch mit den Hülsen vermischte
gedroschene Korn füllte und den man dann hin- und herschwang, wobei das schwerere
Korn sich nach unten absetzte, während die leichte Spreu nach oben zu liegen kam und
bei dem Hin- und Herschwingen schließlich wegflog. Es wurde also das Überflüssige
entfernt und das Gute blieb zurück, als Korn zum Brotbacken oder als Saatkorn für das
nächste Jahr. Man hat das Liknon vielfach als glückbringendes Gerät angesehen.[16]

Die Getreideschwinge war ein Instrument des Ackerbauers und gehörte zur Religion
der Demeter. Aber der enge Zusammenhang von Demeter und Dionysos hat mit sich
gebracht, daß das Liknon auch als ein dionysisches Gerät und Symbol angesehen wurde.
Plutarch spricht von den „mystischen Getreideschwingen“ im Dionysoskult,[17] und Vergil
erwähnt in den Georgicá die „mystische Getreideschwinge des Iakchos“ (= Bakchos),

mystica vannus Iacchi (Georg. I 166).

Der „mystische“ Sinn liegt auf der Hand, das Liknon ist ein Gerät der Fruchtbarkeit
und Wiedergeburt.

Der Vergilkommentator Servius gibt eine Deutung, wonach mit dem Liknon auch auf
die Reinigung des Menschen angespielt wurde:

Liberi patris sacra ad purgationem animae pertinebant, ac sic homines eius
mysteriis purgabantur, sicut vannis frumenta purgantur.

„Die heiligen Zeremonien des Dionysos bezogen sich auf die Reinigung der Seele, und
die Menschen wurden in seinen Mysterien ebenso gereinigt, wie man das Getreide mit
der Getreideschwinge reinigt.“

Die Deutung auf die „Reinigung der Seele“ ist wohl nur sekundär, aber sie ist antik.

Die Einweihung etwa dreijähriger Kinder

§ 102   Wenn das Kind sicher gehen konnte, hat oft eine eigentliche Kinderweihe
stattgefunden. So haben die Knaben in Athen im Alter von drei Jahren am Fest des
Choen teilgenommen und eine Art dionysischer Weihe erhalten.[18]

---

[15] Schol. zu Kallim., Hymn. 1,47 ἐν γὰρ λίκνοις ... τὸ παλαιὸν κατεκοίμιζον τὰ βρέφη πλοῦτον καὶ
καρποὺς οἰωνιζόμενοι.

[16] Vgl. W. Mannhardt, Mythologische Forschungen (1884) 351–374; A. Dieterich, Mutter Erde (1905)
101–4; Jane Harrison, Prolegomena 517–534; M.P. Nilsson, Mysteries 21–45; H.G. Horn 56–62.

[17] Vita Alexandri 2,10 μυστικὰ λίκνα.

[18] Vgl. L. Deubner 114–6; M.P. Nilsson, Geschichte I² 587; W. Burkert, Homo necans 239–254 und
Griech. Rel. 359–361. Die Choes werden auch in der Iobakcheninschrift erwähnt, Sylloge³ 1109,130.

Ein römisches Grabepigramm gilt einem Knaben, der im Alter von 4 Jahren eingeweiht wurde und mit 7 Jahren gestorben ist.[19] Ein anderer Knabe war in mehrere Kulte eingeweiht und ist dann 7jährig gestorben. In seinem Grabepigramm heißt es: „Hier liege ich, Aurelius Antonius, der ich Priester aller Götter war, erstens der *Bona dea,* dann der Göttermutter und (ferner) des Dionysos Kathegemon. Obwohl ich die Mysterien für diese immer fromm durchgeführt habe, mußte ich jetzt doch das süße Licht der Sonne verlassen. Künftig, ihr Mysten oder Freunde jeder Art des Lebens, vergeßt alle heiligen Mysterien im Leben; denn den Faden der Schicksalsgöttinnen kann doch niemand auflösen."[20] Die Eltern hatten gehofft, ihrem Kind durch die Einweihung in die Mysterien ein glückliches Leben gewährleisten zu können, und haben nach dem Tod des Kindes ihre Enttäuschung in dem Epigramm zum Ausdruck gebracht.

Die Kinderweihe hat, wie es gar nicht anders sein konnte, die Form eines Spieles gehabt. So hat man den Knaben den Thyrsos-Stab in die Hand gegeben, ganz wie im Mythos dem kleinen Dionysos. Der Thyrsos war das Attribut eines niedrigen Grades.[21]

Auf dem Grabstein aus Alexandria (Abb. 34) ist ein dreijähriger Knabe namens Super abgebildet. Er hält den Thyrsos als sein dionysisches Abzeichen in der Hand: Er ist als kleines Kind in die Mysterien des Dionysos (oder des Dionysos-Osiris) eingeweiht worden und hat Hoffnungen auf ein besseres Los im Jenseits.

Bei diesen Kinderweihen ist auch das Liknon wieder verwendet worden. Vorbildlich war auch hier der Mythos des Dionysos: Auf dem Münchner Kindersarkophag (Abb. 56) trägt der Dionysosknabe das Liknon auf dem Haupt. Eine ähnliche Zeremonie bei der Kinderweihe ist auf einem Balsamgefäß aus blauem Glas in Florenz dargestellt (Zeichnung 15).[22]

Vgl. ferner die Inschrift aus Kebsud (zwischen Miletupolis und Ankyra Siderâ, im nördlichen Phrygien): τὸν Βρομίου μύστην ἱερῶν, ἄρξαντα χοῦ, τὸν καὶ ἐν πατρίδι πάντων ὄντα πρῶτον Φλάουιον Ἀνδρόνικον Ὀνήσιμον κτλ. (A.M. 30, 1905, 145 = 29, 1904, 316 – G. Quandt 129). Der Mann hat offenbar bei den Choes eine Kinderweihe geleitet.

[19] W. Peek 974 = I.G. urbis Romae 1228,4–5:
ἑπτὰ μόνους λυκάβαντας δύω καὶ μῆνας ἔζησα,
ὦν τρεῖς ἐξετέλουν Διονύσωι ὄργια βάζων.

[20] G. Kaibel, Epigrammata 588 = I.G. XIV 1449 = I.G. urbis Romae 1169 = H.W. Pleket, Epigraphica II 57:
κεῖμαι Αὐρήλιος Ἀντώνιος ὁ καὶ
ἱερεὺς τῶν τε θεῶν πάντων, πρῶτον Βοναδίης,
εἶτα Μητρὸς θεῶν καὶ Διονύσου Κατηγεμόνος (sic).
τούτοις ἐκτελέσας μυστήρια πάντοτε σεμνῶς
νῦν ἔλιπον σεμνὸν γλυκερὸν φάος ἠελίοιο.
λοιπὸν μύσται εἴτε φίλοι βιότητος ἑκάστης
πάνθ᾽ ὑπολανθάνετε τὰ βίου συνεχῶς μυστήρια σεμνά·
οὐδεὶς γὰρ δύναται μοιρῶν μίτον ἐξαναλῦσαι (κτλ.).

[21] Nach Diodor IV 3,3 durften die Mädchen nur den Thyrsos tragen, während die verheirateten Frauen volle Bakchantinnen waren, s. §96 Anm.58. In einem alten orphischen Vers hieß es, es gebe zwar viele Stabträger, aber nur wenige Bakchoi:
πολλοὶ μὲν ναρθηκοφόροι, παῦροι δέ τε βάκχοι
(Fr. 5 Kern = Platon, Phaidon 69C; fr. 235 Kern). Die Stabträger sind Dionysosdiener niedrigeren Grades, die Bakchoi sind die Anführer.

[22] Eine Photographie bei H.G. Horn Abb. 54.

Zeichnung 15: Kinderinitiation, auf einem Balsamfläschchen aus blauem Glas in Florenz

Der Initiand ist ein nackter Knabe mit verhülltem Haupt. Er trägt auf dem Kopf das zugedeckte Liknon und hält in der rechten Hand den Thyrsos, der mit Binden umwunden ist. Vor ihm steht eine Frau, die in einer Hand einen Zweig und in der anderen ein Trinkgefäß trägt; hinter ihr ein flötenspielender Satyr. Rechts, hinter dem Knaben, brennt ein Räuchergefäß, das vor einer Statue des Priapos steht. Auch dieser hält einen Thyrsos. Dahinter steht noch eine Silensmaske.

Auf dem Stuckfresco aus der Villa Farnesina Abb. 84 wird vor dem einzuweihenden Knaben das Liknon enthüllt.

Auf dem römischen Sarkophag Abb. 58 trägt der Dionysosknabe ein Rehfell; ein Satyr zieht ihm Stiefelchen (Kothurne) an, und eine Nymphe bindet ein Diadem um seinen Kopf.

Das heilige Spielzeug als Zeichen der dionysischen Weihe

§ 103   Man hat die Kinder bei diesen Weihen mit Gegenständen spielen lassen, die gleichzeitig Spielzeug und dem Dionysos heilig waren. Ebenso soll die Nymphe Mystis einst dem kindlich spielenden Dionysosknaben bei seiner ersten Weihe „Spielwerk" gegeben haben,

παίγνια κουρίζοντι ... Διονύσωι (Nonnos 9, 128).

Die Römer nannten dieses Spielzeug auch *crepundia*, „Klappern".

Die Orphiker hatten ähnliches Spielzeug; genannt werden: Würfel, Ball, (kegelförmiger) Kreisel, Äpfel, (Rad-)Kreisel, Spiegel und Schafsfell.[23]

---

[23] Orph. Fr. 34 Kern. Vgl. das Papyrusfragment aus Gurob, Kern Fr. 31 (S. 101/2) = Vorsokratiker[6] 1 B 23. Vgl. M. L. West, The Orphic Poems (1983) 154–9.

Dieses heilige Spielzeug wurde dem Kind am Ende der Weihe übergeben, und die Eltern haben es sorgfältig aufbewahrt, denn es war das Erkennungszeichen (γνώρισμα) oder Erinnerungszeichen *(memoraculum)*[24], welches vorgezeigt werden mußte, wenn man das erwachsene Kind zu der höheren Weihe anmeldete.

Sowohl in der Tragödie wie in der Komödie kommen derartige Erkennungszeichen oft vor; fast immer wird an ihnen die vornehme Herkunft ausgesetzter Kinder erkannt. Es handelt sich um ein Motiv, welches aus dem wirklichen Leben stammt und auf jene kultischen Spiele zurückgehen dürfte, die man sich als Vorstufen des griechischen Dramas denken muß.

Wahrscheinlich hat man die Kinder bei der Weihe auch auf einem Tier reiten lassen, nach dem Vorbild des Dionysos, der schon als kleiner Knabe auf einem Tiger geritten ist.[25]

Die endgültige Aufnahme unter die Dionysosmysten fand erst statt, wenn die jungen Menschen geschlechtsreif wurden.[26]

[24] Appuleius, Apologie 56.
[25] S. Abb. 16 (Cuicul), 21 (Hadrumetum), die Zeichnung 7 (§ 56, Ostia) und die reitenden Eroten in Abb. 72 (San Lorenzo) und 78 (in San Francisco). Vgl. R. Turcan 408–412.
[26] In der Iobakcheninschrift (Sylloge³ 1109,41) wird festgesetzt, daß die Knaben nur den halben Beitrag zahlen müssen „bis (zu dem Zeitpunkt, wo) sie es mit den Weibern können" (μέχρις ὅτου πρὸς γυναῖκας ὦσιν).

VIII   Dionysische Riten und Symbole

si tener pleno cadit haedus anno,
larga nec desunt Veneris sodali
vina craterae, vetus ara multo
fumat odore
(Horaz, carm. III 18,5–8)

Die Dionysos-Religion ist nicht abstrakt

§ 104   Der Sinn der dionysischen Religion ist niemals in Worten formuliert worden. Man konnte ihn an den Verkleidungen, Riten und Symbolen ablesen: Dionysos war der Gott der zyklischen Erneuerung, und seine Feste versetzten die Dionysosdiener in eine goldene Zeit.

Der Sinn der im Dionysoskult üblichen Verkleidungen ist, daß für die Dauer des Festes alles „anders" ist.

Verkleidung der Frauen (Rehe und Füchsinnen)

§ 105   Die weiblichen Teilnehmer an dionysischen Festen trugen ein Rehfell (νεβρίς). Die erstmalige Bekleidung mit dem Rehfell war die Zeremonie der Einweihung in den Kreis der Dionysosmysten. Es gab dafür ein eigenes Wort, νεβρίζειν „mit dem Rehfell bekleiden".[1]

Der kaiserzeitliche Dichter Dionysios Perihegetes schildert die Tänze der lydischen Frauen und Mädchen im Dionysoskult (839–845):

οὐ μὰν οὐδὲ γυναῖκας ὀνόσσεαι, αἳ περὶ κεῖνο
θεῖον ἕδος χρυσοῖο κατ᾽ ἰξύος ἄμμα βαλοῦσαι

---

[1] Demosthenes 18 (De corona), 259 νεβρίζων ... τοὺς τελουμένους. Dies steht in der Invective des Demosthenes gegen Aischines, der als Knabe seiner Mutter bei den dionysisch-sabazischen Weihezeremonien ministriert hat. Das von Demosthenes verwendete Vokabular basiert in diesem Abschnitt durchgehend auf den im Mysterienkult wirklich benützten Wörtern (H. Wankel, Z.P.E. 34, 1979, 79/80). – Weitere Belege für das Tragen von Rehfellen zu geben, ist nicht nötig. Es sei aber auf eine Strophe in den Bakchen des Euripides verwiesen, wo die Sängerinnen sich geradezu als Rehe fühlen, die den Nachstellungen des Jägers entkommen sind (Verse 866–876).
Vgl. Harpokration s. v. νεβρίζων· ... οἱ μὲν ὡς τοῦ τελοῦντος νεβρίδα ἐνημμένου, ἢ καὶ τοὺς τελουμένους διαζωννύντος νεβρίσιν ... ἔστι δὲ ὁ νεβρισμὸς καὶ παρὰ Ἀριγνώτηι ἐν τῶι „Περὶ τελετῶν". Arignote war eine Pythagoreerin, die ein Buch „Über Weihen" verfaßt hat.
Auf dem dionysischen Grabaltar aus Rom Abb. 12 heißt eine Frau Claudia Nebris.

ὄρχευνται, ϑηητὸν ἑλισσόμεναι περὶ κύκλον,
εὖτε Διωνύσοιο χοροστασίας τελέοιεν·
σὺν καὶ παρϑενικαί, νεοϑηλέες οἷά τε νεβροί,
σκαίρουσιν· τῆισιν δὲ περισμαραγεῦντες ἆῆται
ἱμερτοὺς δονέουσιν ἐπὶ στήϑεσσι χιτῶνας.

„Und du wirst auch die Frauen nicht tadeln können, die dort um das göttliche Bild tanzen, einen goldverzierten Gürtel um die Hüften geschlungen und sich in bewundernswertem Kreistanz drehend, wenn sie die Reigen für Dionysos durchführen; mit ihnen hüpfen auch die Mädchen, wie Rehkitze, die noch säugen; und die Winde umwehen sie und bauschen die lieblichen Gewänder um die Brüste auf."

Manche Mänaden verwandelten sich in „Füchsinnen" (Bassárai);[2] der Gott selbst führte den Beinamen *Bassareus*. Andere Frauen trugen Bocksfelle[3], die leichter zu beschaffen waren als Reh- und Fuchsfelle.

Verkleidung der Männer (Satyrn und Silene)

§ 106   Die Männer verkleideten sich als Ziegenböcke (Satyrn) und Pferde (Silene), manchmal auch als Rehe. Der Lexikograph Iulius Polydeukes lehrt: „Das Satyrkleid ist ein Rehfell oder Ziegenfell oder Bocksfell."[4] Auf den Sarkophagen Abb. 56 (in München) und Abb. 58 (in Rom) hat man den kleinen Dionysosknaben mit einem Fell bekleidet.

Im Thiasos der Pompeia Agrippinilla heißen alle diese Mysten, Männer und Frauen, „die mit der Umgürtung" (ἀπὸ καταζώσεως). In Philadelphia in Lydien heißt ein Mysten-verein „die Umgürtung" (κατάζωσμα).[5] Der fellbekleidete Obermyste des Ortes ist auf dem Relief mit dem Dekret zu seinen Ehren zu sehen (Zeichnung 3, in § 18).

Diese Fellbekleidungen erinnerten auch an die uralte Zeit, als die Menschen noch keine künstlich angefertigten Stoffe besaßen, so daß ihnen die Felle bei kaltem Wetter notwendig waren.

---

[2] So im Thiasos der Pompeia Agrippinilla, in Apollonia am Pontos (I. G. Bulg. I 401) und in Ephesos (I. K. 15, 1602 c + d 28).

[3] Hesych τραγηφόροι· αἱ κόραι Διονύσωι ὀργιάζουσαι τραγῆν περιήπτοντο.

[4] Pollux IV 114 ἡ σατυρικὴ ἐσϑὴς νεβρίς, αἰγῆ, ἣν … ἐκάλουν καὶ τραγῆν. Der Christ Theodoretos erzählt von einem Wiederaufleben heidnischer Zeremonien; die Teilnehmer „liefen mit Ziegenfellen herum" (Hist. eccles. V 21, 4 μετὰ τῶν αἰγίδων ἔτρεχον). – Dionysos selbst war als kleines Kind in der Wiege mit Rehfellen zugedeckt worden (Oppian, Kyneg. IV 245). – Bei Nonnos 9, 126 bindet ihm die Nymphe Mystis ein Rehfell um die Hüften. – Nach dem Prolog zur Hypsipyle des Euripides tanzt Dionysos, mit Rehfellen bekleidet, auf dem Parnass mit den delphischen Mädchen:

Διόνυσος, ὃς ϑύρσοισι καὶ νεβρῶν δοραῖς
καϑαπτὸς ἐν πεύκηισι Παρνασσὸν κάτα
πηδᾶι χορεύων παρϑένοις σὺν Δελφίσιν

(Fr. 752 Nauck; Eur. Hypsipyle, ed. G. W. Bond p. 23; ed. W. Cockle [Rom 1987] p. 53). In Theokrits zweitem Epigramm weiht Daphnis das Rehfell, welches er getragen hatte (s. oben § 44); in den Thalysia (7, 15) trägt der Aipólos Lykidas das Fell eines zottigen Bockes.

[5] S. § 18 Anm. 20.

Die Bakchantinnen als Nymphen

§ 107   Mit dem Wort „Nymphe" wurden im Griechischen nicht nur jene Naturgeister bezeichnet, welche in den Quellen und Gewässern und Bäumen lebten, sondern auch alle jungen Frauen, wenn sie in festlichem Glanz auftraten, vor allem die Braut am Hochzeitstag.[6] Da die Bakchantinnen vor allem junge Frauen waren, wurden auch sie gelegentlich „Nymphen" genannt, und in Festzügen wurden die Nymphen von diesen jungen Frauen dargestellt.[7]

Ausflüge aufs Land und in die Berge

§ 108   Die Städter sind zu den dionysischen Festen aufs Land hinaus gezogen (s. § 67–80). Wo es Höhen oder Berge gab, ist man hinaufgestiegen. Solche Ausflüge hießen „Besteigung des Berges" (ὀρειβασία), und in den Bakchen des Euripides rufen die Frauen des Chores immer wieder „in die Berge, in die Berge" (εἰς ὄρος εἰς ὄρος).[8]

Dionysische Symbole

§ 109   Mit einer ganzen Reihe von Gegenständen verband man ohne weiteres den Gedanken an einen dionysischen Zusammenhang: Mit Weinlaub und Rebe – mit Mischkrug (κρατήρ)[9] – Efeu (κισσός) – Lorbeer (δάφνη) – Fichtenkranz (πίτυς) – und dem Keltertrog (ληνός).

Im Dionysoskult ist auch die *Cista mystica* vorgekommen, ebenso wie im eleusinischen und im Isis-Kult. In ihr wurden die heiligen Geräte und Gegenstände aufbewahrt, die oft nach dem Fest geradezu ὄργια hießen.[10]

Abzeichen der dionysischen Mysten war der „Thyrsos"- oder „Narthex"-Stab, der die verschiedensten Formen hatte; oft ist es einfach ein Zweig mit Blättern, der von irgendeinem Baum genommen wurde; manchmal ist der Thyrsos geradezu als Lanze gebildet.

[6] Ich sehe von der Bedeutung „Bienenpuppe" ab.

[7] Strabon X 3,10 p. 468 Βάκχαι, Λῆναί τε καὶ Θυῖαι καὶ Μιμαλλόνες καὶ Ναΐδες καὶ Νύμφαι κτλ.

[8] Bakchen 76, 116, 135, 165, 726, 977, 986; Theokrit 26,2; Simias, Ei 13–20; Epigramm aus Milet unten § 139; I.G. IX 1², 670 (Physkos). – ὀρειφοίτης Phanokles Fr. 3 Powell (Collect. Alex. p. 108) bei Plutarch, Quaest. conviv. IV 5 p. 671 C (p. 146,8 Hubert). οὐρεσιφοίτης A.P. IX 524,16 und 525,16.

[9] In diesem Buch sind einige Monumente abgebildet, auf denen Mischkrüge zu sehen sind: Fresco aus Pompei, Zeichnung 5 (§ 51): Eine Nymphe reicht einen Kratér auf den Wagen herauf. – Mosaik aus Hadrumetum (Abb. 21): Ein Satyr trägt den Kratér auf der Schulter. – Mosaik von Uthina (Abb. 29): In den vier Ecken stehen Kratére, aus denen Weinpflanzen wachsen. – Sarkophag im Vatican (Abb. 62): Ein Panther trinkt aus einem Mischkrug. – Vgl. § 122.

[10] Vgl. A. Henrichs, Z.P.E. 4, 1969, 225–229. – Das moderne Wort „Orgien" erweckt ganz falsche Assoziationen. Das griechische Wort bedeutet etwa: „Feierliche, gehobene Feststimmung; Fest; die beim Fest gezeigten heiligen Gegenstände".

Kränze

§ 110   Die Griechen haben sich zu allen frohen Festen bekränzt; auch die Teilnehmer
an dionysischen Zeremonien trugen Kränze. Clemens von Alexandria warnt die Christen
vor Kränzen: „Die Dionysosdiener feiern nie unbekränzt. Sobald sie die Blumenkränze
um ihr Haupt legen, werden sie für ihre Weihezeremonien entflammt. Wir aber wollen
auf gar keine Weise irgendwie in Kommunion zu den (heidnischen) Dämonen treten.“[11]
In den Blumen war Dionysos gegenwärtig.

Erkennungszeichen der Erwachsenen

§ 111   Wie die Kinder bei der ersten Weihe, so erhielten auch die Erwachsenen bei
der Erneuerung der dionysischen Weihe kleine sacrale Gegenstände, die man mit dem
modernen Wort Devotionalien nennen könnte. Als Appuleius wegen Zauberei angeklagt
wurde, warf ihm der Kläger vor, er habe zu Hause eine Zauberstatuette, die er niemand
zeige. Appuleius antwortete (Apologie 55/56):

> Sacrorum pleraque initia in Graecia participavi; eorum quaedam signa et monu-
> menta tradita mihi a sacerdotibus sedulo conservo. nihil insolitum, nihil incogni-
> tum dico. vel unius Liberi patris mystae qui adestis scitis quid domi conditum
> celetis et absque omnibus profanis tacite veneremini ... etiamne cuiquam mirum
> videri potest, cui sit ulla memoria religionis, hominem tot mysteriis deum con-
> scium quaedam sacrorum crepundia domi adservare ... dixi me sanctissime tot
> sacrorum signa et memoracula custodire ... clarissima voce profiteor: si qui forte
> adest eorundem sollemnium mihi particeps, signum dato, et audiat[12] licet quae
> ego adservem; nam equidem nullo umquam periculo compellar, quae reticenda
> accepi, haec ad profanos enuntiare.

„Ich bin in Griechenland in die meisten Mysterien eingeführt worden. Dabei sind mir
gewisse Zeichen und Andenkensgegenstände von den Priestern übergeben worden; ich
bewahre diese sorgfältig. Ich rede von nichts Ungewöhnlichem oder Unerhörtem. Schon
ihr Mysten des einen Liber pater, die ihr anwesend seid, wißt genau, was ihr bei euch
zu Hause verwahrt verborgen haltet und still verehrt, wenn die Nicht-Eingeweihten
nicht anwesend sind ... Kann es denn irgendjemand, der sich auch nur etwas um Religion
kümmert, verwunderlich scheinen, daß ein Mann, der so viele Mysterienzeremonien der
Götter miterlebt hat, einige Erinnerungszeichen (*crepundia*, Spielzeug) daran bei sich zu
Hause aufbewahrt? ... Ich habe gesagt, daß ich in frommem Sinn viele Zeichen und
Erinnerungsgegenstände *(memoracula)* bewahre ... Ich spreche mit deutlicher Stimme
öffentlich aus: Wenn jemand zufällig hier ist, der Mitglied derselben religiösen Festge-

---

[11] Paidagogos II 73, 1–2 (ed. Stählin 1, 202, 2–4) οἱ μὲν γὰρ βακχεύοντες οὐδὲ ἄνευ στεφάνων ὀργιά-
ζουσιν· ἐπὰν δὲ ἀμφιθῶνται τὰ ἄνθη, πρὸς τὴν τελετὴν ὑπερκάονται. οὐ δὴ κοινωνητέον οὐδ’ ὁπωστιοῦν
δαίμοσιν κτλ.
[12] Die Handschrift hat *audias*.

meinschaft ist wie ich, soll er ein Zeichen geben, und dann möge er hören, was ich zu Hause aufbewahre; aber durch keine Gefahr werde ich mich dazu zwingen lassen, Dinge den Uneingeweihten mitzuteilen, welche ich unter dem Siegel der Verschwiegenheit empfangen habe."

Die Mysten des Dionysos hatten also bei sich zu Hause Gegenstände, welche nur Mitmysten sehen durften.[13] Sie hatten auch Zeichen, mittels deren sie – wie später die Freimaurer – sich gegenseitig zu erkennen geben konnten; wer sich als Mitmyste ausgewiesen hatte, dem konnte man diese Gegenstände zeigen. Von diesem Zeichen ist schon im Miles gloriosus des Plautus die Rede, wo eine Person zur anderen sagt (1016):

> Cedo signum, si harunc Baccharum es.

„Gib das Zeichen, wenn du zu diesen Bakchen gehörst."

Auch Plutarch erwähnt in der Trostschrift an seine Frau „die mystischen Symbole der dionysischen Weihen".[14]

Einweihungszeremonien der Mysten

§112   Die volle Einweihung in die Dionysosmysterien fand in der Regel statt, wenn ein junger Mensch geschlechtsreif wurde. Dies galt vor allem für diejenigen, die schon als Kinder eine vorbereitende Weihe erhalten hatten (πατρομύσται, s. §99). Aber der Eintritt in einen dionysischen Verein war auch zu einem späteren Zeitpunkt möglich, und auch dann, wenn der Vater dem Verein nicht angehört hatte.[15]

Die Riten, welche bei der Einweihung in die dionysischen Mysterien – das heißt, bei der Aufnahme in einen bakchischen Verein – durchgeführt wurden, haben von Ort zu Ort und auch von Jahrhundert zu Jahrhundert variiert.

Tod und Wiedergeburt

§113   Nach der Auffassung der Alten bedeutete jede Mysterienweihe einen Tod des alten und die Geburt eines neuen Menschen. Die Wörter für sterben (τελευτᾶν) und für „geweiht werden" (τελεῖσθαι) sind einander ähnlich, sagt Plutarch, und zwar nicht nur nach dem Klang, sondern auch nach der Sache.[16] Dies hat gewiß auch für die

---

[13] Es sei nicht verschwiegen, daß diese Stelle des Appuleius kein ganz sicheres Zeugnis für die Dionysos-Mysterien ist, weil sein *Liber pater* möglicherweise Osiris ist, der mit Dionysos gleichgesetzt wurde. Aber daß die Dionysosmysten ihre eigenen Zeichen und mystischen Symbole hatten, steht außer Zweifel.

[14] Consolatio ad uxorem 10 p. 611 D (Sieveking p. 540,26) τὰ μυστικὰ σύμβολα τῶν περὶ τὸν Διόνυσον ὀργιασμῶν, vgl. §98 und §141.

[15] Iobakcheninschrift, Sylloge³ 1109,37 τῶι μὴ ἀπὸ πατρός.

[16] Fragm. 178 Sandbach = Stobaios, eclog. IV 52,49 (ed. Hense 5,1089,9) διὸ καὶ τὸ ῥῆμα τῶι ῥήματι καὶ τὸ ἔργον τῶι ἔργωι τοῦ τελευτᾶν καὶ τελεῖσθαι προσέοικε. Vgl. A. Dieterich, Eine Mithrasliturgie 157 ff.

Dionysosweihen gegolten. Wir haben oben gelesen, daß Himerios die Haare seines Sohnes „nach der ersten Geburt für Dionysos wachsen ließ".[17] Wenn es eine erste Geburt gab, dann muß man eine zweite Geburt des Knaben bei der dionysischen Weihe in Aussicht genommen haben. Das mythische Vorbild für die zwei Geburten war, daß Dionysos selbst zweimal geboren war, einmal aus der im Blitz sterbenden Semele und dann ein zweites Mal aus dem Schenkel des Vaters Zeus.[18]

Prüfung

§ 114   Wer in einen Mysterienverein eintreten wollte, hatte sich vorher einer Prüfung zu unterziehen. Bei den Iobakchen wurde ein Kandidat erst dann aufgenommen, „wenn er vorher von den Iobakchen unter schriftlicher Abstimmung geprüft worden ist, ob er des Bakchosvereins würdig und für ihn geeignet ist".[19]

Solche Prüfungen (δοκιμασίαι) fanden bei den Griechen in der Form von Gerichtsverhandlungen statt. Eine Person mußte formell die Rolle des Anklägers übernehmen.[20] Man darf sich vielleicht vorstellen, daß der Kandidat über seinen bisherigen Lebenswandel befragt worden ist und wahrheitsgemäß Auskunft zu geben hatte.

Schweigen und Eid

§ 115   Da es sich bei den dionysischen Mysterien um private Kulte handelte, war es selbstverständlich, daß die Teilnehmer Außenstehenden gegenüber zu schweigen hatten. Im Jahr 186 v. Chr. wurde in Rom ein Bacchus-Kult (*Bacchanalia*) unterdrückt, bei dem es zu Ausschreitungen gekommen war. Aus dem Bericht des Livius geht hervor, daß die Eingeweihten Schweigen über den Kult gelobt hatten.[21] Diese Eidesleistung geschah nach einer feierlichen Formel, welche der Priester den Einzuweihenden vorsprach.[22] Wer dennoch etwas verriet, der sollte zur Strafe von den anderen Teilnehmern zerrissen werden.[23] Als dem römischen Senat Meldung erstattet wurde, hat man den Mitgliedern

---

[17] S. § 99 (Anm. 3).

[18] S. § 47.

[19] Sylloge³ 1109, 32–37. Dittenberger–Hiller verweisen im Kommentar auf eine entsprechende Bestimmung in der Satzung der „Eranistai" (I. G. II² 1369, 30).

[20] Man kann vergleichen, daß in der katholischen Kirche die Heiligsprechung nach einer Untersuchung erfolgt, die ein Prozeßverfahren nachbildet (Kanonisationsprozeß), wobei ein Mitglied der Kongregation als Advocatus diaboli auftritt.

[21] Ein junger Mann wollte einem Bacchus-Verein beitreten, in welchem seine Geliebte Faecenia Hispala Mitglied war. Da die Frau wußte, daß es um diesen Kult schlimm bestellt war, warnt sie den jungen Mann. Vorher erbittet sie von den Göttern Verzeihung dafür, daß sie aus Liebe die Geheimnisse preisgebe (Livius XXXIX 10,5): *pacem veniamque precata deorum dearumque, si coacta caritate eius silenda enuntiasset.*

[22] Livius XXXIX 18,3 *ex carmine sacro, praeeunte verba sacerdote, precationes fecerant.*

[23] Als Faecenia Hispala vor den Consul geführt und von diesem befragt wird, will sie zunächst die Auskunft verweigern (XXXIX 13,5) *magnum sibi metum deorum, quorum occulta initia enuntiaret, maiorem multo dixit hominum esse, qui se indicem manibus suis discerpturi essent.*

bakchischer Kultgenossenschaften verboten, sich gegenseitig durch Eide zu verpflichten.[24]

Das Schweigen wurde in den Dionysos-Vereinen eingeübt: Die Novizen hatten eine Zeitlang auch innerhalb der Gruppe zu schweigen. Sie heißen in dem Verein der Pompeia Agrippinilla „Schweiger" (σιγηταί). Ein Epigramm aus Halikarnass rühmt den Eingeweihten, der weiß, was geheim ist und verschwiegen werden muß und was auszusprechen erlaubt ist,

> καὶ σιγᾶν ὅτι κρυπτὸν ἐπιστάμενος καὶ ἀϋτεῖν
> ὅσσα θέμις.[25]

In den Bakchen des Euripides gebietet der Chor gleich am Anfang Schweigen (Vers 69/70):

> στόμα τ' εὔφημον ἅπας ἐξοσιούσθω.

Eine griechische Redensart lautete: „Schweigen wie eine Bakche".[26]

Man sieht eine „Schweigerin" auf dem Fresco aus der Villa Farnesina in Rom Abb. 11. Dort hat eine Nymphe den Dionysosknaben bekränzt und ihm den Thyrsosstab in die Hand gegeben; es wird also die Initiation des Kindes dargestellt. Rechts legt ein junges Mädchen die Hand im Schweigegestus an die Lippen.

Bad und Taufe

§ 116   Diese beiden für uns verschiedenen Begriffe fallen für den Griechen zusammen; die Taufe der frühen Christen bestand darin, daß man den Initianden ganz untertauchte (βαπτισμός). Das in § 115 zitierte Epigramm aus Halikarnass erwähnt an einer leider nicht komplett erhaltenen Stelle das „heilige Tauchbad".[27]

Damit die Reinigung sinnenfällig zum Ausdruck komme, wurden die Initianden manchmal vorher eigens mit Lehm und Kleie eingerieben. Demosthenes wirft in der Kranzrede seinem Gegner Aischines vor, daß er dies als Knabe bei den Mysterien des Sabazios-Dionysos getan habe.[28]

---

[24] Senatus consultum de Bacchanalibus (Dessau 18,13–15): *neve post hac inter sed coniourase neve comvovise neve conspondise neve compromesise velet neve quisquam fidem inter sed dedise velet.* – Der Consul Spurius Postumius Albinus hat diesen Kult als „Verschwörung" (*coniuratio*, s. Livius XXXIX 14,4) aufgefaßt und gedacht, die Republik sei in Gefahr, eine gewiß weit übertriebene Furcht.

[25] Greek Inscr. in the Brit. Mus. 909 = S. E. G. 28,841.

[26] Suda-Lexikon σ 1021 (Adler 4,427) „Βάκχης τρόπον"· ἐπὶ τῶν στεγανῶν καὶ σιωπηλῶν· αἱ γὰρ Βάκχαι ἐσίγων. Ähnlich Diogenian III 43.

[27] Greek Inscr. in the Brit. Mus. 909 = S. E. G. 28,841 ἱεροῦ λουτ[ροῖο.

[28] 18,259 ... καθαίρων τοὺς τελουμένους καὶ ἀπομάττων τῶι πηλῶι καὶ τοῖς πιτύροις καὶ ἀνιστὰς ἀπὸ τοῦ καθαρμοῦ κτλ.
Der Erklärer Harpokration bestätigt dies, s. v. ἀπομάττων· ... ἤλειφον γὰρ τῶι πηλῶι καὶ τῶι πιτύρωι τοὺς μυουμένους ..... πηλῶι ... καταπλάττεσθαι νομίμου χάριν.
Harpokration führt weiter aus, daß dieses Ritual sich auf den Mythos von Dionysos-Zagreus beziehe; die Titanen hätten sich mit Gips eingerieben, um unkenntlich zu sein, und dann das Dionysoskind

Ein solches absichtliches Schmutzig-Machen wird schon in einer Szene der „Wolken" des Aristophanes dargestellt. Dort weiht Sokrates den Strepsiades in die Philosophie ein, indem er ihn auf einen „heiligen Schemel" setzt und mit Mehl bestreut, „denn das machen wir mit allen Initianden so".[29] Als die Satyrn sich bei Nonnos auf den Kampf gegen die Inder vorbereiten, reiben sie ihre Gesichter mit „mystischem Gips" ein, um die Gegner zu erschrecken.[30]

Im italischen Bacchanalienkult wurden die Initianden „rein gebadet".[31] In einer Inschrift aus Erythrai werden die Rechte und Pflichten des Priesters und der Priesterin der Kyrbanten (= Korybanten, also dionysischer Tänzer und Tänzerinnen) festgelegt: „Wer die Priesterschaften gekauft hat, hat die Initianden einzuweihen und ihnen den Trank zu geben und sie zu baden, und zwar der Priester die Männer, die Priesterin die Frauen; als Gebühr werden sie bekommen für das Bad 3 Oboloi (usw.)."[32]

Fesseln und Lösen

§ 117   Zu den dionysischen Einweihungszeremonien gehörte, daß der Initiand gefesselt und wieder gelöst wurde. Worauf es dabei ankam, war die Lösung; Dionysos war der Löser (Λυαῖος), – der Löser von den Sorgen, aber für die Zeit des Festes auch vom Alltagsleben und seinen drückenden Bindungen. Im italischen Bacchanalienkult sind die Initianden auf einer Theatermaschine festgebunden worden.[33]

Die Dionysosmythen sind voll von Gefangennahme und wunderbarer Befreiung. Als die tyrrhenischen Seeräuber den Dionysos gefangen nahmen, hielten die Fesseln nicht (§ 60). Ähnlich hat Lykurg vergeblich versucht, die Mänaden einzukerkern;[34] Pentheus läßt den Gott, seinen Gefolgsmann Acoetes und die Bakchen fesseln und gefangen setzen – ganz vergeblich; die Fesseln fallen ab, die verschlossenen Türen springen von selbst auf, der Gott und seine Diener sind befreit.[35] Während des Feldzugs in Indien werden

---

zerrissen, und damit hänge das Einreiben mit Lehm (statt des Gipses) in den Dionysosmysterien zusammen. Es ist fraglich, ob diese Deutung für die Dionysos-Sabazios-Mysterien gilt, an denen Aischines teilgenommen hat. Eine mythische Erzählung, wonach die Titanen den Dionysosknaben mit Gips bestrichen hätten, steht bei Nonnos 6, 169. Er gebraucht das Wort γύψος. Man darf aber schließen, daß man das Wort τίτανος „Gips" mit den *Titanen* in Verbindung gebracht hat, obwohl die Titanen ein langes -a- haben, während das -α- von τίτανος „Gips" kurz ist.

[29] Vers 254–262; vgl. A. Dieterich, Kl. Schr. 117–124; J. Harrison, Prolegomena 511–6.

[30] 27,228 ἐλευκαίνοντο δὲ γύψωι / μυστιπόλωι. Vgl. auch 27,205; 30,122 und 47,733.

[31] Livius XXXIX 9,4 (die Mutter wird ihren Sohn nach einer Vorbereitungszeit und dem Bad ins Heiligtum führen) *decimo die ... pure lautum in sacrarium deducturam.*

[32] I. K. 2,206,6–12 οἱ δὲ π[ριάμενοι] τὰς ἱερητείας τελεῦσι κ[αὶ κρητηρ]ιεῦσι καὶ λούσουσι τοὺς [τελευμέν]ους, ὁ μὲν ἀνὴρ ἄνδρας, ἡ δ[ὲ γυνὴ γυνα]ῖκας· γέρα δὲ λάψεται λ[ουτροῦ τρεῖ]ς ὀβολούς, κρητηρισμο[ῦ δύο ὀβολοὺ]ς κτλ. – Von den „Reinigungen und Weihen" (περικαθαρμοί τε καὶ τελεταί) im bakchischen Kult spricht Platon in den Gesetzen (VII p. 815 C).

[33] Livius XXXIX 13,13 *machinae illigatos.*

[34] Ps. Apollodor, Bibl. III 35, vermutlich aus Aeschylus. Vgl. oben § 58.

[35] Ovid, Metam. III 699 f. (Befreiung des Acoetes).

die Bakchen gefesselt und befreit.[36] Im Mythos der Antiope, der dionysische Bezüge hat, lösen sich die Fesseln der Heldin von selbst.[37]

Ein häufiges Thema der Satyrspiele war die Gefangennahme und Befreiung der Satyrn.[37a] In Vergils sechstem bukolischem Gedicht wird Silen gefesselt und gelöst.

Ovid erzählt, daß phrygische Bauern den Silen gefangennahmen, mit Kränzen fesselten und vor König Midas führten. Dieser erkannte in dem Alten einen Kultgenossen (*adgnovit socium comitemque sacrorum*), löste ihn und feierte ein zehntägiges Fest. Es ist deutlich, daß die mythische Erzählung auf Zeremonien bei einem dionysischen Fest zurückgeht.[37b]

Schreckszenen

§ 118   Man hat die Initianden der Dionysosmysterien nicht nur gefesselt (und wieder gelöst), sondern auch auf andere harmlose Weisen erschreckt. So hat der Christengegner Celsus gesagt: Wenn die Christen von Strafen im Jenseits sprächen, seien sie mit Dionysosmysten zu vergleichen, „die in den bakchischen Weihen Gespenster und Schreckbilder auftreten lassen".[38] Der Musikschriftsteller Aristides Quintilianus sagt, das Erschrecken der Initianden werde durch Musik, Tanz und Spiel wieder beruhigt: „Man sagt, die bakchischen Weihen und was diesen ähnlich ist habe den Sinn, daß das Erschrecken der weniger Kundigen über das Leben und die (wechselnden) Glücksfälle durch die dabei vorkommenden Melodien und Tänze und Spiele gereinigt (und beruhigt) werde."[39]

Kleine Szenen, auf welchen Kinder durch große Masken erschreckt werden, haben wir oben besprochen (§ 95 mit Abb. 80 und 53).

---

[36] Nonnos, Dionysiaká 34/35.

[37] Ps. Apollodor, Bibl. III 43 τῶν δεσμῶν αὐτομάτως λυθέντων. Antiope als Bakchantin neben einem Satyr auf dem Stuckbild Zeichnung 6 (§ 56). Eine Rekonstruktion des Stückes bei B. Snell, Szenen aus griechischen Dramen (1971) 76–103; man beachte das Stichwort τὰ καλά in Fr. 198 Nauck. In Fr. 910 kommt das Motiv der Seligpreisung vor, bezogen auf den Anhänger der Vita contemplativa; es ist auf ihn vom Mysten übertragen worden, der nach der Einweihung als selig gepriesen wurde. Vgl. B. Snell S. 96 ff. Auf der Bühne sah man eine Dionysosgrotte im Ort Eleutherai („Freidorf"), s. U. Hausmann, A. M. 73, 1958, 50–72 und B. Snell S. 78.

[37a] Das Motiv kam vor in den Ichneutai und dem Herakles des Sophokles und im Kyklops und Busiris des Euripides; s. R. Seaford in seinem Kommentar zum Kyklops (1984) S. 33–36. Vgl. seine Bemerkung auf S. 43 über „a sacred story (ἱερὸς λόγος) of the Dionysiac mysteries, in which the imprisonment and miraculous liberation of Dionysos (perhaps also of his followers) ... was an important element. Here ... is the pre-theatrical origin of the theatrical theme of the captivity and liberation of the *thiasos* of satyrs".

[37b] Metam. XI 90–96. Auch Theopomp (115 F 75 Jacoby) hat erzählt, daß Midas den Silen gefangengenommen hat; aber die Fesseln sind von selbst abgefallen (*vinculis sponte labentibus*, Servius auctus zu Vergil, Bucol. 6, 13).

[38] Horigenes, Contra Celsum IV 10 (p. 281, 2–3 Koetschau) ἐξομοιοῖ ἡμᾶς (sc. ὁ Κέλσος) τοῖς ἐν ταῖς Βακχικαῖς τελεταῖς τὰ φάσματα καὶ τὰ δείματα παρεισάγουσι.

[39] III 25: τὰς Βακχικὰς τελετὰς καὶ ὅσαι ταύταις παραπλήσιοι λόγου τινὸς ἔχεσθαί φασιν, ὅπως ἂν ἡ τῶν ἀμαθεστέρων πτοίησις διὰ βίον ἢ τύχην ὑπὸ τῶν ἐν ταύταις μελῳδιῶν τε καὶ ὀρχήσεων ἅμα παιδιαῖς ἐκκαθαίρηται.

Hirtenstab und Wurfholz

§ 119   Die Hirten führten immer Stöcke mit sich zur Verteidigung gegen Überfälle von Räubern und gegen Wölfe, und auch um das eigene Vieh zu regieren. Die Krummstäbe der christlichen Bischöfe symbolisieren noch heute, daß sie die Hirten ihrer Herde sind.[40]

Daneben benützten die Hirten auch Wurfhölzer (λαγωβόλον, Wurfholz für Hasen; καλαύροψ) von verschiedener Form, wie sich gerade ein geeigneter Ast fand.

Da die Dionysosmysten ebenfalls Hirten waren, und zwar meist im hohen Rang der Rinderhirten (Bukóloi), haben sie ebenfalls als Abzeichen ihrer Würde Stöcke und Wurfhölzer getragen. In den bukolischen Gedichten wird öfters ein Stock in ganz zeremonieller Form übergeben. So überreicht in den Thalysia des Theokrit zuerst Lykidas dem Simichidas freundlich lächelnd[41] seinen Stock, „weil du ein Sproß des Zeus bist, der ganz zur Wahrheit geformt ist":

τάν τοι, ἔφα, κορύναν δωρύττομαι, οὕνεκεν ἐσσί
πᾶν ἐπ᾽ ἀλαθείαι πεπλασμένον ἐκ Διὸς ἔρνος (7, 43/4),

und später übergibt er ihm noch zusätzlich freundlich lächelnd ein Wurfholz, „das ein Geschenk von seiten der Musen sein soll",

ὃ δέ μοι τὸ λαγωβόλον, ἁδὺ γελάσσας
ὡς πάρος, ἐκ Μοισᾶν ξεινήϊον ὤπασεν ἦμεν (7, 128/9).

Diese Stäbe sind hier nicht Waffen wirklicher Hirten, sondern Abzeichen für einen Dichter, der gleichzeitig dionysischer Bukólos ist; das Gedicht erinnert wahrscheinlich an die Aufnahme des Simichidas (= Theokrit) in einen dionysischen Dichterbund auf Kos.[42]

Ähnlich ist der Schluß von Vergils fünftem bukolischem Gedicht. Nachdem die beiden Hirten Menalcas und Mopsos von Daphnis gesungen haben, schenkt Menalcas dem Mopsos eine Hirtenflöte, und Mopsos überreicht seinem Freund den Hirtenstab:

At tu sume pedum (bucol. 5, 88).

In Theokrits zweitem Epigramm weiht Daphnis dem Pan sein Wurfholz (λαγωβόλον).[42a]

Ein Beleg dafür, daß man den Hirtenstab (sowohl das σκῆπτρον als auch den καλαύροψ) als ein mystisches Zeichen ansah, steht in einem kaiserzeitlichen Grabepigramm aus

[40] Das Wort „Szepter" bezeichnete ursprünglich den Hirtenstab: Wie der Hirt seine Herde, so regierte der „Hirt der Völker", der Herrscher, seine Untergebenen mit dem Szepter. Es sei auch an Theodore Roosevelts Wort erinnert, ein amerikanischer Präsident solle immer einen großen Stock mit sich führen.
[41] Das Lächeln gehört wohl auch zur Zeremonie.
[42] Vgl. G. Wojaczek 38–55.
[42a] S. oben § 44.

Termessos in Pisidien; auf dem Grabstein waren die beiden Hirtenstäbe abgebildet, und in dem Epigramm wird erklärt, daß sie geheimen Sinn hätten. Der Erbauer des Grabes „hat die Weihen des Bakchos gekannt".[43]

Neue Namen für die Mysten

§ 120   In vielen Kulten und Vereinen nehmen die Eingeweihten bzw. Mitglieder neue Namen an. Vermutlich war dies auch bei den Dionysosmysten der Fall. Jedenfalls gab es solche Zweitnamen in dem Dichterkreis von Kos, zu dem Theokrit gehörte. Dort hat der Dichter Asklepiades den Namen „Sikelidas" angenommen, und Theokrit selber hieß „Simichidas".[44] Diese Namen kommen in Theokrits Gedicht „Das Erntefest" (Thalysia) vor. Es tritt auch eine dritte Person auf, Lykidas, ein „Ziegenhirt" (Aipólos), dessen „bürgerlicher" Name uns unbekannt ist. Diese Dichter auf Kos haben einen dionysischen Dichterverein gebildet.[45]

Merkwürdige Zweitnamen sind aus Stratonikeia in Karien bekannt, wo mehrere Personen inschriftlich belegt sind, die neben ihren Hauptnamen einen anderen Namen tragen, der auf Festmahlzeiten und Trinkgelage anspielt.

Es gab dort Personen mit folgenden Namen:

Hieroklês Aristophanes Paspalâs, zu πασπάλη „feines Mehl", also etwa: „der feinen Kuchen ißt" (I. K. 22, 645)

Hekatomnos Magidon, zu μαγίς „Honigkuchen", also „der Honigkuchenesser (I. K. 22, 637)

Aristeas Chidron, zu χίδρον „Weizengraupe", also „der Weizenkuchenesser" (auf Münzen belegt)[46]

---

[43] T. A. M. III 1 (Termessos; ed. R. Heberdey), Nr. 922 in normalisierter Orthographie; vgl. auch G. E. Bean, Belleten Türk Tarih Kurumu 22, 1958, 71–3 Nr. 89 und L. Robert bei N. Firatli, Les stèles funéraires de Byzance gréco-romaine (1964) 163:

εἰ βούλει γνῶναι, τί τὸ σκῆπτρον καὶ τί καλαῦρωψ
ἐνθάδ' ἐντετύπασται, στῆθι φίλε, καὶ τάδε γνώσῃ·
τὸ σκῆπτρον Ἑρμοῦ προκαθη[γέτ]ου ἐστὶ πορεῖον·
τούτῳ γὰρ κατάγει ψυχὰς μερόπων ὑπὸ γαῖαν.
οὗτος δ' ἔστ' ὁ καλαῦρωψ βροτῶν μίμημα τελε[υτῆς·]
μηδὲν ἄγαν φρονέειν· πᾶς γὰρ βίος κάμπτει [ἐπ' ἄκρῳ·]
τούνεκα δῆτα γέγραπται, ἵν' ε[ἰ]δῇς ϑνη[τὸς ἐὼν σύ.]
στῆσε δε τὴν δρ[οίτην ("Sarg")
Μορσιανὸς Ἑρμᾶ[ο φίλος
καὶ Βαγχοῦ τελ[ετῶν   εὖ εἰδώς].

[44] Das heißt wörtlich „Stupsnäslein", könnte aber auch Theokrit als Dichter in der Nachfolge des Simias von Rhodos bezeichnen (C. Haeberlin, Carmina figurata Graeca², Hannover 1887, 51; G. Wojaczek 53 und 104).

[45] Vgl. G. Wojaczek 38 ff. und 90 ff.

[46] F. Imhoof-Blumer, Kleinasiatische Münzen 153. Die oben angeführten Namen wurden zusammengestellt und erklärt von L. Robert, Études épigraphiques et philologiques (1938) 151–5. Diese Namen (so sagt er) „donnent l'impression de séries, comme si des compagnons de table s'affublaient de surnoms analogues".

Zeichnung 16: Pan verfolgt einen Hirtenknaben. Vase des Panmalers in Boston

Phanias Kantharion, zu κάνθαρος „Humpen, Becher", also „der ganze Humpen austrinkt" (I. K. 22, 647)

Threptos Kalpon, zu καλπίς „Krug", also „der ganze Krüge austrinkt" (I. K. 22, 1209)

Menippos Kotylon, zu κοτύλη „Schale, Becher", also „der Becherer" (I. K. 22, 640; 643; 644).

Den letztgenannten Namen, Kotylon, trug ein römischer Offizier namens Varius im Heer des Antonius als Spitznamen oder eher als Ehrennamen; er war „einer der Vertrauten und Trinkgenossen" des Antonius, und dieser vertraute dem Varius Kotylon einmal den Oberbefehl über sechs Legionen an.[47]

Warnung vor der Homosexualität

§ 121   Im Dionysoskult war die Knabenliebe in der Regel untersagt. Es gab dazu eine Geschichte, in der dieses Verbot exemplarisch dargestellt war: Pan hatte sich in den jungen Hirten Daphnis verliebt; als dieser in einer Höhle auf der Streu schlief, wollten Pan und Priapos ihn überfallen. So erzählt Theokrit in einem Epigramm, das er mit der Anrede an Daphnis schließt: „Aber du fliehe, wach aus dem Schlaf auf und fliehe."[48]

Eine attische Vase zeigt eine ähnliche, vielleicht sogar dieselbe Szene: Ein geiler Pan, hinter dem man eine Holzstatue des Priapos sieht, läuft einem Hirten nach, der ein Fell umgehängt hat. Der fliehende Hirt blickt nach hinten auf Pan und bedroht ihn mit seiner Peitsche (Zeichnung 16).[49]

[47] Plutarch, Antonius 18, 8 μετὰ Οὐαρίου τινὸς τῶν συνήθων καὶ συμποτῶν, ὃν Κοτύλωνα προσηγόρευον. Einen Übernamen trägt auch Iulius Carpophorus ὁ καὶ Τέττιξ in Pergamon, s. § 23 Anm. 34 sowie § 171 und 191.

[48] Epigr. 3 = A. P. IX 338. Vgl. G. Wojaczek 9.

[49] Vgl. J. D. Beazley, The Pan Painter (1974) S. 1 mit Abb. 2. Boston, Museum of Fine Arts 10.185, aus Cumae.

Ich will übrigens nicht sagen, daß Homosexualität in allen dionysischen Kreisen ausgeschlossen war; für den italischen Bacchanalienkult ist sie bezeugt, und es gibt auch einige homosexuelle Dionysosmythen. Dionysos ist ja nicht eine Person, die auf der Erde gelebt hat und einen einheitlichen Charakter gehabt hätte; vielmehr ist er der göttliche Exponent für die Idealvorstellungen seiner verschiedenen Verehrer. Insgesamt ist aber klar, daß man sich den Gott als großen Liebhaber der Frauen und nicht der Knaben vorgestellt hat.

Festmahl, Trinkgelage und Mischkrug (Kratér)

§ 122   Wie bei fast allen religiösen Gemeinschaften des Altertums, war auch bei den Dionysosmysten das gemeinsame Mahl ein wesentlicher Bestandteil jedes Festes. Es gehörte also zu den dionysischen Zeremonien, daß ein Tier geopfert (geschlachtet) wurde; vgl. § 132 über das Bocksopfer. Das Tier wurde dann fröhlich gemeinsam verzehrt. Das Kölner Dionysosmosaik und mehrere dionysische Mosaike in Nordafrika befinden sich in Speisesälen. Daraus darf man nicht etwa schließen, das Festmahl sei eine rein profane Zeremonie gewesen. Das Essen hatte eine religiöse Seite, – wie dies auch für Christen gilt, die das Tischgebet sprechen. Allein die Zurückhaltung und Disziplinierung bei einem festlichen Mahl hätten die Alten als etwas Religiöses empfunden.

An die Mahlzeit schloß sich das Trinkgelage (Symposion) an. Jedes Trinkgelage ist in gewissem Maß eine dionysische Zeremonie, und das Mischen des Weins mit Wasser im Mischkrug als vorbereitende Handlung gehört dazu. Aber es gab Gelegenheiten, wo das Einschenken des mit Wasser gemischten Weines nicht nur in allgemeinem Sinn „dionysisch" war, sondern geradezu eine Weihezeremonie darstellte.

Bei dem Angriff des Demosthenes auf seinen Gegner Aischines, den wir schon oben herangezogen haben (§ 116), wirft er diesem vor, als junger Mensch bei verächtlichen Winkelmysterien ministriert zu haben; er habe „die Initianden mit dem Rehfell bekleidet und ihnen den Trunk aus dem Mischkrug gereicht und sie gereinigt".[50]

Der Priester der „Kyrbantes" (Korybanten) in Erythrai hatte die Pflicht, „die Initianden einzuweihen und ihnen den Trank aus dem Mischkrug zu spenden".[51]

Es gab auch das Sprichwort „Du hast vom dritten Mischkrug gekostet", und man gab dazu die Erklärung: „Dies bezieht sich auf diejenigen, welche am vollkommensten und rettungbringendsten eingeweiht wurden."[52]

---

[50] Demosth. 18,259 νεβρίζων καὶ κρατηρίζων καὶ καθαίρων τοὺς τελουμένους. Photios erklärt κρατηρίζων· ... ἀπὸ κρατήρων ἐν τοῖς μυστηρίοις σπένδων. Vgl. § 105.

[51] I. K. 2,206,6–12, zitiert in § 116 Anm. 32.

[52] Apostolios XVII 28 (Paroemiographi II 692) τρίτου κρατῆρος ἐγεύσω· ἐπὶ τῶν μεμυημένων τὰ τελεώτατα καὶ σωτηριωδέστερα.

Auf der Stele der athenischen Iobakchen ist neben anderen dionysischen Symbolen auch ein Mischkrug abgebildet.[53]

In einem Dionysosverein zu Apollonia am Pontos gab es den dionysischen Grad des *Krateriakós*, des für die Mischung des Weines im Kratér Verantwortlichen.[54]

Dionysische Wunder

§ 123   Dionysos ist der Gott einer wunderbaren, verzauberten Welt. So wie er aus dem Traubensaft durch Gärung den Wein macht, kann er auch viele andere Wunder vollbringen. Er gewinnt den Wein nicht nur aus Traubensaft, er kann auch Wasser in Wein verwandeln, und dies ist in Tempeln des Gottes rituell vollführt worden.

Plinius berichtet in der Naturalis historia aus einem Werk des Licinius Mucianus,[55] daß am 6. Januar[56] auf der Insel Andros beim Fest der „Theodaisia" eine Weinquelle sprudle; wenn man die Flüssigkeit aus dem Umkreis des Tempels wegbringe, verwandle sich der Geschmack wieder in Wasser.[57]

Eine solche Verwandlung von Wasser in Wein war durchzuführen, wenn man im Tempel ein hierfür konstruiertes Röhrensystem installierte und zunächst durch Öffnen eines Außenhahns das Wasser abfließen ließ, dann diesen Hahn schloß und durch Öffnen eines anderen Hahns nun den Wein in die leeren Behälter einströmen ließ. Ein solches Röhrensystem haben die Amerikaner bei ihren Grabungen in Korinth festgestellt.[58]

Man möge weder bei diesem Wunder noch bei der gleich (§ 125) zu besprechenden Zeremonie der römischen Bacchusdienerinnen mit den Fackeln sagen, die Priester hätten das dumme Volk betrogen. Was man bezweckte war, bei den Teilnehmern des Festes die Empfindung hervorzurufen: Heute ist alles anders. Viele Teilnehmer solcher Feste werden genau gewußt haben, mit welcher Apparatur diese Verwandlung von Wasser in Wein bewerkstelligt wurde.

In Elis wurde ein Fest „Thyia" an einem Ort gefeiert, der acht Stadien außerhalb der Stadt lag. Man stellte in Gegenwart von Bürgern und Fremden in einem Raum drei leere

---

[53] Für Abbildungen s. oben § 26 Anm. 42. Weihung eines Kratér an Dionysos in Pergamon: A. M. 35, 1910, 461 Nr. 43 Διονύσωι Καθηγεμόνι [– – – τὸν κ]ρατῆρα καὶ τὸν βωμὸν Καρποφόρος κ[αὶ – – – – –] ἀνέθηκαν. Vgl. noch H. G. Horn 46/7 und W. Burkert, Ancient Mystery Cults (1987) 109: „The Krater with wine was at the center of most Bacchic *orgia*."

[54] I. G. Bulg. I 401.

[55] Dies ist der aus den Historien des Tacitus bekannte Statthalter von Syrien, der zusammen mit Vespasian gegen Vitellius rebellierte und durch seinen siegreichen Feldzug in Italien den Vespasian zum Kaiser machte.

[56] Datum des christlichen Epiphanienfestes, an welchem man feierte, daß Jesus bei der Hochzeit zu Kana Wasser in Wein verwandelt hatte. Die Christen haben mit Bedacht dasselbe Datum gewählt, an welchem die Heiden ihr Fest feierten. Vgl. meine „Isisfeste in griechisch-römischer Zeit" 47–50.

[57] Plin. nat. hist. II 231 *Andro in insula, templo Liberi patris, fontem Nonis Ianuariis vini sapore fluere Mucianus ter consul credit; dies* Θεοδαίσια *vocatur*. XXXI 16 *Mucianus* (sc. ait) *Andri e fonte Liberi patris statis diebus septenis eius dei vinum fluere; si auferatur e conspectu templi sapore in aquam transeunte*. Vgl. das von Philostrat, Imagines I 25 (p. 329 f. Kayser) beschriebene Gemälde und Pausanias VI 26,2.

[58] Ch. Campbell Bonner, Am. Journ. Arch. 33, 1929, 368–375.

Becken auf und verschloß und versiegelte anschließend den Raum. Am anderen Tag erbrach man die Siegel und öffnete den Raum, und die drei Becken waren voll Wein.[59]

In der Stadt Teos sprudelte am Tag der Geburt des Dionysos eine Weinquelle auf.[60] Dieses Weinwunder ist anscheinend auf dem Fries des Dionysostempels der Stadt dargestellt.[61]

Von der Weinquelle, welche auf Naxos bei der Hochzeit des Dionysos und der Ariadne gefunden wurde, haben wir gesprochen (§ 64).

§ 124   Antiochos IV. Epiphanes ließ im Brunnenhaus von Antiochia Wein in das Wasser mischen.[62]

Theokrit schildert am Ende seines Gedichtes „Das Erntefest" (Thalysia), daß die Quellnymphen neben dem Altar der Tennen-Demeter einen herrlichen Trank aus der Quelle sprudeln ließen.[63] Zweifellos hatte man einen Weinkrug mitgebracht und dann an Ort und Stelle mit dem Quellwasser gemischt; aber Theokrit setzt seine Worte, als ob sich das Quellwasser in Wein verwandelt hätte.[64]

Im „Athamas" des Sophokles wurde ebenfalls Wasser in Wein verwandelt.[65] Athamas war der Gatte der Ino, der Amme des Dionysos.

Sokrates sagt in Platons Ion, daß die Bakchen, wenn sie vom Gott besessen sind, aus den Flüssen Milch und Honig schöpfen.[66]

In einem Bacchus-Hymnus des Horaz heißt es:

fas pervicacis est mihi Thyiadas
vinique fontem, lactis et uberes
    cantare rivos atque truncis
        lapsa cavis iterare mella.[67]
	„Mir ist (vom Gott) erlaubt, die nie ermüdenden Mänaden zu besingen, und die Weinquelle, und die überquellenden Milchströme, und zu berichten, daß aus hohlen Bäumen Honig floß."

---

[59] Pausanias VI 26,1; Athenaios I 61 p. 34 A (Kaibel 1,78,19) = Theopomp 115 F 277 Jacoby.

[60] Das Aufsprudeln der Weinquelle führten die Einwohner von Teos als Beweis dafür an, daß Dionysos bei ihnen geboren sei, Diodor III 66,2 Τήϊοι ... τεκμήριον φέρουσι τῆς παρ' αὐτοῖς γενέσεως τοῦ θεοῦ τὸ μέχρι τοῦ νῦν τεταγμένοις χρόνοις ἐν τῆι πόλει πηγὴν αὐτομάτως(!) ἐκ τῆς γῆς οἴνου ῥεῖν εὐωδίαι διαφέροντος.

[61] W. Hahland, Österr. Jahreshefte 38, 1950, 66–109 „Der Fries des Dionysostempels in Teos".

[62] Athenaios II 23 p. 45 C (Kaibel 1,105,12) = Heliodoros 373 F 8 Jacoby.

[63] 7,154/5 οἷον δὴ τόκα πῶμα διεκρανάσατε Νύμφαι / βωμῶι πὰρ Δάματρος ἀλωΐδος. Vgl. G. Wojaczek 52.

[64] Vgl. auch das kleine Festspiel, welches man nach dem Zeugnis eines Papyrus in Ägypten anläßlich der Thronbesteigung Trajans gegeben hat; darin kam ein „Rauschtrank aus dem Brunnen" vor, μέθαι ἀπὸ κρήνης (L. Mitteis – U. Wilcken, Grundzüge und Chrestomathie der Papyruskunde I 2, S. 571 Nr. 491 = E. Heitsch, Die griechischen Dichterfragmente der römischen Kaiserzeit Nr. XII S. 46).

[65] Fragment 5 Radt.

[66] 534 A αἱ βάκχαι ἀρύονται ἐκ τῶν ποταμῶν μέλι καὶ γάλα κατεχόμεναι, ἔμφρονες δὲ οὖσαι οὔ. Ebenso Aischines der Sokratiker bei Aelius Aristides 2,74 (p. 167,3–5 Behr) = Fr. 4 Krauss (p. 37) = Fr. 11c Dittmar (p. 273) αἱ Βάκχαι ἐπειδὰν ἔνθεοι γένωνται, ὅθεν οἱ ἄλλοι ... οὐδὲ ὕδωρ δύνανται ὑδρεύεσθαι, ἐκεῖναι μέλι καὶ γάλα ἀρύονται.

[67] Carm. II 19,9–12. Da wilde Bienen ihre Stöcke in hohle Bäume bauen, ist es zweifellos gelegentlich vorgekommen, daß aus diesen Bäumen Honig floß. Es handelt sich also in diesem Fall nicht um ein Wunder, welches die Naturgesetze durchbricht; aber dieser Wunderbegriff ist ja modern und gilt nicht für die Alten. – Über Dionysos als Finder des Honigs s. oben § 6 und 63.

§125   Bei der dionysischen Prozession des Ptolemaios II. Philadelphos wurde eine Wein- und eine Milchquelle mitgeführt.[68]

Es gab viele andere dionysische Wunder. Die römischen Bacchusdienerinnen liefen mit brennenden Fackeln zum Tiber, tauchten sie in den Fluß und zogen sie brennend wieder heraus; die Fackeln waren mit Schwefel und ungelöschtem Kalk präpariert.[69]

In den Bakchen des Euripides kommen zahlreiche Wunder vor. Pentheus glaubt, sein Palast brenne;[70] er meint, Dionysos zu fesseln, und fesselt einen Stier (615 ff.; vgl. auch 920 f.). Auf dem Kithairon tönt eine Stimme aus der Luft (1078, 1088). Der Gott kann ein ganzes Heer ohne Schwertstreich in die Flucht jagen.[71] In Vers 1083 wird eine Lichterscheinung beschrieben; Dionysos ist von seinem Vater Zeus her Herr des Blitzes.[72]

Mit welchen Wundern der Gott die tyrrhenischen Seeräuber im homerischen Hymnus erschreckt, haben wir gesehen (§ 60).

Weisungen im Traum

§126   In allen antiken Kulten haben Weisungen und Orakel, welche die Götter im Traum gaben, eine Rolle gespielt. Dabei wurden auch Vorstellungen, die den Menschen im Halbschlaf kamen, zu den Träumen gerechnet. Wir haben aus Lambaesis in Africa eine Weihinschrift in Versen, welche der Kommandant des Legionslagers Alfenus Fortunatus dem Liber (= Bacchus) gesetzt hat:

Alfeno Fortunato
visus dicere somno
Liber pater bimater
Iovis e fulmine natus
basis hanc novationem
Genio domus sacrandam.[73]

„Dem Alfenus Fortunatus erschien im Schlaf Liber pater, der zwei Mütter hat und aus dem Blitz des Zeus geboren ist, und ordnete an, daß er diese Basis erneuern und dem Genius des (Kaiser-)Hauses weihen solle."

Im Bericht des Livius über den italischen Bacchanalienskandal heißt es, es habe sich zunächst um einen reinen Frauenkult gehandelt; aber dann habe die leitende Priesterin

---

[68] Athenaios V 31 p. 200 C (Kaibel 1,444,17) = Kallixeinos von Rhodos 627 F 2 (p. 172,23 Jac.). – Vgl. H. Usener, „Milch und Honig", Kl. Schr. IV 398 ff.

[69] Livius XXXIX 13, 12 *matronas Baccharum habitu crinibus sparsis cum ardentibus facibus decurrere ad Tiberim, demissasque in aquam faces, quia vivum sulpur cum calce insit, integra flamma efferre.*

[70] Vers 624, vgl. schon 594/5.

[71] Vers 303/4
   στρατὸν γὰρ ἐν ὅπλοις ὄντα κἀπὶ τάξεσιν
   φόβος διεπτόησε πρὶν λόγχης θιγεῖν.

[72] Vgl. auch Aeschylus fr. 23 a Radt (in dionysischem Zusammenhang) ἀστραπῆς πευκᾶεν (?) σέλας. Pindar im Dithyrambos „Kerberos" in der Schilderung des Dionysosfestes bei den Göttern Vers 15/6 ἐν δ' ὁ παγκρατὴς κεραυνὸς ἀμπνέων πῦρ κεκίνηται. Oppian, Kyneg. IV 301 ff. ἰὼ μάκαρ ὦ Διόνυσε, / ἅπτε σέλας φλογερὸν πατρώϊον, ἂν δ' ἐλέλιξον / γαῖαν.

[73] Dessau 3374 = C. Bücheler, Carmina 1519. Dionysos-Liber hatte zwei Mütter, Semele und Zeus, der das Kind aus seinem Schenkel gebar; s. § 47. – In Vers 3 steht versehentlich auf dem Stein BIMATVS. Vers 4 ist ein Ioniker ∪ ∪ – – ∪ ∪ – –,
die Verse 5–6 anaklastische Ioniker ∪ ∪ – ∪ – ∪ – –.

„angeblich auf Geheiß der Götter"[74) alles geändert und auch Männer zugelassen. Bei diesem „Geheiß der Götter" dürfte es sich um ein Traumgesicht gehandelt haben.

Unter den orphisch-dionysischen Hymnen steht auch ein Gebet an den Gott „Traum"; er wird gebeten, den Frommen,[75)] deren Schicksal ja immer das süßere sei, das „Schöne"[76)] im Traum vorher zu sagen.

Das Liknon

§127   Die Getreideschwinge wurde nicht nur bei den Kinderweihen benützt,[77)] sondern war allgemein ein Symbol der dionysischen und demetrischen Religion[77a)] und spielte auch bei den Zeremonien der Erwachsenen eine Rolle. Bei den attischen Hochzeiten trug ein Knabe ein Liknon voran, das voller Brote war,[78)] und oft ist der Korb auch mit Früchten gefüllt.

Der Grad der Liknon-Träger (λικνοφόροι, λικναφόροι) kommt in den inschriftlich bezeugten Thiasoi öfters vor,[79)] und in einem Epigramm des Dichters Flaccus nennt eine Bakchantin „das Liknon, das oft über dem in eine Haube eingebundenen Haar getragen wurde".[80)] In der dionysischen Prozession des Ptolemaios II. Philadelphos gingen Frauen, die Likna trugen.[81)]

Auf dem Sarkophag in Rom Abb. 70 und der Terra-sigillata-Schale des Perennius (Zeichnung 13, §100) schreiten junge Frauen mit dem Liknon auf dem Haupt.

Auf dem Sarkophag in München Abb. 59 trägt ein Silen das Liknon, auf dem im Vatican Abb. 77 ein Kentaur (vierte Figur von rechts).

[74)] XXXIX 13,9 *tamquam deum monitu.*

[75)] 86,7 und 12.

[76)] Vers 8 τὸ καλόν, eine dionysische Vokabel, s. unten §136.

[77)] Vgl. §100/1.

[77a)] Harpokration s. v. λικνοφόρος sagt: τὸ λίκνον πρὸς πᾶσαν τελετὴν καὶ θυσίαν ἐπιτήδειόν ἐστιν.

[78)] Vgl. §135. Likna auf attischen Vasen: Kratér aus Spina, auf dem Iakchos (ΑΚΟΣ) und Ariadne-Chloe (ΚΛΟΕ) im Tempel thronen; vor sie tritt eine Prozession, an deren Spitze eine junge Frau mit dem Liknon auf dem Haupt tritt. J. D. Beazley, Attic Red-figure Vase-Painters 1052,25; N. Alfieri – P. Arias – M. Hirmer, Spina Abb. 74; Cl. Bérard – J. P. Vernant, Bilderwelt S. 28 Abb. 21.
Amphora in London; in einer Hochzeitsprozession gehen zwei Liknon-Trägerinnen. J. D. Beazley, Attic Black-figure Vase-Painters 141,1; Cl. Bérard – J. P. Vernant, Bilderwelt S. 36 Abb. 26.
Kratér mit Hochzeitsprozession bei Cl. Bérard – J. P. Vernant S. 140 Abb. 135 (= Basel, Münzen und Medaillen 26, Verkauf 1983).
Maske des Dionysos in einem Liknon (Oinochoe in Privatbesitz in Athen) bei Cl. Bérard – J. P. Vernant S. 221 Abb. 209; Beazley, Attic Red-figure Vase-painters 1249,13.

[79)] In Chaironeia, I.G. VII 3392; Apollonia am Pontos, I.G. Bulg. I 401; Killai in Thrakien, I.G. Bulg. III 1517; Rom (im Thiasos der Pompeia Agrippinilla). Aischines hat als Knabe das Liknon getragen, während seine Mutter die Riten des Sabazios-Dionysos vollführte (Demosth. 18,260).

[80)] A.P. VI 165,5–6 φορηθὲν / πολλάκι μιτροδέτου λίκνον ὕπερθε κόμης.

[81)] Athenaios V 28 p. 198E (Kaibel 1,440,26) = Kallixeinos 627 F 2 (p. 169,25 Jacoby). – Eine schöne Liknon-Trägerin in mystischer Atmosphäre auf dem Sarkophag der Acceptii in Lyon: F. Matz, Sarkophage I Nr. 38 und „Teleté" Taf. 23; R. Turcan pl. 41c; A. Geyer Tafel 3,1.

Die Enthüllung des Phallos

§ 128   In dem Liknon befindet sich meistens, von einem Tuch verhüllt, ein Phallos.[81a]

Man könnte die Kombination von Liknon und Phallos so deuten: Mit Demeter, der Vertreterin der mütterlichen Natur, wird der dionysische Phallos als Vertreter des zeugenden Vaters verbunden; denn alle Regeneration – in der Natur, bei den Pflanzen, bei den Tieren, bei den Menschen – untersteht dem Dionysos. So sind das Liknon und der darin verborgene Phallos Symbole, welche bei der dionysischen Initiation verwendet worden sind, und ganz besonders bei einer nach dionysischem Ritual gefeierten Hochzeit, die ja auch eine Initiationszeremonie ist.

Auf einem Campanarelief (Abb. 35) wird der verhüllte Initiand herbeigeführt; von links kommt ihm ein Dionysosdiener entgegen, der ein Liknon hochhält.

Auf dem Freskenzyklus der Villa dei Misteri kniet die Initiandin – vermutlich die Braut – vor dem Liknon, in welchem unter einem Tuch der Phallos des Gottes steht; sie zieht das Tuch weg (Abb. 3). Eine entsprechende Szene findet sich auf dem Mosaik von Cuicul (Abb. 18).

Weil der Zyklus der Villa dei Misteri sich auf eine Hochzeit bezieht (das zentrale Bild stellt ja Dionysos und Ariadne dar), wird man dasselbe auch für die anderen Darstellungen mit der Enthüllung des Phallos annehmen: Die junge Frau wird in das Mysterium der Zeugung eingeführt; oder, prosaischer gesprochen: Sie wird auf den Geschlechtsverkehr vorbereitet.

In der Kaiserzeit war dieses offene Zurschaustellen des männlichen Geschlechtsorgans vielen anstößig geworden. Die Christen haben es immer angegriffen und hatten das Empfinden, daß dieses Argument gegen den heidnischen Gottesdienst von den Zuhörern als berechtigt anerkannt wurde. Die Heiden haben den Phalloskult teilweise in trotzigem Beharren auf der Überlieferung beibehalten, wie Titus Aelius Glyco Papias Antonianus in Philadelphia in Lydien (Zeichnung 3 in § 18); teilweise haben sie ihn aber auch stillschweigend fallen gelassen, was Plutarch beklagt.[82]

Die Geißelung

§ 129   Auf der Freskenwand in der Villa dei Misteri folgt auf die Enthüllung des Phallos eine Geißelung: Ein Mädchen – vermutlich dieselbe, welche vorher den im Liknon stehenden Phallos enthüllt hat – kniet mit entblößtem Oberkörper vor einer sitzenden Frau und legt ihr den Kopf in den Schoß. Sie bietet ihren Rücken einer links neben ihr stehenden Frau mit Flügeln dar, welche eine Peitsche erhoben hat und das kniende Mädchen gleich damit treffen wird. Die Verbindung zur vorigen Szene ist

---

[81a] Man geht wohl nicht zu weit, wenn man das Liknon in diesem Zusammenhang als Symbol des weiblichen Schoßes deutet. Die modernen Traumdeuter geben dem Schuh manchmal dieselbe Bedeutung.

[82] De cupiditate divitiarum 8 p. 527 D (s. § 89 Anm. 27). Christliche Kritik bei Augustin, De civitate dei VII 21 und Clemens, Protrept. 34,2 (p. 25,22 St.) αἶσχος δὲ ἤδη κοσμικὸν ... οἱ φαλλοὶ οἱ Διονύσωι ἐπιτελούμενοι. Arnobius V 28 wiederholt, was bei Clemens steht.

dadurch gegeben, daß die Flügelfrau sich von jener Szene abwendet und in abwehrender Geste die Hand erhebt.[83]

Solche Geißelungen sind in vielen Kulten bezeugt und können oft harmloser Natur gewesen sein; im rheinischen Karneval laufen die Kinder mit Pritschen herum. Bei den römischen Lupercalien haben die umlaufenden Luperci, als Böcke verkleidet, die jungen Frauen am Straßenrand gepeitscht, und man erwartete, daß sie davon schwanger würden.[84]

Im Dionysostempel zu Alea wurden die Frauen beim Fest geschlagen.[85] Indirekt ist die Geißelung der Frauen im dionysischen Kult schon durch die Stelle bei Homer bezeugt, wo Lykurg die Ammen des Gottes mit der Rinderpeitsche schlägt.[86]

Wilhelm Mannhardt sprach vom „Schlag mit der Lebensrute;[87] aber man kann einen solchen Ritus nicht ein für allemal auf nur eine, fest fixierte Bedeutung festlegen. Man wird Geißelungen auch oft als Sühnezeremonie für Fehler angesehen haben, welche der Mensch begangen hatte. Die Schläge können einen Sinn gehabt haben, welcher dem Reinigungsbad (der „Taufe") fast äquivalent war: Die alten Verfehlungen wurden durch den Schlag gesühnt und waren abgetan, so wie das Tauchbad die alten Unreinheiten abwusch.

Auf dem Sarkophag in München Abb. 59 wird (ganz rechts) ein Pan ausgepeitscht. Ein Satyr hat ihn auf die Schulter genommen, so daß der Rücken der Peitsche eines zweiten Satyrs ausgesetzt ist, der links schon zum Schlag ausholt.[88] Vermutlich hat dieser Pan etwas getan oder probiert, was er besser unterlassen hätte. Man könnte z. B. an einen päderastischen Versuch denken.

Auf einem Sarkophag im Museo Capitolino (Abb. 58) holt ein Silen zum Schlag gegen den Rücken eines sich duckenden Knaben aus. Dieser faßt mit seiner Hand nach dem Rücken, hat also bereits einen Hieb erhalten.

---

[83] Eine mögliche Interpretation der Szene ist: Die Liebesumarmung von Bräutigam und Braut soll im Dunkel der Nacht erfolgen; die junge Frau soll das männliche Organ ihres Gatten nicht betrachten.

[84] Ovid, Fasti II 427 (Anrede an die Braut): *Excipe fecundae patienter verbera dextrae*, und dann 445/6 *sua terga puellae … percutienda dabant*.

[85] Pausanias VIII 23,1 ἐν Διονύσου τῆι ἑορτῆι … μαστιγοῦνται γυναῖκες.

[86] Ilias Z 134/5 ὑπ' ἀνδροφόνοιο Λυκούργου / θεινόμεναι βουπλῆγι. Vgl. auch die Geißelung der delphischen Frauen bei Nonnos 9,263/4 τανυπλέκτοιο δὲ κισσοῦ / γυιοβόροις ἕλικεσσιν ἐμαστίζοντο γυναῖκες.

[87] Wald- und Feldkulte (1875) I 251.

[88] Vgl. M. Vermaseren, Latomus 18, 1959, 742–750; M. Vermaseren – C. C. van Essen, The Excavations in the Mithraeum of Santa Prisca (Leiden 1965) pl. LXXXIX; F. Matz, Sarkophage III Nr. 205, Tafel 209,3 (Fragment aus Warschau).
Ein Fragment vom Amaltheia-Relief Abb. 40 stellt einen gefesselten Pan dar. Er wird wohl auch Schläge bekommen haben.

Hochzeit

§130   Jede Hochzeit war nach der Auffassung der Griechen eine Weihe (τέλος).[89] Dies gilt auch für die Dionysosdiener.

Schon in Attika sind Hochzeiten nach dionysischem Ritual gefeiert worden. Dies ergibt sich aus einem Bericht des Attizisten Pausanias, den wir in §135 besprechen werden.

Auf den Fresken der Villa dei Misteri (Abb. 2–4) sieht man, daß eine Hochzeit im Kreis der Dionysosmysten eine ernste und feierliche Zeremonie gewesen ist.[90] Vermutlich gehörte dazu, daß Bräutigam und Braut einander Treue gelobten.

Eine weniger gezügelte Hochzeit nach dionysischem Ritual hat Messalina gefeiert (s. §91). Man hat zu diesem Zweck eigens eine Weinlese arrangiert.

Die Verbindung der Hochzeit mit der Weinlese ist nicht ungewöhnlich gewesen;[91] auf den dionysischen Sarkophagen ist die Hochzeit des Dionysos mit Ariadne mehrfach zusammen mit der Weinlese und dem Kelterfest abgebildet.[92]

Nach Diodor durften an den eigentlichen bakchischen Zeremonien nur verheiratete Frauen teilnehmen; die Mädchen durften nur den Thyrsos tragen. Erst nach der Heirat war die volle Aufnahme einer Frau in einen dionysischen Thiasos möglich.[93]

[89] Pollux III 38 τέλος ὁ γάμος ἐκαλεῖτο, καὶ τέλειοι οἱ γεγαμηκότες. Schol. Pind. Nem. X 31 ἔστι δὲ ὁ γάμος τέλος. Vgl. Odyssee 4,7 ἐκτελεῖν γάμον, 20,74 τέλος γάμοιο, 24,126 γάμον τελευτᾶν (= τελεῖν). In einem Gesetz über den Demeterkult in Kos heißt es: „Diejenigen Frauen, die eingeweiht werden und die heiraten, sollen – wenn sie dies wünschen – (eine Pauschalgebühr von) fünf Oboloi bezahlen und von allen weiteren Leistungen befreit sein", ταῖς δὲ τελευμέναις καὶ ταῖς ἐπινυμφευομέναις ἤμεν ται δηλομέναι (= βουλομέναι) ... πέντ' ὀβολὸς διδούσαις ἀπολελύσθαι τῶν ἄλλων ἀναλωμάτων πάντων. Die Einzuweihenden und die Bräute werden also gleich behandelt; aber die τελετή ist wohl eben die Hochzeit. Paton-Hicks, Inscr. of Cos Nr. 386; L. Ziehen, Leges Graecorum sacrae 132; Sylloge³ 1006; F. Sokolowski, Lois sacrées des cités grecques Suppl. (III, 1969) Nr. 175.

[90] Dasselbe gilt für die Wanddekoration der Villa Farnesina in Rom, über welche B. Andreae schreibt: „In den Cubicula wird Liebe und Ehe als eine durch Dionysos mystisch geheiligte Institution gefeiert" (bei W. Helbig – H. Speier, Führer III S. 450).

[91] Es ist charakteristisch, daß derjenige Monat, welcher in allen ionischen Städten Ληναιών (Keltermonat) hieß, in Attika Γαμηλιών (Hochzeitsmonat) genannt wurde.

[92] So auf dem Mosaik in Thuburbo Maius (Abb. 27), auf dem Grabaltar aus Rom Abb. 12 sowie auf den Sarkophagen in Kopenhagen (Abb. 60), im Museo Chiaramonti (Abb. 62) und in der Villa Doria Pamphilj (Abb. 79).
Erwähnt sei auch ein Mosaik aus Caesarea (Cherchel) in Mauretania Caesariensis, welches A. Geyer besprochen hat (153–158 mit Tafel 13; vgl. J. Lassus, Bull. Arch. Alg. 1, 1962/5, 76 Abb. 1 und K. Dunbabin S. 255 Nr. 10). Das Mosaik, welches stellenweise beschädigt ist, zerfällt in zwei Teile: In der Mitte des ersten Feldes wird Silen von Eroten gefesselt (oder von „bukolischen" Hirten, nach Vergil, Bucol. 6,13–22). Rings umher sind Eroten mit der Weinlese beschäftigt, und in den Ecken waren die vier Jahreszeiten abgebildet. Im zweiten Feld war die Hochzeit des Peleus und der Thetis dargestellt, an der auch Mänaden mit Thyrsosstäben teilnehmen. A. Geyer stellt fest, „daß Hochzeit und dionysische Feier ... zusammengehören" (S. 156).

[93] Diodor IV 3,3, s. §102, Anm. 21.

Begräbnis und Totengedenktage

§ 131   In der Satzung der Iobakchen ist vorgesehen, daß der Verein für jedes verstorbene Mitglied einen Kranz besorgt und daß nach der Bestattung den Teilnehmern an der Zeremonie ein Schälchen Wein gereicht wird.[94]

In Tanagra steht auf einem Grabstein: „Die Dionysosmysten haben ihn begraben."[95]

In Smyrna errichtet ein dionysischer Verein einem verstorbenen Mitglied das Grabmal.[96]

Bei Attaleia in Lydien ehrt der Dionysosverein verstorbene Mitglieder als Träger des Narthex-Stabes.[97]

In Kyme in Italien gab es schon in früher Zeit einen Grabbezirk, in welchem nur Leute bestattet werden durften, die dem Dionysos geweiht waren.[98]

In Magnesia am Mäander fand im Monat Lenaión ein Totengedenkfest statt, das aus den Zinsen von Geldern bestritten wurde, welche verstorbene Mitglieder des Dionysosvereins testamentarisch gestiftet hatten.[99]

In einem Dorf in Thrakien hat ein Mann dem Dorf 15 000 Denare hinterlassen mit der Bestimmung, daß aus den Zinsen sein Grab in jedem Jahr an den (Tagen der) Mänaden bekränzt und ein voller Mischkrug daneben aufgestellt werde.[100]

Der Thiasos des *Liber pater Tasibastenus* in Philippi besaß ein Kapital, aus dessen Zinsen einmal im Jahr am Grab der verstorbenen Vereinsmitglieder eine Mahlzeit abgehalten wurde.[101] Dies geschah am Tag des Rosenfestes (*Rosalia*).

In Thessalonike gab es einen Dionysosverein der „Träger der Steineichen", in welchem eine Frau namens Euphrosyne[102] Priesterin war. In ihrem Testament hat sie dem Verein einen Weingarten „zum ewigen Gedächtnis" hinterlassen. Aus dem Erlös für die Trauben soll jährlich ein Räucheropfer dargebracht werden, und jedes Vereinsmitglied soll zu der Feier einen Rosenkranz mitbringen. Auf dem verlorenen Teil der Inschrift hat zweifellos gestanden, daß auch eine Festmahlzeit vorgesehen war. Wenn der Verein die Feier nicht

---

[94] Sylloge³ 1109, 159 ff.

[95] I. G. VII 686 (in böotischer Orthographie) οὗτον ἔθαψαν τὺ Διωνιουσιαστή. Ähnlich S. E. G. 32, 488 (ebenfalls Tanagra).

[96] I. K. 23, 330 Ζωτίωνι Ἀρτεμιδώρου οἱ συνβιωταὶ καὶ συνμύσται τὸ μνημεῖον ἐποίησαν. Daneben steht ein Efeublatt, wodurch die Beziehung auf einen dionysischen Verein gesichert ist. Das Wort συμβιωτής bedeutet, daß die Vereinsmitglieder frohe gemeinsame Stunden miteinander verleben, das Wort συμμύστης, daß der Verein exclusiv war und nicht jeden Beliebigen aufnahm.

[97] T. A. M. V 1, Nr. 817 und 822 – – – ἡ σπεῖρα τὸν ναρθηκοφόρον – – – .

[98] E. Schwyzer, Dialectorum Graecarum exempla epigraphica 791/2; s. § 141.

[99] I. Magnesia 117.

[100] Ephemeris archaiol. 1936, Parart. S. 17; Nilsson, Mysteries 66 Anm. 114: Διοσκουρίδης Σύρου Ὀλδηνὸς ἀπεγένετο ἐτῶν ξ΄ καὶ ἀπέλιπεν τῇ Ὀλδηνῶν κώμῃ δηνάρια ιε΄, ἵνα ἐκ τοῦ τόκου κρατὴρ γεμισθῇ ἔνπροσθε τῆς ταφῆς καὶ στεφανωθῇ ἡ ταφὴ ἐν ταῖς μαινάσιν κατ' ἐνιαυτὸν ἅπαξ.

[101] C. I. L. III 703–4.

[102] Das Wort bedeutet „Frohsinn, Festmahlzeit".

durchführt, soll der Erlös einem anderen Thiasos, dem der „Träger der (gewöhnlichen) Eichen" zustehen; falls auch dieser versagt, kommt der Erlös der Stadtkasse zugute.[103]

Solche Totengedenkfeiern haben viele antike Vereine abgehalten. In Vergils fünftem bukolischen Gedicht wird eine entsprechende jährliche Gedenkfeier für den vergöttlichten Daphnis eingerichtet, s. § 45.

Das Bocksopfer

§ 132   Eine der wichtigsten dionysischen Zeremonien war das Opfer des Bocks und das daran anschließende gemeinsame Mahl.

Die Alten kannten kein profanes Schlachten; jedes Töten eines Tieres, das gegessen werden sollte, wurde als Opfern aufgefaßt. Da der Bock ein dionysisches Tier war, ist das Bocksopfer fast immer ein dionysisches Ritual gewesen. Die Atmosphäre eines ländlichen Bocksopfers zeigen ein Fresco aus Pompei (Abb. 9) und ein Sarkophag im Palazzo Venezia (Abb. 65). Das Opfer eines Widders ist auf dem dionysischen Sarkophag im Museo Chiaramonti (Abb. 63) abgebildet.

In einer berühmten Stelle im zweiten Buch der Georgicá begründet Vergil das Bocksopfer: Weil die weidenden Ziegen immer wieder die jungen Schößlinge der Reben fressen, wird zur Strafe der Bock immer dem Bacchus geopfert.[104] Bei solchen Bacchusfesten sind dann (so erzählt der Dichter) auch die ersten szenischen Spiele aufgeführt worden; die Athener spielten Schlauchhüpfen und tanzten fröhlich, und die Latiner haben Masken vorgebunden und sich gegenseitig rituell verspottet. Dies hatte zur Folge, daß die Weingärten gediehen; und darum sollten die Menschen auch künftig dem Bacchus die gebührenden Ehren erweisen und den Bock opfern.[105]

---

[103] I. G. X 2, fasc. 1, Nr. 260; vorher Ch. Edson, Harv. Theol. Rev. 41, 1948, 165 mit sorgfältigem Kommentar und H. C. Youtie, Harv. Theol. Rev. 42, 1949, 277/8 = Scriptiunculae I 511/2. Der Text lautet:

Εὐφροσύνη Διοσκο[υρίδου – – – –
ἱέρεια οὖσα Εὔεια Πρινοφόρου καταλείπω εἰς μνείας χάριν αἰωνίας ἀνπέλων πλέθρα δύω σὺν ταῖς τάφροις, ὅπως ἀποκαίηταί μοι ἀπὸ ἀγορᾶς μὴ ἔλαττον δηναρίων ε' (Efeublatt) – – – –
⟨φερέτωσαν δὲ⟩ καὶ οἱ μύσται μικρὸς μέγας ἕκαστος στέφανον ῥόδινον, ὁ δὲ μὴ ἐνένκας μὴ μετεχέτω μου τῆς δωρεᾶς. ἐὰν δὲ μὴ ποιήσωσιν, εἶναι αὐτὰ τοῦ Δροιοφόρων (= Δρυοφόρων) θιάσου ἐπὶ τοῖς αὐτοῖς προστίμοις. εἰ δὲ μηδὲ ὁ ἕτερος θίασος ποιῇ, εἶναι αὐτὰ τῆς πόλεως (Efeublatt).

[104] Diese Begründung ist leicht scherzhaft gemeint. In Wirklichkeit opferte man den Bock, weil man sein Fleisch essen wollte; darüber waren sich alle Beteiligten klar. Man hat sich die gewundensten Gründe ausgedacht, um das Schlachten der Tiere zu rechtfertigen; Meuli hat von „Unschuldskomödien" gesprochen, und Burkert hat die Zusammenhänge in „Homo necans" besprochen. Was Vergil angeht, so will er nicht mehr sagen als: „Das Bocksopfer im Kult des Bacchus ist traditionell und war der Anlaß zur Entstehung hoher Poesie, und wir wollen bei der Tradition bleiben."

[105] Die Partie ist von K. Meuli in hervorragender Weise besprochen worden (Ges. Schr. I 251–282); ich benütze seine Übersetzung.

Die Verse lauten:

380   Non aliam ob culpam Baccho caper omnibus aris
       caeditur et veteres ineunt proscaenia ludi
       praemiaque ingeniis pagos et compita circum
       Thesidae posuere atque inter pocula laeti
       mollibus in pratis unctos saluere per utres;
385   nec non Ausonii, Troia gens missa, coloni
       versibus incomptis ludunt risuque soluto,
       oraque corticibus sumunt horrenda cavatis,
       et te, Bacche, vocant per carmina laeta tibique
       oscilla ex alta suspendunt mollia pinu.
390   hinc omnis largo pubescit vinea fetu,
392   et quocumque deus circum caput egit honestum
391   complentur vallesque cavae saltusque profundi.[106]
393   ergo rite suum Baccho dicemus honorem
       carminibus patriis lancesque et liba feremus
395   et ductus cornu stabit sacer hircus ad aram
       pinguiaque in veribus torrebimus exta colurnis.

„Um keiner anderen Schuld willen wird dem Bacchus an allen Altären der Bock geschlachtet, werden die alten Spiele auf der Bühne gespielt, hat das Volk des Theseus (die
Athener) in den Dörfern und an den Kreuzwegen Preise für erfindsame Geister (die
Dichter) ausgesetzt, und hüpfte man lustig beim Wein auf weichem Wiesengrund über
geölte schlüpfrige Schläuche. – Aber auch unsere italischen Bauern, von Troja entsandtes
Volk, treiben Scherz mit ungehobelten Versen und ausgelassenem Gelächter, und Gesichter, aus Baumrinden gehöhlt (also Masken), nehmen sie vor, schauerliche, und dich, o
Bacchus, rufen sie mit frohen Liedern; Köpfchen (in Form von Bällen) hängen sie dir an
der hochragenden Fichte auf. – Infolgedessen gedeiht dann mit üppiger Frucht der ganze
Weinberg, und wohin immer der Gott sein herrliches Antlitz wendet, werden mit Frucht
gefüllt die hohlen Täler und die tiefen Waldgebirge. – Darum also werden wir (auch
weiterhin) dem Bacchus nach feierlichem Brauch den ihm gebührenden Ruhm mit den
altererbten Liedern verkünden, werden ihm die Opferschüsseln mit den Opferkuchen
bringen, und, am Horne gezogen,[107] soll der geweihte Bock am Altar stehen, und sein
fettes Eingeweide wollen wir an Haselruten braten.“

Aus den kleinen szenischen Spielen, welche beim Bocksopfer aufgeführt wurden, ist
in Athen die Tragödie entstanden.

Dies hat der hellenistische Dichter Eratosthenes in einem Kleinepos „Erigone" dargestellt: Dionysos hat den Bauern Ikarios gelehrt, wie man die Weinpflanze kultiviert. Als
der Bock die Blätter der Pflanze abfraß, schlachtete Ikarios ihn und lud seine Freunde

---

[106] Die Verse 392 und 391 sind von Gilbert de Plinval umgestellt worden (Museum Helveticum 1,
1944, 84).
[107] Vgl. Plutarch, De cupiditate divitiarum 8, p. 527 D (Pohlenz 343, 21–344, 1) εἶτα τράγον τις εἷλκεν.

zu Schmaus und Trank. Als alle vom Trunk fröhlich waren, „tanzte man in Ikaria zum erstenmal um den Bock",

Ἰκαριοῖ τόϑι πρῶτα περὶ τράγον ὠρχήσαντο.[108]

Aber der Wein stieg den Bauern zu Kopf; sie meinten, Ikarios habe ihnen einen giftigen Trank gereicht, und erschlugen ihn. So schlug der Tanz um den Bock in die Tragödie um.

Das Bocksopfer des Ikarios ist auf einem der Felder des Mosaiks von Cuicul dargestellt (Abb. 20). Auf einem Feld des Kölner Dionysosmosaiks führt Pan einen Ziegenbock (Abb. 24).

Wurde das Opfertier zerrissen und roh gegessen?

§ 133   In den „Kretern"[109] und „Bakchen"[110] des Euripides ist davon die Rede, daß die Verehrer des Dionysos das Opfertier zerreißen und das Fleisch roh essen. Der alte Lyriker Alkaios nennt Dionysos „den Esser rohen Fleisches".[111] In einer frühhellenistischen Inschrift aus Milet kommt das „Hineinwerfen rohen Fleisches" vor.[112]

Ob die Griechen der klassischen Zeit wirklich im Dionysoskult rohes Fleisch verschlungen haben, ist doch sehr die Frage.[113] Wir brauchen diesem Problem nicht nachzugehen, da wir uns mit der Kaiserzeit beschäftigen. Man kann mit Zuversicht sagen, daß ein Zerreißen des Opfertiers und Essen rohen Fleisches in dieser Zeit nicht mehr vorgekommen ist. Die allgemeine Entwicklung ging dahin, daß damals viele Menschen jedes Opfern von Tieren als unfromm empfanden; sie meinten, nur unblutige Opfer – also Weihrauch, Gebet und Hymnus – seien der Götter würdig. So schärfte ein Apollon-Orakel von Didyma den Orakelsuchenden ein, nur solche Opfer darzubringen; sie allein seien den Göttern wohlgefällig.[114]

---

[108] Eratosthenes fr. 22 Powell = Hygin, Astronomica II 4; vgl. Nonnos 47, 34–264. Ich behandle den weiteren Inhalt des Gedichts hier nicht; vgl. F. Solmsen, Transactions und Proceedings of the American Philological Association 78, 1947, 252–275 und meine Beiträge in „Antaios" (Zeitschrift) 5 (1963) 325–343 = History of Religions 3 (1964) 175–190 und Miscellanea di Studi Alessandrini in memoria di Augusto Rostagni (Torino 1963) 469–526.

[109] Fr. 79 Austin, zitiert in § 142.

[110] Vers 139 ὠμοφάγον χάριν.

[111] Fr. 129, 9 Ζόννυσον ὠμήσταν.

[112] F. Sokolowski, Lois sacrées d'Asie mineure 48, aus dem Jahr 276 v. Chr. (ὠμοφάγιον ἐμβαλεῖν; der Text ist lückenhaft, der Zusammenhang unklar).

[113] E. R. Dodds notiert in seinem Kommentar zu den Bakchen (S. XV), daß Euripides zwar zweimal vom Essen des rohen Fleisches spreche, „but in each place he passes over it swiftly and discreetly", und sagt dazu: „A detailed description of the ὠμοφαγία would perhaps have been too much for the stomachs even of an Athenian audience." Vgl. nun A. Henrichs, Harvard Studies 82, 1978, 149–150 und in „Changing Dionysiac Identities" 143–5 (in dem Sammelband „Jewish and Christian Self-Definition", ed. by B. F. Meyer and E. P. Sanders, London 1982, Vol. III).

[114] I. Didyma 217, vgl. R. Harder, Kl. Schr. 137–147; W. Peek, Z. P. E. 7, 196; H. Hommel, Akte des IV. Internationalen Kongresses für griech. und lat. Epigraphik (Wien 1964) 140–156.

Zweifellos haben in der Kaiserzeit manche Leute schon das dionysische Bocksopfer als anstößig und die Dionysos-Religion als rückständig empfunden. Als der italische Bauer Calpes den Bacchus bei Silius Italicus bewirtet, setzt er ihm kein Fleisch vor (VII 181–4):

> tum lacte favisque
> distinxit dulcis epulas nulloque cruore
> polluta castus mensa cerealia dona
> attulit,

„Dann schmückte er das süße Mahl mit Milch und Honigwaben und befleckte als reiner Mann den Tisch nicht mit Blut, sondern brachte die Gaben der Ceres (d. h. Getreide)."

Bei Nonnos bewirtet der Hirt Brongos den Dionysos mit „unblutigem Tisch".[115]

Auch der orphische Mythos von der Zerreißung des Dionysos Zagreus durch die Titanen ist in der Kaiserzeit meist mit Stillschweigen übergangen worden.[116] Für die Christen war er ein willkommenes Angriffsziel. Clemens von Alexandria beschreibt, wie die Titanen das Dionysoskind zerreißen, die Glieder in einen Tiegel mit Wasser werfen und kochen, auf Gabeln spießen und rösten; sein Résumé ist: „Die Mysterien des Dionysos sind geradezu kannibalisch".[117] Kein Wunder, daß die Heiden es vorzogen, nicht mehr von diesem Mythos zu sprechen.

---

[115] 17,51 ἀδαιτρεύτοιο τραπέζης, 17,62 ἀναιμάκτοιο τραπέζης.
[116] So urteilte schon M. P. Nilsson, Mysteries 111; 130 und 133.
[117] Protreptikos 17,2–18,2; p. 14,7 Stählin τὰ γὰρ Διονύσου μυστήρια τέλεον ἀπάνθρωπα.

IX   Über den Sinn der Dionysosreligion

Eine Religion „an der Oberfläche"

§ 134   Wir haben gesehen, daß die Dionysosreligion auch noch in der Kaierzeit eine Naturreligion von relativ altertümlichem Typ geblieben ist. Man hatte keine theologischen Lehren; es gab nur die traditionellen Riten, in diesen war der Sinn der Religion niedergelegt (s. § 104). Aristoteles hat gesagt: „Diejcnigcn, welche eingeweiht werden, müssen nichts lernen, sondern erleiden (= die Zeremonien in passiver Haltung durchmachen) und sich in (religiöse) Stimmung versetzen."[1]

Die Verehrer des Dionysos haben die alten Rituale beibehalten, welche im Umlauf des Jahres gefeiert worden sind; sie haben kaum spekuliert; sie haben es sich an den Festtagen gut gehen lassen und gehofft, daß die Natur ihnen wie bisher reiche Früchte und den Wein, den Sorgenbrecher, spenden werde. Sie wollten „im Reigen tanzen und beim Flötenspiel fröhlich lachen und die Sorgen vergessen", wie der Chor der Bakchen bei Euripides singt,

θιασεύειν τε χοροῖς
μετά τ᾽ αὐλοῦ γελάσαι
ἀποπαῦσαί τε μερίμνας (379–381).

In seiner Besprechung der Dionysoskulte hat L. R. Farnell gesagt: „Early religion was far less preoccupied with morality than later, and far more sensitive therefore to the appeal made by the mystery and charm of physical life."[2]

Der Mittelpunkt dieser Religion war das große gemeinsame Fest, sei es das eines dionysischen privaten Clubs oder auch der ganzen Stadt. Wir haben heute nur noch annähernde Vorstellungen davon, was ein solches Fest bedeutet, und sehen fröhliche Veranstaltungen größerer Gruppen oder gar ganzer Städte (wie den rheinischen Carneval) als rein weltliche Ereignisse an. Bei den Griechen war dies anders; selbst ihre großen

---

[1] Bei Synesios, Dion 8 (p. 254,11 Terzaghi) = De philosophia fr. 15 Rose und Walzer Ἀριστοτέλης ἀξιοῖ τοὺς τελουμένους οὐ μαθεῖν τι δεῖν, ἀλλὰ παθεῖν καὶ διατεθῆναι, δηλονότι γενομένους ἐπιτηδείους. Vgl. J. Croissant, Aristote et les mystères (1932) 142.

[2] The Cults of the Greek States V 122; vgl. auch 238/9: „The moral question, so natural to the modern mind, ... is almost irrelevant here ... A religion may be most powerful in its appeal and yet remain directly non-moral ... Dionysos in his public functions left morality alone, offering no new ethical gospel, but a more high-pitched life to man and woman, bondsman and free."

Sportfeste hatten eine religiöse Seite und sind deshalb von den Christen bekämpft und schließlich abgeschafft worden. Man muß sich also die dionysischen Feste als Veranstaltungen vorstellen, welche den Ausflügen unserer Herren- oder Damenkegel-clubs und den Carnevalsumzügen ähnlich genug waren, die aber für die Teilnehmer eine religiöse Seite hatten, wobei die religiöse Intensität von Person zu Person sehr verschieden war. Man wird die Zusammenhänge besser verstehen, wenn man sich klar macht, daß unser Wort „Ferien" von lateinisch *feriae* abgeleitet ist, und daß *feriae* etymologisch mit *festus* zusammenhängt und einen religiösen Sinn hat. Im Englischen gibt es das Wort *holiday*, und es bezeichnet heute nur noch einen Tag, an den man keine Arbeit hat; das Heilige ist aus dem öffentlichen Leben verschwunden; aber früher war ein *holiday* wirklich ein heiliger Tag für die ganze Gemeinde. Es ist charakteristisch, daß die Amerikaner für „Ferien" das Wort *vacation* benützen; es trifft den heutigen Zustand viel genauer als das altmodische *holiday*. Aber alle Feste der Griechen waren, so profan Vieles an ihnen uns scheinen mag, *holy days*.

Man denke auch nicht, daß diese Religion in ihrer scheinbaren Oberflächlichkeit unmoralisch gewesen sei. Gewiß hat es einige dionysische Zirkel gegeben, in denen Exzesse vorkamen; so die Bacchusverehrer in Italien, welche den Bacchanalienskandal verursacht haben, oder die Kaiserin Messalina bei ihrem Hochzeitsfest mit Silius. Auf Sarkophagen und Grabsteinen finden sich erotische Szenen.[3] Aber man wird nicht leicht eine weit verbreitete Religion finden, bei der es nicht irgendwann einmal zu Exzessen gekommen ist.

Was speziell die sexuelle Moral betrifft, so wird die „dionysische" Position prägnant vom Seher Teiresias in den Bakchen beschrieben:

314   οὐχ ὁ Διόνυσος σωφρονεῖν ἀναγκάσει
315   γυναῖκας ἐς τὴν Κύπριν, ἀλλ' ἐν τῆι φύσει
317   τοῦτο σκοπεῖν χρή· καὶ γὰρ ἐν βακχεύμασιν
318   οὐσ' ἥ γε σώφρων οὐ διαφθαρήσεται[4]

„Dionysos ist nicht dafür verantwortlich, daß die Frauen keusch sind; man muß dies nach der jeweiligen Anlage einer jeden beurteilen; denn eine keusche Frau wird sich auch beim bakchischen Fest nicht verführen lassen."

In den meisten dionysischen Clubs wurde von den Mitgliedern ein moralisches Leben verlangt, ganz wie in allen anderen religiösen Gemeinschaften.

---

[3] Auf einem Sarkophag in Neapel liegt eine Mänade in der Haltung der schlafenden Ariadne, und ihr nähert sich ein Satyr, der sie bald zum dionysischen Liebesglück erwecken wird (F. Matz, Sarkophage III Nr. 176; G. Koch – H. Sichtermann, Sarkophage Abb. 222; R. Turcan pl. 6 a). Vgl. weiter F. Cumont, „Une pierre tombale érotique de Rome", in: L'Antiquité Classique 9, 1940, 5–11; Les Religions orientales 311 Anm. 65; Lux perpetua 256/7. Kritik solcher Darstellungen in dem Epigramm bei Riese, Anthol. Lat. 319 = Shackleton Bailey 314.

[4] Die Verse 314–318 werden bei Stobaios IV 23,8 (Hense 4,573/4) ohne 316 zitiert, und diese Fassung scheint mir die richtige. – Zur Sache vgl. auch §138 und 189.

Die Hoffnung auf Rettung

§ 135   Im Dionysoskult gab es keine in Worten formulierten theologischen Lehren. Aber das heißt nicht, daß die Dionysosdiener gedankenlos gewesen sind. Die Oberflächlichkeit dieses Gottesdienstes ist gleichzeitig auch tiefsinnig. Die Bedeutung der dionysischen Symbole liegt auf der Hand, keiner konnte sie je verkennen: Die Fichte ist immergrün; der Efeu wächst aus den kleinsten Überresten immer wieder empor; der Wein schlägt immer aufs neue aus. In einem bekannten Epigramm sagt der Weinstock, den der Ziegenbock abgefressen hat, diesem voraus:

κἤν με φάγηις ἐπὶ ῥίζαν, ὅμως ἔτι καρποφορήσω
ὅσσον ἐπισπεῖσαι σοὶ τράγε θυομένωι,

„Und wenn du mich bis auf die Wurzel abfrissest, werde ich dennoch so viele Trauben tragen, wie benötigt werden, um die Weinspende auszugießen, wenn du geopfert wirst."[5]

Beim Keltern stirbt die Traube, aber sie ersteht neu im Wein. Das Liknon, die Getreideschwinge, ist Symbol für das aus dem Korn gewonnene Brot und für das Saatgetreide, das im nächsten Jahr neue Frucht bringen wird; und im dionysischen Liknon ist der Phallos aufgerichtet, das Symbol der Zeugungskraft. Das alles scheint selbstverständlich, und manche Dionysosdiener haben sich wohl nicht mehr viel dabei gedacht; dennoch enthalten diese einfachen Symbole Antworten auf die Frage nach dem Sinn der menschlichen Existenz, und zwar Antworten, die jedermann ohne weiteres verständlich sind. Jean Bayet nannte diese Religion „une philosophie biologique du monde".[6]

Ein Dionysosmyste erhoffte sich vom Eintritt in die Gemeinschaft der Verehrer des Gottes eine Veränderung seiner Existenz zum Guten. Dies hat seinen Ausdruck gefunden in der Formel

ἔφυγον κακόν, εὗρον ἄμεινον
„Ich bin dem Übel entflohen, ich habe das Gute gefunden."[7]

Der Satz wird bei zwei verschiedenen Gelegenheiten zitiert, beide Male in dionysischem Zusammenhang.

---

[5] Euenos, A. P. IX 75; auch inschriftlich in Pompei gefunden, s. Kaibel, Epigrammata 1106. Leonidas von Tarent über dasselbe Thema A. P. IX 99.

[6] Histoire politique et psychologique de la religion romaine (1957) 215. Vgl. auch R. Turcan 419: Dionysos ist „le dieu de la génération humaine et végétale, c'est-à-dire le garant d'une perennité et d'une vitalité renouvelée que les dionysiastes confondaient peut-être parfois … avec une sorte d'immortalité bio-cosmique".

[7] Ich übersetze ἄμεινον mit „das Gute". Der grammatischen Form nach ist ἄμεινον ein Komparativ, könnte also auch mit „das Bessere" übersetzt werden. Aber die Form, welche wir „Komparativ" nennen, hat sehr oft keine „vergleichende", sondern vielmehr kontrastierende Bedeutung. ἄμεινον bezeichnet nicht etwas, was im Vergleich zum κακόν besser ist, aber dann doch immer noch ziemlich schlecht sein könnte; ἄμεινον ist vielmehr der Kontrast zum κακόν, ist das Gute. Mit ἄμεινον wird also hier dasjenige bezeichnet, was sonst ἀγαθόν oder auch καλόν heißt. Für den kontrastierenden Gebrauch des Komparativs s. M. Wittwer, Glotta 47, 1969, 54–110; die Komparative auf -ίων werden auf S. 97–101 und 108–109 besprochen. – Der Vers steht auch bei Page, Melici 855.

(a) Der Attizist Pausanias berichtet, bei Hochzeiten in Athen sei es Brauch gewesen, daß ein Knabe, dessen beide Eltern noch lebten, voranschritt; er war bekränzt, trug ein Liknon mit Broten und rief: „Ich bin dem Übel entflohen, ich habe das Gute gefunden"; damit sei der Umschwung zum Besseren angedeutet worden.[8] Wegen des Liknon ist klar, daß es sich um dionysische Hochzeiten gehandelt hat.

(b) An der schon mehrfach zitierten Stelle der Kranzrede hält Demosthenes seinem Gegner Aischines vor, er habe als Knabe bei den Weihen des Dionysos-Sabazios ministriert; dabei habe er an Reinigungszeremonien teilgenommen und am Ende der Zeremonie zu den Initianden gesagt, sie sollten aufstehen und rufen: „Ich bin dem Übel entflohen, ich habe das Gute gefunden."[9]

Die Formel war also für dionysische Initiationen charakteristisch und wurde sowohl bei Einweihungen als auch bei Hochzeiten benützt.

τὸ καλόν (das Schöne)

§ 136   Die charakteristischen Vocabeln der Dionysosmysten sind τὸ καλόν „das Schöne" und τὸ ὅσιον „das Reine, Fromme und Erlaubte".

Daß es sich beim Kult des Dionysos um einen Kult des Schönen handelt, haben einst die Musen gesungen, als sie mit den anderen Göttern zur Hochzeit des Kadmos und der Harmonia nach Theben kamen; der Elegiker Theognis berichtet davon in seinem Anruf an die Göttinnen:

> Μοῦσαι καὶ Χάριτες κοῦραι Διός, αἵ ποτε Κάδμου
> ἐς γάμον ἐλθοῦσαι καλὸν ἀείσατ᾽ ἔπος·
> „ὅττι καλόν, φίλον ἐστί· τὸ δ᾽ οὐ καλὸν οὐ φίλον ἐστίν" (15–17).

„Ihr Musen und Grazien, Töchter des Zeus, die ihr einst zur Hochzeit des Kadmos kamt und das schöne Wort sanget: Was schön ist, das ist uns lieb; und was nicht schön ist, ist uns nicht lieb."

Aus der Hochzeit des Kadmos und der Harmonia gingen vier Töchter hervor; eine von ihnen war Semele, die Mutter des Dionysos, eine andere Ino, seine Amme. Der Gesang der Musen bei der Hochzeit des Kadmos gab also an, was die charakteristische Eigenart des Dionysoskultes werden sollte.

Vom Dionysos Kallon („Schöner") in Byzantion war oben die Rede (§ 22).

Nun ist „das Schöne" für griechisches Empfinden immer gleichzeitig auch das Gute (ἀγαθόν). Das Ideal, nach dem die Griechen der klassischen Zeit strebten, war die

---

[8] Pausanias atticista ε 87 bei H. Erbse, Untersuchungen zu den attizistischen Lexika (Berlin 1950) S. 183, nach dem Lexikon des Photios, Eustathios zu Odyssee μ 357 (p. 1726,19), Zenobios III 98, Suda, Hesych: ἔφυγον κακόν, εὗρον ἄμεινον· παροιμία· νόμος γὰρ Ἀθήνησιν ἐν τοῖς γάμοις ἀμφιθαλῆ παῖδα ἐστεμμένον ἀκάνθαις μετὰ δρυΐνων καρπῶν, λίκνον βαστάζοντα ἄρτων πλέον, τοῦτο λέγειν αἰνισσόμενον τὴν ἐπὶ τὸ κρεῖττον μεταβολήν.

[9] Demosth. 18,259 ἀνιστὰς ἀπὸ τοῦ καθαρμοῦ κελεύων λέγειν „ἔφυγον κακόν, εὗρον ἄμεινον".

Verbindung des Schönen und des Guten, die Kalo-k-agathie. In Platons Philosophie sind das Schöne und das Gute meist synonym gebraucht, das eine Wort kann für das andere eintreten.

In einem hellenistischen Epigramm ist das „Schöne" nicht mehr mit dem Guten verbunden, sondern mit dem Schicklichen (man könnte auch übersetzen: mit der Pflicht). Der Leiter eines Chores, der im Wettkampf gesiegt hat, stellt dem Dionysos zum Dank einen Dreifuß (den Siegespreis) und ein Bild des Gottes auf; „er war mäßig in allem … und sah auf das Schöne und Schickliche".[10] Schön kann nur sein, was auch schicklich ist.

Aber „das Schöne" kann auch als ein Wort verwendet werden, das nur an der Oberfläche der Dinge haftet.[11] Man kann es leichthin benützen: Schön ist, was den Leuten gefällt.

Die Gefahr des In-den-Tag-Hineinlebens am Beispiel der Bakchen des Euripides

§ 137   Diese Haltung ist gefährlich, wie Euripides in den Bakchen dargestellt hat. Der Chor der Mänaden singt bei ihm zwar berauschend schwungvolle Lieder; aber die Sängerinnen lehnen es ab, über das Göttliche nachzudenken. Sie besingen den Dionysos „so, wie es immer der Brauch war":

τὰ νομισθέντα γὰρ αἰεί
Διόνυσον ὑμνήσω (71).

Aber es ist nicht gut, sich alles so leicht zu machen.

Als Dionysos mit seinen Bakchen in Theben einzieht, wird die ganze Stadt von dionysischem Taumel erfaßt; nur der König Pentheus widersetzt sich. Er ist Sohn der Kadmostochter Agaue, also ebenso ein Enkel des Kadmos und der Harmonia wie Dionysos selbst, der Sohn der Semele. Pentheus setzt Dionysos gefangen, aber der Gott löst die Fesseln mit Leichtigkeit. Er entweicht mit den Bakchen, denen sich des Pentheus Mutter Agaue und ihre Schwestern angeschlossen haben, auf den Kithairon. Als Pentheus ihnen dorthin folgt, halten ihn die rasenden Bakchen – die eigene Mutter an der Spitze – für ein wildes Tier und zerreißen ihn.

Vor diesem Hintergrund sind die Verse aus den Bakchen zu sehen, die ich jetzt anführe, um den bequem-traditionellen Aspekt der Dionysosreligion deutlich zu machen.

416 ὁ δαίμων ὁ Διὸς παῖς	„Der Gott, der Sohn des Zeus, hat seine
χαίρει μὲν θαλίαισιν	Freude am Festmahl und liebt die segen-
φιλεῖ δ' ὀλβοδότειραν Εἰ-	spendende Göttin des Friedens (Eirene),
420 ρήναν, κουροτρόφον θεάν·	welche die Kinder großzieht. Er hat dem

[10] A.P. VI 339 = Theokrit epigr. 12 μέτριος ἦν ἐν πᾶσι, χορῶι δ' ἐκτάσατο νίκαν / ἀνδρῶν, καὶ τὸ καλὸν καὶ τὸ προσῆκον ὁρῶν.

[11] R. Turcan 385 spricht vom „souci d'égailler et d'égayer l'attention à la surface des choses".

ἴσαν ἔς τε τὸν ὄλβιον
τόν τε χείρονα δῶϰ' ἔχειν
οἴνου τέρψιν ἄλυπον.
μισεῖ δ' ὧι μὴ ταῦτα μέλει
425 κατὰ φάος νύϰτας τε φίλας
εὐαιῶνα διαζῆν,
σοφὰν δ' ἀπέχειν πραπίδα φρένα τε
περισσῶν παρὰ φωτῶν·
430 τὸ πλῆθος ὅτι
τὸ φαυλότερον ἐνόμισε χρῆ-
ταί τε, τόδ' ἂν δεχοίμαν.

Reichen und dem Geringen die gleiche Freude am Genuß des Weins geschenkt, der den Kummer vergessen läßt. Aber er haßt ihn, dem nicht dies am Herzen liegt: Am Tag und in der Nacht in seliger Stimmung dahinzuleben; nicht allzu klug sein zu wollen und seinen Sinn fernzuhalten von tiftelnden Männern. Ich will dasjenige zu dem Meinen machen, was bei der Menge der Geringeren immer in Übung war und was bei ihr der Brauch ist."

Die Bakchen preisen denjenigen als selig, der in den Tag hineinlebt:

τὸ δὲ κατ' ἦμαρ ὅτωι βίοτος
εὐδαίμων μαϰαρίζω (910/1).

Man soll sorglos sein:

ὁ δὲ τᾶς ἡσυχίας
βίοτος καὶ τὸ φρονεῖν
ἀσάλευτόν τε μένει καὶ
συνέχει δώματα (389–392).

„Man soll in Ruhe leben und in Ruhe denken; dann wird man nicht erschüttert, das hält das Haus aufrecht."

Ähnlich die folgende Strophe:

890   οὐ
γὰρ ϰρεῖσσόν ποτε τῶν νόμων
γιγνώσκειν χρὴ καὶ μελετᾶν.
ϰούφα γὰρ δαπάνα νομί-
ζειν ἰσχὺν τόδ' ἔχειν,
ὅτι ποτ' ἄρα τὸ δαιμόνιον,
895 τό τ' ἐν χρόνωι μαϰρῶι νόμιμον
ἀεὶ φύσει τε πεφυϰός.

„Man soll niemals versuchen mehr zu erkennen als das, was das Übliche ist, und soll nicht allzuviel grübeln. Es ist ja eine leichte Mühe die Überzeugung zu haben, daß das Göttliche – was es auch sein mag – Macht hat; seit langer Zeit war es so der Brauch, und nach der Natur der Dinge wird es immer dabei bleiben."

Darauf folgt eine refrainartige Strophe mit einem Zitat jenes Wortes, welches die Musen bei der Hochzeit des Kadmos gesungen haben, in einem Zusammenhang, aus dem sich die Fragwürdigkeit dieser Maxime klar ergibt:

897 τί τὸ σοφόν; ἢ τί τὸ ϰάλλιον
παρὰ θεῶν γέρας ἐν βροτοῖς
ἢ χεῖρ' ὑπὲρ ϰορυφᾶς
900 τῶν ἐχθρῶν ϰατέχειν;
ὅτι ϰαλόν, φίλον ἀεί.

„Was ist schon Weisheit? Welches schönere Geschenk der Götter an die Menschen gibt es als die eigene Hand als die Stärkere über dem Haupt der Feinde zu halten? Was schön ist, ist mir auch immer lieb."

Später wünscht der Chor, „das Leben nach dem Schönen zu führen und Tag und Nacht rein und fromm zu leben, aber Bräuche, die außerhalb des Rechten sind, auszurotten und (so) die Götter zu ehren":

1007   ἄγειν ἀεὶ ποτὶ τὰ καλὰ βίον[12]

       ἦμαρ ἐς νύκτα δ' εὐ-

          αγοῦντ' εὐσεβεῖν, τὰ δ' ἔξω νόμιμα

1010   δίκας ἐκβαλόντα τιμᾶν θεούς.

Dies führt zur Katastrophe: Die Mänaden zerreißen Pentheus, den Gegner des Dionysos.

τὸ ὅσιον (das Reine)

§ 138   Aber man würde falsch urteilen, wenn man die gefährliche Seite der Dionysosreligion nach dieser Tragödie beurteilen wollte. Im täglichen Leben der Griechen war der Dionysoskult eine relativ harmlose Sache. Euripides hat die Spannweite der dionysischen Religion um vieles größer gemacht als sie für den gewöhnlichen Menschen gewesen ist. Die Gesänge im Dionysoskult können schwerlich so hinreißend gewesen sein wie die der Bakchen des Euripides; und die mit dem Kult verbundenen Gefahren waren in aller Regel eng eingegrenzt. Die Griechen waren das Volk der „Besonnenheit" (σωφροσύνη)[13], sie lebten in Anstand und Ordnung (sie waren κόσμιοι). Die Lehre des Aristoteles von der rechten Mitte ist für die moralischen Auffassungen der Griechen viel repräsentativer als die Lehren aller anderen Systeme; bei ihm ist in klare Worte gefaßt, was die allgemeine Ansicht der Griechen war. Dies gilt auch für die Dionysosverehrer. Was sie für moralisch richtig, für „fromm, rein, erlaubt" hielten, wurde mit dem Wort ὅσιος bezeichnet.

Auch der Chor der Bakchen ruft Ὁσία (die Reinheit) an:

Ὁσία πότνα θεῶν,	„Göttin der Reinheit, Herrin der Götter,
Ὁσία δ' ἃ κατὰ γᾶν	Reinheit, die du deinen goldenen Flügel über
χρυσέαν πτέρυγα φέρεις	der Erde hältst" (370/1).

Und zweimal ruft der Chor dazu auf, sich zum ὅσιος zu machen (sich zu reinigen).[14]

In Delphi gab es ein dionysisches Kollegium der „Reinen" (Ὅσιοι); sie hatten die Aufgabe, ein geheimes Opfer darzubringen, wenn die sacrale Frauengruppe der „Rasenden" (Thyiades) den Dionysos in der Getreideschwinge (Liknon) erweckt. Die Führerin der „Rasenden" war zu Plutarchs Zeit seine Freundin Klea, eine hochangesehene Dame; es hat sich also beim Erwecken des Dionysos im Liknon sicher um eine feierliche, gemessene Zeremonie gehandelt, die zu dem geheimen Opfer paßte, welches die „Reinen" (Hosioi) darbrachten.[15]

Auch Dienerinnen des Dionysos scheinen den Beinamen der „Reinen" getragen zu haben; wir haben aus Delos die Grabschrift „der reinen Theano".[16]

---

[12] In diesem Vers ist die Lesung unsicher.

[13] σωφροσύνη heißt vielfach geradezu „Keuschheit"; jedenfalls ist Selbstdisziplin im Sexuellen immer ein Hauptbestandteil der σωφροσύνη. Vgl. § 134 und 189.

[14] Vers 70 στόμα τ' εὔφημον ἅπας ἐξοσιούσθω. 114 ἀμφὶ δὲ νάρθηκας ὑβριστὰς ὁσιούσθ(ε).

[15] Plutarch, De Iside 35 p. 365 A (Sieveking p. 34,12 und 35,10/1).

[16] I. Délos 2480 Θεανοῦς ὁσίας.

Das Epigramm auf Alkmeonis

§ 139   Der schönste Beleg dafür, daß der Dionysoskult in der Regel eine Angelegenheit von disziplinierten Menschen war, ist ein Epigramm auf eine verstorbene Dionysos-Priesterin aus Milet. Es sei daran erinnert, daß die Priester der Griechen keinen Klerus bildeten, sondern in unserem Sinn Laien waren, die nur für den Dienst eines besonderen Gottes und auf begrenzte Zeit ihre priesterliche Funktion ausübten. Die Dame hieß Alkmeonis und war Tochter eines Mannes namens Rhodios; aber die Teilnehmerinnen an den dionysischen Festen durften sie nicht mit ihrem bürgerlichen Namen anreden, sondern mußten sie mit dem priesterlichen Titel „die Reine" begrüßen. So wie man Vater und Mutter aus Respekt nicht mit dem Namen anredet, und wie manche Menschen ihren Lehrer auch nach Abschluß der Lehrzeit nicht wie einen Kollegen ansprechen können, so auch die Bakchen aus dem Kreis der Alkmeonis: Fremde mochten sie beim Namen nennen, aber die Teilnehmerinnen des Kultes redeten sie als „die Reine" an:[17]

„τὴν ὁσίην χαίρειν" πολιήτιδες εἴπατε Βάκχαι
   „ἱρείην"· χρηστῆι τοῦτο γυναικὶ θέμις·
ὑμᾶς κεῖς ὄρος ἦγε καὶ ὄργια πάντα καὶ ἱρά
   ἤνεικεν πάσης ἐρχομένη πρὸ πόλεως·
τοὔνομα δ᾿ εἴ τις ξεῖνος ἀνείρεται, Ἀλκμειωνίς
   ἡ Ῥοδίου, καλῶν μοῖραν ἐπισταμένη.

„Ihr Bakchen aus der Stadt, sprecht: „Sei gegrüßt, du reine Priesterin"; so geziemt es sich[17a] für eine gute Frau. Sie hat euch (zum dionysischen Ausflug) in die Berge geführt;[18] und als sie vor der (Festprozession der) ganzen Stadt einherschritt, hat sie alle heiligen Geräte getragen.[19] Wenn aber ein Fremder nach ihrem Namen fragt (so kann er ihn erfahren): Sie hieß Alkmeonis und war Tochter des Rhodios, und sie war eingeweiht in den (rechtmäßigen) Anteil an den schönen Dingen."

Wenn die milesischen Bakchen ihre Anführerin nicht beim Namen ansprechen durften, sondern sie in religiöser Scheu nur „reine Priesterin" nannten,[20] dann ist klar, daß die Feste dieser Frauen in disziplinierter Art und Weise abgehalten worden sind.

[17] W. Peek 1344.

[17a] θέμις, vgl. oben § 115 Anm. 25.

[18] Vgl. § 108.

[19] Das ist hier der Sinn des Wortes ὄργια, s. § 109. Vgl. dazu auch Oppian, Kyneg. IV 248/9, wo die Kadmostöchter (Ino, Autonoe und Agaue) um die Wiege des Dionysosknaben tanzen „und zum erstenmal die heiligen Gegenstände zeigten, die in der verbergenden Kiste waren", πρῶτα δ᾿ ἔφαινον / ὄργια κευθομένηι περὶ λάρνακι. Sie waren die ersten ὀργιοφάνται (vgl. Dessau 3364 aus Puteoli, Hymn. Orph. 6,11 und 31,5).

[20] Für die eleusinischen Mysterien haben wir das Zeugnis des Lukian (Lexiphanes 10), daß die Priester „von dem Augenblick an, wo sie geweiht wurden, keinen Namen mehr tragen und nicht mehr mit Namen gerufen werden dürfen, da der Priestertitel ihr Name geworden ist" (ἐξ οὗπερ ὡσιώθησαν, ἀνώνυμοί τέ εἰσι καὶ οὐκέτι ὀνομαστοὶ ὡς ἂν ἱερώνυμοι ἤδη γεγενημένοι). Für „weihen" wird das Wort ὁσιόω benützt.

Die letzten drei Worte des Epigramms („eingeweiht in den Anteil am Schönen") sind absichtlich nur andeutend; es wird auf die Geheimnisse der Mysten angespielt.[21] Es dürfte dasselbe gemeint sein wie in dem Ruf „Ich bin dem Übel entronnen, ich habe das Gute gefunden": Alkmeonis hat als Bakchosdienerin ihren Anteil am Schönen gefunden. Da sie schon gestorben ist, müssen Hoffnungen auf ein glückliches Los im Jenseits gemeint sein.

---

[21] Denselben Sinn hat eine Strophe der Bakchen bei Euripides:

ὦ μάκαρ, ὅστις εὐδαί-
μων τελετὰς θεῶν εἰ-
δὼς βιοτὰν ἁγιστεύει
καὶ θιασεύεται ψυ-
χὰν ἐν ὄρεσσι βακχεύ-
ων ὁσίοις καθαρμοῖσιν

„Glückselig, wer in die Weihen der Götter eingeweiht ist und ein reines Leben führt und seine Seele im Reigen tanzen läßt, indem er in frommen Reinigungsriten in den Bergen dem Bakchos dient" (72–77).

X   Orphische Züge im Dionysoskult

Dionysos und Orpheus

§ 140   Es ist schließlich noch kurz darüber zu sprechen, daß bei den dionysischen Gruppen der Kaiserzeit gelegentlich auch „orphische" Züge auftreten.

Die religiösen Vorstellungen der Dionysosdiener und der Orphiker hängen miteinander zusammen – und sind gleichzeitig auch stark voneinander unterschieden. Sie hängen zusammen: Denn Orpheus galt als Begründer der dionysischen Mysterien,[1] und Dionysos war der wichtigste Gott der Orphiker;[2] aber sie waren auch diametral verschieden: Die Dionysosdiener waren lebensbejahend, aßen gern Fleisch, tranken Wein bis zur Trunkenheit und genossen das Leben ohne allzuviel nachzudenken, während die Orphiker den Körper als Gefängnis der Seele ansahen, sich des Weines, der Fleischspeise und der Fortpflanzung enthielten und sich viele Gedanken über das Leben im Jenseits und die Wiederverkörperung machten. Die einen waren fröhliche Weltkinder, die anderen überzeugt von der Sündhaftigkeit der menschlichen Existenz und geneigt, sich in theologische Spekulationen zu versenken.

Im Mythos hat Dionysos seine Mutter Semele im Triumph aus der Unterwelt geholt und in den Olymp versetzt; Orpheus hat seine Gemahlin Eurydike zwar auch auf kurze Zeit aus der Gewalt der Unterirdischen gelöst, aber dann wieder verloren, noch bevor sie ans Licht zurück kam.

Gemeinsam war den Orphikern und den Dionysosdienern, daß Mythen von Zerreißung und Zerstückelung eine bedeutende Rolle spielten. Aber in den Dionysosmythen werden die Gegner des Gottes (Pentheus und Lykurg) zerrissen, während in den orphischen Gedichten Dionysos Zagreus von den Titanen und Orpheus selbst von den thrakischen Mänaden zerstückelt worden ist.

Im Prinzip lassen sich die Gegensätze zwischen diesen beiden Gruppen klar beschreiben; andererseits hatten sie die Grundansicht der Welt gemeinsam: Den stetigen Kreislauf

---

[1] Damagetos, A.P. VII 9,5; Diodor III 65,6; Ps. Apollodor, Bibl. I 15. Herodot II 81 identifiziert den Dionysos- und Orpheus-Dienst. Vgl. weiter Orph. test. 94–101 Kern (p. 27–30).

[2] Auf einem der Knochentäfelchen aus Olbia (5. Jahrh. v. Chr.) steht Διό(νυσος) Ὀρφικός, S.E.G. XXVIII 659; M. West, The Orphic Poems 17–19. Der Mythos von der Zerreißung des Dionysos Zagreus durch die Titanen war die wichtigste Episode der orphischen Mythologie, denn aus der Asche der von Zeus mit dem Blitz getöteten Titanen entstanden die Menschen, deren Leib titanisch-böse ist, während in ihnen ein göttlicher Funke – der von den Titanen verschlungene Teil des Dionysos – lebt.

Zeichnung 17: Efeublatt auf dem Grabstein der Arista aus Erythrai

Zeichnung 18: Efeublatt auf dem Grabstein des Antaios aus Erythrai

der Dinge und den Zusammenhang der Gegensätze.[3] So gingen in der Wirklichkeit, unter den lebenden Menschen, orphische und dionysische Vorstellungen ineinander über, und man kann keine Trennungslinie ziehen. Wie die Menschen nun einmal sind, wechseln sie vom Nachdenken am heutigen Tag zu sorglosem Genießen morgen und wieder zum Kummer über die Welt übermorgen, sind also bald „orphisch" und bald „dionysisch" gestimmt. So hat es bei den Griechen die verschiedensten Formen gegeben, in welchen diese beiden Aspekte miteinander verquickt waren. Sobald ein Dionysosdiener anfing nachzudenken und ein wenig zu spekulieren, lenkte er in orphische Gedankengänge ein.

Jenseitshoffnungen

§ 141   Viele Dionysosdiener haben auf ein besseres Leben im Jenseits gehofft. Auf zwei Grabsteinen aus Erythrai ist unter dem Namen des Toten ein aufrecht stehendes Efeublatt eingemeißelt, als Symbol der Hoffnung auf Regeneration (Zeichnungen 17 und 18).[4]

In Kyme bei Neapel gab es ein abgegrenztes Grundstück, auf dem nur Bakchosdiener bestattet werden durften; man hat wohl zu Recht geschlossen, daß damit Hoffnungen auf Wiederbelebung verbunden waren.[5] Auf einem der Totenpässe, die man allgemein mit orphischen Vorstellungen in Verbindung bringt, wird dem Eingeweihten versprochen,

---

[3] Auf den Knochentäfelchen aus Olbia (5. Jahrh. v. Chr.) liest man: „Leben : Tod : Leben. – Frieden : Krieg. – Wahrheit : Lüge." S.E.G. XXVIII 659–661; M. West, The Orphic Poems 17–19.

[4] Grabstein des Antaios (I.K. 2,345): Ἀνταῖος Μελάντου χαῖρε.
Grabstein der Arista (I.K. 2,357): Ἀρίστα Βίωνος, μήτηρ δὲ Ἀπολοφάνου, χαῖρε.

[5] E. Schwyzer, Dialectorum Graecarum exempla epigraphica potiora (1923) 792 οὐ θέμις ἐνταῦθα κεῖσθαι εἰ μὴ τὸν βεβακχευμένον. Vgl. Nr. 791. – W. Burkert, Ancient Mystery Cults (1987) 22 sagt: „The Cult of Dionysus ... provided a form of artistic expression, a *façon de parler* ... in response to the blatant senselessness of death."

daß er im Jenseits auf dem Weg der vielen anderen Mysten und Bakchosdiener schreiten wird.[6]

Als eine kleine Tochter Plutarchs gestorben war, schrieb er für seine Frau eine Trostschrift. Er führte darin aus, man solle sich nicht bei dem banalen Trost beruhigen, daß der Verstorbene keinen Kummer mehr habe; wer in die Dionysosmysterien eingeweiht sei, habe bessere Hoffnungen: „Wenn du von den anderen hörst, wie sie viele Leute davon zu überzeugen suchen, daß es für den Abgeschiedenen nichts Schlimmes und keinen Kummer mehr gibt, so weiß ich, daß dich die von den Vätern überkommene Lehre hindert ihnen zu glauben, und (auch) die mystischen Symbole der Dionysosweihen, die uns als Teilnehmern bekannt sind.“[7]

Wenn man diese Hoffnungen auf Erneuerung richtig beurteilen will, muß man sich vor Augen halten, daß es sich nicht etwa um Glaubensartikel handelt und daß die Dionysosmysten kein fixiertes Credo hatten. Man gab seinen Hoffnungen Ausdruck; das war etwas sehr Natürliches. Wenn sich doch alles erneuert, warum dann nicht auch das Leben der Menschen?

Das reine Leben

§ 142   Wer ein „orphisches“, also asketisches Leben führte, hat immer auch den Dionysos verehrt; so sagt im Hippolytos des Euripides Theseus zu seinem Sohn:

Ὀρφέα τ' ἄνακτ' ἔχων / βάκχευε (953/4),
„führe ein Leben als Bakchos, indem du dir den Orpheus zum Herrn erwählst“.

In den „Kretern“ des Euripides trat ein Chor von orphischen Mysten auf und sang:

ἁγνὸν δὲ βίον τείνομεν ἐξ οὗ
Διὸς Ἰδαίου μύστης γενόμην
καὶ νυκτιπόλου Ζαγρέως βούτης
τάς τ' ὠμοφάγους δαῖτας τελέσας ...
βάκχος ἐκλήθην ὁσιωθείς.[8]

„Ich führe ein reines Leben, seitdem ich Myste des idäischen Zeus und Rinderhirt des nächtlichen (Dionysos) Zagreus geworden bin und das Essen des rohen Fleisches als Weihezeremonie vollführt habe, und heiße nun ein Bakchos, weil ich ein Reiner (ὅσιος) geworden bin.“

Hier fallen also die dionysischen Wörter „Rinderhirt“ (denn βούτης ist synonym mit Bukólos) und ὅσιος „rein“.

[6] Goldtäfelchen aus Hipponion, Vers 15–16 (in normalisierter Orthographie):
καὶ δὴ καὶ συχνὰν ὁδὸν ἔρχεαι, ἅν τε καὶ ἄλλοι
μύσται καὶ βάκχοι ἱερὰν στείχουσι κλεεινοί.
G. Pugliese-Carratelli, La Parola del Passato 29, 1974, 110f.; Z.P.E. 17,8 und 18,229–236 (M. West); Wiener Studien 89, 1976, 129–151 (G. Zuntz); S.E.G. XXVI 1139.
[7] Consolatio ad uxorem 10 p. 611D (Sieveking 540,23) καὶ μὴν ἃ τῶν ἄλλων ἀκούεις, οἳ πείθουσι πολλοὺς λέγοντες ὡς οὐδὲν οὐδαμῆι τῶι διαλυθέντι κακὸν οὐδὲ λυπηρόν ἐστιν, οἶδ' ὅτι κωλύει σε πιστεύειν ὁ πάτριος λόγος καὶ τὰ μυστικὰ σύμβολα τῶν περὶ τὸν Διόνυσον ὀργιασμῶν, ἃ σύνισμεν ἀλλήλοις οἱ κοινωνοῦντες. – Das Wort κοινωνέω hat mystische Untertöne, vgl. § 110 Anmerkung.
[8] Fr. 79,9ff. Austin; O. Kern, Orph. Fr. p. 230; aus Porphyrios, De abstinentia IV 19.

Auch die Gemeinde des orphischen Hymnenbuches (s. § 35) hat vor allem den Dionysos verehrt; die Mysten haben sich „rein"[9] und „Bukóloi" genannt.[10]

In Smyrna (§ 33) hat es einen dionysisch-orphischen Mystenverein gegeben, und auch das sacrale Spiel des Iobakchen scheint orphische Züge gehabt zu haben (§ 28–32).

Das wunderbare Spiel des Orpheus, Daphnis und Silen

§ 143   Orpheus soll auf seiner Leier so schön gespielt und dazu so schön gesungen haben, daß die Tiere herbeikamen, um ihm zuzuhören, und die ganze Natur wie verzaubert schwieg. Diese Wirkung der Musik wurde auf das Spiel des Daphnis übertragen, also auf eine Figur des Dionysos-Kreises. Silius Italicus berichtet (XIV 466–470):

> Daphnin amarunt
> Sicelides Musae; dexter donavit avena
> Phoebus Castalia et iussit, proiectus in herba
> si quando caneret, laetos per prata per arva
> ad Daphnin properare greges rivosque silere.

„Die sizilischen (= bukolischen) Musen haben den Daphnis geliebt; Phoebus (Apollo) hat ihm gnädig die kastalische[11] Flöte geschenkt und angeordnet: Wenn er, im Gras liegend, spiele, dann sollten die Herden über Wiesen und Felder fröhlich zu Daphnis eilen und die Flüsse sollten schweigen."

Ein ähnliches Wunder ereignete sich, als Silen in einer Höhle[12] vor den Hirten Chromis und Mnasyllos von der Entstehung der Welt sang:[13]

> tum vero in numerum Faunosque ferasque videres
> ludere, tum rigidas motare cacumina quercus;
> nec tantum Phoebo gaudet Parnassia rupes,
> nec tantum Rhodope miratur et Ismarus Orphea (Vergil, Bucol. 6, 27–30).

„Da konnte man sehen, wie Faunus (= Pan) und die wilden Tiere nach dem Takt tanzend spielten, wie die starren Eichen ihre Wipfel bewegten; weder hat der parnassische Fels solche Freude am (Leierspiel und Gesang des) Phoebus noch bestaunen das Rhodope-Gebirge und der Ismarus-Fluß in gleicher Weise den Orpheus."

Dieses Ineinander-Übergehen von orphischen und dionysischen Vorstellungen ist am deutlichsten in der Gestalt des Eros zu greifen.

---

[9] Orph. hymn. 84, 3 ὁσίους μύστας. Vgl. auch das orphische συμπόσιον τῶν ὁσίων bei Platon, rep. II 363 C = Orph. Fr. 4 Kern.

[10] Orph. hymn. 1, 10 und 31, 7. Vgl. § 69.

[11] Die Kastalia-Quelle bei Delphi galt als Stelle der musischen Inspiration.

[12] Vergil. Bucol. 6, 13 in antro.

[13] Vergil, Bucol. 6. Die Szene ist auf einem Mosaik-Fußboden in Thysdrus (El Djem) abgebildet, s. E. de Saint-Denis, Rev. phil. 89, 1963, 23–40 und K. Dunbabin pl. 106 und S. 259, Nr. 16 d. Das ganze Mosaik ist dionysisch.

Der kosmogonische Eros

§ 144   Der orphische Dionysos erschien in vielen Formen, so auch als Eros. Am Anfang aller Zeiten gab es nach orphischer Lehre ein Weltenei, in dem Eros enthalten war. Der Gott stemmte das Ei auseinander, und es entstanden zwei Teile, Oben und Unten, Himmel und Erde; und in demselben Augenblick entstand das Begehren nach der Vereinigung der Gegensätze, entstand Eros. Er trug mehrere Namen: Protogonos, „der Erstgeborene“, Phanes „der Erschienene“, Erikepaios (ein etymologisch nicht durchsichtiger Name) und Dionysos.[14] Er war der erste und älteste der Götter, und aus ihm ist alles entstanden. Er war herrlich anzusehen und mit goldenen Flügeln ausgestattet, so daß er überallhin fliegt und sein Licht bringt.[15] Ihm gehorchen Erde, Meer und Himmel; er führt das Szepter und spricht den Göttern Recht.[16]

Neben ihm gibt es den jüngeren Eros, den Sohn der Aphrodite und des Ares; er gilt bald nur als eine andere Erscheinungsform jenes allerältesten Gottes und bald als eine andere göttliche Person.[17]

Den Urgott Phanes-Eros-Erikepaios-Dionysos, den Erstgeborenen aus dem Weltenei, verehrte eine Gemeinde in Hierocaesarea in Lydien, s. § 34.

Jane Harrison wollte im Proteurhythmos der Iobakcheninschrift den Protogonos-Phanes-Eros der Orphiker erkennen, und mir scheint diese Vermutung plausibel (s. § 31). Wenn dies stimmt, dann haben auch die Iobakchen den kosmogonischen Eros verehrt.

Für die Dionysosmysten konnten also Dionysos und Eros ineinanderfallen. Freilich blieben die beiden Götter die meiste Zeit doch voneinander getrennt und hatten deutlich verschiedene Physiognomien. Aber das religiöse Denken ist nicht begrifflich scharf, und die halben Identifikationen wie die von Dionysos und Eros waren im Hintergrund vorhanden, in halbem Bewußtsein; es konnte ganz nebenbei auf sie angespielt werden, und sie konnten auch jederzeit in den Vordergrund des Bewußtseins treten. Daß der Bereich der beiden Götter sich überschnitt, daß eine innere Affinität bestand, daran ist kein Zweifel möglich.

---

[14] Orph. fr. 237,3 ὃν δὴ νῦν καλέουσι Φάνητά τε καὶ Διόνυσον.

[15] Orph. hymn. 6,7 f. πάντη δινηθεὶς πτερύγων ῥιπαῖς κατὰ κόσμον / λαμπρὸν ἄγων φάος ἁγνόν.

[16] Simias, „Die Flügel“ Vers 11/2; vgl. G. Wojaczek 67–74.

[17] So z. B. Simias, „Die Flügel“ Vers 8–9. Im orphischen Hymnenbuch hat der jüngere Eros einen eigenen Hymnus (Nr. 58). – Bei Nonnos (9, 137–144) wird Dionysos, der Sohn der Semele, in charakteristischer Weise mit dem Urgott Dionysos-Phanes-Eros verglichen: Als Hermes den Dionysosknaben zu den Nymphen bringen wollte, verfolgte die eifersüchtige Hera ihn. Aber Hermes rettete das Kind, indem er es dem „erstgeborenen Phanes“ ähnlich machte und damit Hera täuschte.

Zweiter Teil

Daphnis und Chloe

XI   Der Roman des Longus

Ein Roman für Dionysos-Mysten

§ 145   Der Hirtenroman[1] des Longus ist im 2. Jahrhundert n. Chr. geschrieben. Über seinen Verfasser ist nichts bekannt.[2] Die Erzählung spielt in Lesbos, aber konkrete Angaben fehlen; das Lesbos des Longus ist eine Märchenlandschaft. Der Roman könnte in Lesbos oder in Kleinasien geschrieben sein, – oder auch in Rom.

Das Buch ist von Anfang bis Ende in eine dionysische Atmosphäre getaucht, und viele Episoden erhalten ihren rechten Sinn erst, wenn man den Roman als einen Text betrachtet, der für Dionysosmysten geschrieben ist: Er bezieht sich durchgehend auf jene dionysische Religion, welche im ersten Teil geschildert worden ist. Dies soll im folgenden nachgewiesen werden.[3] Es sei nochmals darauf hingewiesen, daß diese Mysten ein diesseitiges Leben im Dienst des Schönen und in Übereinstimmung mit der Natur und ihren Jahreszeiten geführt haben und daß man fernhalten muß, was wir neuzeitlichen Leser denken, wenn wir das Wort „mystisch" hören.[4]

Der Gott selbst steht allerdings im Roman des Longus lange Zeit im Hintergrund. In den ersten drei Büchern ist vor allem von den Göttern die Rede, welche den Kreis um

---

[1] In der Handschrift F ποιμενικά, in der subscriptio der Handschrift V αἰπολικά, „Erzählung von Ziegenhirten".

[2] Über die Möglichkeit, daß er mit der Familie des Pompeius Theophanes in Lesbos zusammenhängt, s. § 14 Anm. 7.

[3] Ich will den Sinn des Textes erklären, nicht seine literarischen Qualitäten würdigen. Hierfür sei verwiesen auf R. L. Hunter, A Study of Daphnis and Chloe, Cambridge 1983.

[4] Die Erkenntnis, daß der Roman des Longus dionysisch ist, ist gleichzeitig von H. H. O. Chalk (J. H. S. 80, 1960, 32–51) und mir (Antaios 1, 1959, 47–60) veröffentlicht worden. Ich habe sie dann etwas breiter ausgeführt in „Roman und Mysterium" (1962) 192–224. Vgl. auch A. Geyer 15–18 über „Dionysos … als den bestimmenden Hintergrund des Romans". – Der Aufsatz von Chalk ist nachgedruckt bei H. Gärtner (Herausgeber), Beiträge zum griechischen Liebesroman (1984) 388–407 und bei B. Effe (Herausgeber), Theokrit und die griechische Bukolik (1986) 402–438.
Meine Ausführungen in „Roman und Mysterium" sind vor allem von R. Turcan (Revue de l'histoire des religions 163, 1963, 186–193) und A. Geyer (Würzburger Jahrbücher, Neue Folge 3, 1977, 179–196) kritisiert worden. Ich gebe keine Antikritik zu diesen Ausführungen, denn diese Autoren bestreiten nicht, daß der Roman des Longus dionysisch ist; sie sagen nur, daß er sich nicht auf die *Mysterien* des Dionysos beziehe. Die Differenz besteht darin, daß ich andere Vorstellungen von den Mysterien des Dionysos habe als die beiden Autoren. Die Frage ist also, ob das von mir im ersten Teil dieses Buches gezeichnete Bild der Dionysos-Religion und -Mysterien richtig ist oder nicht.

Dionysos bilden, also von den Nymphen und von Pan. Aber im vierten Buch wird dann klar, daß alles zur Ehre des Dionysos geschieht, denn die ganze Handlung spielt bei einem Dionysostempel, und der Vater des Daphnis trägt den Namen Dionysophanes.

Die zwei Ebenen des Romans

§ 146   Die Zusammenhänge des Romans mit der Dionysosreligion der Kaiserzeit, wie sie im ersten Teil dieses Buches dargestellt wurde, sind eng. Dennoch ist es für den modernen Leser nicht leicht, ein angemessenes Verständnis dieses scheinbar so leichten und glatten Textes zu gewinnen. Dies liegt daran, daß man den gesamten Text auf zwei Ebenen interpretieren muß, auf der Ebene der Erzählung und auf der Ebene der dionysischen Zeremonien.

Diese Zeremonien liegen dem Text zugrunde; die Erzählung verbindet die einzelnen dionysischen (oder „bukolischen") Zeremonien, indem eine zusammenhängende Erzählung so geführt wird, daß sie immer wieder zu den rituellen Fixpunkten zurückkehrt. Es ist also ein guter Teil der Erzählung Erfindung des Dichters („fiction"); diese rankt sich in fröhlicher Unbekümmertheit um die festliegenden Episoden, welche im Ritual der Dionysosmysten gegeben waren. Die auf die Zeremonien bezogenen Episoden sind sozusagen das Untergeschoß, auf welchem der Oberbau des Romans ruht. In dieser unteren Ebene wird auf das wirkliche Leben der Menschen Bezug genommen, auf dionysische Zeremonien. Darüber erhebt sich dann der Bau der Phantasie, die durchlaufende Erzählung, und löst sich auf kürzere oder längere Zeit von dem zugrundeliegenden Ritual. Aber wenn der Dichter dies tut, läßt er an einigen Stellen Hinweise auf die untere Etage in die Erzählung einfließen. Er bezeichnet damit diejenige Stelle in der unteren, rituellen Ebene, auf welche sich die gerade erzählte Romanhandlung bezieht. Man findet sogar gelegentlich Bemerkungen, die in den Erzählzusammenhang (in die Oberfläche) nicht recht passen und doch mit voller Absicht an diejenige Stelle gesetzt sind, an der wir sie lesen; sie dienen dazu, die Beziehung zum Untergeschoß klar zu machen.

§ 147   Der auf die dionysischen Zeremonien bezogene Grundriß des Romans ist einfach: Es werden die Einweihungsriten, von einer Erzählung umrankt, durchgespielt, welche man in einem Kreis reicher Dionysosmysten vollzog. Schon die kleinen Kinder wurden durch ein Tauchbad (eine Waschung durch die Nymphen) eingeweiht (s. § 100).

Wenn dann die heranwachsenden Menschen geschlechtsreif wurden, vollzog man die Zeremonien, welche zur endgültigen Einweihung und zum Übergang in die Gruppe der Erwachsenen führten. Sie erstreckten sich über zwei Jahre (eine Trieteris, s. § 96–97) und begannen in der Regel, wenn die Knaben 15 und die Mädchen 13 Jahre alt waren. Man nahm die Einzuweihenden nun auf die dionysischen Landpartien mit; sie sollten den Zyklus der Jahreszeiten miterleben; dem Knaben zeigte eine etwas ältere Frau, wie Mann und Frau sich verbinden. Die Einweihung endete mit der Hochzeit, die vielfach zusammen mit der Weinlese und dem Kelterfest gefeiert wurde.

Aus diesem Grundriß ergeben sich zwei Folgen, die den ganzen Aufbau der Romanhandlung bestimmen:

(1) Die Trieteris

§ 148   Der Zweijahreszyklus regiert die Handlung: Zwei Jahre, nachdem Daphnis ausgesetzt wurde, wird auch Chloe ausgesetzt. Die Haupthandlung dauert wieder zwei Jahre: Im Frühling des ersten Jahres übergeben die Zieheltern den beiden ihre Herden, und dann wird der Kreislauf der Jahreszeiten bis zur Hochzeit beim großen dionysischen Herbstfest des folgenden Jahres beschrieben.[5]

(2) Die Parallelität der Schicksale von Daphnis und Chloe

§ 149   Die Handlung wird so geführt, daß auf fast alle Ereignisse, welche Daphnis betreffen, anschließend eine parallele Episode folgt, welche Chloe zustößt. Man darf vermuten, daß es in der dionysischen Gruppe, für die der Roman geschrieben wurde, eine festliegende Folge von Initiationszeremonien gegeben hat; diese wurden jedesmal in Kleinigkeiten variiert, während das Grundmuster eingehalten wurde.

---

[5] Es kommt nur ein Winter vor. Im Frühling beginnt die Periode der Einweisung derjenigen jungen Mysten, welche beim nächsten Zweijahresfest (Trieteris) eingeweiht werden sollen. Die Erzählung beginnt also ebenfalls im Frühling. Sie läuft dann durch Sommer – Herbst – Winter – nochmals Frühling – Sommer – Herbst. Im zweiten Herbst findet das große Zweijahresfest statt, bei welchem die Hochzeit gefeiert wird. Vom zweiten Winter wird nicht mehr erzählt. Im nächsten Frühling werden dann nach dem dionysischen Zyklus die Einweihungsriten für die Mysten der nächsten Zweijahresperiode beginnen.

XII   Der Rahmen der Erzählung

Der Bilderzyklus im Nymphenhain zu Lesbos

§150   Im Prooemium erzählt der Verfasser des Romans, er habe in Lesbos gejagt (vgl. §76) und sei in einen Nymphenhain gekommen, also in ein Wäldchen mit einer Quelle, bei der ein kleines Heiligtum der Nymphen war. Er habe dort einen Gemäldezyklus gesehen, eine Geschichte von Eros. Am Ende des Romans erfahren wir, daß es sich um Eros den Hirten (IV 39,2 Ἔρως ποιμήν) handelt, daß der Gemäldezyklus sich in einer Grotte befand und daß Daphnis und Chloe selbst die Gemälde gestiftet hatten. In dem Hain wuchsen viele Bäume und Blumen (vgl. §5–6), aber das Schönste waren die Bilder, und viele Fremde kamen dorthin, um die Nymphen anzubeten und den Bilderzyklus zu betrachten. Man sah dort,

> „wie Frauen Kinder gebaren,
> wie andere Frauen sie in Windeln wickelten,
> wie Tiere die Kinder nährten,
> wie Hirten sie zu sich nahmen,
> wie junge Menschen zusammengeführt wurden,
> einen Überfall von Räubern,
> einen Angriff von Feinden,
> und Vieles andere, das alles mit der Liebe zu tun hatte“;

man sah also den ganzen Roman des Longus in bildlicher Darstellung. Da suchte sich der Erzähler einen „Ausleger“ (ἐξηγητής, Exegeten), der ihm den Sinn der Bilder erklärte. – Das Wort „Exeget“ führt in einen religiösen Zusammenhang; die Exegetai waren in Athen und Alexandria hohe religiöse Funktionäre.

Für die Beschreibung religiöser Bilder oder Bilderzyklen in der Literatur gibt es mehrere Parallelen:

Der Roman des Achilleus Tatios – ein Isis-Roman – beginnt mit der Beschreibung eines Bildes, welches im Tempel der Liebesgöttin Astarte/Aphrodite in Sidon aufgehängt war und die Entführung der Europa durch den Zeus-Stier darstellte; der Stier wurde durch einen kleinen Eros geführt. Das Bild präfiguriert die Geschichte von Kleitophon und Leukippe, welche den Inhalt des Romans bildet.

Von dem Neupythagoreer Kebes haben wir eine kleine Schrift mit dem Titel *Pinax* (Bild), in der anhand eines Bildes die Lehre der Pythagoreer dargestellt ist.

In diesen Zusammenhang gehört noch das 9. Gedicht in der Gedichtsammlung *Peristephanon* des Christen Prudentius. Er ist auf einer Reise von Spanien nach Rom in Forum

Cornelii (Imola) in eine Kirche eingetreten und hat dort eine Darstellung des Martyriums des heiligen Cassianus gesehen. Er befragt den Küster (*aedituus*), und dieser erzählt ihm die Geschichte vom Märtyrertod des Cassianus.

§ 151   Die Erzählung, welche Longus nach dem Besuch im Nymphenhain zu Lesbos niederschreibt, ist „ein Weihgeschenk für Eros, die Nymphen und Pan", also für die mit Dionysos verbundenen Götter (§ 38, 39, 43 und 144). Es wird „ein angenehmer Besitz für alle Menschen sein, der den (Liebes-)Kranken heilen, den Betrübten trösten, den (früher) Verliebten (an Eros) erinnern und denjenigen, der noch nicht geliebt hat, darauf vorbereiten wird".

Dies sind zurückhaltende, aber doch feierliche Worte. Für Longus wie für alle Griechen ist Eros ein Gott, oder in unserer theoretischen Sprache gesagt: Die Liebe hat eine religiöse Dimension. „Denn noch niemand ist jemals dem Eros entflohen und keiner wird ihm je entrinnen können, solange es Schönheit (κάλλος) gibt und die Augen sehen können."

Der Dichter schließt seine Einleitung mit dem Satz: „Aber uns gewähre der Gott (Eros), daß wir (zwar) die Liebe der anderen niederschreiben, aber selbst mäßigen und beherrschten Sinnes sind."[1] Hier wird das Wort σωφρονεῖν benützt, es wird also auf die Tugend der σωφροσύνη (etwa: Mäßigung und Keuschheit) angespielt: Eros sei eingegrenzt.

Von Dionysos ist im Prooemium nicht die Rede; nur die allgemeine Stimmung ist dionysisch.

Der heilige Bezirk und der Tempel des Dionysos (IV 2–3)

§ 152   Dem Ziehvater des Daphnis, der Lamon hieß, unterstand ein abgegrenzter „Parádeisos" (Park),[2] der so schön war wie königliche Parádeisoi. Es war ein ebenes Gelände, in der Länge ein Stadion (180 Meter), in der Breite 4 Plethra (120 Meter). Es war außen eingefaßt von Zypressen, Lorbeerbäumen, Platanen und Fichten, an denen sich Efeu mit seinen Blüten emporrankte;[3] im Inneren standen die Fruchtbäume, Apfelbäume, Myrten,[4] Birnen, Granatäpfel, Feigen, Oliven und Weinstöcke; die Weinpflanzen rankten sich auch um die Apfel- und Birnbäume. Die Bäume waren sorgfältig in Reihen gepflanzt, so daß man zwischen den Baumstämmen hindurchgehen konnte; aber die Zweige der Bäume überdachten die Wege und bildeten natürliche Lauben (vgl. § 75). Daneben gab es Blumenbeete mit Rosen, Hyazinthen und Lilien, und auf den Wiesen wuchsen Veilchen, Narzissen und Pimpernellen. Man hatte im Frühling die

---

[1] ἡμῖν δὲ ὁ θεὸς παράσχοι σωφρονοῦσι τὰ τῶν ἄλλων γράφειν. – In den Bakchen des Euripides ist von der keuschen Frau die Rede (Vers 318 ἥ γε σώφρων, s. § 134).

[2] Vgl. § 79.

[3] Für die Symbolik der Zypresse s. F. Cumont, La stèle du danseur d'Antibes 37 ff.; des Lorbeers, ebenda 14 und oben § 5; für die Platane s. das Collegium der dionysischen Πλατανιστηνοί in Magnesia am Mäander (I. Magnesia 215); für die Fichte s. § 5.

[4] Die Beeren der Myrte sind eßbar und dienten als Heilmittel.

Blumen, im Sommer den Schatten, im Herbst das Obst, und in jeder Jahreszeit Freude; der Blick auf die umliegenden Felder und das nahe Meer war herrlich.

In der Mitte des Parádeisos standen, wie erst zu Beginn von Buch IV erzählt wird, ein Altar und ein Tempel des Dionysos; der Altar war von Efeu, der Tempel von Wein überwachsen. Im Tempel sah man Bilder mit dionysischen Darstellungen:
– wie Semele den Dionysos gebar (s. §47 und Abb. 46 und 67),
– die schlafende Ariadne (s. §64–65 und Abb. 7, 48 und 70),
– den (von den Weinranken) umschlungenen und gefesselten Lykurg (s. §58 und Abb. 17),
– die Zerreißung des Pentheus (s. §59),
– den Sieg über die Inder (s. §57 und Abb. 21),
– die (in Delphine) verwandelten tyrrhenischen Seeräuber (s. §60 und Abb. 32).
„Überall", fährt Longus fort, „sah man kelternde Satyrn[5] und tanzende Bakchen,[6] und auch Pan selber war nicht vergessen; er saß auf einem Fels und blies Flöte, und es sah so aus, als spielte er sein Lied gleichzeitig für die Kelterer und für die Tänzerinnen".

Die Nymphengrotte

§153   Viele Episoden des Romans spielen bei der Nymphengrotte. Hier wird Chloe ausgesetzt, und die Personen kommen immer wieder dorthin. Es war eine Felsenhöhle, aus der eine Quelle (= Nymphe) entsprang. Vor der Grotte standen die Standbilder von drei tanzenden Nymphen; sie waren barfüßig, trugen über die Schultern herabfallende Haare und ein Tierfell um die Hüften.[7] Vor der Grotte war eine schöne Wiese, und bei dem Heiligtum sah man viele Weihgeschenke früherer Hirten, Melkeimer, Querflöten, Syringen und Pfeifen. – Über die dionysischen Grotten haben wir oben (§72–73) gesprochen; die Nymphengrotte des Longus ist ein bukolisch-dionysischer Ort.

Die Statue des Pan

§154   In der Nähe der Weideplätze des Daphnis und der Chloe und auch in der Nähe der Nymphengrotte stand eine Statue des Pan unter einer Fichte (πίτυς). Er hatte Bocksfüße und Hörner und hielt in der einen Hand die Syrinx, während er mit der anderen einen Bock vom Springen zurückhielt. Nachdem die Nymphen Daphnis dafür getadelt haben, daß er den Pan bisher nicht einmal mit Blumen bekränzt habe, und nachdem anschließend der Gott Chloe aus großer Bedrängnis rettet, verehren beide den Pan unter der Fichte regelmäßig.[8]

---

[5] Vgl. §86–95 und die Abbildungen 38, 39, 48, 65, 66, 76, 86 und 87.
[6] Vgl. Abb. 8, 22, 23 und 85.
[7] I 4,2 ζῶμα περὶ τὴν ἰξύν. Vgl. die βάκχαι ἀπὸ καταζώσεως im Thiasos der Pompeia Agrippinilla (§15).
[8] Vgl. II 3,2; 23,4; 24,2; 27,2; 31,2; 32,1/2; 39,1; III 12,2; 16,3; IV 26,2; 39,2.

Die Namen

§ 155   Die Namen im Roman des Longus sind mit Überlegung gewählt, und viele von ihnen weisen auf einen dionysischen Zusammenhang.

Daphnis heißt nach dem Lorbeer (δάφνη), einer Pflanze, die dem Dionysos heilig ist (s. § 5).[9] Ferner ist Daphnis seit langem in Griechenland und Sizilien der mythische Vertreter der Rinderhirten (Bukóloi), und die Bukóloi sind meistens als Diener des Dionysos, des Gottes des „Draußen", aufgefaßt worden. Charakteristisch ist, daß in einem Gedicht aus der Sammlung der griechischen Bukoliker ein Hirt namens Daphnis zweimal als „kleiner Satyr" (σατυρίσκος) – also als dionysischer Geselle – angeredet wird.[10]

Die wahren Eltern des Daphnis, die erst am Ende des Romans erkannt werden, heißen *Dionysophanes* und *Kleariste*. Dionysophanes heißt etwa „in dem Dionysos zur Erscheinung kommt",[11] Kleariste „die an Ruhm Beste".

Die Zieheltern des Daphnis heißen *Lamon* und *Myrtale*. Lamon „der Triefäugige" ist ein traditioneller Hirtenname; Myrtale erinnert an die Myrte.

Chloe („die Grüne") trägt einen Beinamen der Demeter (s. § 37). Ihre wahren Eltern heißen *Megakles* („der mit dem großen Ruhm") und *Rhode* „die Rose". Die Blume paßt zu Dionysos, s. § 5.

Die Zieheltern der Chloe sind *Dryas* und *Nape* („das Waldtal"). Von den Waldtal-Nymphen (*Napaeae*) spricht der bukolische Dichter Nemesian.[12]

Dryas heißt „der Eichenmann". Als Gott der Bäume ist Dionysos auch der Gott der Eichen, und aus Thessalonike haben wir eine Inschrift, in welcher zwei dionysische Thiasoi von „Eichenträgern" erwähnt werden.[13] Der Männername Dryas kommt in dem Mythos von Lykurg vor, dessen Vater und Sohn diesen Namen tragen. Dryas, der Sohn, wird von seinem rasenden Vater getötet, weil er ihn für eine Weinrebe hält,[14] gehört also zum Kreis des Dionysos. Jedenfalls ist Dryas ein „bukolischer" Name.[15]

---

[9] Der Lorbeer ist auch dem Apollon heilig. Der Name *Daphnis* für die Hauptperson ist kein Beweis dafür, daß der Roman dionysisch ist, wohl aber ein Indiz.

[10] Ps. Theokrit 27,3 und 49.

[11] Man kann auch erwägen, den Namen als „Dionysos und Phanes (= Eros)" zu interpretieren. Dies hat Chalk getan (J.H. S. 80, 1960, 43) und auf den orphischen Vers Fr. 237,3 hingewiesen (zitiert oben § 144 Anm. 14), in welchem Phanes (der Urgott, Eros-Protogonos-Erikepaios) und Dionysos identifiziert werden (s. § 144). Diese Interpretation ist möglich. Bei den historisch belegten Personen, welche den Namen Dionysophanes geführt haben, hat man allerdings sicher nicht an den orphischen Phanes-Eros gedacht; aber dies schließt nicht aus, daß Longus auf Phanes anspielen wollte.

[12] In der Anrufung der Nymphen (2, 20–22):
Quae colitis silvas Dryades, quaeque antra Napaeae,
et quae marmoreo pede Naides uda secantes
litora purpureos alitis per gramina flores …

[13] I. G. X 2, Fasc. 2, Nr. 260, oben § 131. Die Vereine heißen Δρυοφόροι und Πρινοφόροι.

[14] Ps. Apollodor, Bibl. III 35.

[15] Der Name *Dryas* kommt zusammen mit dem Namen *Staphylos* (Rebe) auch in dem Fragment aus einem Roman vor, welches in Pap. Soc. It. 1220 erhalten ist. Auch dort ist von Aussetzung eines Kindes die Rede; wahrscheinlich stammt das Fragment aus einem dionysischen Roman.

Die Namen der Eltern und der Zieheltern sind charakteristisch unterschieden. Die wirklichen Eltern sind reiche Städter und tragen – bis auf Rhode – vornehme, zweistämmige Personennamen, „Vollnamen" vom selben Typ wie im Deutschen Fried-rich und Sieg-fried. Die Zieheltern sind Hirten auf dem Land und tragen einstämmige bukolische Namen.

§ 156   Der Bruder des Daphnis heißt *Astylos* „der junge Städter". Er ist der Typ des reichen Dionysosmysten aus der Stadt, der sich zur Erholung aufs Land begibt.

Mit ihm kommt sein ständiger Tischgenosse *Gnathon*. γνάθος heißt „der Kinnbakken", und Gnathon wird geschildert als ein Mann, „der aus nichts anderem besteht als Kinnbacken, Bauch und dem, was unter dem Bauch ist" (IV, 11, 2). Nach dem Namen müßte man ihn für einen ganz verwerflichen Menschen halten. Es ist wohl alles nicht gar so schlimm gemeint. Wir haben oben (§ 120) die Beinamen besprochen, welche sich die Herren aus der feinen Gesellschaft in Stratonikeia in Karien beigelegt haben, z. B. *Kotylon* „der Becherer". In Sardis wird auf einer Namensliste ein Mann verzeichnet, der den Zweitnamen *Boron* „der Esser" trägt.[16] Solche Beinamen sind unter Freunden nicht als kränkend empfunden worden. Daß wir sie aus Inschriften kennen, ist ein glücklicher Zufall; in der Regel hat man solche Namen im bürgerlichen Leben nicht benützt. Gnathon dürfte also ein scherzhafter Name bei den dionysischen Gelagen sein; solche Leute können im Alltag sehr ordentlich gelebt haben. Man sieht auch hier, daß man sich bei den Dionysos-Mysten nichts „Mystisches" vorstellen soll.

Ein Hirt, der als Bukólos eingeführt wird, trägt den Namen *Dorkon*. Dieser Name hängt zusammen mit dem Wort δορκάς „das Reh", spielt also auf die Tierverkleidung der Dionysosmysten an (§ 105).

§ 157   Die Dienerin, welche Chloe als kleines Kind im Auftrag der Eltern in der Nymphengrotte ausgesetzt hat, heißt *Sophrosyne* („Besonnenheit" oder auch „Keuschheit").[17]

Im zweiten Buch schildert Longus eine Wasserpartie reicher Methymnäer. Der Anführer der Gruppe heißt *Bryax*, was etwa heißt „der Üppige, Überströmende, Ausgelassene". Der Name ist abgeleitet vom Verbum βρυάζω „strotzen, überquellen, fröhlich sein", welches öfters in dionysischem Zusammenhang gebraucht wird.

Exkurs über den Namen Bryax

Dieser Name wird nur an der einen Stelle (II 28, 1) erwähnt, und zwar bietet die Handschrift F *Bryax,* während in der Handschrift V *Bryaxis* steht. Da alle Herausgeber die letztere Lesart in den Text setzen,

---

[16] I. Sardis 5, 13; L. Robert, Études épigraphiques et philologiques (1938) 155.
[17] IV 21, 3. Courier hat statt dessen konjiziert Σωφρόνην, und Reeve ([2]Leipzig 1986) hat diese Konjektur in den Text gesetzt. Vgl. aber die Dienerinnen der Venus namens *Consuetudo, Sollicitudo* und *Tristities* bei Appuleius, Metam. VI 8–9 und ihre „Feindin" *Sobrietas* in V 30, 3. Für solche Abstracta als Frauennamen s. F. Bechtel, Die historischen Personennamen des Griechischen 612–617. Für die σωφροσύνη der Griechen s. § 138 Anm. 13.

muß ich erläutern, weshalb vielmehr *Bryax* die richtige Lesart ist; der nicht an Fragen der Textkritik interessierte Leser möge diesen Abschnitt überspringen.

Bryaxis ist ein bithynischer Name, der nicht etymologisch durchsichtig ist, anders als alle anderen Namen bei Longus. Gegen die Lesart *Bryax* schien zu sprechen, daß der Name nur an dieser einen Stelle vorkommt. Aber solche Namen auf -*ax* bilden eine eigene Gruppe unter den griechischen Spitznamen und sind fast immer nur einmal belegt, wie die meisten uns bekannten Spitznamen; und das zugrundeliegende Verbum βρυάζω ist geradezu ein dionysisches Wort.

Die Eigennamen auf -*ax* heben eine charakteristische Eigenschaft des Namensträgers hervor. Ich stelle einige Belege zusammen:[18]

Lalax „Schwätzer" I.G. XII 3 (Thera), 817

Strabax „Schieler", attischer Bildhauer, I.G. II² 3827

Sillax „Spötter" Athenaios V 45 p. 210 B, ed. Kaibel 1, 465, 18

Labrax „Fresser", Kuppler im Rudens des Plautus

Harpax „Räuber", Sklave im Pseudolus des Plautus

Styppax „der mit Werg zu tun hat" Plinius, Nat. hist. XXXIV 81

Syrphax „der mit Kehricht zu tun hat", Titel einer Komödie des Komikers Platon und Arrian, Anabasis I 17, 12

Psophax „Lärmer" Peek 1016 = Le Bas-Waddington, Inscriptions grecques et latines, recueillies en Asie Mineure 798 (Kotiaion)

Platax „Klatscher" in Philadelphia in Lydien: Le Bas-Waddington 662

Kynax „Hündlein" bei den Ormeleis, s. J.R. Sitlington Sterrett, An Epigraphical Journey in Asia Minor (Boston 1888) S. 77 Nr. 54 (= B) Zeile 30 und S. 78 Nr. 55 (= C) Zeile 28

Bambalax „Schnalzer" in Apollonia in Pisidien, Monumenta Asiae Minoris Antiqua IV 194

Staurax „der mit dem Stab" I.G. XII 8 (Thasos), 335, 13

Myrmax „der Ameisen-Mann" I.G. IV 1485 A 17 (Epidauros)

Drimax „der Scharfe" I.G. V 1, 1134, 2 (Geronthrai)

Lombax „der Geile" B.C.H. 19, 1895, 332, Nr. 6, 6 (in Thespiai).

In Pap. Graec. Mag. V 19 gibt es einen Φριξωποβρόνταξ ἀστράπτα.

Es sei noch an die Dickbauchtänzer erinnert, welche in den Possen der Griechen Unteritaliens auftraten und *Phlyakes* genannt wurden. *Phlyax* ist von φλύω „überquellen, überfließen, schwatzen" abgeleitet und hat ungefähr denselben Sinn wie *Bryax*.

Das Verbum βρυάζω und die davon abgeleiteten Nomina βρυάκτας und βρυασμός werden oft im Zusammenhang mit dionysischen Trinkgelagen und übermütiger Fröhlichkeit gebraucht.

Bei dem Lyriker Timotheos macht Odysseus den Kyklopen betrunken:

ἔγχευε δ' ἓν μὲν δέπας
κίσσινον μελαίνας
σταγόνος ἀμβρότας ἀφρῶι
βρυάζον, εἴκοσιν δὲ μέτρ' ἐνέ-
χευ', ἀνέμισγε δ' αἷμα Βακ-
χίου νεορρύτοισι δα-
κρύοισι Νυμφᾶν,

„er schenkte ihm einen Efeubecher voll vom dunklen Tropfen der Ambrosia, der schäumend übersprudelte (βρυάζον), ... und mischte das Blut des Bakchios mit den frischfließenden Tränen der Nymphen".[19]

---

[18] Vgl. F. Bechtel, Die historischen Personennamen; L. Radermacher, Zur Geschichte der griechischen Komödie, Sitzungsberichte der Österreichischen Akademie Wien, phil.-hist. Klasse 202, I (1925) 3–10; L. Robert, Noms indigènes dans l'Asie-mineure gréco-romaine (1963) 150–155; A. Debrunner, Griechische Wortbildungslehre §391 (er zitiert πλούταξ „reicher Protz" bei Eupolis Fr. 172, 9 Kassel-Austin und Menander Fr. 397, 10 Körte-Thierfelder); H. Chantraine, La formation des noms (1933) 380–382.

[19] Page, Melici 780 bei Athenaios XI 13 p. 465 C (ed. Kaibel 3, 13, 16).

Im orphischen Hymnus auf Dionysos als den Gott der Zweijahresfeier (Ἀμφιέτης) wird dieser angerufen (53, 9–10):

βαῖν᾽ ἐπὶ πάνθειον τελετὴν γανόωντι προσώπωι
εὐιέροις καρποῖσι τελεσσιγόνοισι βρυάζων,

„komme mit strahlendem Gesicht zu dem Weihefest für alle Götter, strotzend von den hochheiligen Früchten, welche die Weihe veranlassen".

In einem Gedicht über die Silens-Statuen des Praxiteles läßt der Dichter Aemilianus einen Silen sprechen (A. P. IX 756):

τέχνας εἴνεκα σεῖο καὶ ἁ λίθος οἶδε βρυάζειν,
    Πραξίτελες· λῦσον, καὶ πάλι κωμάσομαι.
νῦν δ᾽ ἡμῖν οὐ γῆρας ἔτ᾽ ἀδρανές, ἀλλ᾽ ὁ πεδήτας
    Σειληνοῖς κώμων βάσκανός ἐστι λίθος,

„Wenn es nur auf deine Kunst ankäme, Praxiteles, dann könnte auch der Stein übermütig trunken sein (βρυάζειν); löse mich, so werde ich im Komos tanzen. Nicht ein untätig-schwaches Alter, sondern der fesselnde Stein ist es, der uns Silenen die lärmenden Umzüge (κῶμοι) neidisch verwehrt."[19a]

Als Heliodor erzählt, daß die Fröhlichkeit bei einem Gelage schon weit vorgeschritten ist, benützt er die Worte

τοῦ πότου δὲ λαμπρῶς ἤδη βρυάζοντος „als es beim Trank schon hoch herging".[20]

In einem anonymen Gedicht wird „der Hirtengott Pan, der über die Felsen springt, der Ausgelassene (βρυάκτας)" angerufen:

πετροβάτα τε θεοῦ Πανὸς νομίοιο βρυάκτα.[21]

Plutarch wirft den Epikureern vor, sie seien „auf Festmahlzeiten, Genuß und übermütige Liederlich-keit" aus, εὐφροσύνην ἢ ἀπόλαυσιν καὶ βρυασμόν.[22] Epikur selbst dachte ganz anders: „Fröhlichen Genuß an dem, was für den Körper angenehm ist, habe ich dann, wenn ich Wasser und Brot genieße": βρυάζω τῶι κατὰ τὸ σωμάτιον ἡδεῖ ὕδατι καὶ ἄρτωι χρώμενος, denn kostbare Genüsse haben später immer unangenehme Folgen.[23]

Das Wort βρυάζω wird also von fröhlichem, überschäumendem und auch übermütigem Leben ge-braucht; im Lexikon des Hesych wird erklärt: βρυάζει· θάλλει, τρυφᾶ „er blüht, er schwelgt", und βρυάζειν· γαυριᾶν, ἤδεσθαι „übermütig stolz sein, Vergnügen haben".

Dies alles paßt genau auf das Auftreten der Methymnäer bei Longus; ihr Anführer trägt zu Recht den redenden Namen *Bryax*.

[19a] Für das Fesseln und Lösen der Silene s. oben § 117.

[20] Aithiopiká V 16. Es gibt auch die Lesart βράζοντος. Aber die hier zusammengestellten Texte zeigen, daß βρυάζοντος die richtige Lesart ist.

[21] Bei Stobaios I 1, 31a (1, 38, 19 Wachsmuth).

[22] Non posse suaviter vivi secundum Epicurum 30, p. 1107A (ed. Pohlenz p. 171, 21).

[23] Bei Stobaios III 17, 33 (ed. Hense 3, 501, 13); Epikur Fr. 181 (p. 156) Usener und 115 (p. 434) Arrighetti.

XIII   Vorgeschichte: Die Aussetzung der Kinder (I 1–6)

Daphnis

§158   Bei Mytilene lag das Landgut des reichen Dionysophanes, von dem sich am Ende herausstellt, daß er der Vater des Daphnis ist. Dort weidete der Ziegenhirt (αἰπόλος) Lamon seine Ziegen. Eines Tages fand[1] er unter einem Busch, der von Efeu (vgl. §5)[2] überwachsen war, einen Knaben. Eine Ziege, die ihr Böcklein verlassen hatte, säugte das Kind. Neben dem Knaben lagen Erkennungszeichen (vgl. §103), die für vornehme Herkunft des Kindes sprachen: Ein purpurnes Mäntelchen, eine goldene Spange und ein Messer mit Elfenbeingriff. Er nimmt das Kind mit und gibt es seiner Frau Myrtale, um es aufzuziehen. Sie verstecken die Erkennungszeichen[3] und geben dem Knaben den Hirten-Namen Daphnis.

Am Ende des Romans wird nachgetragen, warum Dionysophanes seinen Sohn ausgesetzt hat. Der Knabe sei, so berichtet der Vater, als viertes Kind geboren worden, und er habe gedacht, die drei früher geborenen Kinder seien genug für die Fortpflanzung des Geschlechtes. Später seien dann die beiden erstgeborenen Kinder gestorben; nur das dritte, der Sohn Astylos, blieb am Leben; und nun stellte sich heraus, daß das ausgesetzte vierte Kind, Daphnis, „durch die Vorsehung der Götter gerettet" wurde. Nach diesem Bericht wendet er sich an Daphnis und sagt: „Nimm es mir also nicht weiter übel, daß ich dich ausgesetzt habe; ich habe den Plan ja nicht freiwillig gefaßt,"[4] was innerhalb der Erzählung beinahe unsinnig ist, denn er hat ja gerade selbst erzählt, daß er das vierte Kind als nicht mehr erforderlich ausgesetzt hat. In Wirklichkeit sind diese Worte für den Leser, der die Dionysosmysterien kennt, ein Hinweis auf die Kinderweihe: Der Vater war so gut wie verpflichtet, sein Kind einweihen zu lassen, und bei der Einweihung wurde das Kind symbolisch ausgesetzt.

---

[1] Das Finden hat nicht nur in Eleusis und in den Mysterien der Isis religiöse Bedeutung (Demeter findet Persephone, Isis findet Osiris), sondern auch in den Dionysosmysterien; vgl. §135 über den Ruf „Ich entfloh dem Übel, ich fand das Gute".

[2] Auch um den neugeborenen Dionysos hat sich sofort Efeu gerankt, s. Euripides, Phönissen 651 ff. Βρόμιον ... κισσὸς ὃν περιστεφὴς ἕλικος εὐθὺς ἔτι βρέφος χλοηφόροισιν ἔρνεσιν κατασκίοισιν ὀλβίσας (!) ἐνώτισεν. Der Knabe ist dann in der Efeu-Quelle (Κισσοῦσσα) gebadet worden, s. §49.

[3] Die Erkennungszeichen der Dionysosmysten mußten versteckt aufbewahrt werden, und kein Fremder durfte davon wissen, s. §103 und 111.

[4] IV 24,3 ἑκὼν γὰρ οὐκ ἐβουλευσάμην.

In diesen Zusammenhang gehört auch, daß die Eltern nach der Erzählung das Kind ausgesetzt haben, indem sie eine Dienerin namens Sophrosyne ausgeschickt haben, um es auf ihr Landgut[5] zu bringen. Auf der Erzählebene könnte es deplaciert scheinen, wenn ausgerechnet eine Dienerin „Besonnenheit" ein Kind aussetzt, in der Erwartung, daß es zu Tode kommen wird. Nach dem dionysischen Sinn aber ist es passend, das Kind schon bald nach der Geburt „auf dem Lande" zu weihen. Dies ist auch der Grund, warum der Knabe gerade auf dem Landgut der Eltern „ausgesetzt" wird.

Chloe

§159   Zwei Jahre später macht ein Schäfer in der Nachbarschaft, Dryas, einen ähnlichen Fund. Es gab dort eine Nymphengrotte und eine Quelle. In der Grotte fand Dryas ein dort ausgesetztes kleines Mädchen;[6] ein Schaf gab dem Kind zu trinken. Aber neben diesem Kind lagen wertvolle Erkennungszeichen: Eine goldverzierte Kopfbinde, goldbesetzte Schuhe und goldene Fußreife. Das Kind war offenbar mit der Bitte um Hilfe bei den Nymphen ausgesetzt worden. Dryas nahm das Kind auf und betete zu den Nymphen, sie möchten ihm helfen, das Kind „zu gutem Gelingen"[7] aufzuziehen. Dann übergibt er das Kind seiner Frau Nape, die es wie eine Mutter großzieht. Sie geben dem Mädchen den Hirtennamen Chloe.

Auch im Fall der Chloe wird am Schluß des Romans rückblickend erzählt, wie es dazu gekommen war, daß dieses Kind ausgesetzt wurde. Ihr wahrer Vater Megakles berichtet, er habe dies getan, weil er zur Zeit der Geburt des Kindes arm gewesen sei (IV 35); „denn das Vermögen, das ich hatte, hatte ich für die Ausrüstung von Chören und Schiffen verbraucht". Dies ist ein reines Hilfsmotiv. Die Ausrüstung der Chöre und der Schiffe war immer eine Sache reicher Leute; die griechischen Städte haben zwar tatsächlich an die Opferbereitschaft der Reichen hohe Ansprüche gestellt, aber man ist doch nie soweit gegangen zu verlangen, daß sie ihr gesamtes Vermögen für diese Zwecke ausgaben, so daß sie nicht mehr imstande gewesen wären, ein einziges Kind standesgemäß aufzuziehen. Megakles fährt denn auch fort, das Kind sei in der Nymphengrotte ausgesetzt und den Göttinnen anvertraut worden; damit spielt er eben auf die Zeremonie der Kinderweihe durch ein Bad in der Nymphenquelle an.

Die Rettung der Chloe war den Nymphen zu danken. Sie offenbaren dies selbst dem Daphnis im Traum: „Wir sind es gewesen, die mit ihr Mitleid hatten, als sie ein kleines Kind war und in dieser Grotte lag, wir haben sie aufgezogen."[8]

---

[5] IV 21,3 εἰς τούτους τοὺς ἀγρούς.

[6] Auch Dionysos soll kurz nach seiner Geburt – in ein Böcklein (ἔριφος) verwandelt – zu den Nymphen gebracht worden sein, um das Kind den Nachstellungen der eifersüchtigen Stiefmutter Hera zu entziehen (Ps. Apollodor, Bibl. III 29). Vgl. §48–50 und 52–54 und die dort genannten Darstellungen in der bildenden Kunst.

[7] I 6,1 ἐπὶ χρηστῆι τύχηι, was an die eleusinischen „guten Hoffnungen" (χρησταὶ ἐλπίδες) erinnert.

[8] II 23,2 ἡμεῖς τοι καὶ παιδίον οὖσαν αὐτὴν ἠλεήσαμεν καὶ ἐν τῶιδε τῶι ἄντρωι κειμένην αὐτὴν ἀνεθρέψαμεν.

§ 160   Daß sich in dieser Aussetzung der Kinder ein dionysisches Ritual spiegelt, ergibt sich aus dem vorletzten Kapitel des Romans (IV 39). Dort wird erzählt, daß Daphnis und Chloe später, als verheiratetes Paar, ihren erstgeborenen Sohn von einer Ziege und das danach folgende Mädchen von einem Schaf säugen ließen. Es handelt sich also um eine Zeremonie, die wiederholt wird: Die Aussetzung von Daphnis und Chloe ist der Ursprungsmythos (das αἴτιον) für ein bestehendes Ritual. In Wirklichkeit ist das Ritual das Primäre und die Erzählung das Sekundäre.[9]

Zu dem Ritual gehören auch die Erkennungszeichen. Die Ziehväter, erzählt Longus, bewahren sie sorgfältig auf, um später die vornehme Abkunft der Kinder beweisen zu können. Auf die Zeremonien bezogen bedeutet dies: Wenn ein Vater sein herangewachsenes Kind als volles Mitglied und mit den Rechten eines „Mitglieds von vatersher" (πατρομύστης) in den Verein aufnehmen lassen wollte, mußte er durch Vorzeigen der Erkennungszeichen beweisen, daß es seinerzeit die Kinderweihe empfangen hatte. Vgl. § 102–103.

Natürlich sind die Kinder, welche die dionysische Weihe empfingen, niemals wirklich ausgesetzt worden. Der Erzählung von der Aussetzung in der Nymphengrotte entspricht im Ritual der Dionysosmysterien, daß die Kinder „bei den Nymphen", d.h. im Wasser einer Quelle oder eines Flusses, gebadet worden sind. An den Kindern wiederholt sich die mythische Geschichte vom Aufwachsen des Gottes bei den Nymphen. Die Erzählung des Longus umspielt die viel einfacheren Riten der Kinderweihe und gibt ihren religiösen Sinn an: Diese Kinder sind „durch die Vorsehung der Götter gerettet worden".[10] Die Rettung durch die Götter bedeutet auf der zeremoniellen (rituellen) Ebene, daß die Kinder der Hoffnungen auf Regeneration teilhaftig wurden, welche in den Dionysosmysterien den Mysten verheißen wurden.

Die Zieheltern

§ 161   Wie soll man die Zieheltern in der Erzählung des Longus beurteilen? Es gibt zwei Möglichkeiten: Entweder hat es in den Riten der Dionysosmysten Personen gegeben, welche diese Zieheltern spielten; oder die Zieheltern und die natürlichen Eltern der Erzählung waren in Wirklichkeit dieselben Personen, trugen aber bei den Versammlungen der Dionysosmysten besondere dionysische Namen, während sie im übrigen Leben bürgerliche Namen des üblichen Typs führten. Für beide Möglichkeiten kann man Gründe anführen:

(a) In den Inschriften von Magnesia werden Mysten genannt, welche die Rolle des „Papa" des Dionysos und der „Ammen" spielten, s. § 25. Es könnte also bei den Kinder-

---

[9] Dies ist schon von Georg Rohde erwogen worden, Rhein. Mus. 86, 1937, 47/8. Dieser Aufsatz ist sehr wertvoll und wurde inzwischen dreimal nachgedruckt: (a) In der Sammlung von Rohdes Aufsätzen: „Studien und Interpretationen zur antiken Literatur, Religion und Geschichte" (1963) 91–116; (b) bei H. Gärtner (Herausgeber), Beiträge zum griechischen Liebesroman (1984) 361–387; (c) bei B. Effe (Herausgeber), Theokrit und die griechische Bukolik (1986) 374–401.

[10] I 8, 2 περὶ τῶν σωθέντων προνοίαι θεῶν, IV 24, 2 προνοίαι θεῶν ἐσώθης, vgl. IV 36, 1 und auch III 32, 1 κηδομένων θεῶν.

weihen der Mythos des Gottes nachgespielt worden sein, wobei nicht die Eltern, sondern andere Vereinsmitglieder als „Papa" und als „Ammen" fungierten.

(b) Die andere Hypothese wäre, daß es die Zieheltern nur auf der Erzähllebene gegeben hat. Hierfür könnte sprechen, daß die Zieheltern bukolische Namen tragen, die wirklichen Eltern übliche Namen. Dann hätten die Dionysosmysten für die Dauer ihrer Zeremonien und Landpartien bukolische Namen angenommen; es hätte sich also (beispielsweise) ein Dionysophanes während des Dionysosfestes Lamon genannt, und Megakles hätte den Namen Dryas geführt.[11]

Hierfür könnte auch sprechen, daß bei Longus die beiden Ziehväter vereinbaren, Daphnis und Chloe gemeinsam auf die Weide zu schicken. Auf die bürgerliche Ebene übertragen bedeutet dies, daß eine Verlobung in Aussicht genommen wird, was natürlich die Eltern selbst getan haben. Die Ziehväter der Erzählung wären also mit den bürgerlichen Vätern identisch, und die Zieheltern und die natürlichen Eltern des Romans fielen im Leben ineinander.

Vielleicht haben auch die eingeweihten Kinder sofort besondere Mystennamen bekommen. Jedenfalls wird bei Longus betont, daß Daphnis und Chloe Hirtennamen[12] sind, und als die Kinder der beiden wieder von Tieren genährt werden, bekommen sie die Namen Philopoimen (Freund der Hirten) und Agele (Herde).

Das Urteil darüber, ob man die Zieheltern und Eltern im Roman des Longus auf ein oder zwei Elternpaare in den Zeremonien der Dionysosmysten beziehen soll, wird noch dadurch erschwert, daß der Vater des Daphnis bei Longus Dionysophanes heißt und in gewissem Sinn den Gott selbst vertritt. Man könnte sich also alles auch so zurechtlegen:

Der Ziehvater im Roman (Lamon) entspricht dem wirklichen Vater im Kreis der lebenden Dionysosmysten; und der wirkliche Vater im Roman (Dionysophanes) ist unter den lebenden Dionysosmysten auf die Vorstellung zu beziehen, daß der wahre Vater jedes Mysten der Gott selbst sei.

Aber wahrscheinlich darf man dies alles nicht logisch durchrechnen. Die scharfe Unterscheidung von Allegorie und Mythologie können *wir* theoretisch klar durchführen: Wenn mit dem einen Bild immer und durchgehend eine und nur eine Vorstellung gemeint ist, dann liegt eine Allegorie vor; wenn dagegen in Bildern gedacht wird, deren Abgrenzungen nicht scharf sind, so daß man bei demselben Bild bald an die eine Vorstellung denken soll und bald an eine etwas andere, dann sprechen wir von Mythologie. Aber die Alten waren nicht verpflichtet, sich an unsere logischen Kategorien zu halten, und Longus wechselt unbedenklich von der Allegorie zur Mythologie und wieder zurück. Wenn man diese Überlegung auf die Frage anwendet, wie man die Doppelung der Eltern (Zieheltern und wirklichen Eltern) im Roman beurteilen soll, dann wird man wohl zu dem Resultat kommen, daß man die Antwort besser in der Schwebe läßt.

---

[11] Vgl. § 120.
[12] I 3,2 und 6,3 ὄνομα ποιμενικόν.

Die Säugung der Kinder durch ein Tier

§ 162   Longus erzählt, daß Daphnis durch eine Ziege und Chloe durch ein Schaf gesäugt worden sind. Es handelt sich um eine Variante des weitverbreiteten Mythos von der wunderbaren Rettung eines Menschen durch ein weibliches Tier,[13] der gerade bei Initiationszeremonien gespielt worden ist. Aus der griechischen Mythologie sei nur angeführt, daß Zeus und Dionysos von der Ziege Amaltheia genährt worden sind; in einem anonymen Dichterfragment heißt es, eine Mänade namens *Eriphe* (Ziege) habe dem Dionysos als erste die Brust gegeben.[14]

Auch das Umgekehrte – Säugung eines jungen Tiers durch eine Frau – kommt mehrfach in den dionysischen Traditionen vor. So erzählt der Bote in den Bakchen des Euripides, daß die Mänaden Rehen oder Wolfsjungen die Brust geben,[15] und auf einer Gemme säugt eine Mänade gar einen Panther.[16] Auf dem Fries der Villa dei Misteri nährt eine Bakchantin ein Böcklein (Abb. 2).

Die Szene bei Longus ist also aus dem dionysischen Ritual zu erklären; und da Daphnis und Chloe ihre Kinder wieder durch Tiere nähren lassen, wird man zu der Vermutung gedrängt, daß dieses Nähren durch Ziege und Schaf in den Dionysoskreisen, für welche der Roman des Longus geschrieben ist, eine wirkliche Zeremonie gewesen ist.[17]

Aber man kann auch annehmen, daß Dionysosdienerinnen in den Zeremonien die Rolle der nährenden Tiere übernommen haben. Sie haben ja nicht nur Reh- und Fuchs-Felle, sondern auch Ziegen- und Schafsfelle getragen (s. § 105) und *waren* dann rituell Reh und Füchsin, Schaf und Ziege. Wenn also die mythische Episode von der Nährung des Dionysos durch Ino und die anderen Kadmostöchter oder durch die Nymphen bei der Initiation von Kindern nachgespielt wurde und wenn die Teilnehmerinnen an diesen Zeremonien die Rolle der Nymphen übernahmen, dann waren sie Nymphen und (durch ihre Kleidung) nährendes Tier in einer Person.

Für diese Interpretation könnte sprechen, daß die Ziege und das Schaf, welche die Kinder bei Longus genährt haben, ein eigenes Grab erhalten; Chloe bekränzt das Grab des Tieres.[18] Man kann das als märchenhaften Zug ansehen; ich ziehe es vor, an die Totengedenktage der Dionysosmysten zu erinnern (§ 131) und anzunehmen, daß auf die Totenriten der dionysischen Vereine angespielt wird.

§ 163   Vermutlich ist für die Nährung durch die Ziege auch ein Satz in den orphisch-pythagoreischen Goldblättchen heranzuziehen, der bisher schwer zu erklären war. Dabei ist zunächst daran zu erinnern, daß Dionysos mehrfach selbst in Beziehung zu einem

---

[13] Vgl. G. Binder, Die Aussetzung des Königskindes (Meisenheim 1964).
[14] Vgl. § 52–54 mit dem Zitat aus H. Lloyd-Jones – P. Parsons, Suppl. Hell. 1045.
[15] Vers 699/700.
[16] A. Furtwängler, Antike Gemmen Tafel 65, 46.
[17] In früheren Jahrhunderten sind Kinder tatsächlich durch Ziegen genährt worden, s. in § 54 (mit Anm. 17) das Zeugnis des Montaigne.
[18] IV 19, 4 die Ziege des Daphnis, IV 32, 4 das Schaf der Chloe.

Böcklein (ἔριφος) gesetzt worden ist, s. §9. Nun liest man auf den Goldblättchen: „Als Böcklein fiel (flog) ich in die Milch", ἔριφος ἐς γάλα ἔπετον.[19]

Über die Bedeutung der Worte ist viel diskutiert worden,[20] und es ist sehr gut möglich, daß schon für die Mysten selbst verschiedene Interpretationen zur Wahl standen. Eine der möglichen Deutungen ist jedenfalls, daß der Myste als Kind eine dionysisch-orphische Kinderweihe empfangen und dabei von einer Dionysosdienerin, die mit einem Ziegenfell umgürtet war, rituell gestillt worden ist. Dann war er zwar ein Mensch, aber rituell ein Böcklein, da er von einer „Ziege" genährt wurde. Das Ineinander von Mensch und Tier ist auch bei Longus deutlich; er betont, daß die Ziege ihr eigenes Böcklein (ἔριφος) verlassen habe; an seine Stelle ist Daphnis getreten. Später sagt der Bukólos Dorkon über Daphnis: „Wenn ihm wirklich eine Ziege Milch gegeben hat, so unterscheidet er sich in nichts von einem Böcklein" (I 16,2).

Die Worte können also auf eine dionysisch-orphische Weihezeremonie bezogen werden, die schon bei der Einweihung von Kindern durchgeführt wurde. Auf den Goldblättchen, die den Toten ins Grab mitgegeben wurden, verbindet sich mit dem Wort die Hoffnung auf Vergottung, was wohl bedeutet: auf Unsterblichkeit.[21]

Bei den Kinderweihen mag man ähnliche Hoffnungen gehabt haben, denn das Nähren eines Knaben durch ein Tier symbolisiert eine wunderbare Errettung, und Plutarchs Worte an seine Frau nach dem Tod eines Kindes[22] deuten in dieselbe Richtung. Aber es sei wiederholt, daß es sich um Hoffnungen handelt, nicht um Dogmen. Indem die Kinder in den Zyklus des Lebens, in den Kreis der Jahreszeiten, in die Verbundenheit mit der Natur eingeführt wurden, gab man der Empfindung Ausdruck, daß die ewige Regeneration der Natur auch die Menschen mit einschließe.

[19] Diels-Kranz, Vorsokratiker 1 B 18,11 = I.G. XIV 641 = A. Olivieri, Lamellae aureae Orphicae (1915) 4 = J. Harrison – G. Murray, Prolegomena 667 = Kern, Orph. fr. 32c = G. Zuntz, Persephone S. 300/1 (A 1).
Daneben die Variante ἔριφος ἐς γάλα ἔπετες, Diels-Kranz 1 B 20 = I.G. XIV 642 = Olivieri 16 = Harrison-Murray 662 = Kern, Orph. fr. 32f = Zuntz S. 328/9 (A 4).
Daß die Erzählung des Longus sich auf dieses Wort bezieht, hat schon Georg Rohde beobachtet (Rhein. Mus. 86, 1937, 47).
[20] Z.B. A. Dieterich, Kl. Schr. 95 ff.; Eine Mithrasliturgie 171; J. Harrison, Prolegomena 594; J. Carcopino, La basilique pythagoricienne 311 ff.; G. Zuntz, Persephone 322-7.
[21] In Fr. 32f Kern steht: ... ϑεὸς ἐγένου ἐξ ἀνϑρώπου· ἔριφος ἐς γάλα ἔπετες. In fr. 32c heißt es: ὄλβιε καὶ μακαριστέ, ϑεὸς δ᾽ ἔσηι ἀντὶ βροτοῖο· ἔριφος ἐς γάλα ἔπετον.
[22] S. §141.

XIV Daphnis und Chloe werden auf die Weide geschickt (I 7–8)

Der Traum der Zieheltern; Daphnis und Chloe auf der Weide

§ 164 Es war den Ziehvätern aus den Erkennungszeichen, die bei den Kindern gelegen hatten, klar, daß sie für ein besseres Los als das von einfachen Hirten bestimmt waren. Daher gaben sie ihnen zartere Speisen zu essen als bei den Hirten üblich und lehrten sie Lesen und Schreiben und alles, was man auf dem Lande für schön hält.[1]

Die Erzählung umspielt die Realität der dionysischen Zeremonien für Kinder der reichen Bourgeoisie aus den Städten. In bukolisch-dionysischem Sinn allerdings konnten sie Kinder von Hirten genannt werden.

Als Daphnis und Chloe 15 und 13 Jahre alt waren, hatten Lamon und Dryas in derselben Nacht den gleichen Traum: Sie sahen, wie die Nymphen aus der Nymphengrotte, in welcher einst Chloe ausgesetzt worden war, Daphnis und Chloe einem feinen und schönen Knaben übergaben, der Flügel an den Schultern trug und mit Pfeil und Bogen ausgerüstet war. Dieser ritzte beide mit einem und demselben Pfeil und befahl, daß von jetzt an Daphnis die Ziegen und Chloe die Schafe hüten solle. Der Name des Knaben wird nicht genannt; er ist natürlich Eros.

Offensichtlich wird wieder nicht auf die Kinder wirklicher Hirten Bezug genommen; diese hüten das Vieh schon in viel jüngerem Alter. Die kultische Ebene kommt zum Vorschein, die Erzählung richtet sich nach ihr.

Als Dryas und Lamon diesen Traum hatten, waren sie darüber betrübt, daß ihre Kinder, die doch zu Höherem bestimmt schienen, nur Hirten werden sollten; aber sie entschlossen sich dennoch, der Weisung der Götter – der im Traum erschienenen Nymphen – zu folgen, da die Kinder ja auch durch die Fürsorge der Götter gerettet worden waren.

Dies ist alles in leichtem Scherz gesagt. In der Ebene der Erzählung wissen die Ziehväter nicht, wer der Knabe mit Pfeil und Bogen ist, und sie betrüben sich über den Willen der Götter, der die Kinder zu Hirten bestimmt. In der Ebene der dionysischen Zeremonien, man kann aber auch sagen: in der Ebene des wirklichen Lebens, ist klar, daß die heranwachsenden Kinder bald heiraten sollen und daß ihr Hirtenschicksal nicht das Schicksal wirklicher Hirten, sondern dionysischer Bukóloi ist.

---

[1] I 8,1 πάντα ὅσα καλὰ (!) ἦν ἐπ’ ἀγροικίας.

Lamon und Dryas teilen einander mit, was sie geträumt haben. Wenn zwei Personen zu gleicher Zeit dasselbe träumen, so ist dies nach Auffassung der Alten ein klarer Beweis dafür, daß dieser Traum gottgesandt ist.[2] Die beiden beschließen, dem Traum zu folgen, und opfern dem Knaben mit den Flügeln (dessen Namen sie als einfältige Hirten nicht kennen) in der Nymphengrotte. Dann schicken sie die beiden Kinder auf die Weide und lehren sie, wie sie mit dem Vieh umzugehen haben.

Auch dies bezieht sich nicht auf die Kinder wirklicher Hirten, sondern auf die dionysischen Zeremonien für Stadtkinder, die zu dionysischen Hirten erzogen werden sollen.

Daphnis und Chloe empfingen[3] dies alles voller Freude „wie einen großen neuen Anfang" und liebten ihre Tiere mehr, als dies sonst bei Hirten der Fall ist. Sie sind keine gewöhnlichen Hirten.

Auf die Ebene der dionysischen Zeremonien bezogen bedeutet dies: Wenn die Knaben 15 und die Mädchen 13 Jahre alt waren, dann war es Zeit, einen Ehepartner für sie zu suchen, denn mit 17 bzw. 15 Jahren sollten die jungen Menschen heiraten.[4] Die Eltern sahen sich im Kreis ihrer Bekannten, also vor allem der Dionysosmysten, nach passenden Partnern um, und man verabredete die Verbindung zwischen den Eltern. Bei Longus liest man statt dessen vom Doppeltraum, der nur ein Motiv auf der Erzählebene ist. Bei den wirklichen Dionysosmysten haben die Eltern – so wird man kombinieren dürfen – die als Paar vorgesehenen jungen Menschen auf die dionysischen Landpartien mitgenommen, im Frühling, Sommer, Herbst und Winter; die Jungen konnten sich auf diese Weise kennen lernen und dann selbst sehen, ob sie zusammenpaßten und wirklich heiraten wollten. Wenn sie sich dazu entschlossen, dann wurde die Hochzeit beim Kelterfest des nächsten Jahres gefeiert.

---

[2] Longus sagt das gar nicht erst; es ist selbstverständlich. Für solche Doppelträume kann man vergleichen: Livius VIII 6,9; Pap. Oxy. 1381 = M. Totti, Texte 15; Philostrat, Vita Apollonii I 23; Apostelgeschichte 9,10; Sylloge ³1169 (Nr. XXI; Wunderheilung von Epidauros); Aristeides, Heilige Rede II (or. 48) 30–36; Asklepiades von Mendes bei Sueton, Augustus 94,4; Libanios, Orat. 11,114; Appuleius, Metam. XI 6,3; 13,1; 22,2–5; 27,4–9.

[3] I 8,3 παρελάμβανον. Die Vocabel hat manchmal religiösen Klang. Sie kommt z.B. in dem Edict des Ptolemaios IV. Philopator für die Dionysosmysten in Ägypten vor. Diese sollen nach Alexandria kommen und dort zu Protokoll geben, „von wem sie die heiligen Zeremonien (oder Gegenstände) erhalten haben", παρὰ τίνων παρειλήφασι τὰ ἱερά. Berliner griech. Urkunden 1211 = A.S. Hunt – C.C. Edgar, Select Papyri II Nr. 208 = Th. Lenger, Corpus des Ordonnances des Ptolémées S. 71 Nr. 29.

[4] So früh zu heiraten war bei den Alten ganz üblich, gerade in den Kreisen der Wohlhabenden.

XV   Der erste Frühling (I 9–22)

Daphnis und Chloe weiden die Herden

§ 165   Nun beginnt die eigentliche Erzählung vom Leben des Daphnis und der Chloe als Hirten auf dem Lande: „Es war Frühlingsbeginn, und alle Blumen blühten" (vgl. den Blumen-Dionysos, § 5). Die beiden weiden ihre Herden. Sie singen mit den Vögeln, springen mit den Lämmern, lesen Blumen mit den Bienen. Sie haben Freude an den Spielen der Hirten: Chloe macht einen Heuschreckenkäfig, Daphnis bastelt sich eine Syrinx, indem er die Rohre mit Wachs zusammenfügt, und übt sich im Spiel. „Manchmal gaben die beiden sich gegenseitig Milch und Wein[1] und legten die Speisen, die sie von zu Hause mitgebracht hatten, zum gemeinsamen Mahl zusammen."[2]

Daphnis stürzt in eine Wolfsgrube; das Bad des Daphnis

§ 166   Nun hatten die Bauern Wolfsgruben gegraben und sie mit Erde überdeckt. Als Daphnis einem übermütigen Bock nachläuft, stürzen der Bock und Daphnis unversehens in eine Grube. Daß der Bock als erster fiel, war die Rettung des Knaben. Chloe hat das Unglück gesehen und ruft einen Hirten (Bukólos) aus der Nähe zu Hilfe. Um Daphnis herauszuziehen, ist ein Strick nötig; Chloe löst eine Binde, und mit ihr wird Daphnis heraufgezogen. Sie holen auch den Bock heraus und schenken ihn dem Hirten zum Retterlohn (σῶστρα), als Opfertier.

Ich lasse offen, ob es sich hier nur um eine Erzählung, also „fiction", handelt oder um ein rituelles Motiv, welches von den Dionysosdienern durchgespielt wurde.[3] Das Opfer

---

[1] Vgl. § 62/3.

[2] I 10, 3 ἐκοινώνουν. Das Wort weckt Assoziationen an eine Kommunion, vgl. Apostelgeschichte 2, 42 (über die Urgemeinde in Jerusalem) ἦσαν δὲ προσκαρτεροῦντες … τῆι κοινωνίαι, τῆι κλάσει τοῦ ἄρτου. Vgl. § 110 Anm. und § 141 Anm. 7.

[3] Die Grube könnte mit einem kleinen rituellen Spiel zu tun haben, zumal der Retter ausdrücklich ein Bukólos genannt wird. Im Isisroman des Xenophon von Ephesos wird die Heldin (Antheia) von Räubern in einer Grube begraben (IV 6), was auf eine Initiationszeremonie der Isismysterien anspielt. Im Dyskolos des Menander hat der Sturz des alten Knemon in den Brunnen zwar keine rituelle Bedeutung, markiert aber doch einen entscheidenden Wendepunkt: Er wäre beinahe gestorben und versucht nun einen anderen Lebensweg einzuschlagen, und er wird mit dem bezeichnenden Wort θάρρει „Sei getrost" angeredet (Vers 692). Man kann auch die Grube im phrygischen Einweihungsritual vergleichen, die von Prudentius beschrieben wird (Peristeph. X 1008 ff.). – Vgl. auch die folgende Anmerkung.

des Bockes durch den Bukólos Dorkon darf man jedenfalls als ein dionysisches Opfer ansehen.

Daphnis hat sich beim Sturz in die Grube mit Erde und Lehm (πηλός) beschmutzt;[4] man beschließt ihn abzuwaschen (I 13,5 λούσασθαι). Daphnis und Chloe gehen zur Nymphengrotte, und Daphnis wäscht sich in der Quelle. Chloe sieht zu und wäscht ihm den Rücken, „und weil er ihr damals zum erstenmal schön schien, glaubte sie, das Bad sei die Ursache der Schönheit".[5]

Es ist Sonnenuntergang, und sie treiben die Herden heim. Chloe hat sich in Daphnis verliebt; sie fühlt sich krank, weiß aber nicht, an welcher Krankheit sie leidet.

Hier wird auf das Reinigungsbad der Dionysos-Mysterien angespielt (§ 116). Es findet bezeichnenderweise am Abend statt, und in der Nymphengrotte, also einer dionysischen Kultstätte. Der Effekt des Bades ist, daß Chloe die Schönheit des Daphnis erkennt. Wenn bei den dionysischen Landpartien junge Menschen aufs Land mitgenommen wurden in dem Gedanken, daß sie später ein Paar werden sollten, und wenn dieser Plan sich verwirklichte, dann muß in der Beziehung der Jungen zueinander zu einem bestimmten Augenblick der Umschlag von unverbindlicher Sympathie zur Verliebtheit eingetreten sein.

Wahrscheinlich meint Longus darüber hinaus auch, daß die Zeremonie des Bades den jungen Menschen in die dionysische Welt, in die Welt der Schönheit (κάλλος) einführt. Nicht nur der Körper sollte gereinigt, sondern auch die Seele sollte schön werden, denn „die heiligen Handlungen des Dionysos bezogen sich auf die Reinigung der Seele".[6]

Dorkon schenkt dem Daphnis eine Syrinx und der Chloe ein Rehfell

§ 167   Der Bukólos Dorkon, der Daphnis aus der Grube gezogen hatte, hat sich in Chloe verliebt. Er schenkt dem Daphnis eine bukolische Syrinx (σύριγγα βουκολικήν), die neun Rohre hatte;[7] diese wurden nicht durch Wachs zusammengehalten, sondern durch Kupfer; das Instrument war also viel besser als das, welches Daphnis sich selber angefertigt hatte. Der Chloe schenkt Dorkon ein bakchisches Rehfell (νεβρίδα βακχικήν) in gesprenkelten Farben. – Dies ist eine kleine Weihezeremonie, die von einem „Hirten" höheren Ranges, dem Bukólos, ausgeführt wird. Er umgürtet Chloe mit dem Rehfell (der νεβρίς); für dieses Umgürten gebraucht Demosthenes bei seiner Beschreibung der Mysterien des Dionysos-Sabazios das Wort νεβρίζειν (mit dem Rehfell bekleiden).[8]

---

[4] In den Wolken des Aristophanes und in der Kranzrede des Demosthenes wird bezeugt, daß die Mysten vor dem weihenden Bad schmutzig gemacht wurden (s. § 116); bei Demosthenes wird sogar auch der Lehm (πηλός) erwähnt. Es liegt also nahe, die Beschmutzung des Daphnis durch den Sturz in die Grube als ein rituelles Motiv anzusehen.

[5] I 13,2 ὅτι δὲ τότε πρῶτον (so liest Reeve mit Recht) αὐτῆι καλὸς ἐδόκει, τὸ λουτρὸν ἐνόμιζε τοῦ κάλλους αἴτιον.

[6] Servius zu Vergil, Georg. I 166 *Liberi patris sacra ad purgationem animae pertinebant.* Vgl. § 101.

[7] Theokrits Gedicht „Die Syrinx" ist ein Figurengedicht, welches auf eine (wirkliche oder geschriebene) Flöte mit 10 Rohren geschrieben werden konnte; s. G. Wojaczek 91–104 und 147/8.

[8] In der Kranzrede (18,259) νεβρίζων ... τοὺς τελουμένους.

Nach den Kategorien des Thiasos der Pompeia Agrippinilla wäre Chloe jetzt eine „Bakchantin mit der Umgürtung" (βάκχη ἀπὸ καταζώσεως, s. §105/6). Auch das Geschenk der Syrinx an Daphnis dürfte zu dem Ritual gehören.

Dorkon wetteifert mit Daphnis um die Gunst der Chloe; andeutende Vergleichung des Daphnis mit Dionysos

§168   Dorkon bringt der Chloe weitere Geschenke, um sie für sich zu gewinnen. Eines Tages streitet er mit Daphnis, wer der Schönere sei. Dorkon wirft dem Daphnis vor, er sei bartlos wie eine Frau. – Der Leser soll wohl daran denken, daß auch Dionysos als ein junger Mann geschildert wird, „dem gerade die ersten Schamhaare wachsen".[9] Als in der Lykurgie des Aeschylus Dionysos auftrat, wurde gefragt: „Woher kommt das weibisch aussehende Jüngelchen?"[10]

Dorkon fährt fort: „Wenn wirklich eine Ziege ihm Milch gegeben hat, dann unterscheidet er sich in nichts von einem Böcklein." – Daphnis ist zu einem Dionysosmysten geworden, s. §9 und 52–54.

Daphnis hält seinerseits dem Dorkon vor, er sei weißhäutig wie eine Frau aus der Stadt. – Die Stadtfrauen sind weißhäutig, weil sie nicht an die frische Luft kommen. Wenn Dorkon ebenso weißhäutig ist, dann ist er kein echter Hirt, sondern auch ein Städter. Auf der Erzählebene ist er zwar ein Widersacher des Daphnis; aber auf der Ebene des Rituals, der dionysischen Landausflüge, ist er als Bukólos ein älteres Mitglied des Clubs. Es mag vorgekommen sein, daß solche älteren Genossen versucht haben, einem Jüngeren das für ihn vorgesehene Mädchen „auszuspannen"; aber vermutlich war es eher so: Man hat bei den Dionysosmysten die Spielregel disziplinierter Menschen eingeübt, daß jeder nur *eine* Liebesbeziehung haben soll; dies geschah, indem ein Clubmitglied es übernahm, die Rolle des eventuellen Verführers zu spielen, wobei vermutlich von vorneherein mitgeteilt wurde, daß jemand solche Verführung versuchen werde und daß sie abzuweisen sei.[11]

Chloe entscheidet, Daphnis sei schöner als Dorkon, und küßt ihn. Der Kuß weckt auch in Daphnis die Liebesleidenschaft. Er bewundert nun die Haare, die Augen, das

---

[9] Homer, Hymn. 7,4 πρωθήβηι. Vgl. §60.

[10] Fr. 61 Radt ποδαπὸς ὁ γύννις; vgl. auch Euripides, Bakchen 353 (Dionysos θηλύμορφος); Ps. Apollodor, Bibl. III 28 (Hermes bringt das Dionysoskind zu Ino und sagt, sie solle es als Mädchen aufziehen); Nonnos 14,159–167 (Dionysos hat als Kind Mädchenkleider getragen).

[11] Ich bin zu dieser Vermutung gekommen durch die Lektüre einer freimaurerischen Broschüre aus dem Ende des 18. Jahrhunderts. Der Kandidat für den Bund wurde auf die Probe gestellt: In der Loge trat eine Frau zu ihm ins Zimmer und stellte sich, als wolle sie eine Liebschaft beginnen; aber wer auf diese scheinbaren Avancen hereinfiel, wurde nicht aufgenommen. Ich habe leider versäumt, mir den Titel der kleinen Schrift zu notieren, und kann sie nicht mehr finden. Aber sowohl in der „Entführung aus dem Serail" als auch in der „Zauberflöte" kommen entsprechende Szenen vor.
Um ein ähnliches Ritual handelte es sich, wie ich vermute, wenn bei den Templern ein Kandidat aufgefordert wurde, auf das Crucifix zu spucken. Wer der Aufforderung nachkam, von dem war klar, daß man ihn nicht in eine leitende Position bringen durfte.

Gesicht des Mädchens und wirft sich vor, bisher keine Augen im Kopf gehabt zu haben. Er ißt und trinkt nur noch wenig, und er, der vorher geschwätziger als die Heuschrecken gewesen war, schweigt nun fast gänzlich. – Die Novizen der Dionysosmysterien mußten eine Zeitlang schweigen, s. § 115 und 15 (die „Schweiger" im Thiasos der Pompeia Agrippinilla).

Dorkon verkleidet sich als Wolf und lauert der Chloe auf

§ 169   Als Dorkon bei Chloe keinen Erfolg hat, beschließt er, das Mädchen zu überfallen. Er zieht das Fell eines Wolfes an und lauert ihr im Gebüsch auf. Aber Chloe ist von Hunden begleitet, und als Dorkon das Mädchen angreifen will, packen und beißen ihn die Hunde. Da schreit der scheinbare Wolf um Hilfe; Chloe ruft Daphnis, die beiden holen die Hunde zurück, führen Dorkon zur Quelle, waschen ihn und verbinden seine Wunden. Sie meinen, das Überwerfen des Wolfsfells sei nur ein Hirtenscherz gewesen, und sind dem Dorkon nicht weiter böse.

Was nach der Erzählung ein Angriff war, ist auf der Ebene des Rituals nur ein Hirtenscherz, und Longus hat den Satz hinzugesetzt, damit der Leser dies nicht verkenne. Von Schreckszenen in den Dionysosmysterien spricht der Christengegner Celsus an der oben besprochenen Stelle.[12] Sie haben sich gewiß am Ende als harmlos erwiesen und gehörten zu den Proben, welche ein Myste zu bestehen hatte.

Im Mythos wird, wie in der Erzählung des Longus, von ernsten Angriffen auf die Mänaden erzählt. In den Bakchen des Euripides (714–733) versuchen Hirten (βουκόλοι καὶ ποιμένες) die schwärmenden Mänaden gefangen zu nehmen. Sie lauern ihnen im Gebüsch auf; als die Bakchen in die Nähe kommen, springt ein Hirt auf Agaue los. Diese aber ruft ihre Gefährtinnen („Ihr meine Hunde") zu Hilfe und verjagt die Hirten. – Auch die Szene, in der Pentheus zerrissen wird, ist vergleichbar. Die Bakchen halten ihn für ein wildes Tier (1107 f.). Er reißt seine Verkleidung ab (1115), aber ihm nützt es nichts. – Im 21.–24. Gesang der Dionysiaká erzählt Nonnos vom Hinterhalt der Inder gegen das Heer des Dionysos; die Inder lauern im Gebüsch auf. – Auf attischen Vasen sieht man oft, wie eine Mänade sich gegen den Angriff eines Satyrs oder Silens wehrt.[13]

[12] Horigenes, Contra Celsum IV 10, s. § 118.
[13] Beispiele: Schale des Makron in München, Antikensammlungen 2654; E. Pfuhl Abb. 442; J. Boardman, Rotfigurige Vasen Fig. 313; E. Keuls, The Reign of the Phallus S. 369 Fig. 310.
Amphora des Kleophrades-Malers in München, Antikensammlungen 2344; J. D. Beazley, The Kleophrades Painter (1974) Tafel 4; A. Furtwängler – K. Reichhold Tafeln 44/5.
Schale des Brygosmalers in München (Nr. 2645); Furtwängler-Reichhold Tafel 49; E. Simon – M. Hirmer, Vasen Abb. 145.
Schale des Penthesilea-Malers im Louvre G 448; H. Diepolder, Der Penthesileamaler (1936) S. 17 mit Abb. 20; E. Keuls S. 377 Fig. 323.
Amphora des Oltos (?) im Louvre (G 2); K. Pfuhl Abb. 362; P. E. Arias – M. Hirmer, Vasenkunst Abb. 99 (Töpfer Pamphaios).
Im Katalog der Ausstellung „Aus der Glanzzeit Athens, Meisterwerke griechischer Vasenkunst in Privatbesitz" (Firma BATIG, Hamburg 1986) S. 126 Nr. 60 und S. 112 Nr. 53 (W. Hornbostel).

XVI   Der erste Sommer (I 23–27)

Die Liebe des Daphnis und der Chloe wächst

§ 170   Inzwischen hatte der Sommer begonnen: An den Bäumen hingen die Früchte,[1] und auf den Feldern stand das Getreide.[2] Wenn der Wind durch die Fichten (πίτυς) blies, hätte man meinen können, er spiele auf der Syrinx.[3] Der Sonnengott Helios in seiner Leidenschaft für alles Schöne[4] brannte heiß hernieder und brachte alle dazu, sich auszukleiden. Daphnis stieg in die Flüsse, um zu baden, und fing gelegentlich auch Fische;[5] Chloe molk ihre Schafe, und wenn sie fertig war, wusch sie sich das Gesicht, bekränzte sich mit Fichtenzweigen (s. § 5 und 110), umgürtete sich mit dem Rehfell,[6] füllte die Melkeimer mit Wein und Milch[7] und hatte so einen Trank, den sie mit Daphnis teilte.[8]

Sie verliebten sich immer mehr ineinander. Wenn Chloe den Daphnis in der Mittagshitze entkleidet sah, wurde sie von seiner Schönheit (κάλλος) überwältigt; und wenn Daphnis umgekehrt Chloe im Rehfell und mit dem Fichtenkranz erblickte, wie sie ihm den Eimer zum Trank reichte, dann meinte er, eine der Nymphen aus der Grotte zu sehen. – In dionysischem Sinn *ist* sie eine Nymphe, s. § 107.

Daphnis nimmt ihr den Fichtenkranz vom Haupt und setzt ihn sich selbst auf; sie zieht seine Kleider an, wenn er badet. Sie werfen einander Äpfel zu, was als Liebespiel galt; er verglich ihre schwarzen Haare mit Myrten und sie sein weißes, gerötetes Antlitz einem Apfel. Er lehrte sie, auf der Syrinx zu blasen. Als er einmal mittags flötete, schlief Chloe ein; da legte er die Flöte beiseite und betrachtete unersättlich die ausgestreckte Schöne. – Wenn Daphnis vorher in Chloe eine Nymphe zu sehen glaubte, so soll man bei dieser Szene wahrscheinlich an die schlafende Ariadne denken, zu der Dionysos, sie liebevoll betrachtend, herantritt.[9]

---

[1] Welche der Herr der Bäume, Dionysos, hatte wachsen lassen; vgl. § 6.

[2] Die Gabe der Demeter, der Genossin des Dionysos; vgl. § 36/7.

[3] Die Syrinx und die Fichte sind bukolisch-dionysisch, s. § 42 und 40.

[4] I 23,2 τὸν Ἥλιον φιλόκαλον ὄντα.

[5] Vgl. § 77.

[6] I 23,3 τῆι νεβρίδι ἐζώννυτο, als Βάκχη ἀπὸ καταζώσεως. S. § 15.

[7] Vgl. § 123–5.

[8] I 23,3 κοινὸν μετὰ τοῦ Δάφνιδος ποτὸν εἶχε, vgl. § 110, 141 und 165.

[9] Vgl. das Gemälde aus Pompei Abb. 7 und die Sarkophage in Baltimore (Abb. 48) und in Rom (Abb. 70) sowie § 64.

Zikade und Waldtaube

§171 Währenddessen kommt eine Zikade geflogen, von einer Schwalbe verfolgt, und rettet sich in das Gewand der Chloe. Chloe erwacht und erschrickt, beruhigt sich aber gleich wieder; da fängt die Zikade am Busen der Chloe zu zirpen an, um dem Mädchen für die Rettung vor der Verfolgerin zu danken. Chloe erschrickt wieder, und Daphnis holt, um sie zu beruhigen, das Tierchen aus dem Gewand heraus.[10]

Dann gurrt in der Ferne eine Waldtaube (φάττα). Chloe fragt, was ihr Rufen bedeute; Daphnis erzählt ihr einen Verwandlungsmythos: Eine Hirtin weidete einst ihre Rinder und regierte ihr Vieh durch ihren Gesang, indem sie unter einer Fichte sitzend und mit Fichtenlaub bekränzt von Pan und der Nymphe Pitys sang. Aber in der Nachbarschaft war ein Knabe, der ebenfalls Rinder hütete (also ein Bukólos), der lauter sang als das Mädchen und auf diese Weise acht Kühe von ihr weglockte. Da grämte sich das Mädchen über den Verlust so sehr, daß sie die Götter darum bat, in einen Vogel verwandelt zu werden; und die Götter machten aus ihr einen Bergesvogel, der singt, wie das Mädchen singend auf der Bergalm gelebt hatte; er ruft nun immer wieder nach den verlorenen Kühen.

Für Pan und Pitys s. §40. Die bukolische Geschichte von der Waldtaube *Phatta* hat möglicherweise eine besondere Nuance, die ich nicht angeben kann.[11]

---

[10] Für einen pergamenischen Dionysosmysten mit den Beinamen „Zikade" (Τέττιξ) s. oben §23 Anm. 34 und §120 Anm. 47, für die Zikade auch §191.

[11] Ich stelle hier einige Traditionen über die Waldtaube (φάττα) zusammen: (a) Sie galt als Bild der Treue; Porphyrios, De abstinentia III 11 (p. 201, 1 Nauck). – (b) Sie ist der Pherre-phatta (Persephone) heilig. Porphyrios, De abstinentia IV 16 (p. 254, 22 Nauck). (c) In der dionysischen Prozession des Ptolemaios II. Philadelphos wurden auf dem Wagen mit der Grotte Schwalben und Tauben mitgeführt, Athenaios V 31 p. 200 C = Kaibel 1, 444, 15 = Kallixeinos von Rhodos 627 F 2 p. 172, 20 Jacoby.
Als eine mögliche Deutung der Geschichte bei Longus sei zur Wahl gestellt: Phatta als „Hirtin" ruft die verirrten Kühe (die noch nicht geweihten Mädchen), sie möchten zu ihr kommen (die Weihe nehmen). Servius zu Vergil, Bucol. 6, 78 (p. 81, 10 Thilo) *Itys in phassam* (sc. *mutatus*) ist wohl kaum der gesuchte bukolische Mythos.

XVII Der erste Herbst (I 28–III 2)

Der Herbst als Zeit der dionysischen Spiele

§ 172 Die Darstellung des Herbstes nimmt bei Longus den längsten Raum ein, denn diese Jahreszeit ist besonders dionysisch. Sowohl im ersten als auch im zweiten Herbst werden zwei große Dionysosfeste beschrieben, das der Weinlese und Kelter und zum Abschluß ein häusliches Fest.

Bei der Weinlese haben auch kleine rituelle Spiele stattgefunden, mit denen die neuen Mysten in die Gemeinschaft eingeführt wurden.[1] Dabei wurde vor allem das Fesseln und Lösen gespielt, s. § 117, und darum kommen Fesseln und Lösen auch in vielen dionysischen Mythen vor. Wir haben oben (§ 60) den homerischen Hymnus besprochen, in welchem Dionysos als schöner junger Mann allein am Ufer spazieren ging und von *tyrrhenischen* Seeräubern gefangen genommen wurde. Sie fesselten ihn und wollten ihn über See entführen; aber dionysische Wunder vereitelten ihren Plan.

Longus hat diesen Mythos auf Daphnis übertragen und variiert; auch Daphnis wird von Seeräubern gefangen und soll verschleppt werden. Die Piraten bei Longus sind *Tyrier*,[2] womit auf den Mythos von den *tyrrhenischen* Seeräubern angespielt wird. Die Dionysosmysten, für welche der Roman des Longus geschrieben ist, haben zweifellos Initiationsspiele mit Fesselung und Lösung gehabt. Aber in der Erzählung des Longus ist alles viel weiter ausgesponnen, als es im Ritual der Fall gewesen sein kann. Die Erzählung hat sich weitgehend vom Ritual gelöst und schildert mehr eine dionysische Atmosphäre als die kleinen Kultspiele.

---

[1] Maximus von Tyros sagt, die Landleute hätten bei der Weinlese die dionysischen Weihen und Chortänze erfunden, s. § 81 und 93.

[2] I 28,1. Die Handschrift F hat Πύρριοι, die Handschrift V Τύριοι, die evident richtige Lesart, die bisher von allen Editoren gewählt wurde. Aber in der neuesten Teubneriana von Reeve (Leipzig 1986), an sich einer sehr guten Edition, steht nun die Konjektur Πυρραῖοι im Text, mit der Bemerkung: „Pyrrha fuit civitas Lesbi." Diese Konjektur ist aus zwei Gründen falsch: (a) Die Seeräuber werden als „Barbaren" bezeichnet, d. h. als nicht-griechisch-sprechend. Sie haben, so erzählt Longus, ein karisches Schiff gekapert, d. h. ein Schiff aus der Gegend von Halikarnass oder Iasos, wo man seit vielen Jahrhunderten Griechisch sprach, „damit es so aussehe, als ob sie keine Barbaren seien" (ὡς μὴ δοκοῖεν βάρβαροι, wie man den Text früher immer hergestellt hat). – (b) Die Stadt Pyrrha in Lesbos ist in hellenistischer Zeit ins Meer abgesunken und hat zur Zeit des Longus nicht mehr existiert. Vgl. Strabon XIII 2,4 p.618 und Plinius, Nat. hist. II 206 (*Pyrrham ... pontus abstulit*) und V 139 (*Pyrrha hausta est mari*).

Der Überfall der Seeräuber; Dorkons Tod; das Bad der Chloe

§173   Zu Beginn des Herbstes gehen Seeräuber auf Lesbos an Land, überfallen die Herden des Dorkon, schlagen den Hirten nieder „wie einen Stier" und treiben seine Kühe weg. Den am Ufer allein spazierenden Daphnis nehmen sie gefangen, führen ihn auf ihr Schiff und fahren ab; sie meinen, dieser schöne junge Mann sei eine bessere Beute als alles andere.[3] Daphnis ruft nach Chloe. Sie eilt um Dorkon zu Hilfe zu holen und findet ihn blutüberströmt im Sterben liegen. Er übergibt Chloe seine Syrinx und sagt, die Kühe hörten auf die Flöte; Chloe solle auf ihr blasen. Dann stirbt er. Chloe bläst die Syrinx, die Kühe erkennen das Lied und springen aus dem Schiff; dieses gerät aus dem Gleichgewicht und kentert. Die noch gewappneten Räuber ertrinken, Daphnis faßt zwei Kühe an den Hörnern und wird von ihnen an Land gezogen. So ist er zwei Gefahren, den Räubern und dem Schiffbruch, wider Erwarten entronnen. Chloe empfängt ihn am Ufer, und sie bestatten den armen Dorkon. Sie pflanzen auf seinem Grab veredelte Pflanzen,[4] gießen eine Milchspende aus und zerquetschen Trauben. Der Bukólos wird dionysisch bestattet.

Wenn die Kühe auf die Syrinx hören und das Schiff zum Kentern bringen, so ist das ein dionysisches Wunder.

Der Tod des Dorkon bezieht sich vermutlich auch auf die dionysischen Einweihungszeremonien, denn jede Weihe bedeutet, daß der alte Mensch stirbt und als ein neuer Mensch gerettet wird. Was im Ritual auf den *einen* Initianden bezogen ist, wird in der Erzählung auf zwei Personen verteilt: Dorkon stirbt,[5] Daphnis wird gerettet.[6] Wenn Dorkon „wie ein Stier" niedergeschlagen wird, so bezieht sich dies wohl gleichzeitig auf das dionysische Stieropfer und jenen Zusammenhang zwischen Opferer und Opfer, der logisch nicht zu fassen ist, den Alten aber sehr bewußt war.[7]

Chloe führt Daphnis zur Nymphengrotte und wäscht ihn dort, und anschließend nimmt sie selbst in Anwesenheit des Daphnis ein Bad. Da sah Daphnis die Chloe zum erstenmal nackt; „ihr Leib war hell und rein vor Schönheit, ihre Schönheit hätte des Bades nicht bedurft" (I 32, 1).[8] Seine Liebe wurde stärker entflammt; „er hatte Schmerzen, als ob sein Herz zerfressen würde", und sein Atem ging stoßweise und unregelmäßig, so daß „er meinte, das Bad sei schlimmer als das Meer; denn er meinte, seine Seele befinde sich noch in der Gewalt der Räuber; er war eben noch jung und unerfahren und kannte nicht die Räubereien des Eros" (I 32, 4).

---

[3] Im homerischen Dionysos-Hymnus heißt es: „Denn sie meinten, er sei der Sohn eines fürstlichen Geschlechts" (Vers 11/2) und werde reiches Lösegeld bringen. Ganz im selben Sinn erwarten die tyrischen Seeräuber bei Longus ein hohes Lösegeld für Daphnis.

[4] I 31, 3 φυτὰ ἥμερα, also wohl Weinpflanzen (ἡμερίδες).

[5] als Stellvertreter des Daphnis (K. Kerényi, Die griechisch-orientalische Romanliteratur 25). Vgl. auch §113. – Mancher heutige Leser wird es sonderbar finden, wenn diese Episode bei Longus als ein stellvertretendes Sterben interpretiert wird. Darum sei daran erinnert, daß den Alten solche Vorstellungen weniger fremd waren; der stellvertretende Tod Christi war einer der wichtigsten Glaubenssätze der alten Christen.

[6] I 32, 3 σωτηρία.

[7] Dionysos ist selbst in Gestalt eines Stieres getötet worden, s. §8.

[8] Vgl. das Bad des Daphnis (I 13); Chloe hatte gemeint, das Bad sei die Ursache seiner Schönheit.

Dieser Satz steht am Ende des ersten Buches, also an eindrucksvoller Stelle, und gibt einen Hinweis darauf, daß die Episode von den Seeräubern auch einen allegorischen Sinn hat, etwa: Die Gefangennahme durch die Seeräuber symbolisiert die Gefangennahme der Seele durch den räuberischen Eros. Wie in der Erzählung die leibliche Befreiung des Daphnis nur möglich war, als Chloe das Rufen des Daphnis hörte und ihn rettete, indem sie auf der Syrinx des Dorkon spielte, so wird im allegorischen Sinn die Seele des verliebten Daphnis, die zu Chloe um Hilfe ruft, nur durch sie gerettet werden können.[9]

Die Weinlese

§ 174   Es kam die Zeit des vollen Herbstes und der Weinlese. Nachdem alle Geräte vorbereitet waren (Kufen, Fässer, Körbe, Winzermesser, Keltersteine, Fackeln), half Daphnis bei der Ernte; er trug die gepflückten Trauben in Körben, schüttete sie in den Keltertrog, trampelte auf die Trauben und brachte den Traubensaft in die Fässer. Chloe brachte den Erntearbeitern Speise und Trank und pflückte selbst Trauben, die niedrig gewachsen waren; denn in Lesbos gibt es viel Wein, der auf den Feldern und nicht an den Bäumen emporwächst, sondern sich mit seinen Zweigen wie Efeu ausbreitet; „selbst ein Kind, dem man gerade die Arme aus den Windeln ausgewickelt hätte, könnte die Trauben erreichen". – Dies erinnert an die Kinderweinlese, die auf Mosaiken[10] und Sarkophagen[11] als Inbegriff dionysischer Seligkeit abgebildet ist.

Es war das Fest der Geburt des Dionysos und des Weins,[12] der aus dem ausgepreßten Traubensaft durch Gärung entsteht. Die aus der Nachbarschaft gekommenen Frauen rühmten den Daphnis, er sei dem Dionysos an Schönheit gleich,[13] und die Kelterer in den Kufen riefen der Chloe Scherzworte zu und sprangen wie toll auf sie los, wie Satyrn auf eine Bakchantin.[14] – Die Kelterer *sind* für die Dauer des Festes Satyrn, die Mädchen Bakchen. Vgl. § 86–88.

Als die Weinlese beendet ist, gehen Daphnis und Chloe wieder zur Nymphengrotte und bringen den Göttinnen Traubenbüschel; „sie waren auch vorher niemals achtlos an ihnen vorbeigegangen, sondern hatten sie stets verehrt, wenn sie zur Weide gingen, und angebetet, wenn sie von der Weide zurückkamen, und hatten ihnen jedenfalls immer etwas gebracht, Blumen oder Früchte oder grünes Laub oder einen Guß Milch; und die Göttinnen haben ihnen dies später vergolten." – Ein schöner Ausdruck der Naturfrömmigkeit, die für diese Dionysosdiener charakteristisch ist.

---

[9] Für diese Interpretation vgl. H. H. O. Chalk in „Erotica antiqua" (ed. B. R. Reardon; Bangor 1977) 133.

[10] In Hadrumetum (Abb. 21), Piazza Armerina (Abb. 26), Thugga (Abb. 31) und Uthina (Abb. 29).

[11] In Baltimore (Abb. 48), dem Thermenmuseum (Abb. 69, 70, 74, und 76), dem Konservatorenpalast (Abb. 66), dem Palazzo Venezia (Abb. 65), in San Lorenzo (Abb. 71–73), in Köln-Weiden (Abb. 82), Cagliari (Abb. 49) und Dumbarton Oaks (Abb. 52).

[12] II 2, 1 ἐν ἑορτῆι Διονύσου καὶ οἴνου γενέσει. – Am Fest der Geburt (γένεσις) des Dionysos sprudelte in Teos eine Weinquelle aus der Erde, s. § 123.

[13] Schon in I 16 war Daphnis mit Dionysos verglichen worden, s. § 168.

[14] II 2,2 ὥσπερ ἐπί τινα Βάκχην Σάτυροι μανικώτερον ἐπήδων.

Philetas offenbart Daphnis und Chloe die Macht des Eros

§ 175   Nun erscheint[15] vor Daphnis und Chloe ein Alter im Ziegenfell mit Bauern-schuhen und Ranzen, namens Philetas.[16] Er trägt ein bukolisches Kostüm, und damit man an seiner Eigenschaft nicht zweifle, heißt er etwas später (II 15) auch ausdrücklich Bukólos. Er redet sie feierlich an, fast als bringe er eine Offenbarung: „Ich komme,[17] um euch kundzutun, was ich gesehen habe, euch zu melden, was ich gehört habe." Er besitzt einen Garten, in dem alles wächst, was die Jahreszeiten (Ὧραι) bringen: Im Frühling Blumen, im Sommer Birnen und Äpfel, im Herbst Trauben, Feigen, Granatäpfel und Myrten. In diesen Garten kommen in der Morgenfrühe viele Vögel, um sich Nahrung zu holen und zu singen; denn er ist von Zweigen überdeckt und schattig, wie eine Laube (σκιάς, vgl. § 75), und wird von drei Quellen bewässert. – Wahrscheinlich ist dieser Garten dieselbe Anlage, welche in IV 2–3 (s. § 152) als Parádeisos um den Dionysostempel geschildert wird.

In diesem Garten hat Philetas am Morgen einen Knaben getroffen, der sich dann in einen Greis verwandelte und gesagt hat, er sei älter als Kronos[18] und alle Zeit (χρόνος).[19] Er ist der kosmogonische Eros.[20] Durch ihn gedeihen im Garten des Philetas alle Blumen und Pflanzen. Er hat einst erlebt, wie Philetas Amaryllis liebte, und hat sie ihm zur Frau gegeben; „aber nun", sagt er, „weide ich Daphnis und Chloe".[21]

Indem er dies sagte, war er schon verschwunden; Philetas konnte gerade noch sehen, daß er Flügel an den Schultern und Pfeile hatte. Aus dieser Erscheinung hat Philetas

---

[15] ἐφίσταται. Dieses Wort wird von Traum- und Göttererscheinungen gebraucht, s. z. B. Herodot I 38; Vita Sophoclis 15; Plutarch, Alexander 73,9; Diodor I 25,5; Apostelgesch. 12,7 und 23,11; Aesop, Fab. 184 Hausrath; Artemidor II 70 p. 203,9 Pack; Josephus, Vita 208 f. und Antiqu. XVII 351; Sylloge³ 1168,37 (Epidauros); I. G. X 2 fasc. 1 (Thessalonike) Nr. 255,2 = M. Totti, Texte Nr. 14; Anacreonteum 33,6 West.

[16] Der Name weist vermutlich zurück auf den Begründer jenes dionysischen Dichterkreises auf Kos, dem auch Theokrit angehört hat.

[17] II 3,2 ἥκω, vgl. Euripides, Bakchen 1 ἥκω Διὸς παῖς τήνδε Θηβαίων χϑόνα / Διόνυσος, wozu Dodds im Kommentar bemerkt: „A favourite word with supernatural visitants; so Hecuba 1 (the ghost), Tro. 1 (Poseidon), Ion 5 (Hermes), Prometheus vinctus 284 (Oceanus)."
Auf Thera hat ein reich gewordener ptolemäischer Offizier namens Artemidoros einen heiligen Bezirk gestiftet, in welchem Weihungen an viele Götter aufgestellt waren. Unter einer Statue des Priapos stand:

   ἥκω Πρίαπος τῆιδε Θηραίων πόλει

   ὁ Λαμψακηνὸς πλοῦτον ἄφθονον φέρων (κτλ.)

(I. G. XII 3, Suppl. 1335 = J. Geffcken, Griech. Epigramme, 1916, Nr. 172–[1335]).
Als Kyzikos von Mithradates belagert wird, erscheint die Schutzgöttin der Stadt, Kore, dem Sekretär des Demos im Traum und verspricht Rettung (Plutarch, Lucullus 10,2; s. L. Robert, Πρακτικὰ τοῦ η΄ διεθνοῦς συνεδρίου Ἑλληνικῆς καὶ Λατινικῆς ἐπιγραφικῆς, Athen 1982/4, 42).
In der Geschichte des Prodikos von Herakles am Scheidewege tritt die Tugend (Ἀρετή) vor Herakles und spricht: „Ich komme zu dir …" (ἐγὼ ἥκω, Xenophon, Memorabilia II 1,27).

[18] Eros als ältester Gott; Hesiod, Theogonie 120; Orpheus Fr. 28 und 60 Kern; Aristophanes, Vögel 700; Platon, Symposion 178 BC; Simias von Rhodos, „Die Flügel".

[19] Man hat in der späteren Antike Kronos immer als Gott der Zeit (χρόνος) angesehen.

[20] Für den Zusammenhang dieses Gottes mit Dionysos s. § 144.

[21] II 5,4 νῦν δὲ Δάφνιν ποιμαίνω καὶ Χλόην. Vgl. IV 39,2 Ἔρως ποιμήν.

erkannt, daß Daphnis und Chloe dem Eros geweiht sind. Dann offenbart er ihnen die Macht des Gottes (II 7):

„Er ist jung und schön[22] und kann fliegen; darum hat er seine Freude an der Jugend, stellt der Schönheit nach[23] und läßt der Seele Flügel wachsen.[24] Er vermag mehr als Zeus selbst. Er herrscht über die Elemente und Sterne und über die anderen Götter … Alle Blumen sind Werke des Eros, er hat die Pflanzen gemacht, durch ihn fließen die Ströme und wehen die Winde, durch ihn lieben die Tiere;[25] ich selbst liebte als junger Mann die Amaryllis. Ich konnte nicht essen und nicht trinken … ich schrie, als würde ich geschlagen,[26] ich schwieg,[27] als stürbe ich,[28] und ging in die Flüsse vor Hitze[29] … Es gibt gegen Eros kein Heilmittel als sich zu küssen, zu umarmen und beieinander zu liegen."

So „erzieht"[30] Philetas das junge Paar und erhält zum Dank von ihnen Käse und ein Böcklein, dem schon die Hörner wuchsen. Die beiden erkennen, daß dies derselbe Gott ist, der auch ihren Vätern im Traum erschienen war.[31]

§ 176   Sie versuchen die beiden ersten Heilmittel, Kuß und Umarmung, wagen aber das dritte Mittel noch nicht; „denn es ist allzu keck, nicht nur für eine Jungfrau, sondern auch für einen jungen Ziegenhirten (Aipólos)" (II 9,1). – Man beachte, wie bei den beiden eine natürliche Schamhaftigkeit und Scheu als selbstverständlich vorausgesetzt wird. Das ideale Leben der Dionysosmysten des Longus ist kein Leben in Ausschweifungen.

Wenn sie dann in der Nacht, jeder für sich allein, in Sehnsucht wach lagen, malten sie sich das dritte Heilmittel aus; und als sie so in einer Nacht mehr von dem Gott begeistert waren,[32] nahmen sie sich vor, auch das dritte Mittel zu probieren. Aber wieder scheuten sie sich. Als sie sich einmal im Sitzen küßten, kam Chloe ins Gleiten, und nun lagen sie beieinander, – aber sie hatten die Kleider noch anbehalten.

Der ganze Roman des Longus hat die Erziehung zur Liebe als Thema.[33] Bei den Initiationen der Naturvölker gehörte der Geschlechtsverkehr regelmäßig zu dem, was

[22] Hesiod, Theogonie 120; Platon, Symposion 195 A–C.

[23] Symposion 203 D „ein gewaltiger Jäger".

[24] Phaidros 248 C–252 C; am Ende: „Darum nennen die Sterblichen ihn den beflügelten Eros, aber die Götter Pteros (Flügel-Eros), weil er dazu zwingt, daß die Flügel wachsen",

τὸν δ' ἤτοι ϑνητοὶ μὲν Ἔρωτα καλοῦσι ποτεινόν,
ἀϑάνατοι δὲ Πτέρωτα διὰ πτεροφύτορ' ἀνάγκην.

[25] Hier und im folgenden gekürzt.

[26] Vgl. § 129.

[27] Vgl. § 115.

[28] Vgl. § 113.

[29] Vgl. § 116.

[30] II 8,1 παιδεύσας, II 9,1 παιδευτήριον.

[31] Auf der Ebene des wirklichen Lebens der Dionysosmysten bedeutet dies: Die beiden Jungen kommen zu der Ansicht, daß der Plan der Väter, aus ihnen ein Paar zu machen, ein guter Plan ist.

[32] II 10,2 ἐνϑεώτεροι.

[33] Von der Erziehung zur Liebe spricht Diotima im platonischen Symposion zu Sokrates (z.B. p. 210 E 2 ὅς … ἂν … πρὸς τὰ ἐρωτικὰ παιδαγωγηϑῆι). Bei Platon ist spiritualisiert, was in den dionysischen Zeremonien eine wirkliche Einführung in das Geschlechtsleben war.

der Initiand lernen muß. Dem Hinweis des Bukólos Philetas auf die Macht des Eros und auf die Heilmittel wird in den Riten der Dionysosmysten eine ähnliche Unterweisung entsprochen haben.

Der Streit mit den Methymnäern und die Gerichtsverhandlung

§ 177   In der folgenden Episode umspielt die Erzählung die zugrundeliegenden dionysischen Zeremonien wieder in etwas freierer Weise.

Reiche junge Leute aus der Nachbarstadt Methymna wollen die Weinlese durch eine Wasserpartie feiern. Sie ziehen ein kleines Boot ins Meer und lassen sich von ihren Dienern rudern. – Dies ist der Typ einer dionysischen Landpartie reicher Städter; die feinen Herren rudern beileibe nicht selbst. Sie stammen aus einer Stadt, deren Namen Methymna an μέθυ „Wein" anklingt.[34] Ihr Anführer trägt den Namen Bryax, „der fröhliche Lärmende", s. § 157.

Die Landschaft am Ufer ist herrlich; überall kann ein Schiff anlegen, man kann baden, es gibt Parks[35] und Wälder; „alles ist schön, um die Freuden der Jugend zu genießen".[36] Sie fischen (§ 77), jagen Hasen (§ 76) und fangen Vögel (§ 78). Was sie sonst benötigen, Brot und Wein (vielleicht rituelle Speisen), kaufen sie, und für die Nächte mieten sie sich Zimmer.

Auch sie sind Dionysosdiener. Wenn es nun im folgenden zum Streit mit Daphnis und den Bukóloi aus Mitylene kommt, so gilt das nur auf der Erzählebene. Für die Wirklichkeit der dionysischen Clubs wird man annehmen dürfen, daß die Vereine benachbarter Städte sich zu gemeinsamem Zusammentreffen verabredeten, bei denen vielleicht die Gefangennahme der neuen Mysten, ihre Befreiung und der anschließende „Prozeß" heiter und fröhlich durchgespielt wurde.

Die Methymnäer haben ihr Schiff mit einem Seil festgebunden; einer der Kelterer stiehlt das Seil, da er es zur Kelter braucht. Weiteres Unglück geschieht zunächst nicht. Daher sagen die Methymnäer nicht viel, fahren weiter und landen dort, wo Daphnis seine Ziegen hütet. Sie binden das Schiff mit einem aus Weidenzweigen geflochtenen Seil fest und gehen wieder auf die Hasenjagd. Ihre Hunde scheuchen die Ziegen auf und jagen sie an die Küste. Dort finden die Ziegen keine Nahrung und fressen die grünen

[34] Zwar wird Μήθυμνα mit -η- geschrieben und μέθυ mit -ε-, und ein etymologischer Zusammenhang im Sinn der modernen historischen Grammatik liegt nicht vor; aber die Alten haben Methymna selbst von μέθυ abgeleitet, und Kallimachos hat geschrieben Μεθυμναῖος (bezogen auf Dionysos; M. Gronewald, Z.P.E. 15, 1974, 110; P. Parsons – H. Lloyd-Jones, Suppl. Hell. Nr. 276,9). Vgl. noch Dionysios, Bassariká fr. 19 verso, 9 Livrea und Heitsch (Die griechischen Dichterfragmente der römischen Kaiserzeit S. 65); Plutarch, Quaest. conviv. III 2 p. 648 E (Hubert p. 89,2); Athenaios VIII 64 (p. 363 B = Kaibel 2,294,15).
Reste einer dionysischen Kultsatzung aus Methymna: I.G. XII 2,499 = Ziehen, Leges sacrae 121 = Sokolowski, Lois sacrées, Suppl. (III, 1969) Nr. 127 (S. 223).
Orakel über den Dionysoskult in Methymna: Euseb, Praep. evang. V 36 (ed. Mras 1,289) aus Oinomaos von Gadara (ed. Vallette p. 67).
[35] Vgl. § 79 über die Parádeisoi.
[36] II 12,2 πάντα ἐνηβῆσαι καλά.

Weidenzweige, an denen das Schiff festgebunden war. Ein Wind erhebt sich und treibt das Schiff weg. Als die Methymnäer merken, daß ihr Schiff verloren ist, schreien sie, suchen den Schuldigen, und finden ihn in Daphnis, dem Ziegenhirten. Sie schlagen ihn und ziehen ihm die Kleider aus; einer brachte ein Seil, und sie versuchten seine Hände zu fesseln. Er schreit, als er geschlagen wird,[37] wehrt sich aber nicht[38] und ruft nur die Hirten zu Hilfe. Man einigt sich, daß der Bukólos Philetas Schiedsrichter sein solle. – Das Schlagen und Fesseln spielt wieder auf Initiationszeremonien an, s. § 117 und 129.

§ 178   In der Erzählung folgt nun eine Gerichtsverhandlung. Ihr entspricht in den Zeremonien der Dionysosmysten die Prüfung des Initianden, ob er bisher ein ordentliches Leben geführt habe und des Bakchosvereins würdig sei (s. § 26 und 114). Der Richter hat bei Longus den hohen Grad des Bukólos.[39]

Der methymnäische Ankläger macht geltend, sie hätten mit dem Schiff viele wertvolle Gegenstände verloren, und fordert, daß man ihnen zur Entschädigung den Daphnis als Sklaven ausliefere, „weil er ein schlechter Ziegenhirt ist".[40] – Diese Anklagerede ist schwach, und sie ist auch nicht ernst gemeint. Der Ankläger spielt auf die Erzählebene diejenige Rolle, welche auf der Ebene der Zeremonien der „advocatus diaboli" spielt, weil ein zur Aufnahme in den Verein vorgesehener Mann nun einmal angeklagt werden muß. Der Antrag auf Auslieferung des Daphnis ist unsinnig, und für einen Leser des Longus, der zu den Dionysosmysten gehörte, ist die ganze Episode wahrscheinlich sehr erheiternd gewesen.

Daphnis antwortet: „Ich hüte die Ziegen gut"[41] und weist seine Schuldlosigkeit nach. Der Richter Philetas entscheidet, mit einem Schwur bei Pan und den Nymphen, daß Daphnis unschuldig sei. – Auf der Ebene der Zeremonien bedeutet dies: Daphnis wird in den Kreis der Mysten aufgenommen.

Die Methymnäer sind wütend, stürzen sich auf Daphnis und wollen ihn fesseln und abführen. Aber nun greifen die Landleute ein und entreißen ihnen den Daphnis, „der sich nun auch selber zur Wehr setzte" – womit wieder auf das zugrundeliegende Ritual angespielt wird; zunächst durfte sich der Initiand nicht wehren; aber nun, wo der Richter verkündet hat, er sei unschuldig und könne aufgenommen werden, nun muß er sich sogar wehren.

Chloe führt den Daphnis zur Nymphengrotte und wäscht ihm das Gesicht ab, das durch einen Schlag blutig geworden war;[42] dann holt sie aus ihrem Ranzen (πήρα)

---

[37] II 14, 4 ἐβόα ... παιόμενος, vgl. oben II 7, 5 (Philetas) ἐβόων ὡς παιόμενος.

[38] denn der Initiand mußte erdulden, was mit ihm gemacht wurde. Vgl. vor allem Achilleus Tatios V 23, wo Kleitophon verprügelt wird, sich aber „wie in einer Mysterienzeremonie" (ὥσπερ ἐν μυστηρίωι) nicht wehrt, obwohl er es gekonnt hätte (ἐδεδοίκειν ἀμύνασθαι, καίτοι δυνάμενος). Es wurde vom Mysten völlige Passivität erwartet.

[39] II 15, 1 βουκόλον ἔχοντες δικαστήν.

[40] II 15, 3 πονηρὸν ὄντα αἰπόλον. Das Wort πονηρός kann einen moralisch schlechten Menschen bezeichnen, und ein solcher könnte nicht unter die Dionysosmysten aufgenommen werden.

[41] II 16, 1 ἐγὼ νέμω τὰς αἶγας καλῶς.

[42] Das Abwaschen des blutigen Gesichts nach dem Kampf kommt auch in den Bakchen des Euripides vor (Vers 767).

ein Stück gesäuertes Brot und Käse und gibt es ihm zu essen; „und was ihn am meisten wieder auf die Beine brachte, sie gab ihm mit ihren zarten Lippen einen honigsüßen Kuß" (II 18). Die Speisen könnten sich auf ein Ritual beziehen.

Der Kriegszug der Methymnäer; Chloe gefangen; dionysische Wunder

§179   Die jungen Methymnäer, „Jünglinge aus den ersten Häusern" der Stadt (II 19,3), sind wütend darüber, daß sie von „Hirten" (ποιμένες) verjagt worden sind, und wollen sich rächen. Sie berufen eine Volksversammlung ein, und man beschließt, das Gebiet von Mytilene sofort und ohne Kriegserklärung anzugreifen. – Longus läßt seine Erzählung fröhlich ins Reich der Phantasie abschweifen. Er schreibt im tiefen Frieden der römischen Kaiserzeit, als es seit Generationen keine Kriege zwischen benachbarten Städten mehr gegeben hatte. Keiner seiner damaligen Leser hat diese Erzählung vom Krieg ernst genommen. In den Mythen von Dionysos waren Kriege allerdings traditionell. Der große Kriegszug war der nach Indien. Aber auch in den Bakchen spielt Pentheus mehrfach mit dem Gedanken, die Mänaden zu bekriegen;[43] vielleicht sind solche Kriege auch in der Lykurgie und im Pentheus des Aeschylus vorgekommen. Longus hat also ein dionysisches Motiv aufgegriffen um seine Erzählung so zu führen, daß nun, nach der Gefangennahme des Daphnis, auch Chloe gefangen genommen wurde, – weil im dionysischen Weiheritual eine Gefangennahme jedes neuen Mysten gespielt worden ist.

Zehn methymnäische Schiffe fahren aus und rauben im Gebiet von Mytilene Vieh, Getreide, Wein und Menschen. Daphnis ist zufällig gerade im Wald und entkommt; aber Chloe, die zur Nymphengrotte geflohen war, wird, den Standbildern der Nymphen zum Trotz, gefangen.[44] „Sie führten sie ab wie eine Ziege oder ein Schaf und schlugen sie mit Weidenruten" (II 20,3). – Wenn Chloe bei der Nymphengrotte, also an einem Kultplatz, gefangen wird, so handelt es sich um ein Ritual. Dasselbe gilt für die Geißelung, s. §129.

Daphnis ist untröstlich und betet zu den Nymphen; wenn sie nicht helfen, will er bei ihren Standbildern liegenbleiben und sterben. So schläft er ein. Im Traum erscheinen ihm die Nymphen; sie haben Mitleid,[45] und die Älteste spricht ihm Mut zu;[46] der Pan unter der Fichte, dem Daphnis und Chloe bisher noch nie Blumen gebracht hätten, werde Chloe schon morgen befreien.

---

[43] Siehe Dodds zu Vers 52 der Bakchen und in der Einleitung S. XXXII. Pentheus: Aeschylus, Eumeniden 25 f.

[44] Literarisches Vorbild war vielleicht das Lityerses-Drama des alexandrinischen Dichters Sositheos, wo die Geliebte des Daphnis (namens Pimpleia) von Seeräubern entführt wurde. Vgl. Servius auctus zu Vergil, Buk. 8,68 und die Scholien zu Theokrit 8,1 und 93; B. Snell, Trag. Graec. Fr. I Nr. 99 (p. 270).

[45] II 23,2 ἐλεούσαις, ἠλεήσαμεν. Vgl. schon I 6,1 ἐλεεῖν und dann IV 8,4.

[46] ἐπιρρωνύουσα. Das Wort hat religiösen Klang, vgl. Heliodor IV 10,4, wo der Priester Kalasiris die Charikleia tröstet.

Daphnis erwacht und ist von Freude und Leid gleichzeitig erfüllt; er betet weinend[47] zu den Nymphen und eilt dann zu der Statue des Pan, um auch dort zu beten. Dann kommt er nach Hause zu seinen Pflegeeltern Lamon und Myrtale, die auch ihn für geraubt gehalten hatten, und „beendet ihr Leid, erfüllt sie mit Freude und nimmt Speise zu sich".[48]

§180   Die Schiffe der Methymnäer ankern in einer benachbarten Bucht, und die Männer geben sich dem Genuß hin, als sei Frieden; sie trinken und spielen und „ahmen ein Siegesfest nach". – Es ist eben nur ein dionysisches Spiel.

Aber als die Nacht einbricht, leuchtet das Land wie von Feuer, und vom Meer her hört man den Ruderschlag einer feindlichen Flotte. Einer rief „Zu den Waffen", ein anderer nach dem General, einer glaubte, er sei verwundet, und wieder ein anderer „lag da und ahmte die Haltung eines Toten nach". Es war eine nächtliche Schlacht ohne Feinde. – Aber alles ist nur „Nachahmung";[49] wie weit solche Szenen gespielt wurden, wie weit es sich um literarische Erfindung handelt, das läßt sich nicht entscheiden. Für den panischen Schrecken s. §43.

Der folgende Tag war für die Methymnäer noch verwirrender. Die geraubten Böcke und Ziegen des Daphnis trugen Efeu mit den Dolden (κόρυμβοι, vgl. oben §5) auf den Hörnern, die Schafe der Chloe heulten wie Wölfe; Chloe selbst war mit einem Fichtenkranz bekränzt. Die Anker hängen am Meeresgrund fest,[50] die Ruder zerbrechen im Wasser,[51] Delphine (Tiere des Dionysos) schlagen mit ihren Schwänzen an die Schiffswände und lösen die Fugen. Von einem hohen Fels hört man den Ton einer Syrinx. Alle werden von panischem Schrecken ergriffen. Man ruft wieder „Zu den Waffen", obwohl niemand da ist. Es wird wieder Nacht, und um Mitternacht erscheint Pan dem Strategen der Methymnäer im Traum und befiehlt, Chloe und ihre Herde freizulassen. Man sucht Chloe und findet sie sofort; ihr Fichtenkranz ist das Kennzeichen (σύμβολον).[52] Als Chloe aussteigt, hört man wieder die Syrinx; ihre Tiere springen an Land und tanzen um das Mädchen, „und alle staunten und priesen den Pan".[53] – Dies ist eine Wendung, welche in antiken Geschichten von den wunderbaren Taten der Götter oft vorkommt.[54]

[47] Daphnis ist in jener ambivalenten Stimmung, welche für den Mysten charakteristisch ist. Für das Weinen beim Gebet s. K. Meuli, Ges. Schr. I 374–380; es war in der Antike fast rituell gefordert und sollte die echte Rührung des Beters zeigen. Vgl. z.B. Possidius in der Vita Augustini 31,2–3 über die letzten Tage Augustins: *ubertim ac iugiter flebat ... et omni illo tempore orationi vacabat.*
[48] II 24,3–4 πένθους ἀπαλλάξας, εὐφροσύνης ἐμπλήσας, τροφῆς τε ἐγεύσατο. Auch diese Worte klingen religiös.
[49] II 25,3 ἐπινίκιον ἑορτὴν ἐμιμοῦντο. 25,4 σχῆμά τις ἔκειτο νεκροῦ μιμούμενος.
[50] Vgl. Ovid, Metam. III 661, wo das Schiff der tyrrhenischen Seeräuber auf hoher See feststeht, „nicht anders, als wenn es im Trockenen auf der Werft läge", s. §61.
[51] In der Erzählung von den tyrrhenischen Seeräubern bei Ps. Apollodor III 38 werden die Ruder in Schlangen verwandelt, und das Schiff ist von Efeu und Flötenklang erfüllt. Vgl. §61.
[52] Denn Pan und die Fichte (πίτυς) gehören zusammen (§40).
[53] II 29,2 θαύματι δὲ πάντων ἐχομένων καὶ τὸν Πᾶνα ἀνευφημούντων.
[54] Vgl. z.B. die delische Sarapisaretalogie I.G. XI 4,1299 = H. Engelmann, The Delian Aretalogy of Sarapis (Leiden 1975) = M. Totti, Texte Nr. 11, Verse 90/1; Xenophon von Ephesos V 13,3 ὁ δὲ δῆμος ... ἀνευφήμησε ... μεγάλην θεὸν ἀνακαλοῦντες τὴν Ἶσιν.

Man beachte auch, daß es die Methymnäer sind, welche den Pan preisen. Sie sind also Diener des Dionysos, auch auf der Ebene der Erzählung. Für die kleinen kultischen Spiele, die natürlich weniger ausführlich waren als die romanhafte Erzählung des Longus, gilt ohnehin: Auch wenn man sich bei dieser Gelegenheit in zwei Parteien teilte, waren doch alle Mysten des Dionysos.

Die Schiffe der Methymnäer fahren wieder, ohne daß man die Anker eingezogen hätte. Dem Führerschiff schwimmt ein Delphin voran. Die Tiere der Chloe werden vom Ton der Syrinx geführt. – All dies sind dionysische Wunder.[55]

Als Daphnis Chloe erblickt, eilt er auf sie zu, umarmt sie und sinkt ohnmächtig zu Boden. Langsam kommt dem von Chloe Umarmten das Leben zurück. – Mit dieser Episode wird vermutlich auf einen symbolischen Tod in einer Einweihungszeremonie angespielt, s. §113.

Das Dionysosfest im engeren Kreis

§181   Nun feiern Daphnis und Chloe zusammen mit ihren Eltern ein zweites dionysisches Herbstfest. Es findet im engen Kreis statt. Zunächst opfert Daphnis den Nymphen eine Ziege, die er vorher mit Efeu bekränzt hatte, und weiht den Göttinnen das Fell. Dann stellt er einen Mischkrug (κρατήρ) auf (s. §122); er breitet eine Streu (στιβάς, vgl. §71) aus, und man ißt, trinkt und scherzt. Es werden auch Lieder älterer Hirten auf die Nymphen gesungen.

Am anderen Tag bekränzen sie den Leit-Bock mit einem Fichtenkranz und führen ihn zur Fichte des Pan; dort rühmen sie den Gott,[56] opfern das Tier[57] und hängen das Fell mit den Hörnern an der Fichte neben dem Bild des Gottes auf. Dann speisen sie auf dem Laub, das sie auf der Wiese ausgebreitet haben. Sie stellen einen größeren Mischkrug auf; Chloe singt und Daphnis spielt auf der Syrinx. Während sie beim Essen sind, tritt zu ihnen der Bukólos Philetas mit seinem jüngsten Sohn Tityros; er bringt zufällig[58] Kränze und frische Trauben für Pan. Sie bekränzen zusammen den Gott und laden Philetas ein, mit ihnen zusammen zu trinken. Nachdem die Alten etwas getrunken haben, erzählen sie aus der Zeit ihrer Jugend, wie sie die Herden geweidet haben und wie sie „vielen Überfällen der Räuber entgangen sind". – Auf der Ebene der dionysischen Zeremonien bedeutet dies: Sie haben in ihrer Jugend dieselben Weihezeremonien durchgemacht, welche Daphnis und Chloe soeben bestanden haben.

Philetas rühmt sich, nur Pan könne besser auf der Syrinx spielen als er selbst. Daphnis und Chloe bitten ihn, vorzuspielen; es sei der Tag des Gottes, der an der Syrinx seine

---

[55] s. §43, 60–61 und 123–125.
[56] II 31,2 εὐφημοῦντες τὸν θεόν.
[57] Vgl. oben §132.
[58] II 32,1. „Zufällig" ist das Opfer an den Hirtengott nur auf der Erzählebene. Im Ritual gehört eine Gabe an Pan zu dem Fest.

Freude habe. Philetas versucht auf der Syrinx des Daphnis zu spielen, aber sie gibt einen zu schwachen Ton; er will seine eigene Flöte, und der Sohn Tityros läuft schnell „wie ein Reh",[59] um sie zu holen.

Der Mythos der Syrinx; Tänze beim Kelterfest

§ 182   In der Zwischenzeit erzählt Lamon den Mythos von der vergeblichen Liebe des Pan zur Nymphe Syrinx: Sie floh vor den Liebesanträgen des Pan, und als dieser sie beinahe erreicht hatte, wurde sie in Schilf verwandelt. Pan tröstete sich, indem er aus dem Rohr die Hirtenflöte (Syrinx) fertigte. Vgl. § 42.

Inzwischen hatte der Knabe Tityros seinem Vater die große Syrinx gebracht, und Philetas spielte nun herrliche Melodien „des musikalischen guten Weidens".[60]

Nach ihm trat Dryas, der Vater der Chloe, mit einem pantomimischen Keltertanz auf.[61] „Er glich bald einem, der die Trauben pflückte, bald einem, der auf die Trauben trampelte, dann einem, der die Fässer füllte, und einem, der vom Süßmost trank." – Vgl. § 93–95.

Schließlich tanzen Daphnis und Chloe den Mythos von Pan und Syrinx, den Lamon vorher erzählt hatte. Als Daphnis in der Rolle des Pan zu der Szene kommt, wo er auf der Syrinx spielt, läßt er sich von Philetas dessen große Syrinx geben und spielt darauf so schön, daß der Alte sie ihm zur Belohnung schenkt. – Schon der Rinderhirt Dorkon hatte Daphnis eine Syrinx geschenkt (I 15,2, s. § 167). Beidemale wird dies auf der Ebene der dionysischen Riten bedeuten, daß dem Neugeweihten eine Syrinx als „Symbol" übergeben wurde.

Seine alte Flöte weiht Daphnis nun dem Pan.

Der Treueschwur

§ 183   Am anderen Tag sind Daphnis und Chloe allein. Sie beten die Nymphen und den Pan an, spielen auf der Syrinx und küssen sich; sie nehmen auch Speise zu sich und trinken Wein, den sie mit Milch gemischt haben. Dann schwören sie sich gegenseitig Treue, Daphnis vor der Fichte des Pan und Chloe vor der Nymphengrotte; und als Chloe meint, ein Schwur bei Pan genüge noch nicht, denn der Gott sei immer in die verschiedensten Nymphen verliebt und werde dem Daphnis nicht grollen, wenn auch er unbeständig sei, – da schwört Daphnis ihr nochmals Treue, wobei er mit der einen Hand eine Ziege und mit der anderen einen Ziegenbock anfaßt. Da ist Chloe zufrieden, „denn sie meinte, Ziegen und Schafe seien die Sondergötter der Schäfer und Ziegenhirten" (II 39,6). – Auf der Ebene der dionysischen Zeremonien bedeutet dies: Im Frühjahr

---

[59] II 33,3 ὥσπερ νεβρός. Vgl. § 105/6; auch Männer trugen Rehfelle. Vgl. noch § 199 Anm. 15.

[60] II 35,4 εὐνομίας μουσικῆς. Das Wort εὐνομία hat viele Bedeutungen: Gute Melodie, gutes Weiden, gute Gesetze.

[61] II 36,1 ἐπιλήνιον ... ὄρχησιν ὠρχήσατο.

hatten die Eltern in Aussicht genommen, ihre Kinder miteinander zu verheiraten. Nun haben sie gemeinsam an allen Ausflügen in Frühling, Sommer und Herbst und an allen Festen teilgenommen und sich gut kennen gelernt; sie bekräftigen jetzt die von den Eltern vorgesehene Verlobung. Der Eidschwur ist schon an sich eine Zeremonie der dionysischen Mysterien, s. §115; in besonderem Maß gilt dies für Eheschließungen nach dionysischem Ritual.[62]

Mytilene und Methymna schließen Frieden

§184   Nun folgt wieder ein kleiner Abschnitt, in dem die Erzählung über die dionysischen Riten hinausgeht.

Als die Mytilenäer von dem Überfall der Methymnäer gehört haben, beschließen sie, auch ihrerseits ein Heer gegen Methymna auszusenden. Aber als das Heer sich der Nachbarstadt nähert, begegnet ihnen bereits ein Herold, der um Frieden bittet; die Methymnäer entschuldigen sich für den Übermut ihrer jungen Leute und geben alle Beute zurück. Die Mitylenäer nehmen den Frieden gerne an. – Im dionysischen Mythos und in den Tänzen wurden kriegerische Episoden dargestellt, s. §57 und 94. Aber daß es zwischen den wirklich existierenden Städten Methymna und Mytilene zu einem Krieg kommen könnte, war für Longus und seine Leser eine fast abenteuerliche Erfindung, die nur in Beziehung auf die dionysischen Mythen und Spiele Sinn hatte. Guten dionysischen Sinn hat dagegen der Friedensschluß: Dionysos ist der Gott des Friedens.

[62] Ich will nicht sagen, daß es für die Eheschließung junger Dionysosmysten ein allgemein verbindliches Ritual gegeben habe. Die Zeremonien waren gewiß von sehr wechselnder Art.

XVIII   Der Winter (III 3–11)

Daphnis und Chloe getrennt; die Hoffnung auf Wiedergeburt im Frühling

§ 185   Inzwischen fällt Schnee; der Winter war eingebrochen, die Pfade waren nicht gangbar, die ländlichen Anwesen fast voneinander abgeschnitten. Man mußte dem Vieh in den Ställen Futter geben, aber sonst hatte man nichts zu tun. Die Landleute und Hirten konnten lange schlafen, „so daß ihnen der Winter süßer schien als der Sommer und der Herbst und selbst der Frühling".[1]

Nur Daphnis und Chloe sind unglücklich, denn sie sind voneinander getrennt und erinnern sich der schönen Tage, „als sie sich küßten und umarmten und miteinander aßen", und so „warten sie auf den Frühling wie auf eine Wiedergeburt aus dem Tode".[2]

Hier fällt das Wort „Wiedergeburt" (παλιγγενεσία), für uns ein eindeutig religiöses Wort. Es hat auch hier religiösen Klang, steht aber ganz ungezwungen in einem völlig natürlichen Zusammenhang. Die religiösen Hoffnungen der Dionysosmysten sind aus ihrer einfachen Naturfrömmigkeit herausgewachsen.[3]

Daphnis und Chloe beten zu den Nymphen und zu Pan, sie möchten sie aus diesem Übel befreien[4] und ihnen selbst und ihren Herden die Sonne wieder zeigen. – Diese Hoffnung auf Befreiung vom Übel erinnert an den dionysischen Ruf „Ich bin dem Übel entflohen, ich habe das Gute gefunden"; vgl. § 135.

---

[1] III 4,1 ὥστε αὐτοῖς τὸν χειμῶνα δοκεῖν καὶ θέρους καὶ μετοπώρου καὶ ἦρος αὐτοῦ γλυκύτερον.

[2] III 4,2 τὴν ἠρινὴν ὥραν ἀνέμενον ἐκ θανάτου παλιγγενεσίαν. Vgl. Hermias zu Platons Phaidros p. 55,21 über Dionysos: οὗτος γάρ ἐστιν ὁ τῆς παλιγγενεσίας αἴτιος θεός.

[3] Charakteristische Verse über die Wiedergeburt als Phänomen der Natur stehen bei dem Bukoliker Calpurnius in einer Beschreibung des Frühlings (5,19–21):
>   tunc etenim melior vernanti gramine silva
>   pullat et aestivas reparabilis incohat umbras,
>   tunc florent silvae viridisque renascitur annus,

„denn jetzt sprießt der Wald besser in frühlingsgrünen Keimen, und sich erneuernd (*reparabilis*) beginnt er die Schatten für den Sommer auszubilden, jetzt blühen die Wälder, und das Jahr wird als ein grünes wiedergeboren".

[4] III 4,4 ἐκλύσασθαι τῶν κακῶν.

Daphnis geht auf die Vogeljagd und besucht Chloe; das Winterfest

§ 186   Daphnis denkt sich einen Vorwand aus, um seine Chloe zu sehen: Er geht auf
Vogelfang mit Leimruten (vgl. § 78). Er wußte, daß vor der Hütte des Dryas zwei
Myrtenbäume[5] wuchsen, an denen sich Efeu emporrankte. Die Zweige der Myrten-
bäume berührten sich, und der Efeu war an ihnen entlanggewachsen wie eine Wein-
pflanze und bildete eine Art Grotte[6] (vgl. § 72/3). Myrte und Efeu hatten reichliche
Fruchtbüsche (κόρυμβοι, vgl. § 5), an denen sich die Vögel zur Winterszeit nährten.
Daphnis nahm also Leimruten und Schlingen mit, damit man ihm glauben solle, daß er
zum Vogelfang gekommen sei,[7] packte aber auch Honigkuchen für die Geliebte in den
Ranzen. Es gelang ihm wirklich, viele Vögel zu fangen; aber Dryas und die Seinen waren
so im Haus beschäftigt, daß sie Daphnis nicht wahrnahmen. Er überlegte schon, wie er
sich bemerkbar machen könnte, kam aber doch zu dem Schluß, daß es besser sei zu
schweigen.[8]

Inzwischen hatte man im Inneren des Hauses in einem Mischkrug (κρατήρ, vgl. § 122)
Wasser und Wein gemischt. Dryas sieht Daphnis vor der Tür unter der Laube und
lädt ihn ein, hereinzukommen und mitzufeiern. Als die Liebenden sich wiedersahen,
umarmten sie sich und wären beinahe zu Boden gestürzt, wenn sie sich nicht aneinander
festgehalten hätten.

Auf der Ebene der Zeremonien, welche die Dionysosmysten vollführten, wird man
annehmen, daß es Winterausflüge zum Vogelfang mit anschließendem Trinkgelage gab
und daß die Verlobten sich bei dem Gelage sehen konnten. So wie sich hier Daphnis und
Chloe ohne weiteres vor den Augen aller sofort umarmen, weil allen klar ist, daß sie
zusammengehören, so werden auch Verlobte unter den Dionysosmysten in der Gesellschaft bereits als ein Paar angesehen worden sein.

Daphnis bekommt eine Portion Fleisch, und Chloe schenkt ihm zu trinken ein; sie
nippt vorher an dem Becher, so daß er an derselben Stelle trinken und so ihre Lippen
beinahe berühren kann. Dann fordern Chloes Zieheltern Daphnis auf, bei ihnen zu
übernachten; denn am nächsten Tag feiern sie ein Dionysosfest, an dem er teilnehmen
soll. – Was auf der Erzähleben für Daphnis als große Überraschung kommt, das
Dionysosfest des nächsten Tages, wird im Leben der lebendigen Dionysosmysten von
vornherein fest verabredet gewesen sein.

Daphnis ist überglücklich und hätte vor Freude fast die Eltern der Chloe „anstelle des
Dionysos" angebetet (III 9, 2). – Daß Dionysos eine Rolle sein konnte, ergibt sich aus
der Inschrift der Iobakchen (§ 29–32).

---

[5] Vgl. § 6, Anm. 39.

[6] III 5, 1 ἄντρου σχῆμα, also eine Laube (s. § 75).

[7] III 5, 3 κομίζων δὲ ἐς πίστιν ἰξὸν καὶ βρόχους – möglicherweise ein Hinweis auf eine dionysische
Maskerade. In der Isisprozession bei Appuleius geht ein Mann mit, der als Vogelfänger ausstaffiert ist:
nec ille deerat, qui ... aucupem cum visco ... induceret (Met. XI 8, 3).

[8] III 6, 4 ἄμεινον ἄρα σιγᾶν ... 6, 5 σιωπῆι. Vgl. die „Schweiger" im Verein der Pompeia Agrippinilla
(§ 15) und § 115.

Daphnis holt die Süßigkeiten aus seinem Ranzen und stiftet die von ihm gefangenen Vögel als Nachtmahl. Es wird ein zweiter Mischkrug aufgestellt, man erzählt sich viel und geht zu Bett.

Das Widderopfer; Daphnis und Chloe in der Weinlaube

§ 187   Am anderen Tag wird dem Dionysos „der jährliche Widder" geopfert.[9] Während die Alten das Essen vorbereiten, gehen Daphnis und Chloe in die Laube und fangen wieder viele Vögel. Sie küssen sich und tauschen Liebesworte: „Ich fürchte, Chloe, noch vor dem Schnee zerschmelze ich (aus Sehnsucht)." – „Sei getrost (θάρρει), Daphnis, die Sonne ist warm."[10] – Für Dionysos und Ariadne in der Weinlaube s. den Grabaltar der Claudii (Abb. 12).

Dann beginnt im Haus das Festmahl. Man spendet dem Dionysos aus dem Mischkrug,[11] bekränzt sich mit Efeu und ißt. Zuletzt jauchzen alle, rufen den dionysischen Jubelruf „Eu-hoi"[12] und verabschieden den Daphnis, nachdem sie ihm noch reichlich Speisen auch für seine Pflegeeltern in den Ranzen gepackt haben.

Daphnis fand auch noch andere Mittel und Wege, um Chloe während des Winters zu sehen, so daß der Winter für sie nicht ganz ohne Liebe verlief (III 11, 3).

---

[9] Ein Widderopfer ist auf dem Sarkophag im Museo Chiaramonti (Abb. 63) dargestellt. Vgl. § 132.

[10] Vgl. den homerischen Dionysoshymnus (7, 55) θάρσει.

[11] Dies ist innerhalb der zwei Tage der dritte Mischkrug (III 7, 1; 9, 4 und jetzt). Vgl. Apostolios XVII 28 (Paroemiographi II 692, s. hier § 208).

[12] III 11, 2 ἰαχχάσαντες καὶ εὐάσαντες. Vgl. die Ἰαχχιασταί in Stratonikeia, § 23 Anm. 34.

XIX   Der zweite Frühling (III 12–23)

Lykainions Liebesschule[1]

§188   Sobald der Frühling begann, der Schnee schmolz und das Gras ergrünte, führten Daphnis und Chloe ihre Herden auf die Weide, vor allen anderen Hirten, „denn sie dienten einem größeren Hirten" – Eros dem Hirten, wie er am Ende des Romans genannt wird.[2]

Sie eilten sofort zu der Nymphengrotte und zu der Fichte mit dem Bild des Pan, pflückten die ersten Blumen und bekränzten die Götterbilder; sie spendeten frische Milch und spielten auf der Syrinx.[3]

In dieser Jahreszeit sieht Daphnis die Liebesspiele der Tiere; die Böcke springen auf die Ziegen,[4] und Daphnis meint, mit Chloe etwas Ähnliches tun zu sollen; denn diesen Rat der „Erziehung" des Philetas[5] hatten sie noch nicht befolgt. Aber die beiden wissen nicht wie. Die junge Frau eines alten Bauern der Nachbarschaft, Lykainion,[6] die ohnedies in Daphnis verliebt und eine zarte Städterin war,[7] erkennt seine Not. Sie hat Mitleid[8] mit den beiden und sieht die Gelegenheit gekommen, gleichzeitig den Verliebten die Rettung[9] zu bringen und ihre eigene Begierde zu stillen. Sie kommt zu den beiden und spricht: „Rette mich Ärmste, Daphnis";[10] ein Adler habe ihr eine Gans geraubt; „bei

---

[1] Ich übernehme den Ausdruck von A. Geyer 15.

[2] IV 39,2 Ἔρως ποιμήν. Vgl. II 5,4, wo Eros spricht: νῦν δὲ Δάφνιν ποιμαίνω καὶ Χλόην.

[3] Eine Milchspende an die Nymphen ist im 53. orphischen Hymnus (Überschrift) vorgeschrieben.

[4] Eine parallele Schilderung hat der Bukoliker Calpurnius gegeben, ebenfalls in der Beschreibung des Frühlings:

> Tunc Venus et calidi scintillat fervor Amoris,
> lascivumque pecus salientes accipit hircos (5,22/3),

„Jetzt sprüht Venus und die Glut des heißen Amor, und das verliebte Vieh wartet auf die springenden Böcke."

[5] III 14,1 παιδεύματα. Vgl. II 8,1 und 9,1 (§ 175).

[6] Lykainion heißt „die kleine Wölfin". Bei den Römern ist „Wölfin" (*lupa*) das Wort für eine Frau, die sich vielen Männern hingibt. – Nach Iunius Philargyrius wurde Daphnis von einer Nymphe Lyca geliebt (zu Vergil, Bucol. 5,20; p. 24 Hagen).

[7] Das heißt auf der Ebene des Rituals: Sie ist eine Dionysosmystin. In ähnlicher Weise war in I 16,5 der Bukólos Dorkon als städtischer Dionysosmyste gekennzeichnet worden, indem über ihn gesagt wurde, er sei weißhäutig wie eine Frau aus der Stadt.

[8] III 15,5 συναλγήσασα.

[9] σωτηρία.

[10] III 16,2 σῶσόν με ... Δάφνι τὴν ἀθλίαν.

den Nymphen und dem Pan dort, komm mit mir in den Wald – allein habe ich Angst –
und rette mir die Gans und laß nicht zu, daß die Zahl meiner Gänse unvollendet sei
(= daß an der Zahl meiner Gänse eine fehle)".[11]

Die Anrufung der Nymphen und des Pan, der wiederholte Gebrauch des Wortes
„retten", und schließlich das Wort „unvollendet" zeigen, daß die Szene eine religiöse
Dimension hat; denn „unvollendet" (ἀτελής) nannte man auch die Nicht-Eingeweihten.

Daphnis ist bereit, der jungen Frau zu helfen, nimmt seinen Hirtenstock (καλαῦροψ)
und geht mit Lykainion in den Wald. Dort setzt sie sich mit ihm neben einer Quelle
und erzählt dem Jungen, die Nymphen hätten ihr heute Nacht im Traum befohlen, ihn
zu retten und die Werke der Liebe zu lehren.[12] „Wenn es dir also lieb ist, dem Übel zu
entrinnen und das Angenehme zu erproben, nach dem du suchst, dann übergib dich mir
als Schüler, und ich werde – den Nymphen zu Gefallen – dich jene Dinge lehren."[13]

Lykainion ist eine Person von leichtem Gewicht, – aber sie spricht in religiöser Sprache.
Schon das Wort „übergeben", παραδιδόναι, ist ein Mysterienwort;[14] auch die Berufung
auf die Nymphen – Lykainion und Daphnis sitzen neben einer Quelle – geschieht mit
Bedacht.

Aber vor allem, wenn dem Dionysosmysten „lieb ist, was schön ist", ὅττι καλόν,
φίλον ἐστίν, dann soll es hier dem Daphnis „lieb sein", dem Übel (dem Gegensatz zum
Schönen) zu entrinnen und das Angenehme (τερπνά, also fast: das Schöne) zu erfahren;
und wenn bei der Hochzeit in Attika ein Liknon-tragender Knabe voranschritt und rief
„Ich bin dem Übel entflohen, ich habe das Gute gefunden",[15] so wird man dieses Gute
wohl mit dem Angenehmen bei Longus, das der Vorbereitung auf die Hochzeit dient,
und mit dem Schönen der Dionysosmysten zusammensehen.

Daphnis ist außer sich vor Freude, fällt der jungen Frau zu Füßen und fleht sie an,
ihn die Kunst zu lehren; „und da er meinte, er werde nun etwas Großes und wahrhaft
von Gott Gesandtes"[16] lernen, verspricht er der Lykainion als Gegengabe ein junges
Böcklein, zarten Käse aus frischer Milch und eine Ziege. So fand die Frau „die Bereit-

---

[11] σὺ τοίνυν, πρὸς τῶν Νυμφῶν καὶ τοῦ Πανὸς ἐκείνου, συνεισελθὼν εἰς τὴν ὕλην (μόνη γὰρ δέδοικα)
σῶσόν μοι τὸν χῆνα μηδὲ περιίδῃς ἀτελῆ μου τὸν ἀριθμὸν γενόμενον.

[12] III 17,2 (die Nymphen) ἐκέλευσάν σε σῶσαι διδαξαμένην τὰ Ἔρωτος ἔργα.

[13] εἰ δή σοι φίλον ἀπηλλάχθαι κακῶν καὶ ἐν πείρᾳ γενέσθαι ζητουμένων τερπνῶν, ἴθι, παραδίδου
μοι σαυτὸν μαθητήν· ἐγὼ δὲ χαριζομένη ταῖς Νύμφαις ἐκεῖνα διδάξω.

[14] Vgl. den Eid der Isismysten, Pap. Soc. It. 1162 = Totti, Texte Nr. 8b, Zeile 6 τὰ παραδεδομένα μοι
μυστήρια. Pap. Graec. Mag. IV 475 τὰ πατροπαράδοτα μυστήρια (dies ist wohl die richtige Lesart;
jedenfalls kommt die „Übergabe" in diesem Text vor). Vgl. auch Pap. Graec. Mag. I 192 ταῦτα ... μηδενὶ
παραδίδου. Clemens Alex., Strom. I 13,4 (p. 10,11 Stählin) τὰ μυστήρια μυστικῶς παραδίδοται. Theon
von Smyrna p. 14 Hiller = 20/2 Dupuis μυστηρίων παράδοσιν ... τῆς τελετῆς παράδοσις. Athenaios II
12 p. 40E (ed. Kaibel 1,94,6) μυστικῆς παραδόσεως. Diodor III 65,6; V 77,3; Appuleius, Metamorph.
XI 29,5 sacrorum traditio. Vgl. Chr. Riedweg, Mysterienterminologie bei Platon, Philon und Klemens
von Alexandrien (1987) 6f.

[15] Vgl. § 135.

[16] III 18,2 θεόπεμπτον. Longus scherzt, – und meint es doch gleichzeitig auch ernst.

willigkeit eines Ziegenhirten"[17] und „erzog"[18] den Daphnis, indem sie ihm zeigte, wie Mann und Frau beieinander liegen.

„Als die erotische Kindererziehung vollendet war",[19] sagt Longus und gebraucht mit dem Wort „vollenden" (τελεῖν) wieder ein Wort der Mysteriensprache, welches auch die Bedeutung „einweihen" hat, da wollte Daphnis gleich zu Chloe laufen und mit ihr dasselbe tun, was er gerade gelernt hatte, „denn er fürchtete, er könne es – wenn er es hinausschiebe – wieder vergessen". Aber Lykainion warnt ihn, er werde beim erstenmal seiner Chloe weh tun und ihr Blut werde fließen.

Als Daphnis dies hört, hat er doch Scheu, seiner Geliebten weh zu tun, und obwohl Lykainion ihm suggeriert hatte, Chloe schon bald zu entjungfern, beschließt er doch, sich nur in der bisherigen Weise zu vergnügen. Erst in der Hochzeitsnacht wird er der Chloe zeigen, welches Spiel Lykainion ihn gelehrt hatte.

§ 189   Bei den Dionysosmysten, welche Longus schildert, wurde also ein junger Mann von einer erfahrenen Frau eingeweiht,[20] gewiß ein zweckmäßiges und natürliches Ritual. Die ganze Szene mit Lykainion ist sehr heiter, die Frau ist ein wenig leichtsinnig, und Daphnis ist ein bißchen dumm (er ist ja auch erst 16 Jahre alt); dennoch hat die Episode eine religiöse Dimension.[21]

Es wird vielleicht auch für einen Modernen, der in anderen Vorstellungen aufgewachsen ist, nicht schwer sein, sich auf einen Standpunkt zu stellen, von dem aus gesehen die leibliche Liebesbeziehung diese religiöse Dimension erhält: Wenn es für die Menschen so etwas gibt wie den Tod zu besiegen, dann kann das nur geschehen durch die Verbindung von Mann und Frau. Für die Dionysosmysten war die zyklische Erneuerung der Natur in immer neuem Erblühen und immer neuer Zeugung geradezu ein Kernpunkt ihrer Religion; die Zeugung an sich war heilig; darum haben sie auch den Phallos verehrt. Im Rahmen ihrer Vorstellungen hat dies alles guten Sinn. Frauen wie Lykainion haben ihre angenehme Aufgabe erfüllt in dem Empfinden, etwas Gutes zu tun und den Jungen zu helfen; sie nimmt auch am Schlußbankett anläßlich der Hochzeit teil und wird im letzten Satz des Romans ehrenvoll genannt.

Man beachte auch, daß Lykainion dem Daphnis zwar vorschlägt, sich bald mit Chloe zu vereinen; daß aber Daphnis bis zur Hochzeit wartet und dafür von seinem Vater

[17] αἰπολικὴν ἀφθονίαν. Das Wort Aipólos bezeichnet auch einen Grad der Dionysosmysterien, oben §70.
[18] III 18,3 ἤρχετο παιδεύειν, 18,4 ἡ φύσις ... ἐπαίδευσε.
[19] III 19,1 τελεσθείσης δὲ τῆς ἐρωτικῆς παιδαγωγίας. Gleich danach πεπαίδευτο und 19,2 ἐπαίδευσε sowie 20,1 ὑποθεμένη „als sie gelehrt hatte".
[20] Petron 25/6 parodiert ein ähnliches dionysisches Ritual.
[21] Lobeck, Aglaophamus I 651 hat geschrieben: Graeci ..., quibus familiare erat sacra mystica et nuptialia eodem vocabulo τέλος denotare nominaque augustissima ad res Venereas transferre. Er gibt in der Anmerkung (p) eine Serie von Belegen, aus denen ich wiederhole: Aelian, Hist. anim. IX 66 τὰ τῆς Ἀφροδισίας σπουδῆς ... ὄργια, Clemens, Paedag. II 96,2 (p. 215,6 Stählin) μὴ μεθ᾽ ἡμέραν τὰ μυστικὰ τῆς φύσεως ἐκτελεῖσθαι ὄργια, Chariton IV 4,9 νὺξ μυστική, Heliodor I 17,2 μειράκιον ἄρτι τῶν Ἀφροδίτης μυούμενον. Achilleus Tatios gebraucht ähnliche Wendungen sehr oft, vgl. II 19,1; V 25,6; 26,3 und 10; 27,4; VIII 12,4.

Dionysophanes gelobt wird. Es ist zwar bei den Dionysosmysten zweifellos vorgekommen, daß Liebespaare sich auch unverheiratet zusammentaten; aber da Daphnis und Chloe das ideale Paar der Dionysosmysterien darstellen, wird man folgern, daß Jungfräulichkeit der Frau erwünscht war. Es ist also sicher, daß in vielen dionysischen Clubs sexuelle Ausschweifungen gar nicht in Betracht kamen.[22]

Als Daphnis zu Chloe zurückkommt, ist sie dabei, einen Kranz aus Veilchen zu flechten, und setzt ihn dem Geliebten auf den Kopf; dann holt sie aus ihrem Ranzen ein Stück Kuchen und einige Brötchen und gibt sie ihm zu essen; und während er ißt, nimmt sie ihm einige Bissen aus dem Munde und ißt diese selbst. – Auch diese Bekränzung und die Mahlzeit sind rituell. Die Bekränzung gilt dem neuen Mysten;[23] das Essen hat nicht die sakramentale Bedeutung wie im christlichen Abendmahl, ist aber der natürliche Abschluß der erotischen Episode und wird zu der Zeremonie gehört haben. Auf der Erzählebene wird deutlich gemacht, daß keine Untreue des Daphnis vorliegt, daß er mit Chloe zusammengehört wie immer.

Echo

§190   Eines Tages fahren Fischer am Ufer vorbei. Sie singen Lieder, um sich die Mühe des Ruderns zu erleichtern, und ein Echo[24] wirft den Schall zurück. Da Chloe sich hierüber wundert, erklärt ihr Daphnis das Wesen des Echos, indem er ihr den Mythos von Pan und der Nymphe Echo erzählt. Die Nymphe konnte gut singen und musizieren und wies alle Männer ab, auch Pan. Dieser ergrimmte und versetzte die Hirten in Raserei;[25] sie stürzten sich wie Hunde oder Wölfe auf die Nymphe, zerrissen sie und warfen die noch singenden Glieder[26] allenthalben zur Erde. Die Erde verbarg die Glieder und beließ ihnen die musikalische Kunst; sie ahmen alle Töne nach, und wenn Pan auf der Syrinx bläst, hört er die Stimme der Echo, springt auf und durchirrt vergeblich die Berge, um herauszufinden, wo die Person steckt, die sein Spiel so gut nachahmt.

Die Zerreißung der Echo erinnert an die Zerreißung von Pentheus und Lykurgos.[27] In der Kaiserzeit hat es das alte blutige Opfer im Dionysoskult längst nicht mehr gegeben;[28] nur noch in der Erzählung wird darauf angespielt.

---

[22] Man vergleiche auch, daß Longus im Prooemium ein Gebet an Eros richtet, er möge σωφροσύνη verleihen (s. §151).

[23] Vgl. z.B. Appuleius, Metam. XI 24,4; Kebes, Pinax 22 (mit Anspielung auf pythagoreische Mysterien); Theon von Smyrna p. 12 Hiller = 22 Dupuis τέλος τῆς ἐποπτείας ἀνάδεσις καὶ στεμμάτων ἐπίθεσις. Vgl. §110.

[24] Das griechische Wort Ἠχώ ist ein Femininum zu ἦχος „Schall"; Echo ist die Schallnymphe. Für ihren Mythos vgl. §41.

[25] Vgl. §43.

[26] III 23,4 μέλη heißt sowohl „Glieder" als auch „Lieder"; vgl. Chalk, J.H.S. 80 (1960) 42 Anm. 67.

[27] Man kann auch an Dionysos Zagreus, Orpheus, Dirke, Itys, Ikarios erinnern. Auch in den italischen Bacchanalien wurde dem Initianden angedroht, wer die Geheimnisse ausplaudere, werde zerrissen werden (s. §115, Anm. 23).

[28] Vgl. §133.

XX   Der zweite Sommer (III 24–34)

Die Freuden des Sommers

§ 191   Inzwischen ist es Sommer geworden, und das Paar genießt die Freuden dieser Jahreszeit: Daphnis schwimmt in den Flüssen, Chloe badet in den Quellen; er flötet bei den Fichten auf der Syrinx, sie singt mit den Nachtigallen um die Wette. Sie fangen Heuschrecken und Zikaden, pflücken Blumen, schütteln die Obstbäume und essen das Obst.

Vorbereitungen zur Hochzeit der Chloe

§ 192   Aber nun kommen viele Freier zu Chloes Ziehvater und bieten reiche Geschenke; Dryas überlegt, ob er das Mädchen verheiraten soll, denkt aber dann wieder an die Erkennungszeichen, welche einst mit dem Kind ausgesetzt worden waren und anzeigten, daß das Mädchen, „falls sie einmal ihre wirklichen Eltern finden sollte, sie (die Zieheltern) in großartiger Weise glückselig (und reich) machen werde".[1]
Die Erzählung umspielt wieder die Zeremonien. Unter wirklichen, lebenden Dionysosmysten wäre allen Beteiligten klar, daß die Hochzeit des jungen Paars im Herbst stattfinden wird. Die Freunde haben ihre Hochzeitsgeschenke schon in den Monaten vorher geschickt.[2] Auf der Erzählebene sind aus den Clubfreunden Freier der Chloe geworden. Dryas weiß auch nicht, daß Chloe im Herbst heiraten wird, obwohl er doch im vorigen Frühjahr – ebenso wie des Daphnis Vater Lamon – geträumt hatte, daß Daphnis und Chloe zusammen die Herden hüten sollten; Longus wechselt die Ebenen ohne Bedenken, und seine Leser verstanden ohne Schwierigkeit. Aber die oben zitierten Worte spielen doch gleichzeitig auch wieder auf die Mysterien an. Nicht nur ist das „Finden" ein

---

[1] III 25, 3 εἴ ποτε τοὺς ἀληθινοὺς γονέας εὕροι, μεγάλως αὐτοὺς εὐδαίμονας θήσει. Vgl. III 26, 3 εὑρὼν τοὺς οἰκείους.

[2] Man kann eine Episode aus der Initiation des Lucius in die Isismysterien im letzten Buch der Metamorphosen des Appuleius vergleichen. Als er aus einem Esel in einen Menschen zurückverwandelt und mit dem weißen Kleid der Isismysten bekleidet ist, schicken ihm seine Freunde Geschenke (Met. XI 18, 2–3). Es handelt sich dort allerdings nicht um eine Hochzeit.

Mysterienwort;[3] auch die Hoffnung darauf, daß „sie alle in großartiger Weise glückselig" werden würden, hat eine Nuance, die mit den Mysterien zusammenhängt. Auf der Erzähleebene bedeuten die Worte nur, daß Dryas reich werden wird; aber auf der Ebene der dionysischen Zeremonien ist gemeint, daß sie alle als Teilnehmer an dem großen dionysischen (Hochzeits-)Fest glückselig sein würden. In ganz ähnlicher Weise hatte schon im homerischen Dionysoshymnus der Gott selbst den Steuermann, der in ihm den Gott erkannt hatte, „glückselig gemacht".[4]

Jedenfalls verschiebt Dryas die Entscheidung darüber, welchem Freier er Chloe geben wolle, auf die Weinlese.[5] Dies gilt nur für die Erzähleebene; auf der Ebene der Dionysosmysten steht längst fest, daß Chloe bei der Weinlese den Daphnis heiraten wird.

Daphnis wirbt um Chloe; er findet bei einem Delphin 3000 Drachmen

§ 193   Daphnis ist bald verzweifelt, bald wieder guten Mutes.[6] Er wendet sich an seine Ziehmutter Myrtale, und diese trägt die Werbung des Daphnis ihrem Mann vor. Lamon lehnt schroff ab; Myrtale wagt nicht, dies dem Daphnis geradeheraus zu sagen, und empfiehlt dem Daphnis, er solle mit Chloes Ziehvater Dryas verabreden, daß dieser nur einen geringen Preis für das Mädchen fordere. Daß Dryas hierauf eingehen werde, hält sie für ausgeschlossen. Da Daphnis gar kein Geld besitzt, ruft er die Nymphen um Hilfe an. Sie erscheinen ihm im Traum und künden ihm an, er werde am Ufer neben einem gestrandeten toten Delphin eine Börse mit 3000 Drachmen finden; als im vorigen Jahr das Schiff der Methymnäer verloren gegangen sei, sei diese Börse von den Wellen an Land getragen worden. Daphnis geht am anderen Tag zum Strand, als ob er sich mit Wasser besprengen wolle;[7] der Gestank des toten Delphins diente ihm gleichsam als Führer,[8] und neben dem dionysischen Tier (vgl. § 60) fand er richtig den Geldbeutel. Daphnis preist laut die Macht der Nymphen.[9]

Wenn der Geldbeutel von den Methymnäern stammt, die ja Dionysosmysten vertreten, und neben dem dionysischen Delphin gefunden wird, so hat Dionysos selbst dem Daphnis das erforderliche Geld verschafft. Unter den lebenden Dionysosverehrern wird es üblich gewesen sein, daß der Vater des Bräutigams seinem Sohn eine Summe zur Verfügung stellte, welche dieser dem Vater seiner künftigen Frau übergab.

---

[3] In den eleusinischen Mysterien „fand" Demeter ihre von Pluton geraubte Tochter Kore-Persephone; in den Isismysterien „fand" Isis ihren Gatten Osiris. Vgl. § 158.

[4] Hom. Hymn. 7,54 καί μιν ἔθηκε πανόλβιον. Vgl. § 60.

[5] III 25,4.

[6] III 26,1 ἐθάρρει. 26,2 θαρρήσας. Vgl. § 60.

[7] III 28,1 ὡς περιρράνασθαι θέλων, eine kultische Vocabel.

[8] τῆι σηπεδόνι καθάπερ ἡγεμόνι χρώμενος. Vgl. II 29,3 ἡγεῖτο δελφίν und den Dionysos καθηγεμών in Pergamon (§ 18).

[9] τὰς Νύμφας εὐφημῆσαι. Dies ist eine aretalogische Vocabel, s. § 180–181, Anm. 53 und 56.

Die Verlobung auf der Tenne

§194   Daphnis geht sofort zu Dryas und findet ihn, wie er auf der Tenne zusammen mit Nape Getreide drischt. Anschließend mußte das Getreide in der Schwinge (dem Liknon) geschaukelt werden, damit sich die leichte Spreu von dem schweren Korn trennt. Daphnis bittet nun Dryas um die Hand der Chloe.

Longus hat die Handlung seines Romans so geführt, daß das Gespräch über die Hochzeit bei Gelegenheit des Getreide-Dreschens auf der Tenne und des Worfelns mit dem Liknon geführt wird. Er benützt für diese Arbeiten die Wörter ἀλωνοτριβέω und λικμάω (III 29,1–2 und 30,3). Das letztere Wort hat mystischen Sinn: Das Liknon (lateinisch *vannus*) ist dem Dionysos heilig. Wir haben schon oben (§101) auf Vergils Worte

> *mystica vannus Iacchi* (Georg. I 166)

hingewiesen: Die Trennung des Korns von der Spreu wurde auf die Reinigung in den Mysterien bezogen, und im Gedanken an das Saatkorn ist implicite ein Wiederauferstehungs-Credo enthalten.

In Athen hat man nach dem Abschluß der Arbeiten auf der Tenne das Tennenfest (ἀλῷα) als eine „mystische Feier für Demeter, Kore und Dionysos" gefeiert[10] und dabei Phalloi aufgestellt, wohl in Likna, „als Symbol der Zeugung der Menschen". In den Hochzeitszeremonien haben Liknon und Phallos eine Rolle gespielt, s. §127/8. Longus wollte vermutlich an Bräuche des Tennenfestes erinnern, die nicht unbedingt mit den Bräuchen der attischen ἀλῷα identisch waren, aber doch ähnlich genug, und die jedenfalls denselben Sinn hatten: Die Fortpflanzung der Menschen geht nach demselben Kreislauf vor sich wie alles in der Natur. Es ist aber charakteristisch, daß Longus zwar das Liknon, nicht aber den Phallos erwähnt. Dieses Symbol war für viele Heiden zu einem Gegenstand der Verlegenheit geworden und wurde stillschweigend fallen gelassen. Vgl. §128.

Daphnis sagt zu Dryas: „Gib Chloe mir zur Frau; ich kann gut ernten[11] und die Weinpflanze beschneiden und Pflanzen setzen; ich kann auch die Erde pflügen und gegen den Wind worfeln" (III 29,2). Er rühmt sich, die Zahl seiner Tiere habe sich verdoppelt.[12] „Mich hat eine Ziege genährt, wie die Chloe ein Schaf."[13] Und nun gibt er dem Dryas die 3000 Drachmen, welche er neben dem Delphin gefunden hatte, bittet ihn aber gleichzeitig, seinem eigenen Ziehvater Lamon nichts von dem Geld zu sagen. – Der letzte Satz gilt wieder nur auf der Erzählebene. Im wirklichen Leben der Dionysosmysten hat der Bräutigam die erste Rate seines Beitrags zur Aussteuer bezahlt.

---

[10] Vgl. §85.

[11] Für die Eroten bei der Getreideernte s. oben §37 (Sarkophage im Thermenmuseum, hier Abb. 69 und 76).

[12] Es ist etwas Göttliches um Daphnis.

[13] Auf der Ebene des dionysischen Rituals heißt das: Ich bin schon als Kind in die Mysterien eingeweiht worden, wie auch Chloe.

Dryas nimmt die Werbung des Daphnis nun gern an und hinterlegt das Geld an demselben Ort, wo er auch die Erkennungszeichen der Chloe aufbewahrt.[14] Inzwischen hilft Daphnis der Nape beim Dreschen. – Auf der Ebene der Zeremonien bedeutet dies wohl, daß der Initiand diese Arbeiten in kleinen Prüfungsritualen selber durchführen mußte.[15]

Dann geht Dryas zu Lamon, um die Verbindung der Kinder definitiv zu vereinbaren. Für Lamon ist die Arbeit auf der Tenne schon zu Ende; er ist dabei, das geworfelte (mit dem Liknon gereinigte) Getreide abzumessen. – Auch hier wird also das Symbol der dionysischen Hochzeit erwähnt.

Dryas hatte dem Daphnis versprochen, Lamon nichts von den 3000 Drachmen zu sagen; und es liegt dem Dryas nun sehr daran, Daphnis wirklich als Schwiegersohn zu gewinnen. Dryas geht also zu Lamon, erzählt Longus, und freit um einen Schwiegersohn – was noch nie vorgekommen ist.[16] Er erklärt, er verzichte auf Brautgeschenke und werde sogar selbst dem Kind etwas in die Ehe mitgeben. Während vorher Dryas Schwierigkeiten gemacht hatte, ist nun die Reihe an Lamon. Er bedenkt, daß Daphnis sicher von vornehmer Abstammung sei, wie die mit ihm ausgesetzten Erkennungszeichen zeigten. Da er nicht weiß, daß auch mit Chloe Erkennungszeichen ausgesetzt waren,[17] denkt er, Chloe sei gewiß des vornehmen Daphnis nicht würdig. Über diese seine Gedanken schweigt er[18] und erklärt nur, er sei ein Sklave des Dionysophanes und könne von sich aus nichts entscheiden; es sei am besten, die Hochzeit bis zum Herbst aufzuschieben, denn dann werde der Herr aus der Stadt zu ihnen kommen. Er deutet dann noch an: „Wisse, daß du um einen Knaben bemüht bist, der von besserer Herkunft ist als wir" (III 31, 4), gibt dem Dryas einen Trunk und geleitet ihn ein Stück Weges.

Dryas, der nichts von den Erkennungszeichen des Daphnis wußte und seinerseits nichts von denen der Chloe gesagt hatte, kommt nun doch auf den Gedanken, daß vielleicht auch Daphnis über solche Erkennungszeichen verfüge; „denn er wurde von einer Ziege gesäugt, ganz als hätten die Götter für ihn gesorgt". Wenn dies der Fall sei, und wenn Daphnis seine Eltern finden[19] sollte, würde er vielleicht auch herausfinden, was es mit den Eltern der Chloe auf sich habe.

Als er zu seiner Dresch-Tenne zurückkam, ermutigte[20] er den Daphnis und gab ihm die rechte Hand mit dem Versprechen, daß kein anderer Chloe bekommen werde. – Das Versprechen findet also auf der Tenne statt, nach beendetem Dreschen und Worfeln.

---

[14] Er will das Geld nicht selbst behalten, sondern reserviert es für Chloe.

[15] Im Dyskolos des Menander qualifiziert sich ein Heiratskandidat (Sostratos) auf ähnliche Weise, und anschließend wird anerkennend zu ihm gesagt (Vers 765–7): πάντα ποιεῖν ἠξίωσας τοῦ γάμου / ἕνεκα· τρυφερὸς ὢν δίκελλαν ἔλαβες, ἔσκαψας, πονεῖν / ἠθέλησας.

[16] III 30, 2 μέλλων ... (τὸ καινότατον) μνᾶσθαι νυμφίον.

[17] Lamon hat ja nicht über die Erkennungszeichen des Daphnis gesprochen, sondern sie versteckt aufbewahrt. Vgl. § 103.

[18] wie ein Dionysosmyste des wirklichen Lebens darüber schweigen mußte. Die Worte lauten (III 30, 5) τὸ μὲν ἀληθὲς οὐδ᾽ ὣς ἐξηγόρευσεν ... χρόνον δὲ σιωπήσας ὀλίγον κτλ.

[19] In III 32, 2 kommt viermal das Wort εὑρίσκειν vor.

[20] III 32, 3 ἀνέρρωσε, wieder eine Vocabel von religiösem Klang, vgl. II 23, 2 ἐπιρρωνύουσα und § 179 Anm. 46.

Daphnis eilt sogleich zu Chloe und „bringt ihr die gute Nachricht", daß die Hochzeit vereinbart ist (III 33, 1); er gebraucht dabei das Wort εὐαγγελίζω, zu dem das Substantiv „Evangelium" gehört. Sie baden, essen und trinken und holen sich dann Obst, das reichlich gewachsen war. Von einem bereits abgeernteten Apfelbaum bricht er den letzten und schönsten Apfel, den die Pflücker nicht hatten erreichen können,[21] und schenkt ihn seiner Braut. „Einen solchen Apfel hat Aphrodite (von Paris) als Preis im Schönheitswettkampf erhalten; einen solchen gebe ich dir als Siegespreis" (III 34, 2). – Hier wird vermutlich wieder auf ein Ritual angespielt: Der Bräutigam mußte seiner Braut einen Liebesapfel schenken.[22]

---

[21] Das Motiv stammt aus Sappho (fr. 105 a Lobel-Page). Dort ist der schönste Apfel, der nun gepflückt wird, die jungfräuliche Braut. Bei Longus will Chloe den Daphnis hindern, den Apfel zu pflücken, und läuft fort (III 34, 1). Aber Daphnis weiß sie zu versöhnen. – Ich notiere hier noch eine Parallele zu Longus in einem der Hochzeitsgedichte des Catull, denn sowohl Catull als Longus lehnen sich im Ausdruck wohl an ein verlorenes Epithalamion der Sappho an: Catull (62, 41) rühmt eine Blume (*flos*), „welche die Lüfte liebkosen, die Sonne befestigt, der Regen großzieht" (*quem mulcent aurae, firmat Sol, educat imber*); Daphnis sagt von dem Apfel, daß die Horai (Jahreszeiten) ihn haben wachsen lassen und die Sonne ihn zur Reife gebracht hat und das (gute) Glück aufbewahrt hat (ἔφυσαν Ὧραι καλαὶ καὶ φυτὸν καλὸν ἔθρεψε πεπαίνοντος Ἡλίου καὶ ἐτήρησε Τύχη).

[22] Vgl. die aetiologische Sage von Akontios und Kydippe bei Kallimachos (Archiv für Papyrusforschung 16, 1956, 89 Anm. 3) und die von J. Trumpf gesammelten Belege (Hermes 88, 1960, 14–22).

XXI   Der zweite Herbst (Buch IV)

Vorbereitungen auf den Besuch des Gutsherrn Dionysophanes

§ 195 Aus der Stadt kommt die Meldung, „daß der Herr kurz vor der Weinlese ankommen wird, um festzustellen, ob der Angriff der Methymnäer dem Landgut geschadet habe". – Der letzte halbe Satz gilt wieder nur auf der Ebene der Erzählung; um so bedeutungsvoller ist der Vordersatz. Der „Herr" heißt Dionysophanes; sein Name wird erst in dem Augenblick genannt, wo er selber auftritt (IV 13,1). Er repräsentiert beinahe den Gott selbst. Wie Dionysos zum Fest der Weinlese kommt und den Traubensaft in Wein verwandelt,[1] so kommt auch Dionysophanes zu der Weinlese. Auf der Ebene der lebenden Dionysosmysten ist Dionysophanes einer der reichen Herren, welche die großen dionysischen Zeremonien veranstaltet haben, s. § 20–23 und 90–91. Er ist im vergangenen Herbst nicht gekommen: Er erscheint erst zu dem großen Zweijahresfest, der Trieteris.

„Da der Sommer zu Ende war und der Herbst begann, bereitete Lamon für den Herrn[2] die Einkehr vor, bei der er alle Freuden der Augen haben sollte" (IV 1,2). Für die „Einkehr" steht das Wort καταγωγή. Man könnte auch „Heimkehr, Rückkehr" übersetzen; jedenfalls wird auf das Fest der Katagogia angespielt, s. § 84.

Vor allem muß der Lustgarten (παράδεισος) hergerichtet werden, in dessen Mitte der Dionysostempel steht.

Ganz wie der Name des Dionysophanes im Roman erst spät fällt, so wird auch der Tempel des Dionysos erst an dieser Stelle erwähnt. Es wird erst hier enthüllt, welcher Gott hinter all den bisher erzählten Episoden und Zeremonien als das leitende Numen steht.

Lamon bekränzt das Standbild des Dionysos, bewässert die Blumen und trägt dem Daphnis auf, sich mit dem Tränken der Tiere besondere Mühe zu geben. Dieser ist ohnedies „guten Mutes".[3] Seine Herde hatte sich verdoppelt; er kümmerte sich um alles, und „man hätte glauben können, eine heilige Herde des Pan zu sehen".

---

[1] Man kann vergleichen, daß die Mänaden nach Diodor IV 3 beim Zweijahresfest die „Ankunft" (παρουσία) des Dionysos besingen, vgl. § 96.

[2] αὐτῶι.

[3] IV 4,3 ὁ δὲ ἐθάρρει. Vgl. § 60.

Weinlese und Kelter

§ 196   Bald kommt ein zweiter Bote, Eudromos, und bringt den Befehl, die Trauben zu ernten und den Saft zu ungegorenem Most zu pressen; danach werde der Herr selbst kommen. – Der Herr mit dem dionysischen Namen kommt also in eben jenem Augenblick, wo der ausgepreßte Traubensaft zur Gärung kommt und so zu Dionysos (Wein) wird. Bei der Beschreibung des Kelterfestes im ersten Jahr hatte Longus vom „Fest der Geburt des Dionysos und des Weines" gesprochen (II 2, 1; vgl. § 174).

Die Hirten ernten die Trauben, keltern und füllen den Traubensaft in die Fässer. Sie schneiden auch einige ganze Weinzweige mit Trauben, die gerade erst reif zu werden beginnen, und keltern sie noch nicht, „damit auch die aus der Stadt Kommenden ein Abbild der Weinlese und ihrer Freuden haben sollten". – Die aus der Stadt Kommenden sind die wohlhabenden Dionysosmysten. Sie haben sich die Anstrengungen der Weinlese erspart, aber dann doch mit ihren Dienstleuten auf dem Lande das Kelterfest gefeiert, welches diese vorbereitet hatten. Es sei an Kaiser Antoninus Pius erinnert, der zusammen mit dem Thronfolger Marcus Aurelius am Kelterfest teilnahm (§ 90), auch an das dionysische Hochzeitsfest der Kaiserin Messalina (§ 91). Das Abschneiden ganzer Weinzweige kam auch bei dem attischen Fest des „Tragens der Weinzweige" (ὠσχοφόρια) vor, s. § 89.

Der Bukólos Lampis zertrampelt den Lustgarten (Parádeisos); Marsyas

§ 197   Aber noch stand den Hirten ein großer Schrecken bevor. Ein übermütiger Bukólos, Lampis, der ebenfalls um Chloe freit, will seinem Rivalen Daphnis und dessen Ziehvater Lamon Schwierigkeiten schaffen und zertrampelt nachts die Blumenbeete in dem Lustgarten (dem παράδεισος) „wie ein Wildschwein". Er hofft, der Herr werde die beiden dafür bestrafen, daß die Beete nicht in gutem Zustand sind. – Es handelt sich um einen Schrecken nur auf der Erzählebene. Man beachte, daß Lampis ein Bukólos ist, ganz wie im vorigen Jahr Dorkon. Wenn Dorkon ein Wolfsfell angezogen hatte, so benimmt sich Lampis wie ein Wildschwein. Es handelt sich wieder um eine Probe- und Schreckszene der Dionysosmysten, vgl. § 118 und 169.

Lamon ist außer sich vor Schmerz und beklagt die vernichteten Blumen, die Rosen, Veilchen, Hyazinthen und Narzissen: „Es wird wieder Frühling werden, und sie werden nicht blühen; es wird Sommer sein, und sie werden nicht in Flor stehen; es wird Herbst sein, und niemand wird damit bekränzt werden.[4] Auch du, Herr Dionysos, hattest kein Mitleid[4a] mit den Blumen, ... mit denen ich dich so oft bekränzt habe." Er fürchtet, der Herr werde ihn, den alten Lamon, an einer Fichte aufhängen und ihm die Haut abziehen lassen, wie einst dem Marsyas die Haut abgezogen wurde; und vielleicht werde dasselbe auch Daphnis geschehen, unter dem Vorwand, seine Ziegen hätten das Unheil angerichtet.

---

[4] Der Kreislauf der Jahreszeiten mit der ewigen Erneuerung der Blumen scheint unterbrochen. Gleich danach wird Dionysos genannt, der Herr der Jahreszeiten.

[4a] Vgl. § 168 Anm. 45 und § 198 Anm. 14.

Wenn Lamon hier den Dionysos deshalb anklagt, daß er nicht eingegriffen habe, als die Blumenbeete verwüstet wurden, so darf man vielleicht vermuten, daß „Dionysos" oder vielmehr seine Mysten tatsächlich an dem Schaden Schuld trugen und daß diese „Verwüstung" von den Dionysosmysten als kleines Spiel innerhalb der Prüfungen bei den Initiationszeremonien inszeniert worden ist. Solchen harmlosen rituellen Unfug gibt es in vielen ländlichen Bräuchen.[5]

Die Geschichte von Marsyas wird wegen ihres allegorischen Sinnes erwähnt. Marsyas war ein phrygischer Silen gewesen und hatte Apollon zum Wettkampf im Flötenspiel herausgefordert. Der Gott siegte und zog dem Gegner seine Haut ab; aber das war für Marsyas ein Glück, denn was ihm abgezogen wurde, war die alte Haut; Marsyas trat in eine neue Existenz.

Für die Römer war Marsyas ein Symbol der Freilassung, des Übergangs in eine neue Lebensform. Auf dem Forum Romanum stand eine Statue des Marsyas; er trug einen Weinschlauch über der Schulter und erhob die rechte Hand. Eine Münze des Lucius Marcius Censorinus etwa aus dem Jahr 82 v. Chr.[6] zeigt diese Statue. In denjenigen Städten des Ostens, denen das Recht einer Colonia Romana verliehen worden war, deren Bürger also in eine freiere Existenz überführt worden waren, standen auf den Marktplätzen ebenfalls Statuen des Marsyas.[7]

Bei Longus wird dem Lamon bald danach die Freiheit geschenkt (IV 33, 2). Bei der Erwähnung des Marsyas an der hier besprochenen Stelle wird also sicher auf die freiheitliche Bedeutung des Marsyasmythos angespielt. Marsyas wird auch bei Servius als Diener des „Lösers" (Λυαῖος) oder (lateinisch) als Diener des Gottes „Frei" (Liber) bezeichnet.[8]

Longus deutet an, auch Daphnis sei in Gefahr, dieselbe Strafe wie Marsyas zu erleiden. Es liegt nahe anzunehmen, daß Longus damit auf die bevorstehende dionysische Weihe

---

[5] Ich gebe nur ein Beispiel: Wenn in Bayern in der Nacht zum 1. Mai die Gartentür nicht verschlossen ist, heben die Burschen sie aus den Angeln und tragen sie ein paar hundert Meter weit weg. Der Hausbesitzer kann dann suchen und die Tür heimschleppen.

[6] E. Babelon, Description historique et chronologique des monnaies de la république romaine (1886) II 195, Marcia Nr. 24; M. Crawford, Roman Republican Coinage (Cambridge 1974) I S. 377 Nr. 363/1 mit Tafel 47 Abb. 11; H. A. Seaby, Roman Silver Coins, Revised Edition (D. R. Sear/R. Loosely, London 1978) I S. 64.

[7] Servius zu Vergil, Aeneis III 20 *in liberis civitatibus simulacrum Marsyae erat, qui in tutela Liberi patris est.* Zu Aen. IV 58 *„patrique Lyaeo": Dictus Lyaeos* ἀπὸ τοῦ λύειν. *qui ... apte urbibus libertatis est deus; unde etiam Marsyas, eius minister, est in civitatibus in foro positus libertatis indicium* (die Worte *in foro positus* stehen nur in einem Teil der Überlieferung). Abbildung dieser Marsyasfiguren z. B. auf Münzen von Apamea in Bithynien (W. H. Babelon – E. Waddington – Th. Reinach, Recueil S. 256 Nr. 64 mit Tafel 39, Abb. 9; Iulia Domna) und von Alexandreia in der Troás (A. R. Bellinger, The Late Bronze of Alexandria Troas, in: American Numismatic Society Museum Notes 8, 1958, S. 46/7 Tafel 11 Abb. 57/8).

[8] Vermutlich sind auch die Sarkophage, auf welchen der Marsyasmythos dargestellt ist, so zu interpretieren. F. Cumont hat, gestützt auf eine Stelle bei Aristides Quintilianus (II 19), eine andere Interpretation vorgeschlagen (Recherches sur le symbolisme funéraire des Romains 18 und 316). Die beiden Interpretationen können nebeneinander bestanden haben. – Man kann auch vergleichen, daß im XI. Buch des Appuleius der künftige Isismyste seine alte Eselshaut abgelegt und anschließend in die Mysterien der Isis eingeweiht wird.

und das Entstehen eines neuen Menschen vorausgedeutet hat. Auch Chloe fürchtet, daß Daphnis gestraft wird. Sie denkt an eine Geißelung, – wie dies in den dionysischen Mysterien vorgekommen ist, s. § 129.

Lamon und Daphnis berichten dem Astylos offen über das Unglück

§ 198   Und schon kommt der Bote Eudromos und meldet, der Herr werde in drei Tagen kommen, sein Sohn Astylos („der Städter") aber morgen. Lamon und Daphnis beraten sich mit Eudromos, wie sie sich in bezug auf das zertrampelte Blumenbeet verhalten sollten. Dieser rät, gleich morgen dem Astylos alles, was vorgefallen ist, offen zuzugeben;[9] er selbst, Eudromos, werde dann bei dem jungen Herrn ein gutes Wort für sie einlegen, und da er ein Milchbruder[10] des Astylos sei, habe er Einfluß auf ihn.

Auf der Erzähllebene ist ein Milchbruder, wer von derselben Frau genährt, auf der Ebene der Mysterien, wer zum selben Zeitpunkt eingeweiht worden ist.

Das Wort für „Zugeben" (offen zugeben, was vorgefallen ist) lautet ὁμολογεῖν und kann auch mit „beichten" übersetzt werden. Wahrscheinlich ist aus der Episode zu schließen, daß der Einweihung in die Dionysosmysterien eine Art Beichte vorangegangen ist.

Am anderen Tag kommt Astylos mit seinem regelmäßigen Tischgenossen[11] Gnathon.[12] Lamon, Myrtale und Daphnis fallen dem Astylos zu Füßen, berichten alles[13] und bitten darum, daß er sie vor dem Zorn seines Vaters bewahre. Astylos hat Mitleid,[14] geht mit ihnen in den Lustgarten, sieht sich alles an und verspricht, seinem Vater gegenüber alle Schuld auf sich zu nehmen; er wird sagen, seine eigenen Pferde hätten die Beete zertrampelt. – Dies gilt wieder nur auf der Erzähllebene. Auf der Ebene des dionysischen Rituals übertragen bedeutet es: Wer ehrlich alles beichtet, dem wird Absolution gegeben, und er wird zur Weihe zugelassen.

Astylos jagt Hasen, Gnathon versucht den Daphnis

§ 199   Astylos geht nun auf die Hasenjagd (vgl. § 76), „da er ein reicher junger Mann war, der es sich immer gut gehen ließ und aufs Land gekommen war, um Freuden zu genießen, die ihm sonst fremd waren" (IV 11, 1). Er ist ein Städter, wie sein Name sagt, ein reicher Dionysosmyste, der zur Erholung und Entspannung aufs Land gekommen ist.

---

[9] IV 9, 3 τὸ συμβὰν ὁμολογῆσαι.
[10] ὁμογάλακτος, wie Palaimon ein Milchbruder des Dionysos war (§ 29).
[11] IV 10, 1 παράσιτος, vgl. den Attizisten Phrynichos 109 Fischer.
[12] dem „Kinnbackenmann", s. § 120 und 156.
[13] IV 10, 1 ἅμα δὲ αὐτῶι καταλέγει πάντα, also eine Art Generalbeichte.
[14] οἰκτείρει τὴν ἱκεσίαν. Vgl. § 168 Anm. 45 und 197 Anm. 4a.

Gnathon ist zu bequem, um auf die Jagd zu gehen. Er wirft sein Auge auf Daphnis und bringt ihm zunächst Geschenke; dann lauert er ihm abends auf, als er seine Herde heimtreibt, und bittet ihn, er möge ihm erlauben, sich ihm von hinten zu nähern, wie es die Ziegen den Böcken erlaubten. Daphnis lehnt ab; Böcke sprängen zwar auf Ziegen, aber niemals auf Böcke (mit anderen Worten: Was du begehrst, ist unnatürlich). Als Gnathon versucht, Gewalt zu gebrauchen, wirft Daphnis den Gnathon um und läuft weg, schnell „wie ein junger Hund".[15] Auf der Ebene der dionysischen Zeremonien ist dies vermutlich eine kleine Szene gewesen, welche zur Warnung vor der Homosexualität durchgespielt wurde, wobei der „Versucher" nur eine Rolle spielte und der Initiand vorher darüber instruiert wurde, welche Reaktion man von ihm erwartete. Vgl. § 121.

Ankunft des Dionysophanes; er visitiert seinen Besitz

§ 200   Endlich kommt der Herr mit seiner Frau und großem Gefolge an. Die Namen der beiden werden erst hier genannt: Dionysophanes und Kleariste. Er opfert den Göttern des Landes, der Demeter (s. § 36/7), dem Dionysos, dem Pan und den Nymphen (s. § 38/ 9). Dann läßt er für alle Anwesenden einen „gemeinsamen Mischkrug aufstellen" (vgl. § 122); man feiert ein gemeinsames Trinkgelage, das sicher für alle ein vergnügliches Fest, aber gleichzeitig auch eine religiöse Zeremonie gewesen ist.

Dann visitiert er das Anwesen des Lamon und ist mit dessen Zustand sehr zufrieden; er verspricht dem Lamon, er werde ihn freilassen. Anschließend inspiziert er die Herde des Daphnis. Dieser stand da, mit einem zottigen Ziegenfell umgürtet, also wie ein „Bakchos mit der Umgürtung" (βάκχος ἀπὸ καταζώσεως, s. § 15); von seinem Rücken hing ein neuer Ranzen. Er hielt in den Händen Geschenke für den Herrn, frischen Käse und junge Böcklein, und sagte kein Wort. – Auf der zeremoniellen Ebene spielt Daphnis die Rolle des „Schweigers" (vgl. § 15 und 115), des Kandidaten für die Initiation.

Das wunderbare Spiel des Daphnis

§ 201   Lamon stellt Daphnis dem Herrn als „Ziegenhirten" (Aipólos) vor. Seine Herde gedeiht, und er hat die Tiere so gut an sich und seine Syrinx gewöhnt, daß sie auf seine Weisen folgen. Kleariste möchte eine Probe hören und verspricht Daphnis ein neues Gewand und Schuhe (was sich auf der rituellen Ebene auf das Kleid eines Mysten höheren Ranges beziehen wird). Daphnis fordert alle auf, um ihn und seine Herde Platz zu nehmen wie ein Publicum im Theater. Dann spielt er auf der Syrinx. Bei jeder Melodie verhalten sich die Tiere anders: Bald weiden sie, bald legen sie sich nieder, bald fliehen sie in den Wald, als ob sie der Wolf verfolge, bald kommen sie wieder zurück. Alle staunen über das herrliche Flötenspiel, und Kleariste schwört, daß Daphnis die versprochenen Geschenke erhalten werde. – Für das wunderbare Spiel des Daphnis s. § 143.

---

[15] IV 12,3 ὥσπερ σκύλαξ. Dies erinnert daran, wie die Bakchen des Euripides den Verfolgern entkommen sind und „wie ein Reh" (ὡς νεβρός) auf der Wiese spielen (Vers 866). Vgl. auch § 181 Anm. 59.

Dann treten die Herrschaften in den Gutshof ein und speisen. Sie schicken Daphnis von dem Mahl, und er ißt zusammen mit Chloe. Das Essen ist nach städtischer Art exquisit zubereitet (wie das die Dionysosmysten bei ihren ländlichen Festen gewiß gewohnt waren) und schmeckt den beiden gut. Daphnis hat „gute Hoffnung",[16] daß man ihm die Eheschließung erlauben werde.

Gnathon erbittet sich den Daphnis als Geschenk

§ 202   Gnathons Liebe zu Daphnis ist nun erst recht entflammt. Er führt seinen jungen Herrn Astylos in den Dionysostempel, fällt ihm zu Füßen, berichtet von seiner Liebe zu Daphnis und erbittet sich von ihm den jungen Sklaven als Geschenk. „Wenn das nicht geschieht, werde ich ein Messer nehmen, meinen Magen mit Speisen vollstopfen und mich vor der Tür des Daphnis töten." – Der Leser des Longus soll sich amüsieren und sich selbst seine Gedanken darüber machen, ob diese Rede dem Dionysos gefällt. Astylos antwortet, er werde seinem Vater den Wunsch des Gnathon vortragen. „Aber da er wünschte, auch jenen wieder in eine gleichmäßige Seelenstimmung zurückzuführen,[17] fragte er ihn lächelnd,[18] ob er sich nicht geniere, den Sohn eines Lamon[19] zu lieben, und sogar danach strebe, mit einem Knaben zusammenzuliegen, der Ziegen weidet; und dabei tat er so,[20] als ob er den schlechten Geruch verabscheue." – Astylos mahnt also den Gnathon, er solle von dieser Verliebtheit lassen.

Aber Gnathon antwortet mit einer längeren Rede zur Verteidigung seiner Liebesleidenschaft und schließt mit dem Hinweis auf die Liebe des Zeus zu Ganymed; „wir müssen den Adlern des Zeus dankbar dafür sein, daß sie bisher zugelassen haben, daß eine solche Schönheit (wie Daphnis) noch bei uns auf der Erde bleiben darf". Darüber muß Astylos lachen, und auch der Leser des Longus soll lachen. Hier hat sich die Romanerzählung wieder vom Ritual gelöst; Longus hat sein freies Fabulieren aber überlegt so eingerichtet, daß er bald wieder zu den Einweihungszeremonien der Dionysosmysten zurückkehren kann.

Lamon enthüllt die Abkunft des Daphnis und zeigt die Erkennungszeichen

§ 203   Zufällig hat der Bote Eudromos, der dem Daphnis wohl will, dieser Unterhaltung zugehört und meldet alles dem Daphnis und dem Lamon. Lamon bespricht sich mit seiner Frau: „Der Zeitpunkt ist gekommen, wo wir das Verborgene enthüllen[21]

---

[16] IV 15,4 εὔελπις ἦν, ein Mysterienwort, z. B. bei Xenophon von Ephesos (in einem Isisroman) II 8,2 und V 12,2. Vgl. schon Platon, Apologie 41 C 8 εὐέλπιδας εἶναι πρὸς τὸν θάνατον.

[17] IV 17,2 εἰς εὐθυμίαν δὲ καὶ αὐτὸν ἐκεῖνον θέλων προαγαγεῖν.

[18] Dies ist ein „mystisches" Lächeln, welches darauf hinweist, daß die Worte in etwas anderem Sinn zu verstehen, aber durchaus ernst zu nehmen sind. Vgl. § 119 mit Anm. 41.

[19] der in Wahrheit gar nicht der Sohn des Lamon ist.

[20] IV 17,2 ὑπεκρίνετο, er spielte die Rolle.

[21] IV 18,3 ἐκκαλύπτειν.

müssen ... Bei Pan und den Nymphen, ich werde das Geschick des Daphnis nicht länger verschweigen, sondern will sagen, daß ich ihn ausgesetzt aufgefunden habe, und will angeben, auf welche Weise er ernährt wurde, als ich ihn fand, und will die Gegenstände zeigen,[22] die ich neben ihm ausgesetzt fand ... Bereite alles vor, damit die Erkennungszeichen zur Stelle sind."[23]

Dies ist eine feierliche Rede. Sie leitet auf der Erzählebene die Auflösung des Knotens ein, und auf der rituellen Ebene die Einweihung des Mysten, dessen Prototyp Daphnis ist.

Inzwischen bittet Astylos seinen Vater, er möge Gnathon den schönen Hirten Daphnis zum Geschenk geben und ihn mit in die Stadt zurückführen. Für „zurückführen" benützt er das Wort καταγαγεῖν, von dem auch der Name der Katagogia abgeleitet ist (IV 19,1).

Dionysophanes sagt zu. Er läßt Lamon und Myrtale holen, während Daphnis nicht anwesend ist, „und teilt ihnen die frohe Botschaft mit", daß Daphnis jetzt mit seinem Herrn zusammen in die Stadt ziehen werde. Wieder wird das Verbum εὐαγγελίζειν gebraucht, zu dem als Substantiv das Wort Evangelium gehört. Viele Leute sind inzwischen zusammengeströmt; vor allen erbittet Lamon das Wort und spricht (IV 19,3–5):

„Herr, höre von mir, dem alten Mann, die Wahrheit; ich schwöre bei Pan und den Nymphen, daß ich nicht lügen werde. Ich bin nicht der Vater des Daphnis ... Andere Eltern haben ihn ausgesetzt, vielleicht weil sie schon genug ältere Kinder hatten. Ich habe ihn als ausgesetztes Kind gefunden, wie er von meiner Ziege genährt wurde ... Ich habe auch Erkennungszeichen gefunden, die mit ihm zusammen ausgesetzt waren; ich bekenne dies, Herr; ich habe sie aufbewahrt, denn diese Zeichen (Symbole) zeigen, daß er für ein höheres Geschick bestimmt ist als das unsere."[24]

Dionysophanes fordert Lamon auf, nicht Geschichten zu erzählen, die wie Mythen (Märchen) aussehen; aber als Lamon nochmals schwört, die Wahrheit zu sagen, läßt man die Erkennungszeichen holen, und nun erkennen Dionysophanes und seine Frau Kleariste, daß Daphnis ihr spätgeborenes Kind ist, welches einst die Dienerin Sophrosyne (Besonnenheit) ausgesetzt hatte. Wie durch ein Wunder hat es sich gefügt, daß Daphnis ausgerechnet die Herden seines Vaters weidete.

Auf der zeremoniellen Ebene wird auf das Verfahren angespielt, mit dem die Aufnahme eines neuen Mysten vorbereitet wird, wenn dieser schon als Kind eine erste Weihe

---

[22] Das „Zeigen" ist in den eleusinischen Mysterien eine heilige Handlung, s. den homerischen Demeterhymnus 474 mit den von N. J. Richardson zusammengestellten weiteren Belegen und schon Chr. Aug. Lobeck, Aglaophamus I 48ff. und 205/6.

[23] IV 18,3 ἥκει καιρὸς ἐκκαλύπτειν τὰ κρυπτά ... ἀλλὰ μὰ τὸν Πᾶνα καὶ τὰς Νύμφας ... τὴν Δάφνιδος τύχην ἥτις ἐστὶν οὐ σιωπήσομαι,

ἀλλὰ καὶ ὅτι εὗρον ἐκκείμενον ἐρῶ

καὶ ὅπως εὗρον τρεφόμενον μηνύσω

καὶ ὅσα εὗρον συνεκκείμενα δείξω ...

παρασκεύαζέ μοι μόνον εὐτρεπῆ τὰ γνωρίσματα.

Ich folge dem Text von Reeve.

[24] Im Griechischen kommt zweimal das Wort „finden" vor, ferner die Vocabeln γνωρίσματα und σύμβολα.

erhalten hat.[25] Damals wurden den Eltern die Erkennungszeichen ausgehändigt, welche verborgen aufgehoben werden mußten. Jetzt, wo er mannbar geworden ist und bald heiraten soll, tritt sein Vater vor die Gemeinschaft der Mysten und beantragt, den Sohn aufzunehmen. Zum Beweis dafür, daß der Antrag berechtigt ist und daß der Kandidat die Kinderweihe empfangen hatte, muß der Vater vor der Versammlung der Dionysosmysten die Erkennungszeichen vorweisen; Longus sagt ausdrücklich, daß viele zusammengeströmt waren. Nachdem die Erkennungszeichen geprüft sind, wird beschlossen, den jungen Mann in den Verein aufzunehmen. – Vgl. die parallele Szene in § 206 und 208 (Chloe).

Auf der Erzählebene hat Longus es so eingerichtet, daß es scheinbar zufällig zu der Enthüllung der vornehmen Abkunft des Daphnis kommt. Ein Leser des Longus, der zu den Dionysosmysten gehörte, war aber gewiß keinen Augenblick darüber im Zweifel, daß der Verlauf der Erzählung sich nach den Weihezeremonien richtet und sie umspielt.

Daphnis findet seine Eltern; man feiert ein Fest

§ 204   Daphnis war bei der Verhandlung nicht anwesend. Astylos eilt, ihn nun als seinen Bruder zu umarmen. Als dieser ihn kommen sieht, fürchtet er, er solle abgeholt und dem Gnathon geschenkt werden. Er läuft fort und will sich lieber vom Fels ins Meer stürzen. „Und so wäre vielleicht ... Daphnis umgekommen, weil er gefunden wurde,[26] wenn nicht Astylos die Gefahr erkannt und ihm zugerufen hätte: Fürchte dich nicht,[27] ich bin dein Bruder" und dies bei den Nymphen beschworen hätte. Daphnis bleibt stehen, und die ganze Menge (der Dionysosmysten, auf der rituellen Ebene) kommt herbei, darunter Vater und Mutter, und sie umarmen sich. Daphnis erhält ein teures neues Kleid, das schon vorher versprochene Weihekleid des Mysten. Alle setzen sich, und der Vater erzählt dem wiedergefundenen Sohn, wie es seinerzeit dazu gekommen war, daß er das Kind ausgesetzt hatte; wir haben dies oben (§ 158) besprochen.

Dann opfert man Zeus dem Retter (σωτήρ), dem Vater des Dionysos, und improvisiert ein Trinkgelage. Gnathon allein nahm nicht daran teil, sondern flüchtete sich „wie ein Bittflehender" in den Tempel des Dionysos.

Rasch kam das Gerücht (die Fama) zu allen[28] und meldete, daß Dionysophanes seinen Sohn „gefunden" hat und daß Daphnis als der Herr des Landgutes „gefunden" wurde. Am nächsten Tag liefen sie zusammen, um dem jungen Mann zu gratulieren und dem

---

[25] S. § 26, 99 und 112 über die „Mysten von vatersher" (πατρομύσται).

[26] IV 22,3 ἴσως ἄν, τὸ καινότατον, εὑρεθεὶς ἀπωλώλει Δάφνις. Vgl. die gleiche Wendung in III 30,2. Hier wird darauf angespielt, daß die nun folgende Einweihung des Daphnis rituell den Tod des alten Menschen bedeutet. Vgl. § 113.

[27] IV 22,3 μηδὲν φοβηθῇς (Mysterienworte).

[28] Dies ist ein aretalogischer Zug, der auch in den anderen Romanen regelmäßig vorkommt. Als Lucius in den Metamorphosen des Appuleius aus einem Esel in einen Menschen zurückverwandelt ist, das heißt, als er die erste Isisweihe genommen hat, eilt die Fama in seine Heimatstadt und meldet überall, was sich ereignet hat (XI 18,1). Vgl. auch Achilleus Tatios VII 16,3.

Vater Geschenke zu bringen. Dionysophanes fordert alle auf, Teilnehmer (κοινωνοί) an der Mahlzeit und dem Fest zu sein, das nun gefeiert wird. – Vom selben Stamm (κοινός) gebildete Wörter werden oft im Zusammenhang mit religiösen Mahlzeiten und Feiern gebraucht, s. §110, 141, 165 (Anm. 2) und 170 (Anm. 8).

Man schafft Wein und Backwaren herbei und opfert den ländlichen Göttern viele Tiere, das heißt, man hält ein großes Festessen ab.

Daphnis weihte all sein Hirtengerät den Göttern. Dem Dionysos gab er den Ranzen und das Fell, – das Fell kennzeichnet den Dionysosmysten „nach der Umgürtung" (ἀπὸ καταζώσεως, s. §15); dem Pan gab er die Syrinx und die Querflöte, und den Nymphen den Hirtenstab und die Melkeimer; er trank auch noch einmal aus der Quelle, aus der er mit Chloe getrunken hatte. – Vgl. Theokrits zweites Epigramm, oben §44.

Chloe wird entführt und wieder befreit

§205   Chloe fürchtet, Daphnis habe sie vergessen, und beschließt zu sterben. – Auf der zeremoniellen Ebene ist zu verstehen: Auch Chloe geht auf die Weihe (die mit der Hochzeit identisch ist) zu, und dies bedeutet einen rituellen Tod, ganz wie kurz vorher des Daphnis Gedanke, sich vom Felsen herabzustürzen, auf diesen Aspekt der Weihe angespielt hatte.

Der Bukólos Lampis, der als Freier um Chloe abgewiesen worden war und dann die Blumenbeete verwüstet hatte, meint, jetzt sei seine Chance gekommen, und entführt mit Hilfe anderer Landleute das Mädchen.[28a] Als Daphnis dies hört, ist er untröstlich und weint, unternimmt aber nichts. Auf der Erzählebene ist dies anstößig; aber die Erzählung bezieht sich wieder auf das Ritual, und es war die Pflicht eines Kandidaten, sich in der Vorbereitungszeit passiv zu verhalten.

Des Astylos „Tischgenosse" Gnathon rettet Chloe. Er hatte gegen Daphnis wegen seiner homosexuellen Anträge ein schlechtes Gewissen und hat sich deshalb in den Tempel des Dionysos geflüchtet. Jetzt, wo sich herausstellt, daß Daphnis ein Sohn seines Herrn ist, will er ihn für sich gewinnen, läuft zum Hof des Lampis, entreißt ihm Chloe und bringt sie zu Daphnis. Dieser ist glücklich und verzeiht dem Gnathon.

Auf der rituellen Ebene bezieht sich alles auf die Spiele, welche der Hochzeit vorangingen.[29] Der räuberische Lampis ist ein Bukólos, ein Mit-Myste; er soll Chloe nur in Versuchung führen, wie vorher Gnathon den Daphnis, und darum werden dem Lampis seine Untaten am Ende des Romans ohne weiteres verziehen (IV 38,2). Auch Gnathon hat nur eine Rolle gespielt, als er dem Daphnis seinen Antrag machte; in der soeben besprochenen Episode (bei der Entführung der Chloe durch Lampis) spielt er nun umgekehrt die Rolle des Retters.

[28a] Vgl. oben §179 Anm. 44 (Entführung der Pimpleia).

[29] In ländlichen Gegenden Deutschlands wird die Braut oft am Tag der Hochzeit von den Freunden des Bräutigams entführt. Sie gehen mit ihr in eine Wirtschaft und trinken dort zusammen. Der Bräutigam muß seine Braut suchen, und wenn er sie gefunden hat, muß er sie auslösen, indem er die Zeche bezahlt.

Dryas zeigt die Erkennungszeichen der Chloe vor; Verlobung des Daphnis und der Chloe beim Symposion

§ 206   Daphnis und Chloe überlegen, ob sie sich jetzt an Dionysophanes mit der Bitte wenden sollten, die Hochzeit auszurichten. Sie sind unschlüssig; aber Chloes Ziehvater Dryas ist entschieden; er will alles bekannt machen. – Auf die rituelle Ebene bezogen bedeutet dies: Wenn die als Kind eingeweihte Chloe nun in die Gemeinschaft der dionysischen Mysten aufgenommen werden soll, dann muß der Vater zunächst im Verein den Antrag stellen und die Erkennungszeichen vorweisen, die er seinerzeit bei der Kinderweihe erhalten und bei sich zu Hause aufgehoben hat. – Vgl. oben § 203 (Daphnis).

Dryas geht also am nächsten Tag zu Dionysophanes. Er hat seinen Ranzen mit den Erkennungszeichen mitgenommen und zeigt sie vor: „Ein ähnlicher Zwang wie bei Lamon bringt mich dazu, das zu sagen, was bisher verschwiegen wurde.[30] Chloe ist nicht meine Tochter; ... sie lag in der Nymphengrotte und ein Schaf nährte sie. Ich habe dies selbst gesehen, und als ich es erblickte, gestaunt, und des Staunens wegen habe ich sie aufgezogen.[31] ... Dies beweisen hier diese Erkennungszeichen." Er fordert den Dionysophanes auf, nun die Eltern des Kindes zu suchen, und spricht die Hoffnung aus, es möge sich herausstellen, daß Chloe des Daphnis würdig sei.

So hört Dionysophanes, daß sein neugefundener Sohn schon verlobt ist. Er betrachtet die Erkennungszeichen der Chloe und läßt das Mädchen rufen. Dann spricht er ihr Mut zu;[32] sie habe schon einen Bräutigam und werde auch ihre Eltern bald finden. – Bei Longus vertrauen alle Personen darauf, daß, wenn ein Kind Erkennungszeichen besitzt, seine wahren Eltern sicher aufgefunden werden. Dies läßt sich leicht verstehen in einer relativ kleinen Gesellschaft von Dionysosmysten aus der Oberklasse. Während der Vater des Daphnis sogleich aufgefunden wird, als der Ziehvater die Erkennungszeichen vorweist, wird der wahre Vater der Chloe erst etwas später bei dem großen Dionysosfest in der Stadt gefunden. Vermutlich handelt es sich nur um eine erzählungstechnische Variante.

Dionysophanes fragt seinen Sohn Daphnis, ob seine Braut noch Jungfrau sei; als dieser es bejaht und beschwört, freut er sich. – Vgl. § 188/9.

Man feiert nun ein Symposion. Chloe, die vorher gebadet hatte, zieht ein neues Gewand an, und als sie eintrat, staunten alle, welchen Unterschied es macht, wenn zur Schönheit noch feine Aufmachung und Schmuck hinzutreten. An dem Fest nehmen auch die Zieheltern der Brautleute teil, und an den folgenden Tagen feierte man weiter. Man opferte (und verspeiste) Opfertiere und stellte Mischkrüge auf (vgl. § 122); Chloe weihte ihre Schäfer-Gegenstände (Syrinx, Ranzen, Fell, Melkeimer), badete oft in der Nymphengrotte und mischte Wein in die Quelle. – Vielleicht wird hier eine Art Verwandlung von

---

[30] IV 30,3 τὰ μέχρι νῦν ἄρρητα.

[31] εἶδον τοῦτο αὐτὸς καὶ ἰδὼν ἐθαύμασα καὶ θαυμάσας ἔθρεψα. Dieses „Sehen" ist eine mystische Vocabel, vgl. Euripides, Bakchen 72 τελετὰς θεῶν εἰδώς. Sie kam auch in den eleusinischen Mysterien vor, vgl. Homer, Demeterhymnus 480 ὄλβιος ὃς τάδ' ὄπωπεν, Pindar fr. 137 Snell-Mähler ὄλβιος ὅστις ἰδὼν κεῖν(α), Sophokles fr. 837 Radt οἳ ταῦτα δερχθέντες τέλη.

[32] IV 31,2 παρεκελεύετο θαρρεῖν.

Wasser in Wein gespielt, s. §123–5. Die Zeremonien laufen denen parallel, die vorher von Daphnis vollzogen worden waren.

Als die Feste auf dem Land beendet sind, gibt Dionysophanes dem Dryas weitere 3000 Drachmen. Lamon wird freigelassen, erhält Winterkleider und andere Geschenke.

Fahrt in die Stadt

§207   Dann fahren Dionysophanes, Daphnis, Chloe und das Gefolge „mit Pferden und Wagen und vielem Luxus"[33] in die Stadt,[34] um die Eltern der Chloe zu suchen. Sie treffen nachts ein und bleiben so zunächst verborgen. Am nächsten Tag versammelt sich viel Volk vor dem Hause, um zu gratulieren. Man staunt über die Schönheit von Daphnis und Chloe, „und die ganze Stadt schwärmte[35] von dem jungen Mann und dem Mädchen"; alle preisen das Brautpaar glücklich.

In der nächsten Nacht träumt Dionysophanes, die Nymphen bäten Eros, endlich die Hochzeit des Daphnis und der Chloe möglich zu machen. Da habe Eros seinen Bogen entspannt, die Pfeile beiseite gelegt und dem Dionysophanes befohlen, alle vornehmen Mitylenäer zum Symposion einzuladen und dann, wenn der letzte Mischkrug gemischt werde, die Erkennungszeichen der Chloe holen zu lassen und herumzuzeigen; danach könne er das Hochzeitslied anstimmen.

Bei einem Symposion werden die Eltern der Chloe gefunden

§208   Dionysophanes bereitet also ein großartiges Gastmahl vor „aus allen guten Dingen, die von der Erde, aus dem Meer, aus den Teichen und Flüssen kommen" (IV 34,2), und lädt zum Symposion ein. – Mit diesem großen Fest spielt Longus auf jenes Dionysos-Fest an, welches nur alle zwei Jahre gefeiert wurde, die Trieteris.

Als am Ende der Mischkrug gefüllt wird, aus dem man dem Hermes spendet, läßt Dionysophanes die Erkennungszeichen der Chloe bringen und rechtsherum[36] allen Tischgenossen zeigen. – Der Kratér, aus dem man dem Hermes spendet, ist wohl der dritte Kratér. Über diesen gibt es das Sprichwort: „Du hast vom dritten Kratér gekostet", und es wurde dazu erläuternd gesagt: „Dies bezieht sich auf diejenigen, welche die vollkommenste und heilbringendste Weihe empfangen."[37]

Die Spende für Hermes am Ende des Trinkgelages gilt meist dem Gott des Schlafes; aber hier dürfte Hermes als Gott des Findens gemeint sein.

[33] IV 33,2 τρυφῆι πολλῆι. Für die positive Wertung der τρυφή s. §80.

[34] Vgl. den Hochzeitszug des Dionysos und der Ariadne auf dem pompeianischen Fresco Abb. 6 und dem Münchner Sarkophag Abb. 59. Es gibt viele derartige Darstellungen. Vgl. auch §66.

[35] IV 33,4 ἐκίττα. Das Verbum gehört zu κιττός „Efeu". Das üppige („geile") Wachsen der Pflanze, des κιττός, und die sexuelle („geile") Erregung der Menschen werden als gleichartig empfunden. Reeve hat die Variante des Codex V, ἐκινεῖτο, in den Text genommen, aber dieses Wort ist nur eine Glosse zu ἐκίττα.

[36] IV 34,3 ἐνδέξια, denn das geschieht mit gutem Vorzeichen.

[37] Apostolios XVII 28 (Paroemiographi II 692) τρίτου κρατῆρος ἐγεύσω· ἐπὶ τῶν μεμυημένων τὰ τελεώτατα καὶ σωτηριωδέστερα. Es handelt sich also um eine „Rettung" (σωτηρία).

Der älteste der Gäste, Megakles, dem die Erkennungszeichen als letztem gezeigt werden, erkennt sie als die seiner Tochter. Er berichtet, das Kind sei geboren worden, als er arm war; darum habe er es in der Nymphengrotte ausgesetzt und den Göttinnen anvertraut (s. §159). Jetzt hätten ihm die Götter nachts Träume geschickt und – wie er dachte, ihm zum Spott – bedeutet, daß eine Herde ihn zum Vater machen werde.

Dionysophanes erkennt, daß Chloe das ausgesetzte Kind des Megakles ist. Er hat schon alles für den folgenden, theaterähnlichen Auftritt vorbereitet. Er läßt das Mädchen rufen. Chloe tritt herein, schön geschmückt, und nun spricht Dionysophanes zu Megakles:

„Dies ist das Kind, das du ausgesetzt hast. Durch die Fürsorge der Götter hat ein Schaf dieses Kind für dich gesäugt, wie eine Ziege den Daphnis für mich. Nimm hier die Erkennungszeichen und deine Tochter, und wenn du sie empfangen hast, übergib sie dem Daphnis als Braut. Wir haben die beiden ausgesetzt, wir haben die beiden wiedergefunden, für beide haben gesorgt Pan, die Nymphen und Eros."[38]

Eine feierliche, zeremonielle Szene. Beide Brautleute werden als Menschen ausgewiesen, die von Kind an dem Dionysos und den Göttern um ihn geweiht waren. Sie sind nach dem Ritual ausgesetzt und wunderbar von einem Tier genährt worden, und jetzt hat man sie „gefunden". Man hat eine Episode aus dem Ritual der Isismysterien verglichen: Indem die Mysten das heilige Nilwasser schöpften, hatten sie Osiris gefunden und riefen: „Wir haben gefunden, wir gratulieren."[39]

Die Hochzeit auf dem Lande

§209   Auf die Bitten des Daphnis und der Chloe kehren am nächsten Tag alle aufs Land zurück, „um eine Hirtenhochzeit zu feiern".[40] Megakles, der Vater der Chloe, übergibt seine Tochter zum zweitenmal den Nymphen, und die Erkennungszeichen werden den Göttinnen zum Dank geweiht. Dryas erhält weitere 4000 Drachmen, so daß er jetzt insgesamt 10 000 erhalten hat.

Nun läßt Dionysophanes vor der Grotte eine Streu (στιβάς) aus frischem Grün aufschütten (vgl. §71) und lädt alle Landleute zum Festgelage ein. Alle waren dabei, die Zieheltern (Lamon, Myrtale, Dryas und Nape), die Verwandten des von den Mytilenäern erschlagenen Dorkon,[41] Philetas und seine Söhne, Lykainion und ihr ältlicher Mann, ja auch Lampis, dem man verziehen hatte. Sie haben ihre Untaten alle nur in rituellem

---

[38] IV 36, 1–2 τοῦτο τὸ παιδίον ἐξέθηκας· ταύτην σοὶ τὴν παρθένον ὄϊς προνοίαι θεῶν ἀνέθρεψεν, ὡς αἲξ Δάφνιν ἐμοί. λαβὲ τὰ γνωρίσματα καὶ τὴν θυγατέρα, λαβὼν δὲ ἀπόδος Δάφνιδι νύμφην.

ἀμφοτέρους ἐξεθήκαμεν,
ἀμφοτέρους εὑρήκαμεν,
ἀμφοτέρων ἐμέλησε Πανὶ καὶ Νύμφαις καὶ Ἔρωτι.

[39] εὑρήκαμεν, συγχαίρομεν. Athenagoras, Supplicatio 22,6; Firmicus Maternus, De errore profanarum religionum 2,9; Seneca, Apocol. 13; Scholion zu Juvenal 8,29. Vgl. G. Rohde, Rhein. Mus. 86, 1937, 48.

[40] IV 37, 1 ποιμενικούς τινας αὐτοῖς ποιῆσαι τοὺς γάμους.

[41] Dies gilt wieder nur auf der Erzählebene; Dorkon ist ja nur im Spiel erschlagen worden.

Spiel begangen, und Lykainion hat zur „Rettung" des jungen Paares beigetragen. „Alles war, bei solchen Trinkgenossen, ländlich und ungehobelt; einer sang ein Lied wie es die Schnitter singen,[42] ein anderer sang Spottverse wie man sie beim Keltern singt" (IV 38, 3).[43] Philetas spielt auf der Syrinx, Lampis bläst auf der Flöte, die beiden Alten – Dryas und Lamon – tanzen; das Fest ist jenem Fest ähnlich, welches die Hirten schon im vorigen Jahr mit theaterähnlichen Aufführungen gefeiert haben (II 31–37). Die Ziegen weideten ganz in der Nähe, als ob auch sie an dem Fest teilnähmen, und das war wegen des Gestanks das einzige, was den Städtern an diesem Fest nicht so ganz gefiel.

Am Abend geleiten alle das Brautpaar mit Musik und Fackeln ins Schlafgemach[44] und singen mit rauher Stimme das Hochzeitslied. In dieser Nacht vollendete Daphnis an Chloe die Kindererziehung, welche Lykainion mit ihm begonnen hatte, und Chloe lernte, daß dasjenige, was damals im Wald geschehen war, „ein Spiel der Hirten war" (IV 40). – Lykainion hat im Auftrag gehandelt, als sie Daphnis einweihte.

Ausklang

§ 210   „Nicht nur damals, sondern solange sie lebten" haben Daphnis und Chloe „das Leben der Hirten geführt, indem sie die Nymphen, Pan und Eros als Götter verehrten" (IV 39, 1). – Das heißt auf der Ebene des wirklichen Lebens: Sie sind oft aus der Stadt zu den ländlichen Dionysosfesten gekommen.

Sie haben ihren Sohn von einer Ziege säugen lassen und ihre Tochter von einem Schaf, d. h. sie haben die Riten der Dionysosmysten weitergeführt und ihre Kinder weihen lassen. Da Pan die Chloe beim Überfall der Methymnäer gerettet hatte, errichteten sie einen Tempel für Pan als Krieger; er brauchte jetzt nicht mehr unter der Fichte zu stehen, sondern hatte seinen eigenen Tempel. Sie schmückten die Nymphengrotte aus, stellten dort Bilder auf und weihten dem Hirten Eros einen Altar, d. h. sie ließen dort jenen Bilderzyklus aufstellen, von dem im Prooemium die Rede war, die bildliche Darstellung der ganzen Erzählung des Longus.

[42] Also ein Lied, wie es der Schnitter Lityerses zu Ehren der Demeter gesungen hat (Theokrit 10, 42–55; im Corpus der „bukolischen" Gedichte).

[43] Vgl. die Spöttereien der Bauern auf dem Landgut des Kaisers Antoninus Pius, § 90.

[44] Vgl. die Sarkophage mit dem Hochzeitszug des Dionysos und der Ariadne in München Abb. 57 (Fackeln) und Abb. 59 (ein musizierendes Kentaurenpaar zieht den Wagen).

Nachwort

Kurzer Vergleich der Dionysos-Religion mit den Mysterien der Isis, des Mithras und dem Christentum

Die erhaltenen Zeugnisse über den Dionysoskult und die Dionysosreligion der Kaiserzeit ergeben ein klares, in sich konsistentes Bild. Man wird hoffentlich finden, daß ich sie mit Sympathie geschildert habe. So sei nun doch die Bemerkung erlaubt, daß dies eine Religion war, die noch viele archaische Züge an sich trug und im zweiten und dritten nachchristlichen Jahrhundert veraltet war. Es hat sich um eine Naturreligion gehandelt, in welcher sich der Mensch in den Kreislauf der Jahreszeiten integrierte und die schönen Seiten des Lebens ohne Zögern genoß. Aber wenn man diese Religion mit denjenigen Kulten vergleicht, welche damals aufblühten, mit den Mysterien der Isis, des Mithras und mit dem Christentum, dann fällt doch auf, wieviel mehr die neuen Religionen den religiösen Bedürfnissen der Menschen dieser Zeit entsprachen. Ohne Vollständigkeit zu erstreben, bespreche ich einige Punkte, an denen sich dies deutlich zeigt.

Gebrauch der Schrift: Die Isisreligion hatte wenigstens *einen* sozusagen kanonischen Text, der anscheinend in allen Tempeln zu lesen war, die „Selbstoffenbarung der Isis".[1] Die Lehre der Mithrasmysterien war in einem starren Schema fixiert und muß schriftlich niedergelegt gewesen sein; Bücher des Eubulos und Pallas über diese Mysterien sind bezeugt. Das Christentum wuchs aus einer Buchreligion, dem Judentum, heraus und hatte seinen festen Kanon heiliger Schriften. – Aus der Religion des Dionysos sind zwar im 5. und 4. Jahrhundert v. Chr. bedeutende Werke der Literatur hervorgegangen; aber die Tragödien und Komödien waren doch keine heiligen Texte in der Weise, wie dies bei den konkurrierenden Religionen der Fall war.

Hierarchische Organisation: Die Isisreligion hatte zwei Zentralen, in Memphis[2] und in Rom.[3] Das Zentrum der Mithrasmysterien ist ebenfalls in der Hauptstadt des Reiches gewesen. Die feste und gleichzeitig flexible hierarchische Struktur des Christentums ist bekannt. – In der Dionysosreligion gibt es nichts Vergleichbares, und dies war auch nicht nötig, denn der zentrale Gedanke vom Kreislauf des Werdens, Vergehens und neuen

---

[1] I.K. 5 (Kyme), 41; M. Totti, Texte Nr. 1. Ein Teil des Textes bei Diodor I 27 (um 60 v. Chr.).
[2] Die „Selbstoffenbarung" war auf einer Stele in Memphis aufgezeichnet.
[3] Appuleius, Metam. XI 26, 2.

Werdens lag vor Augen und brauchte nicht durch eine kirchliche Organisation fixiert werden. Es sind auch keine heiligen Bücher nötig, um dies zu lehren. Eine handliche Zusammenstellung moralischer Lebensregeln wäre freilich gut gewesen. Jedenfalls hätten die römischen Kaiser sich niemals eine Stärkung ihrer Macht von einer Allianz mit den Dionysosdienern erwarten können, während die anderen hier betrachteten Kulte eine Hierarchie zur Verfügung stellten, welche die staatliche Organisation stützend ergänzen konnte.

Einbeziehung der Philosophie: Die Mithrasmysterien waren eine philosophische Sternenreligion, die sich stark auf platonische Vorstellungen stützte. In die Isisreligion waren durch Chairemon von Alexandria[4] stoische Gedanken eingegangen; wir besitzen des Plutarch Buch „Über Isis und Osiris", in welchem er diese Religion platonisch interpretiert; Appuleius, unser Hauptzeuge für die Isisreligion, war ein platonischer Philosoph. In wie starkem Maß das Christentum von platonischen und stoischen Gedanken durchdrungen wurde, ist bekannt.[5] – Daneben gibt es in der Dionysosreligion nur Ansätze dazu, den bestehenden Kulten ein philosophisches Fundament zu unterlegen. Platon und die Stoiker hatten eine neue philosophische Religion für die Gebildeten geschaffen, die klar in Gegensatz zu den volkstümlichen Kulten stand, auch zu dem des Dionysos.

Hoffnung auf Unsterblichkeit: Die Isismysterien verhießen ihren Anhängern ein ewiges Leben, wenn auch noch nicht in dogmatisch fixierter Form; die Mithrasmysten hofften auf den Aufstieg ihrer Seelen zur Fixsternsphäre; bei den Christen war das ewige Leben jedenfalls seit dem Konzil von Nikaia ein Glaubensartikel. – Die Erwartungen der Dionysosmysten waren viel unbestimmter. Man hoffte auf ein „Wiederentstehen" (παλιγγενεσία)[6] in der Weise, wie sich in der Natur alles erneuert. Aus der Fülle der dionysischen Sarkophage im 2. und 3. nachchristlichen Jahrhundert darf man schließen, daß in dieser Zeit auch die Dionysosmysten den Versuch unternahmen, präzisere Hoffnungen auf ein jenseitiges Glück zu formulieren.[7] Aber sie können niemals mit solcher Sicherheit vorgetragen worden sein wie bei den Christen. Diese Verheißungen haben dem Christentum eine starke Anziehungskraft verliehen.

Einbeziehung der dunklen Seiten des Lebens: Schließlich haben die Dionysosmysten der Kaiserzeit die dunklen Seiten des Lebens fast ganz beiseitegeschoben; von der Zerreißung des Dionysos Zagreus zu sprechen hat man vermieden. Ganz anders die konkurrierenden Religionen: Nach der mithräischen Lehre ist die Welt durch jenes Stieropfer geschaffen worden, welches Mithras nur ungern vollbracht hat. In der Isisreligion ist der Tod des Osiris in großartigen Festen begangen worden. Der Tod Jesu am Kreuz steht im

---

[4] H. R. Schwyzer, Chairemon von Alexandrien (1932); F. Jacoby, Die Fragmente der griechischen Historiker Nr. 618; P. W. van der Horst, Chaeremon, Egyptian Priest and Stoic Philosopher (1984).

[5] Schon die jüdische Religion war durch Philon von Alexandria philosophisch interpretiert worden. Das Christentum war ursprünglich eine jüdische Sekte.

[6] Longus III, 4, 2.

[7] Im Anschluß an orphische und eleusinische Vorstellungen; vgl. § 141 und R. Turcan, Les sarcophages.

Mittelpunkt des Christentums. Diese Religionen haben die Welt also realistischer gesehen und ihren Anhängern Trost und Hoffnung gerade in denjenigen Lagen geboten, in welchen der Mensch ihrer bedarf.

Die Wiederaufnahme dionysischer Themen in der Renaissance

Leider fehlen in den kanonischen Büchern und Glaubensartikeln der Christen Heiterkeit, Lachen und Humor.[8] Man hat diesem Mangel schon im Mittelalter in beträchtlichem Maß abgeholfen. Dennoch hat die Renaissance eine Befreiung der Menschen bedeutet, die man sich nicht groß genug vorstellen kann; und dies ist in Wiederaufnahme dionysischer Themen geschehen. Lorenzo de' Medici hat jenes berühmte Preislied für eine dionysische Prozession gedichtet, in welcher Dionysos und Ariadne mit ihrem Gefolge beim Carneval durch Florenz gefahren worden sind:

Quant'è bella giovinezza
che si fugge tuttavia!
   Chi vuol esser lieto, sia:
   di doman non c'è certezza.
	Wie schön ist die Jugend,
	die stets entflieht!
	Wer froh sein will, sei es heute;
	Für das Morgen gibt es keine Sicherheit.

Quest'è Bacco e Arianna
belli, e l'un dell'altro ardenti:
perchè 'l tempo fugge e inganna,
sempre insieme stan contenti.
Queste ninfe ed altre genti
sono allegre tuttavia.
   Chi vuol esser lieto, sia:
   di doman non c'è certezza.
	Dies sind Dionysos und Ariadne,
	die Schönen, einer in den anderen glühend verliebt;
	weil die Zeit entfliegt und uns täuscht,
	bleiben sie immer beieinander und sind zufrieden.
	Diese Nymphen und anderen Personen
	sind stets froh;
	Wer froh sein will usw.

Questi lieti satiretti
delle ninfe innamorati,
per caverne e per boschetti
han lor posto cento agguati;
or da Bacco riscaldati
ballon, salton tuttavia.
   Chi vuol esser lieto, sia:
   di doman non c'è certezza.
	Diese fröhlichen Satyrn
	sind in die Nymphen verliebt;
	sie haben ihnen in den Höhlen und Büschen
	hundertmal aufgelauert;
	jetzt sind sie von Dionysos erhitzt
	und tanzen und springen immerzu;
	wer froh sein will usw.

---

[8] „Leider ist in aller jüdischen und christlichen Schriftstellerei auch kein Körnchen Humor zu finden; es ist, als hätte eine ganze Welt das Lachen verlernt" (U. v. Wilamowitz-Moellendorff, Die griechische Literatur des Altertums, in: P. Hinneberg, Die Kultur der Gegenwart, Teil I Abteilung VIII, Die griechische und lateinische Literatur und Sprache, 3. Auflage 1912, S. 263).
Vielleicht darf man annehmen, daß der Humor eine Dimension des Geistigen ist, welche den ältesten Menschen noch nicht erschlossen und auch im Palästina der Zeit Jesu noch nicht bekannt war, also eine Errungenschaft der Griechen und Römer gewesen ist; Humor setzt ja geschulte Intelligenz voraus. – Für die Juden der Neuzeit ist ihr Humor und Witz besonders charakteristisch, ganz im Gegensatz zu den Juden des Altertums.

Queste ninfe anche hanno caro da lor esser ingannate: non può fare a Amor riparo, se non gente rozze e ingrate: ora insieme mescolate suonon, canton tuttavia: 　Chi vuol esser lieto, sia: 　di doman non c'è certezza.	Diesen Nymphen ist es auch lieb, von ihnen verführt zu werden; eine Schutzwehr gegen Eros erbauen können nur plumpe, unelegante Leute: Jetzt sind sie durcheinander gemischt und singen, singen immerzu: wer froh sein will usw.
Questa soma, che vien drieto sopra l'asino, è Sileno: così vecchio è ebbro e lieto, già di carne e d'anni pieno; se non può star ritto, almeno ride e gode tuttavia: 　Chi vuol esser lieto, sia: 　di doman non c'è certezza.	Diese Last, die dahinter auf dem Esel kommt, ist Silen: wie alt er ist, so betrunken und fröhlich ist er, voll an Fleisch und an Jahren; zwar kann er nicht mehr gerade stehen, aber wenigstens lacht und genießt er immerzu; wer froh sein will usw.
- - - - - - - - Ciascun apra ben gli orecchi, di doman nessun si paschi; oggi sian, giovani e vecchi, lieti ognun, femmine e maschi; ogni tristo pensier caschi; facciam festa tuttavia. 　Chi vuol esser lieto, sia: 　di doman non c'è certezza.	Jeder öffne wohl die Ohren, keiner sollte sich vom Morgen ernähren; heute sollen alle, Junge und Alte, fröhlich sein, Frauen und Männer, jeder traurige Gedanke falle ab; laßt uns feiern immerzu: wer froh sein will usw.
Donne e giovinetti amanti, viva Bacco e viva Amore! Ciascun suoni, balli e canti! Arda di dolcezza il cuore! Non fatica, non dolore! Ciò c'ha a esser, convien sia. 　Chi vuol esser lieto, sia: 　di doman non c'è certezza.	Damen und verliebte junge Männer, hoch lebe Dionysos, hoch lebe Eros! Jeder musiziere, tanze und singe! Brennen soll das Herz von Zärtlichkeit! Kein Gedanke an Mühe, keiner an Leid! Es ziemt sich, daß das auch sei, was sein soll! Wer froh sein will usw.

Man hat im Florenz des Lorenzo das dionysische Lebensgefühl – Schönheit, Heiterkeit, Wohlleben (τρυφή), Genuß jetzt und heute – genau verstanden; man kannte es aus den Schriftstellern und den Werken der bildenden Kunst und erstrebte eine „Wiedergeburt" (rinascimento, παλιγγενεσία) dieser Lebensform.

Etwa hundert Jahre später findet sich die leidenschaftlichste Wiederaufnahme dionysischer Themen. Sie steht in Torquato Tassos Schäferspiel *Aminta*, im Schlußchor des ersten Aktes. In der Goldenen Zeit war Alles schöner als jetzt: Die Flüsse strömten von Milch, die Bäume gaben Honig, die Erde trug Früchte ohne gepflügt zu sein, die Schlangen hatten kein Gift, es gab keinen Krieg und keine Seefahrt, und es war ewiger

Frühling. Aber das alles kommt noch gar nicht in Anrechnung gegen den Einen überragenden Vorteil der Goldenen Zeit: Damals herrschte Liebesfreiheit, und das sinnlose Wort *Onore* („Moral") hinderte die Liebenden noch nicht, die Freuden der Liebe zu genießen:

O bella età dell'oro!
Non già perchè di latte
Sen corse il fiume, e stillò mele il bosco;
Non perchè i frutti loro
Diêr, dall'aratro intatte
Le terre, e i serpi errar senz'ira e tosco;
Non perchè nuvol fosco
Non spiegò allor suo velo,
Ma in primavera eterna
Ch'ora s'accende e verna
Rise di luce e di sereno il cielo;
Nè portò, peregrino,
O guerra o merce agli altrui lidi il pino;

O schöne goldene Zeit!
Nicht, weil der Fluß von Milch strömte
und der Hain Honig tropfte;
nicht, weil die Erde, vom Pflug unberührt,
ihre Früchte gab und weil die Schlangen
ohne Grimm und ohne Gift krochen;
nicht, weil die dunkle Wolke
damals ihren Schleier nicht ausbreitete,
sondern der Himmel in ewigem Frühling,
der gerade beginnt und ergrünt,
von Licht und Heiterkeit lachte;
auch nicht, weil das (noch) unbekannte
Schiff weder Krieg noch Handelsware an
fremde Ufer trug;

Ma sol perchè quel vano
Nome senza soggetto,
Quell'idolo d'errori, idol d'inganno;
Quel che dal volgo insano
Onor poscia fu detto
(Che di nostra natura 'l feo tiranno),
Non mischiava il suo affanno
Fra le liete dolzezze
Dell'amoroso gregge;
Nè fu sua dura legge
Nota a quell'alme in libertate avvezze;
Ma legge aurea e felice,
Che Natura scolpi: *S'ei piace, ei lice.*

Sondern allein deshalb, weil jenes leere
Wort ohne Inhalt, jenes Götzenbild des
Irrtums, Götzenbild des Betrugs,
welches von der törichten Menge
später „Moral" genannt wurde
(der scheußliche Tyrann unserer Natur)
damals seinen Kummer noch nicht
zwischen die heiteren Süßigkeiten
des liebenden Völkchens mischte;
auch war sein hartes Gesetz jenen Seelen, die an
Freiheit gewöhnt waren, noch unbekannt;
Es galt das goldene, glückliche Gesetz,
das die Natur selbst eingemeißelt hatte:
Was gefällt, ist erlaubt.

Allor tra fiori e linfe
Traean dolci carole
Gli Amoretti, senz'archi e senza faci;
Sedean pastori e ninfe,
Meschiando alle parole
Vezzi e sussurri, ed ai sussurri i baci
strettamente tenaci;

Damals tanzten die Eroten zwischen Blumen
und Gewässern süße Rundtänze,
ohne Bogen und ohne Fackeln;
die Hirten und Nymphen saßen und mischten
unter ihre Worte Liebkosungen und Geflüster,
und unter das Geflüster die Küsse,
die eng und anhaltend waren;

La verginella, ignude
Scopria sue fresche rose,
Ch'or tien nel velo ascose,
E le poma del seno acerbe e crude;
E spesso o in fiume o in lago
Scherzar si vide coll'amata il vago.

Tu prima, Onor, velasti
La fonte dei diletti,
Negando l'onde all'amorosa sete:
Tu a' begli occhi insegnasti
Di starne in sè ristretti,
E tener lor bellezze altrui secrete:
Tu raccogliesti in rete
Le chiome all'aura sparte:
Tu i dolci atti lascivi
Festi ritrosi e schivi:
Ai detti il fren ponesti, ai passi l'arte;
Opra è tua sola, o Onore,
Che furto sia quel che fu don d'Amore:

E son tuoi fatti egregi
Le pene e i pianti nostri.
Ma tu, d'Amore e di Natura donno,
Tu, domator de' regi:
Che fai fra questi chiostri
Che la grandezza tua capir non ponno?
Vattene, e turba il sonno
Agl'illustri e potenti:
Noi qui, negletta e bassa
Turba, senza te lassa
Viver nell'uso dell'antiche genti.
Amiam: che non ha tregua
Cogli anni umana vita, e si dilegua:

Amiam: ch 'l Sol si muore, e poi rinasce:
A noi sua breve luce
S'asconde, e 'l sonno eterna notte adduce.

das Mädchen entblößte seine frischen Rosen,
so daß sie nackt waren, die sie heute unter
einem Schleier verborgen hält, und auch die
herben und festen Äpfel des Busens;
Und oft sah man den Verliebten im Fluß oder
im See mit der Geliebten scherzen.

Erst du, Moral, hast die Quelle
der Freude verhüllt
und dem Liebesdurst den Trank verweigert:
Du hast die schönen Augen gelehrt
zurückhaltend zu bleiben und ihre Schönheit
vor dem Nächsten geheim zu halten:
Du hast die in den Lüften fliegenden Haare
in ein Netz gesammelt:
Du hast gemacht, daß die süßen Liebesspiele
spröde und scheu wurden: Den Worten hast du
Zügel angelegt, den Schritten Künstlichkeit;
allein dein Werk ist es, Moral,
daß nun heimlicher Diebstahl ist, was früher
Geschenk der Liebe war.

Deine Ruhmestaten sind
unsere Qual und unsere Tränen.
Aber wenn du auch Herr über Eros und die Natur
bist und Bezwinger der Könige:
Was hast du hier in diesem Bezirk zu suchen,
der deine Erhabenheit nicht fassen kann?
Geh weg von hier, störe den Schlaf
der Berühmten und Mächtigen:
Uns hier aber, die unwichtige und niedrige
Schar, laß uns ohne dich in der Weise
der antiken Menschen leben.
Laßt uns lieben; denn zwischen dem Leben des
Menschen und den Jahren gibt es keinen (Waffen)-
Stillstand, das Leben zergeht:

Laßt uns lieben; denn die Sonne stirbt und
wird wiedergeboren; aber für uns verbirgt sich
ihr Licht nach kurzer Zeit, und der Schlaf
führt ewige Nacht herauf.

Tasso hat nicht nur die antiken Dichter gelesen und ihre Themen elegant variiert; er hat vor allem die Quintessenz des dionysischen Lebens genau verstanden, denn sein Wort

s'ei piace, ei lice („erlaubt ist, was gefällt")

ist dem Lied sehr ähnlich, welches die Musen bei der Hochzeit des Kadmos und der Harmonia gesungen hatten:

ὅττι καλόν, φίλον ἐστί („was schön ist, gehört zu uns").[9]

Freilich erhebt sich gleich die Frage, wo die Grenze dessen sei, was schön ist und was gefällt. Die meisten Verehrer des Dionysos unter den Griechen hätten geantwortet: „Schön kann nur das sein, was auch ὅσιον (rein, erlaubt) ist."[10] Eine sehr ähnliche Antwort hat Giovanni Battista Guarini gegeben, als er bald nach dem *Aminta* sein Schäferspiel *Il Pastor fido* schrieb und darin die von Tasso verherrlichte Liebesfreiheit einschränkte. Im vierten Akt des Stückes kommt ein Chorlied vor, das ebenfalls mit „O bella età dell'oro" beginnt und in dem sämtliche Reime des Tasso'schen Liedes wiederholt werden. Aber nicht mehr die freie Liebe wird verherrlicht, sondern die Schicklichkeit; an der entscheidenden Stelle gibt *Onestà* (Ehrbarkeit, Moral) das Gesetz:

Piaccia se lice („gefallen möge [nur], was erlaubt ist").[11]

---

[9] Theognis 17; vgl. Euripides, Bakchen 881 und § 136.

[10] Vgl. § 138.

[11] Zu dem Vorstehenden vgl. H. Petriconi, „Das neue Arkadien", in: Antike und Abendland 3 (1948) 187–200.

Dritter Teil

Abbildungen

206

Vorbemerkung

Zu den abgebildeten Monumenten sind jeweils kurze Verweise auf die Fachliteratur gegeben. Diese sollen nicht erschöpfend sein; es soll nur dem interessierten Leser erleichtert werden, sich über die gelehrten Meinungen zu dem betreffenden Monument zu informieren.

Für die Sarkophage wird auf die zusammenfassenden Werke von F. Matz und P. Kranz, für die Mosaike auf K. Dunbabin (Nordafrika) und K. Parlasca (Germania) verwiesen. Sie sind in neuerer Zeit erschienen, und von dort aus wird man den Weg leicht weiter finden.

Die hier vorgeschlagenen Datierungen der Monumente sind fast alle der archäologischen Fachliteratur entnommen und sollen nur der allgemeinen Orientierung des Lesers dienen.

Abb. 1 Hermes bringt den Dionysosknaben zu den Nymphen. Fresco aus Herculaneum

Der Götterbote Hermes (mit Reisehut, Leier und Flügelschuhen) hat das Dionysoskind zu den Nymphen und zu Papposilen nach Nysa gebracht. Papposilen hebt das Kind hoch. Hinter ihm sitzt eine Nymphe, die dem Knaben eine Weintraube vorhält, und er greift danach. Links im Hintergrund ein Satyr und eine Nymphe. Links vorn ruht ein Esel, ein dionysisches Tier. Rechts vorn trinkt ein kleiner Panther aus einem Tamburin. Zwischen Hermes und Papposilen begrüßt ein dunkelhäutiger Pan das Kind. Kurz vor 79 n. Chr.

Erwähnt in § 38, 50 und 51.
W. Helbig, Die Wandgemälde der vom Vesuv verschütteten Städte Campaniens (1868) S. 94 Nr. 376. – V. Spinazzola, Le Arti decorative in Pompei e nel Museo Nazionale di Napoli (1928) S. XXIX, Tafel 127. – Olga Elia, Pitture murali e Mosaici del Museo Nazionale di Napoli (1932) S. 87 Nr. 207. – A. de Franciscis, Il Museo Nazionale di Napoli (1963) Tav. 51 (farbig).

Abb. 2 Festsaal in der Villa dei Misteri in Pompei, linke Wand

Diese Fresken sind sehr oft besprochen worden, und es ist ausgeschlossen, hier alle Deutungsvorschläge zu referieren. Ich gebe nur kurz an, welche Deutung ich für wahrscheinlich halte. Wie viele andere Gelehrte nehme ich an, daß es sich um eine Hochzeitszeremonie handelt und daß die Braut in mehreren Szenen abgebildet ist.

Von links schreitet die Braut herbei. Rechts von ihr sitzt eine Frau, neben der ein Knabe steht und aus einem Buch vorliest, vermutlich einen auf die Feier bezüglichen Text. Er ist nackt, trägt aber dionysische Stiefelchen.

Dann folgt eine bekränzte Dienerin mit einer Fruchtschale. Rechts von ihr sitzt die Braut vor einem Tisch. Es werden zwei Szenen in *eine* gezogen: Eine Dienerin von links hat einen Korb gebracht, der verdeckt war; die Braut hat das Tuch hochgehoben; in dem Korb liegt ein Zweig, vielleicht ein Zeichen des Gottes. Das Hochheben der Decke war vermutlich sowohl verboten als auch geboten. Danach wendet sich die Braut, den Zweig in der Hand, nach rechts; eine Dienerin übergießt ihre Hand mit reinigendem Wasser.

Es folgen ein Silen, der auf der Leier ein Hochzeitslied spielt, ein Satyr mit der Querflöte (Syrinx), eine Mänade, die ein Böcklein säugt, und ein Ziegenbock.

Danach wieder die Braut, sich entschleiernd und die linke Hand erschreckt und abweisend erhoben. Sie hat das göttliche Paar, Dionysos und Ariadne, gesehen, welches auf der mittleren Wand dargestellt ist. Vgl. Abb. 3.

Wohl noch aus dem Ende des 1. Jahrh. v. Chr.

Erwähnt in § 66, 128–130 und 162.

Farbige Aufnahmen des Mysterienfrieses bei B. Andreae, Römische Kunst (1973) Abb. 28; A. Maiuri, La Villa dei Misteri (1931, ²1947); Th. Kraus – L. v. Matt, Lebendiges Pompeji: Pompeji und Herculaneum (1977) S. 102–5 Abb. 120–5.

Für die Literatur s. zu Abb. 4.

Abb. 3 Villa dei Misteri in Pompei, mittlere Wand

In der Mitte sitzt Dionysos, rückwärts an Ariadne gelehnt, mit dem Thyrsosstab quer über dem Schenkel. Ariadnes Oberkörper ist zerstört; sie umfaßt mit einem Arm den Hals des Bräutigams.

Auf der links anschließenden Wand (Abb. 2) die erschreckte Braut. Zwischen der Braut und dem göttlichen Paar drei Männer, die mit einer Spiegel-Weissagungs-Zeremonie beschäftigt sind. Der bekränzte, sich umblickende Silen hält einen großen Krug, auf dessen Boden sich vermutlich ein Spiegel befand und der mit Wasser gefüllt war, so daß eine doppelte Spiegelung entstand. Ein junger Satyr blickt in den Krug, während ein anderer eine Silensmaske so hinter den Hineinblickenden hält, daß sie sich im Inneren des Kruges spiegelt.

Rechts hinter Ariadne zwei zerstörte weibliche Gestalten.

Danach kommt die Enthüllung des heiligen Korbes (Liknon), in dem ein Phallos aufgerichtet ist. Rechts neben den Füßen der Ariadne kniet die Braut und hebt das Tuch hoch, mit welchem der Phallos verdeckt war.

Neben ihr eine Flügelfrau, von der man wohl verstehen soll, daß sie überraschend von oben her erschienen ist. Sie ist sowohl nach links wie nach rechts zu beziehen: Nach links hebt sie abweisend die Hand, ähnlich wie die Mänade auf der entsprechenden Szene des Mosaiks von Cuicul (Abb. 18). Sie blickt gleichzeitig nach rechts und erhebt die Geißel, um den entblößten Rücken der Braut zu treffen, die man auf der rechts anschließenden Wand (Abb. 4) knieen sieht.

Für die Erwähnungen im Text s. zu Abb. 2, für die Literatur s. zu Abb. 4.

210

Abb. 4 Villa dei Misteri in Pompei, rechte Wand

Weil die Braut den Phallos enthüllt hat, was ihre Aufgabe war, ist sie doch gleichzeitig schuldig geworden und muß entsühnt werden. Sie hat ihren Rücken entblößt, ist neben einer Frau niedergekniet, hat ihren Kopf in deren Schoß gelegt und erwartet nun den Geißelhieb der Flügelfrau (s. zu Abb. 3). Die sitzende Frau auch in Cuicul (Abb. 18).

Nachdem sie so entsühnt ist, kann sie in frohem Tanz ihr Glück genießen. Hinter ihr die Frau, welche ihr beigestanden hatte, mit einem Thyrsosstab, den sie vermutlich der Braut übergeben wird.

Erwähnt in § 130.

Auswahl aus der Literatur über die Villa dei Misteri: M. Bieber, Jahrbuch des deutschen archäologischen Instituts 43, 1928, 298–330 und American Journal of Archaeology 77, 1973, 453–6. – J. Toynbee, Journal of Roman Studies 19, 1929, 67–87. – L. Curtius, Wandmalerei 343–371. – H. Jeanmaire in: G. Binder – R. Merkelbach (Herausgeber), Amor und Psyche (Wege der Forschung 126, Darmstadt 1968), 318–326 (zuerst im Jahr 1930 erschienen). – M. Rostovtzeff, Mystic Italy (1927) 42–55. – U. v. Wilamowitz-Moellendorff, Der Glaube der Hellenen II (1932) 381–4. – M. P. Nilsson, Mysteries (1957) 66–76 und 123–4. – R. Herbig, Neue Beobachtungen am Fries der Mysterien-Villa (1958). – E. Simon, Jahrbuch des deutschen archäologischen Instituts 76, 1961, 111–172. – K. Lehmann, Journal of Roman Studies 52, 1962, 62–8. – G. Zuntz, Proceedings of the British Academy 49 (1963) 177–201. – F. Matz, ΔΙΟΝΥΣΙΑΚΗ ΤΕΛΕΤΗ, Mainz 1963. – O. Brendel, Jahrbuch des deutschen archäologischen Instituts 81, 1966, 206–260. – W. Burkert, Ancient Mystery Cults (1987) 95–6 und 104.

Abb. 5 Pan spielt die Syrinx. Fresco aus Pompei (IX 5, 18)

In der Mitte sitzt ein dunkelhäutiger Pan mit Bockshörnern, einer Querflöte und einem Thyrsosstab; neben ihm ein Ziegenbock mit langen Hörnern. Rechts spielt eine junge Frau auf der Kithara, wohl eine Nymphe (man hat auch an eine Muse gedacht, wegen der Feder auf der Stirn). Links hören zwei Nymphen zu; eine von ihnen hält auf dem Schoß eine Doppelflöte.
Vor 79 n. Chr.

Erwähnt in § 38 und 42.
K. Schefold, Die Wände S. 263 (f). – P. Herrmann – F. Bruckmann, Denkmäler der Malerei des Altertums I (1904) Tafel 69. – L. Curtius, Wandmalerei 288/9. – Olga Elia, Pitture murali e Mosaici del Museo Nazionale di Napoli (1932) S. 37–9 Nr. 48. – R. Herbig, Pan (1949) 26. – A. Maiuri, La peinture romaine = Roman Painting (1953) 119 (farbig).

212

Abb. 6 Wagenfahrt des Dionysos und der Ariadne. Pompei, Haus des Lucretius Fronto (V 4, 11)

Triumphale Fahrt des Dionysos und der Ariadne auf einem Wagen, der von zwei Rindern gezogen wird. Dionysos hält in der einen Hand einen großen Becher (Kantharos) und in der anderen eine Peitsche. Links reitet Silen auf einem Esel: Er kann sich kaum aufrecht halten, rechts hängt ein Tamburin mit Schellen herab. Neben ihm ganz links ein nackter, bekränzter Satyr mit dunkler Haut. Vorne rechts tanzt eine Mänade mit Tanzschuhen, fliegendem Umhang und Castagnetten; dahinter eine weitere Mänade.
Kurz vor 79 n. Chr.

Erwähnt in § 66, 83 und 207.
L. Curtius, Wandmalerei 296–300. – P. Herrmann – F. Bruckmann, Denkmäler der Malerei des Altertums I 3 (1927) Tafel 158. – K. Schefold, Die Wände S. 85 (h). – B. Andreae, Römische Kunst Abb. 60 (farbig). – Th. Kraus – L. v. Matt, Lebendiges Pompeji: Pompeji und Herculaneum (1977) S. 217 Abb. 298 (farbig).

Abb. 7 Dionysos findet Ariadne. Pompei, Haus der Vettier (VI 15, 1)

Dionysos findet die verlassene Ariadne. Ein Satyr (in der Mitte) und eine Nymphe (rechts) heben die Decke auf, mit der die schlafende Schöne zugedeckt war, und zeigen sie dem herantretenden Gott. Dieser trägt den Thyrsosstab. Rechts oben das Schiff, mit dem Theseus Ariadne verlassen hat. Rechts unten ein kleiner Eros; links unten eine Schelle und ein Tamburin mit kleinen Glöckchen.
Kurz vor 79 v. Chr.

Erwähnt in §65, 152 und 170.
P. Herrmann – F. Bruckmann, Denkmäler der Malerei des Altertums I (1904) Tafel 40. – L. Curtius, Wandmalerei 308–311. – K. Schefold, Die Wände 145 (p).

214

Abb. 8 Erntetanz eines Satyrs und einer Mänade. Fresco aus Pompei, Haus der Dioskuren (VI 9)

Ein Satyr tanzt mit einer Mänade, die einen Thyrosstab trägt. Er hält ein Tuch voll Äpfeln.
Vor 79 v. Chr.

Erwähnt in §93 und 152.
W. Helbig, Wandgemälde der vom Vesuv verschütteten Städte Campaniens (1868) S. 119 Nr. 522. – P. Herrmann –
F. Bruckmann, Denkmäler der Malerei des Altertums I (1904) Tafel 6. – V. Spinazzola, Le Arti decorative in Pompei
(1928) Tafel 145. – K. Schefold, Die Wände S. 117 (42).

Abb. 9 Ländliches Bocksopfer. Fresco aus Pompei

Ein bekränzter Hirt führt einen Bock zu einem Heiligtum, wohl einer Grotte am Berghang. Links grast eine Ziege; im Hintergrund links zwei Statuetten des Hermes mit Schale und Szepter. Rechts grasen auf einem Hügel zwei Schafe. Darüber ein Götterbild, das nicht klar kenntlich ist.
Mitte des 1. Jahrh. n. Chr.

Erwähnt in § 132.
W. Helbig, Die Wandgemälde der vom Vesuv verschütteten Städte Campaniens (1868) S. 392 Nr. 1564. – M. Rostowtzeff, Röm. Mitt. 26, 1911, 87 mit Abb. 55. – E. Pfuhl, Abb. 727. – Olga Elia, Pitture Murali e Mosaici del Museo Nazionale di Napoli (1932) S. 99 f. No. 258. – L. Curtius, Wandmalerei 393.

Abb. 10 Nymphe mit dem Dionysoskind. Fresco aus der Villa Farnesina in Rom

Eine junge Frau (wohl die Kadmostochter Ino) hält das Dionysoskind auf dem Schoß und setzt ihm einen Efeukranz auf den Kopf; vielleicht hat sie ihn gerade gesäugt. Rechts ist ein Thyrsosstab an die Wand gelehnt. Links stehen zwei weißgekleidete Frauen (vielleicht Autonoe und Agaue, die Schwestern der Semele und Ino). Links auf einem hohen Postament eine kleine Götterstatue, Dionysos oder ein Pan. Über dem Torbogen liegt ein Satyr.
Ende des 1. Jahrh. v. Chr.

Erwähnt in § 50.
W. Helbig – H. Speier, Führer III Nr. 2482, S. 444 (B. Andreae). – Museo Nazionale Romano, Le Pitture II 1, Le Decorazioni della Villa Romana della Farnesina, a cura di Irene Bragantini e Mariette de Vos (1982) Inv. 1118 (S. 136 und 173, Tav. 68, farbig). – B. Andreae, Römische Kunst Abb. 43 (farbig).

Abb. 11 Nymphe mit dem Dionysosknaben, aus der Villa Farnesina in Rom

Eine Nymphe hält liebevoll das Dionysoskind, welches bekränzt ist und einen Thyrsos in der Hand
hält. Rechts ein Mädchen, das die Hand an den Mund legt (Schweigegebärde), links eine nicht sicher
zu deutende Person. Die Szene ist durch einen Vorhang abgeschirmt. Nach einem Aquarell von
G. Massuero.
Ende des 1. Jahrh. v. Chr.

Erwähnt in § 56 und 115.
Museo Nazionale Romano, Le Pitture II 1, Le decorazioni (etc., s. zu Abb. 10) Inv. 1213, A 3 (S. 121 Tav. 30).

218

Abb. 12 Grabaltar des Tiberius Claudius Philetus in Rom

Dionysos und Ariadne, beide mit Thyrsosstäben, reichen sich unter einer Weinlaube die Hand. Zu Füßen des Dionysos ein kleiner Panther.
Auf der anderen Längsseite ein entsprechendes Relief, ebenfalls Dionysos und Ariadne im Handschlag unter der Weinlaube. Eine der Personen heißt *Claudia Nebris* („Rehfell").
Mitte des 1. Jahrh. n. Chr.

Erwähnt in §66, 75, 105, 130 und 187.
W. Altmann, Die römischen Grabaltäre der Kaiserzeit (1905) 267/8 mit Abb. 203. – G. Lippold, Die Skulpturen des Vaticanischen Museums III 1 (1936) S. 58 Nr. 515 a. – W. Helbig – H. Speier, Führer I 63 Nr. 81 (E. Simon).

Abb. 14 Der Fuchs nascht und wird gefangen. Mosaik aus Caesarea (Cherchel) ▷

Der Fuchs hat an den Trauben genascht und ist zur Strafe gefangen worden. Er hängt links am Baum. Der Kopf ist schon abgeschnitten, und der Jäger zerlegt den Leib.
Spätes 4. Jahrh.

Erwähnt in §76. Vgl. zu Abb. 13.

219

Abb. 13 Weinlese. Mosaik aus Caesarea (Cherchel)

Der junge Mann rechts hält in der einen Hand einen Korb mit Trauben und das Wurfholz (Lagobólon) und in der anderen einen Hasen. Dann zwei Männer bei der Weinlese. Auf dem links nach oben anschließenden Feld ebenfalls Weinlese. Daran schließt sich (nochmals übereck, also von der anderen Seite zu betrachten) die Szene mit dem Fuchs (Abb. 14).
Spätes 4. (oder Anfang des 5.) Jahrh. (Dunbabin).

Erwähnt in §76 und 86.
K. Dunbabin S. 255 (9); der junge Mann mit dem Hasen bei ihr auf Farbtafel D (nach S. 304). – Vgl. J. Lassus, Libyca 7, 1959, 257–269.

Abb. 15 Mosaik aus Cuicul (Djemila), Gesamtübersicht

Mitte: Lykurg und Ambrosia, hier Abb. 17. – Unten: Dionysos von den Nymphen gesäugt, hier Abb. 19. – Rechts: Enthüllung des Phallos, hier Abb. 18. – Oben: Bocksopfer, hier Abb. 20. – Links: Der Dionysosknabe reitet auf der Tigerin, hier Abb. 16.
Mitte des 2. Jahrh. n. Chr. (Dunbabin).

Erwähnt in §50, 56, 58, 128, 132 und 152.
L. Leschi, Monuments Piot 35 (1936) 139–172. – A. Geyer 142–153. – K. Dunbabin S. 256 (4).

Abb. 16 Ritt des Dionysosknaben auf der Tigerin (Cuicul)

Der Knabe reitet auf einem weiblichen Tiger, dem gefährlichsten aller Raubtiere. Ein Satyr führt das Tier am Halsband. Dionysos wird von hinten durch eine Nymphe sorgsam festgehalten; sie führt ihm auch die Hand, welche den Thyrsosstab hält. Alle drei Personen sind bekränzt.

Erwähnt in § 56 und 103; vgl. zu Abb. 15.

222

Abb. 17 Lykurg und Ambrosia (Cuicul)

Der rasende Lykurgos will die Nymphe Ambrosia („Unsterblichkeitstrank") mit dem Beil töten. Sie ist auf das Knie gestürzt und erhebt abwehrend die Hand; gleich wird sie in einen Weinstock verwandelt werden, den Lykurgos mit ihren Ranken umstricken und zu Fall bringen, und die anderen Mänaden werden ihn zerreissen (Nonnos, Dionysiaká Buch 20–21).

Erwähnt in § 58 und 152; vgl. zu Abb. 15.

Abb. 19 Eine Nymphe nährt den Dionysosknaben (Cuicul)　　　　▷

Eine sitzende Nymphe, vielleicht Ino, reicht dem Dionysoskind die Brust. Daneben eine stehende Nymphe, die sich an einen Altar lehnt, und ein sich zurücklehnender Satyr mit Trinkbecher und Hirtenstab auf einem Rehfell.

Erwähnt in § 50; vgl. zu Abb. 15.

Abb. 18 Enthüllung des Phallos (Cuicul)

Eine knieende Nymphe hebt das Tuch auf, mit welchem der Korb (das Liknon) verdeckt gewesen war, und greift nach dem darin liegenden Phallos. Dabei blickt sie ängstlich nach der neben ihr stehenden Person, die mit beiden Händen eine heftig abwehrende Geste macht und sich abwendet. Rechts sitzt sinnend eine Frau, die auf dem Schoß einen Korb hält, vielleicht die Cista mystica. Vgl. die ähnliche Szene in der Villa dei Misteri, hier Abb. 3, und die sitzende Frau in Abb. 4.

Erwähnt in § 128; vgl. zu Abb. 15.

224

Abb. 20 Bocksopfer (Cuicul)

Ein bekränzter Mann, vermutlich Ikarios, mit dem Thyrsosstab in der Linken gießt über einem Altar eine Trankspende aus. Links neben ihm ein dienender Knabe mit Schale und ein kleiner Altar, auf dem eine Weintraube liegt. An den Altar ist ein Thyrsosstab angelehnt. Rechts zieht ein Satyr den widerstrebenden Bock am Horn zum Altar: *Et ductus cornu stabit sacer hircus ad aram* (Vergil, Georg. II 395).

Erwähnt in § 132; vgl. zu Abb. 15.

Abb. 21 Triumph des Dionysos (Hadrumetum)

Der Gott fährt auf einem Wagen, der von vier Panthern gezogen wird; hinter ihm die Siegesgöttin (Nike) mit einem Zweig. Dionysos ist bekränzt und hält einen Thyrsos-Speer in der Hand. Eine Mänade mit Tamburin eilt voraus; vor ihr ein teilweise zerstörter tanzender Satyr im Fell. Hinter Dionysos ein anderer Satyr mit einem Mischkrug (Kratér) auf der Schulter. Unten links trinkt ein Leopard Wein aus einer Schale; unten rechts reitet das Dionysoskind mit Hirtenstab (Pedum) und Trinkgefäß (Kantharos) auf einem Löwen. An den Rändern ernten Eroten den Wein; dazwischen mit Trauben gefüllte Körbe und verschiedene Vögel.
Um 200–210 (Dunbabin).

Erwähnt in §57, 59, 79, 86, 103, 109, 152 und 174.
K. Dunbabin S. 269 Nr. 12 (d).

226

Abb. 22 Tanz von Satyrn und Mänaden (Hadrumetum)

Aus einem Schlafzimmer. Acht Felder sind von Girlanden eingerahmt, die sich jeweils von einer Maske zur anderen schlingen. Auf allen Feldern tanzen ein verliebter Satyr und eine willige Mänade. Die Figuren tragen Hirten- und Thyrsos-Stäbe.

Am Rand, beginnend unten links: Ein Hase nascht Weintrauben – zwei Pfauen um einen Weinkrug – eine Ente – eine Gazelle – ein liegender Pan mit Hörnern und Hirtenstab – eine Ente – ein zerstörtes Feld – zwei Hühner (?) – ein liegender Papposilen – ein Leopard.

Frühes 2. Jahrh. n. Chr. (Dunbabin).

Erwähnt in §76, 79, 93 und 152.
K. Dunbabin S. 270/1 Nr. 25 (b).

Abb. 23 Tanz von Satyr und Mänade (Köln, Dionysosmosaik)

Satyr mit Hirtenstabe und Mänade in fröhlichem Tanz.
Erste Hälfte des 3. Jahrh. n. Chr.

Erwähnt in § 93 und 152.
K. Parlasca S. 77 und Tafel 69. – H. G. Horn S. 83 ff. und Abb. 19 (farbig).

Abb. 24 Bocksopfer (Köln, Dionysosmosaik)

Pan führt einen Ziegenbock, sicherlich zum Opfer.
Erste Hälfte des 3. Jahrh. n. Chr.

Erwähnt in § 132.
K. Parlasca S. 77 und Tafel 77, 2. – H. G. Horn 120–125 und Abb. 26 (farbig).

Abb. 25 Dionysos im Kreis der Jahreszeiten. Mosaik aus Lambaesis

Der Gott ist von den Göttinnen der Jahreszeiten (Horai) umgeben: Links oben Frühling, rechts oben Sommer, links unten Herbst, rechts unten Winter. Die obere Abbildung ist eine Photographie, die untere eine Rekonstruktionszeichnung. Zweite Hälfte des 2. Jahrh. n. Chr. (?) (Dunbabin).

Erwähnt in § 2.
K. Dunbabin S. 263 (Lambaesis Nr. 1). – D. Parrish, Season Mosaics of Roman North Africa (Roma 1984) S. 206–7 Nr. 51.

Abb. 26 Weinlese der Eroten. Mosaik in Piazza Armerina

Zwischen 290 und 350 n. Chr.

Erwähnt in § 86 und 174.
H. Kähler, Die Villa des Maxentius bei Piazza Armerina (1973) S. 31. – K. Dunbabin, The Mosaics of Roman North Africa 196–212. – A. Carandini – A. Ricci – M. de Vos, Filosofiana. La Villa di Piazza Armerina (Palermo 1982) S. 306/9 mit Fig. 188; im Bilderatlas: Foglio 47. – G. V. Gentili, La Villa Erculia di Piazza Armerina, I Mosaici figurati (Rom, ohne Jahr) S. 24 mit Tafel 46 (farbig).

230

Abb. 27 Dionysos und Ariadne unter einer Weinlaube. Mosaik in Thuburbo Maius

Oben: Dionysos (mit Trinkbecher und Thyrsos-Speer) und Ariadne liegen unter einer Weinlaube. –
Mitte: Silen und Satyr mit Trinkbechern (Kantharoi). – Unten Prozession, von links: Satyr mit Hirtenstab
– Mänade mit Thyrsos und Tamburin – tanzender Satyr – tanzende Mänade – Pan mit Bocksfüßen,
Bockshörnern und Hirtenstab.
Spätes 3. oder frühes 4. Jahrh. n. Chr. (Dunbabin).

Erwähnt in §66, 75, 83 und 130.
K. Dunbabin S. 274 Nr. 1 (a); M. Yacoub 90, Inv. 1394.

Abb. 28 Dionysos im Kreis der Jahreszeiten (Horai). Mosaik in Trier

Mittelfeld: Dionysos mit Thyrsos-Stab und Trinkbecher (Kantharos) in einem Wagen, der von zwei Tigern gezogen wird. Die Tiere sind mit einem Halsband angeschirrt und werden von einem Satyr geführt. Dieser hält einen Hirtenstab, an welchem ein Korb mit abgeernteten Trauben hängt. – Die Figuren am Rand, beginnend rechts oben: Zerstörtes Feld (Frühlingshore) – ein Löwengespann zieht einen Wagen, auf dem eine Maske steht – Hore des Sommers mit Erntekorb (Kopf zerstört) – Panthergespann vor einem Wagen mit Maske – Hore des Herbstes mit Fruchtkorb – Ebergespann vor einem Wagen mit Maske – Hore des Winters; sie trägt über der Schulter zwei gefangene Vögel an einem Stock – Hirschgespann vor einem Wagen mit Zweigen. – Ringsum ein Fries mit Delphinen, dionysischen Tieren.
Zweites Viertel des 3. Jahrhunderts n. Chr. (Parlasca).

Erwähnt in § 2, 59 und 61.
K. Parlasca S. 40/1 und Tafel 40/1.

Abb. 29 Dionysos bei Ikarios. Mosaik aus Uthina, Villa der Laberii

Mittelfeld: Dionysos mit Thyrsosstab und Trinkbecher kommt zu dem rechts sitzenden Ikarios. Ein Satyr (links) bringt dem Alten die Gabe der Weintrauben. – Ringsum wachsen aus großen Mischkrügen Weinranken mit Trauben. In den Zweigen überall Eroten bei der Weinlese; über den Mischkrügen jeweils ein Eros, der einen gefüllten Korb herunterläßt. Dazwischen überall Vögel, die Trauben naschen. Spätes 3. oder frühes 4. Jahrhundert (Dunbabin).

Erwähnt in §79, 86, 109 und 174.
K. Dunbabin S. 266, Nr. 1 (m) (ii). – M. Yacoub S. 45/6 (A. 103).

Abb. 30 Hermes bringt das Dionysoskind zu den Nymphen nach Nysa. Mosaik aus Nea Paphos in Zypern

Von rechts nach links: Nymphe mit dem Namen ΘΕΟΓΟΝΙΑ (Göttergeburt); der Gott ist also vor kurzem geboren worden. – Bekränzter Satyr mit erhobener Hand namens ΝΕΚΤΑΡ (Personification des Göttertrankes). – Sitzender Hermes (ΕΡΜΗΣ) mit Flügeln am Reisehut und Flügelschuhen hält auf seinem Schoß das Dionysoskind (ΔΙΟΝΥΣΟΣ). – Die Nymphe ΑΜΒΡΟΣΙΑ (Götterspeise) und der alte Erzieher (ΤΡΟΦΕΥΣ) empfangen das Kind. – Drei Nymphen (ΝΥΜΦΑΙ) bereiten das Bad für den Knaben. Die Knieende hat eine Waschschüssel gebracht, die nächste gießt aus einem Schöpfkrug Wasser hinein, und die Stehende hält ein Handtuch bereit. – Die Nymphen namens ΑΝΑΤΡΟΦΗ (Erziehung) und ΝΥΣΑ (die Ortsnymphe von Nysa, mit ausgestreckter Hand) werden das Kind schließlich übernehmen.

1. Hälfte des 4. Jahrh. n. Chr.

Erwähnt in § 50 und 51.
W. A. Daszewski, Dionysos der Erlöser. Griechische Mythen im spätantiken Cypern (Mainz 1985) 35–38; farbiges Bild der ganzen Szene auf Tafel 18 (zwischen den Seiten 40 und 41).

Abb. 31 Weinlese der Eroten. Mosaik aus Thugga

Zwei Eroten ernten die Trauben, zwischen ihnen eine Eidechse. Die Weinranken wachsen aus einem
großen Trinkbecher (Kantharos).
Zweite Hälfte des 4. Jahrhunderts (Dunbabin).

Erwähnt in § 86 und 174.
A. Merlin – Cl. Poinssot, Revue Africaine 100, 1956, 285–300. – M. Yacoub S. 116 (Inv. 3331). – K. Dunbabin S. 257
Nr. 6.

Abb. 32 Dionysos und die tyrrhenischen Seeräuber. Mosaik aus Thugga

Mitte: Der Gott mit der Thyrsoslanze (Kopf und rechte Hand ergänzt) greift die tyrrhenischen Piraten an, die sich in panischem Schrecken kopfüber ins Wasser stürzen, wo sie in Delphine verwandelt werden; Reste der Delphine im Wasser links und rechts. Im Schiff neben dem Gott ein Satyr mit Hirtenstab, eine Mänade und Silen. – Links fischen zwei Eroten in einem Boot mit Reusen. – Rechts fischen zwei Fischer in einem Segelboot mit einem großen Netz; ein dritter sticht mit einem Dreizack (die Spitze ist zerstört) nach einem Polypen.
Mitte des 3. Jahrh. n. Chr. (Dunbabin).

Erwähnt in §61, 74, 77 und 152.
Cl. Poinssot, in „La Mosaique gréco-romaine, Colloques internationaux du CNRS" (1965) 219–230. – M. Yacoub S. 94 Inv. 2884 (B). – K. Dunbabin S. 257 Nr. 8 (a).

Abb. 33 Zeus mit dem Dionysosknaben und der Ziege Amaltheia. Münze aus Laodikeia am Lykos

Zeus Aseis (dies ist der Beiname des Gottes dieser Stadt) trägt den Dionysosknaben auf dem Arm. Neben ihm die Ziege Amaltheia, die das Kind genährt hat.
Zwischen 244 und 249 n. Chr. (Kaiserin Otacilia Severa).

Erwähnt in §52.
Sammlung v. Aulock Nr. 3866. – P. R. Franke, Kleinasien zur Römerzeit (1968) Nr. 317. Die Umschrift Λαοδικέων νεωκόρων feiert die Verleihung einer „Neokorie" an die Stadt: Die Bewohner von Laodikeia sind zu „Tempeldienern" (νεωκόροι) in einem Kaisertempel ernannt worden, d. h. die Stadt hat das Recht erhalten, einen Kaisertempel zu errichten und die entsprechenden Feste zu feiern.

236

Abb. 34 Grabrelief des Knaben Super aus Alexandria

Auf einer Kline liegt der im Alter von drei Jahren verstorbene Knabe namens Super, in der einen Hand
ein Trinkgefäß, in der anderen den Thyrsosstab; er war also in die Mysterien des Dionysos oder des
Dionysos-Osiris eingeweiht. Links der Greif der Nemesis mit dem Rad.
Inschrift: Σοῦπεϱ L (= ἐτῶν) γ᾽, μηνῶν β᾽, εὐψύ/χι (= εὐψύχει) „Super, 3 Jahre und 2 Monate alt. Atme
wohl (und sei getrost)".
Zweites Viertel des 3. Jahrh. n. Chr. (Wrede).

Erwähnt in § 102.
H. Wrede, Consecratio in formam deorum (1981) 32 ff. und 262 Nr. 179. – A. M. Brizzolara im Katalog der Ausstellung
„Dalla stanza delle antichità al Museo Civico. Storia della Formazione del Museo Civico archeologico" (Bologna
1984/5) S. 170 Nr. 77.

Abb. 35 Dionysische Einweihungsszene. Terracotta-Relief im Kestner-Museum Hannover

Ein sich nach vorn neigender
Mann, dessen ganzer Körper einschließlich des Kopfes mit einem
Mantel verhüllt ist, schreitet nach
links, geführt von einer bekränzten
Frau. Hinter ihm eine Mänade mit
Tympanon. Von links tritt ihnen
ein Silen entgegen, der das Liknon
(den Korb) enthüllt hat; das Tuch
hängt von seiner linken Hand
herab. In dem Korb sind Äpfel und
ein Phallos.
2. Jahrh. n. Chr.

Erwähnt in § 128.
H. v. Rohden – H. Winnefeld I 57 und
305; Tafel 139,2.

237

Abb. 36 Pan mit einem Hasen, vom Kölner
Pobliciusgrabmal

Pan, den Schäferstab geschultert, hat einen
Hasen gefangen und trägt ihn heim. Er blickt
sich nach einer Schlange um, die ihm aus
einem Baum entgegenzüngelt.
Anfang des 1. Jahrh. n. Chr.

Erwähnt in § 38, 42 und 76.
G. Precht, Das Grabmal des Lucius Poblicius. Rekonstruktion und Aufbau, Köln 1975.

Abb. 37 Pan mit der Syrinx, vom Kölner Pobliciusgrabmal

Der Gott hält die Syrinx in den Händen und
blickt nach der Schlange im Baum um.
Anfang des 1. Jahrh. n. Chr.

Erwähnt in § 38 und 42.

238

Abb. 38 Keltertanz der Satyrn. Terracottarelief in London

Zwei junge Satyrn mit Fellen über der Schulter haben sich an den Händen gefaßt und schwingen sich tanzend im Kreis, um alle Trauben zu zerquetschen. Die Kufe mit den Trauben ist im Querschnitt dargestellt. Links bläst ein Satyr mit Fell die Tanzmelodie auf einer Doppelflöte. Von rechts kommt ein anderer Satyr mit einem frisch gefüllten Korb, um ihn in den Keltertrog zu kippen.
1. Jahrh. n. Chr.

Erwähnt in § 86 und 152.
H. v. Rohden – H. Winnefeld I S. 65 und 247 mit Tafel XV.

Abb. 39 Keltertanz der Satyrn. Terracottarelief in München

Zwei Satyrn zerquetschen im Rundtanz die Trauben in der Kufe. Links bläst ein junger Satyr die Doppelflöte. Von rechts bringt ein älterer Satyr einen neuen Korb mit Trauben.
2. Jahrh. n. Chr.

Erwähnt in § 86 und 152.
H. v. Rohden – H. Winnefeld I S. 68 und 300 mit Tafel CXXVI 1.

Abb. 40 Amaltheia, Zeus-Ammon und Dionysos. Sarkophagdeckel aus Rom in München

Der Dionysosknabe sitzt unter der Ziege Amaltheia und saugt an ihrem Euter. Darüber links eine Maske des Zeus-Ammon und rechts eine Pans-Maske. Links von der Ziege eine Cista mystica, deren Deckel von der darin verborgenen Schlange hochgehoben wird. Rechts von Amaltheia eine Priapos-Statuette, die nach hinten gelehnt ist; der Kopf des Gottes blickt nach rechts oben.
Rechts davon steht ein gefesselter Pan. Er ist erst in der Neuzeit an dieser Stelle montiert worden und gehörte ursprünglich an eine andere Stelle.
2. Jahrh. n. Chr.

Erwähnt in § 52, 95 und 129.
Th. Schreiber, Die hellenistischen Reliefbilder (1894) Tafel 100,2 mit einer nützlichen Zeichnung. – A. Furtwängler – P. Wolters, Beschreibung der Glyptothek (1910) S. 263/4 Nr. 254.

Abb. 41 Satyrn bei der Weinlese. Terracotta-Relief in München

2. Jahrh. n. Chr.

Erwähnt in § 86 und 152.
H. v. Rohden – P. Winnefeld I S. 63 und 300 mit Tafel CXXVI 2. – Ein zweites Relief aus derselben Form in München, Staatliche Antikensammlungen Nr. 927 (351).

240

Erwähnt in § 4.
E. Schmidt, Archaistische Kunst in Griechenland und Rom (1922) S. 26 und Tafel XVIII oben. – G. Hanfmann, The Season Sarcophagus at Dumbarton Oaks (1951) I 113/4 und II 137 Nr. 23–27. – W. Fuchs, Die Vorbilder der neuattischen Reliefs (1959) 51 mit Tafel 11 b.

Abb. 42 Dionysos und die Horen (Jahreszeiten). Paris, Louvre

Dionysos mit Thyrsosstab, Kranz und Stiefeln (Kothurn) schreitet vor den Horen, ihren Tanz anführend. Es folgen die Horen des Frühlings (mit Blumen), des Sommers (mit der Ähre) und des Herbstes (mit der Traube); die des Winters ist weggebrochen. Vgl. die Rekonstruktionszeichnung oben § 4, unter Verwendung einer anderen Replik derselben Gruppe.
Um 160 n. Chr. (Fuchs).

Abb. 43 Bad des Dionysosknaben. Relief aus Perge

Von rechts gießt eine Nymphe aus einem Krug Wasser in eine Wanne. Links hält eine andere Nymphe den Knaben und wäscht ihn. Im Hintergrund hält eine dritte Nymphe das Badetuch zum Abtrocknen bereit.
1. oder 2. Jahrh. n. Chr.

Erwähnt in § 50.

Abb. 44 Amaltheia und Dionysos. Brunnenrelief im Vatican

Die Nymphe Amaltheia gibt dem Dionysosknaben aus ihrem großen Füllhorn zu trinken. Dieser sitzt unter einem Feigenbaum, bei dem eine Ziege grast und eine andere Ziege sitzt. Hinter dem Baum eine Felsengrotte; aus ihr tritt ein knabenhafter Pan mit Bocksfüßen, einem Fellumhang und Schäferstab; er setzt seine Querflöte an den Mund. – Über dieser friedlichen Gruppe Bilder höchster Gefahr: Über der Grotte sitzt ein Adler, der einen Hasen gefangen hat. Im Baum befindet sich ein Vogelnest, aber am Stamm des Baumes ringelt sich eine Schlange empor, um die Vögelchen anzugreifen. Die beiden Vogel-Eltern sind aus dem Nest geflohen und sitzen erschreckt weiter oben in den Zweigen. Es soll dargestellt werden, wie das Götterkind inmitten der Gefahren in wunderbarer Weise sicher und behütet aufwächst. – In der Mitte von Amaltheias Horn ist ein Bohrloch, aus dem einst das Brunnenwasser floß.
1. Jahrh. n. Chr.

Erwähnt in § 50, 54 und 72.
W. Helbig – H. Speier, Führer I 1012 (H. v. Steuben). Dort sind zwei parallele Darstellungen verzeichnet, Nr. 99 im Vatican und Nr. 565 in der Galleria dei Candelabri (im Vatican).

242

Abb. 45 Hermes bringt das Dionysoskind zu den Nymphen. Brunnenrelief im Vatican

Hinter Hermes eine Mänade mit Handpauke
1. Jahrh. v. Chr. (Fuchs).

Erwähnt in § 50.
G. Lippold, Die Skulpturen des vaticanischen Museums III 2 (1956) S. 240–244 Nr. 16 (134 C) mit Tafeln 112/3. –
W. Fuchs, Die Vorbilder der neuattischen Reliefs 113 (Anm. 21), 140 (Anm. 113), 141 (Anm. 127 d) und 172 Nr. 21. –
W. Helbig – H. Speier, Führer I Nr. 534 (W. Fuchs).

Abb. 46 Geburt und Kindheit des Dionysos. Sarkophagdeckel aus Rom in Baltimore

Von links: (1) Tod der Semele. Die Schwangere hat Zeus in seinem göttlichen Blitzesglanz erblickt und sinkt tot nieder. Von rechts tritt der Totengeleiter Hermes an sie heran. Hinter ihr ihre drei Schwestern. Nach links enteilt eine Person, nach F. Matz die Mutter Harmonia; oder vielleicht Zeus? – (2) Geburt des Dionysos aus dem Schenkel des Zeus. Die Geburtsgöttin Eileithyia und Hephaistos (mit flachem Hut) leisten Hilfe. Rechts bringt Hermes das neugeborene Kind weg. – (3) Eine Nymphe (Ino?) hält Dionysos auf dem Schoß. Hinter ihr drei weitere Nymphen. Von rechts kommt ein alter Silen mit dem Thyrsosstab in der Hand. Dann ein Satyr mit Hirtenstab und ein sitzender Pan. – Am rechten und linken Ende zwei Masken.
Etwa 170–180 n. Chr. (Matz).

Erwähnt in § 47, 50, 51, 98 und 152.
K. Lehmann-Hartleben – E. C. Olsen 13/4. – F. Matz, Sarkophage II Nr. 95. – Auf dem Kasten des Sarkophags ist der Triumph des Dionysos nach dem Inderfeldzug dargestellt. Er wird hier nicht abgebildet.

Abb. 47 Kindheit des Dionysos und Nachtfest. Kindersarkophag aus Rom in Baltimore

Von links: (1) Kindheit des Dionysos: Eine Nymphe bereitet das Bad für den Knaben. Hinter ihr richtet ein Pan eine brennende Fackel auf. Etwas rechts davon gibt eine Nymphe mit Efeukranz (Ino?) dem Knaben die Brust. Um das Kind ist ein Rehfell (Nebris) geschlungen. Hinter der Gruppe zwei weitere Nymphen. Rechts hält Papposilen (der „Erzieher" des Dionysos) den Knaben. Hinter ihm eine weitere Nymphe. Danach kommt eine Nymphe mit Thyrsosstab und Fruchtkorb auf dem Kopf, in Rückenansicht; sie trennt die Szenen voneinander ab. – (2) Der trunkene Silen (nach Matz: Priapos). Zunächst schenkt ein Satyr aus einem Schlauch Wein in eine Schale; dann ein anderer Satyr mit Fackel. Es wird also ein Nachtfest dargestellt. Dann der trunkene Silen, von zwei Satyrn gestützt. Nach einem Feigenbaum eine Tänzerin, die Kymbala schlägt. Dann eine stehende Frau mit Thyrsosstab und ein tanzender Pan, der mit seinem Bocksfuß den Deckel von der rechts unten stehenden Cista mystica lüpft, in welcher eine Schlange zu sehen ist. – Deckel: Dionysische Gelageszene mit Satyrn und Nymphen.
Etwa 130 n. Chr. (Matz).

Erwähnt in § 50 und 95.
K. Lehmann-Hartleben – F. Olsen 11/2. – F. Matz, Sarkophage III Nr. 199. – R. Turcan 392 f. und 429 f. – A. Geyer 75/6.

244

Abb. 48 Dionysos findet die schlafende Ariadne. Sarkophag aus Rom in Baltimore

In der Mitte der Szene stützt sich Dionysos (dessen Kopf fast ganz verloren ist) auf einen Satyr; zwischen beiden am Boden ein kleiner Löwe. Ein kleiner Eros zieht den Gott zu der schlafenden Schönen; hinter ihm zeigt ein Satyr auf Ariadne. Rechts von dem Eros hat Pan die Schlafende entblößt. Der Kopf Ariadnes ruht im Schoß eines bärtigen Alten (Neptun oder Somnus); dahinter drei Nymphen. Im Hintergrund über Pan ein göttliches Paar.
Links von der Mittelgruppe Satyrn (mit Hirtenstäben) und Nymphen; die fünfte Person von links, eine Nymphe, tritt mit dem Fuß auf die Cista mystica, aus der die Schlange herauskommt. Über der Schlange ein kleiner Papposilen mit einem Erosknaben, zwischen ihren Beinen eine Maske; links über dem Papposilen ein kleiner, bocksfüßiger Pan.
Der Deckel zeigt die Eroten bei der Weinlese, das Heimfahren der geernteten Trauben auf einem Wagen (rechts) und die kelternden Eroten. In der Mitte das Brustbild der Verstorbenen.
Anfang des 3. Jahrh. n. Chr. (Lehmann-Hartleben – Olsen).

Erwähnt in § 65, 88, 99, 152, 170, 174.
K. Lehmann-Hartleben – E. C. Olsen 14–5. – F. Matz, Sarkophage III Nr. 216.

Abb. 50 Dionysos im Liknon geschaukelt (Sarkophag in Cambridge)

Ein älterer und ein jüngerer Satyr schaukeln das Dionysoskind in einer Getreideschwinge. Beide tragen Fackeln; es wird also ein Nachtfest dargestellt. Der knabenhafte Satyr hat ein Fell umgebunden, der ältere trägt einen Mantel. Hinter ihnen ein Vorhang, der die Zeremonie vor den Nicht-Eingeweihten verbirgt.
Mitte des 2. Jahrh. n. Chr. (Matz).

Erwähnt in § 101.
F. Matz, Sarkophage II Nr. 129. Eine ähnliche Darstellung befindet sich auf einem Sarkophag in Neapel (Matz III Nr. 176, Tafel 100 unten).

◁ Abb. 49 Jahreszeitensarkophag in Cagliari

Das Brustbild der Verstorbenen wird von zwei engelartigen Genien gehalten. Darunter keltern drei Eroten den frischgeernteten Wein. – Die Jahreszeitengenien von links: Winter mit Mantel, Kapuze und Stiefeln, in der Hand eine Ente – Frühling mit leichtem Umhang, in der erhobenen Rechten eine Girlande, in der Linken einen Korb mit Blumen – Herbst ganz nackt, mit einem Korb voll von Früchten und einer großen Traube – Sommer, bekleidet mit einem bakchischen Fell, in der Hand ein Ährenbündel. – Von der Inschrift ist zu erkennen: --- *a]nno uno, mens(ibus) VIII, dieb(us) XVIII* [--- (C.I.L. X 7737). Außer der Frau war also auch ein Kind in dem Sarkophag bestattet.
Etwa um 300 n. Chr. (Kranz).

Erwähnt in § 1, 78, 88 und 174.
P. Kranz, Kat. Nr. 63.

246

Abb. 51 Jahreszeitensarkophag in Camaiore bei Lucca

Zwei Genien halten das unvollendete Brustbild des (oder der) Verstorbenen. Darunter bezeichnen zwei Masken den dionysischen Charakter der Darstellung. – Von links die Jahreszeiten als Eroten: Winter mit phrygischer Mütze, in der Hand zwei Enten, neben ihm ein Eber – Frühling mit einem Korb Blumen und einem großen „Thyrsos"-Zweig in der Hand, neben ihm ein Ziegenbock – Nach dem Mittelbild: Sommer mit einem Ährenkorb, neben ihm ein Hund – Herbst mit einer Weintraube, in der Linken Reste eines Thyrsos, zu seinen Füßen ein Panther, dessen Kopf abgebrochen ist. Zwischen beiden ein Feigenbaum, darunter ein Korb mit Äpfeln.

Die Erben haben versäumt einen Bildhauer mit der Fertigstellung des Portraits zu beauftragen. Man vergleiche die Klage des jüngeren Plinius nach seinem Besuch beim Grabmal des L. Verginius Rufus (Epist. VI 10): *Libuit etiam monumentum eius vidisse, et videre paenituit. est enim adhuc imperfectum, nec difficultas operis in causa modici ac potius exigui, sed inertia eius, cui cura mandata est. subit indignatio cum miseratione, post decimum mortis annum reliquias neglectumque cinerem sine titulo, sine nomine iacere … tam rara in amicitiis fides, tam parata oblivio mortuorum, ut ipsi nobis debeamus conditoria exstruere omniaque heredum officia praesumere.*

Ausgehendes 3. Jahrh. n. Chr. (Kranz).

Erwähnt in § 1, 78 und 95.
P. Kranz Kat. Nr. 64.

Abb. 53 Spiele der Eroten. Sarkophag in Karthago

In der Mitte hat sich ein kleiner Eros eine große Maske aufgesetzt und erschreckt den vor ihm stehenden Knaben; hinter diesem versteckt sich ein anderer. Links hinter dem Maskenträger ein Eros mit Querflöte und gesenkter Fackel; dann ein anderer mit einem Trinkgefäß in der Hand; er wankt und wird von einem dritten Eros von hinten gestützt.
Wohl 3. Jahrh. n. Chr.

Erwähnt in § 95, 99 und 118.
C. Fournet-Filipenko, „Karthago" 11, 1961, 122 ff. Nr. 103 mit Tafel XVI.

◁ Abb. 52 Jahreszeitensarkophag in Dumbarton Oaks

In der Mitte Brustbild des verstorbenen Ehepaars, eingefaßt vom Kreis des Zodiacus, der den Umlauf des Jahres bezeichnet. Der höchste Punkt des Kreises wird durch Widder und Stier bezeichnet (Beginn des Frühlings). Die beiden mittleren Jahreszeitengenien fassen den Zodiacus an, um ihn zu drehen. – Darunter sechs Eroten bei der Weinlese. Von links: Ein hinaufgekletterter Knabe; dann unten ein Knabe mit einem Korb voll Trauben und ein anderer mit einem Ziegenbock; dann hat ein Eros einen anderen huckepack auf die Schulter genommen, damit er die Trauben erreichen könne; schließlich ein sich hinaufschwingender Knabe. Unter ihm nascht eine Ziege an den Trauben. Rechts ein Korb mit Früchten. – Von links vier geflügelte Eroten als Jahreszeitengenien: Winter mit schützenden Hosen, aber freiem Geschlechtsteil, links neben ihm ein Eber – Nach dem Mittelbild: Frühling mit Blütenkranz; neben ihm melkt ein Hirt eine sich freundlich umblickende Ziege – Sommer mit Ährenkranz, rechts neben ihm ein Bauer, der Korn schneidet – Herbst mit einem Kranz aus Weinblättern; von links springt an ihm ein kleiner Panther herauf; rechts ein zweiter Panther mit einem Kratér voll Trauben.
Etwa 330 n. Chr. (Kranz).

Erwähnt in § 1, 88 und 174.
F. Cumont, Recherches sur le symbolisme funéraire des Romains (1942) 487/8. – G. Hanfmann, The Season Sarcophagus in Dumbarton Oaks (1951). – P. Kranz, Kat. Nr. 34.

Abb. 54 Jahreszeitensarkophag aus Rom (in Kopenhagen)

Das Brustbild des jugendlichen Toten wird von zwei Genien mit Flügeln gehalten. Darunter zwei Satyrn mit Hirtenstab und Hunden bei einem Korb voll Trauben; hinter dem linken Satyr lehnt ein Thyrsos. – Seitwärts je zwei Eroten; von links: Frühling mit Thyrsosstab und Blütenkorb – Herbst mit Traubenkorb und Wurfholz (Lagobólon) – (nach dem Mittelbild) nochmals Herbst mit Traubenkorb und Wurfholz – wieder Frühling mit Thyrsosstab und Blütenkorb. – Links lagert Vater Oceanus; über seinen Füßen ein großer Hund. Rechts Mutter Tellus mit Füllhorn, aus dem ein kleiner Eros emporsteigt, und ein Schaf.
Linke Nebenseite, hier nicht abgebildet: Sommer mit Ährenkorb und Sichel (Kranz Tafel 88,5). – Rechte Nebenseite, ebenfalls hier nicht abgebildet: Winter mit zwei Enten und einem Olivenkorb; er stützt ein Knie auf einen Felsen. Unterhalb davon nascht ein Hase Trauben (Kranz Tafel 88,6). – Es wird in verkürzter Form auf den Umlauf der Jahreszeiten innerhalb einer Periode von zwei Jahren angespielt, auf die dionysische Trieteris.
Um 260–265 (Kranz).

Erwähnt in § 97.
P. Kranz, Kat. Nr. 65.

Abb. 56 Kindheit des Dionysos. Sarkophag aus Rom in München

Linke Gruppe: Ein fellbekleideter Satyr mit Fackel führt einen Widder nach links, auf welchem der Dionysosknabe sitzt. Er trägt ein verhülltes kleines Liknon auf dem Kopf. Dahinter eine junge und eine ältere Frau; die letztere stützt den Knaben. – Mittelgruppe: Eine Nymphe hält den Knaben auf dem Schoß, um ihn zu baden; eine andere gießt das Badewasser aus einem Krug in die Wanne. – Rechte Gruppe: Ein sitzender Satyr (mit Schwänzchen) hält auf seinen beiden Händen den kleinen Dionysos, der mit einem Rehfell bekleidet ist. Papposilen überreicht dem Knaben einen Rebstock als Thyrsosstab. Links bindet eine Nymphe dem Dionysos das Diadem um; rechts eine weitere Nymphe. Alles spielt sich hinter einem Vorhang ab, der die Ereignisse vor den Augen der Nicht-Zugehörigen verbirgt.
Inschrift: *[- - -] P(ubli) f(iliae) [?Fla]mininae, vix(it) ann(um) I, m(enses) IIII, d(ies) VIII.*
Mitte des 2. Jahrh. n. Chr. (Matz).

Erwähnt in § 50, 56, 98 und 102.
F. Matz, Sarkophage III Nr. 201.

◁ Abb. 55 Jahreszeitensarkophag aus Rom (im Louvre)

In der Mitte steht der jugendliche Dionysos, die Linke auf den Thyrsosstab gestützt, in der erhobenen Rechten eine Weinkanne, aus der er den Wein ausgießt. Links unter dem Gott ein Pan mit einem Schäferhund; sein erhobener Arm ist ergänzt. Ursprünglich hat Pan dem Gott eine Schale hingehalten, in welche Dionysos den Wein goß. Rechts hinter Dionysos eine bärtige, glatzköpfige Figur, wohl Papposilen. – Die Jahreszeiten, von links: Winter mit zwei Enten, neben ihm ein Eber. Dann der Frühling mit einem Blumenkorb; zwischen ihren Beinen Vater Oceanus. Nach Dionysos kommt der Herbst mit Trauben, welche ihm ein Eros reicht; zwischen seinen Füßen ein anderer Eros mit einem Korb Trauben. Dann Sommer mit einem Eros zwischen den Beinen und einem liegenden Rind. Seine Attribute sind verloren. – Alle Figuren sind an den Genitalien verstümmelt.
Mitte des 3. Jahrh. n. Chr.

Erwähnt in § 1 und 78.
F. Matz, Sarkophage IV Nr. 248. – P. Kranz, Kat. Nr. 132. – Für die ursprüngliche Geste des Pan (er hielt dem Gott die Schale hin) s. das Fragment in Florenz bei Kranz, Kat. Nr. 525 (S. 274/5) mit Tafel 112,1.

250

Abb. 57 Hochzeitszug des Dionysos und der Ariadne. Sarkophag aus Rom in München

Dionysos und Ariadne lagern auf einem vierräderigen Wagen; der Gott ist bärtig und erhebt das Trinkhorn. Links davon ein Satyr und Eros mit Fackel (Nachtfest). Rechts von Dionysos ein Satyr mit Weinschlauch, dann das Kentaurengespann, welches den Wagen zieht. Die Kentaurin trägt einen entwurzelten Baum und hat den anderen Arm (der ein Trinkgefäß hält) um den Hals ihres Gatten gelegt; dieser schwingt demonstrativ ein Trinkhorn. Das Gespann wird von einem Satyr mit Schäferstab geführt, der die Verbindung zur nächsten Gruppe herstellt: Des Dionysos Mutter Semele, von ihrem Sohn aus dem Hades heraufgeholt, fährt dem Hochzeitspaar voraus, in der Hand ein Trinkgefäß schwingend. Hinter ihr ein geflügelter Eros mit Fackel. Der Wagen der Semele wird von einem Tigerzweigespann gezogen, welches durch einen anderen Flügel-Eros geführt wird; die Löwen sind mit Ranken aus Efeu angeschirrt. Hinter ihnen eine Frau mit Fackel und hochgehobener Schale, vermutlich Demeter mit dem sacralen „Mischtrank" (κυκεών). Ganz rechts tragen zwei Satyrn den betrunkenen Papposilen voran. Um 130 n. Chr. (Matz).

Erwähnt in §66, 83 und 95.
F. Matz, Sarkophage II Nr. 84. – R. Turcan 488 (Demeter mit dem Mischtrank).

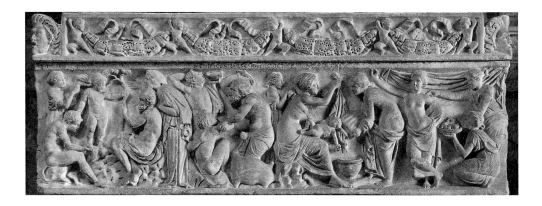

Abb. 59 Hochzeitszug des Dionysos und der Ariadne. Sarkophag aus Ostia in München

Das Paar fährt auf einem Wagen, auf dem zwei Pantherköpfe abgebildet sind. Über dem Wagen ist eine Weinlaube errichtet. Ganz links pflückt ein Satyr, der auf dem Wagen steht, Trauben. Der Wagen wird von zwei Kentauren gezogen, deren einer die Leier, der andere eine Doppelflöte spielt. – Es folgen (nach rechts): Ein tanzender Satyr mit Hirtenstab – eine Mänade in Rückenansicht – ein Satyr mit Fell, die eine Hand hoch erhoben – eine in Gegenrichtung tanzende Mänade – Papposilen mit dem verdeckten Liknon auf dem Haupt – ein Satyr, der übermütig nach dem verdeckenden Tuch greift – eine tanzende Mänade mit Tamburin, unter ihr die Cista mystica mit der Schlange – ein Satyr, der einen Pan auspeitscht; ein anderer Satyr hat den Pan so auf den Buckel genommen, daß dieser hilflos der Strafe ausgesetzt ist. Um 130 n. Chr. (Matz).

Erwähnt in §66, 75, 83, 127, 129, 207 und 209.
F. Matz, Sarkophage II Nr. 85.

◁ Abb. 58 Kindheit des Dionysos. Kindersarkophag im Museo Capitolino

Links hat ein Satyr dem Dionysosknaben Stiefelchen (ἐμβάδες, κόθορνοι) angezogen; der junge Gott trägt ein Rehfell. Eine Nymphe bindet ihm von hinten eine Binde (Diadem) um; der Papposilen überreicht ihm den Thyrsoszweig. Hinter dem Papposilen beugt sich eine Frau vor. – Ein Silen hat den Weinschlauch fallen lassen und schlägt einen kleinen Satyr mit dem Riemen auf den Rücken; der Kleine faßt nach der schmerzenden Stelle. Im Hintergrund ein fellbekleideter Satyr mit einer Trinkschale in Weinlaune. – Eine sitzende Nymphe hält das Dionysoskind auf dem Schoß, um es zu baden, in einer Hand das Badetuch haltend. Eine andere Nymphe gießt aus einem Krug Wasser in die Badeschüssel. Danach zwei Mädchen, welche einen Vorhang halten, um die Szene zu verbergen, und ein knieendes Mädchen mit einer Schale voller Früchte. – Auf dem Deckel Eroten mit Girlanden.
Um 170–180 (Andreae).

Erwähnt in §50, 56, 98, 102, 106 und 129.
F. Matz, Sarkophage III Nr. 200. – W. Helbig – H. Speier, Führer II 1412 (B. Andreae).

252

Abb. 60 Hochzeit des Dionysos und der Ariadne unter der Weinlaube. Sarkophag aus Rom in Kopenhagen

Das jugendliche Paar sitzt unter einer Weinlaube. Der Gott stützt sich auf den Thyrsosstab und reicht seiner Braut eine Trinkschale; zwischen den beiden ein kleiner Panther. Ariadne hält einen Weinkrug und ein Tamburin. – Unter dem Paar eine kleine Grotte, in welcher zwei Eroten den Pan gefesselt abführen. Ein kleiner Papposilen hält den linken Eros davon ab, Pan zu schlagen. Der rechte Eros hält die Siegespalme: Eros besiegt *Alles* (πᾶν). Zu Füßen des Dionysos ein Korb (Liknon) mit Schlange; neben dem Silen eine Cista mystica mit Schlange; unter Pan ein umgefallener Korb. Unter den Füßen der Ariadne ein Panther und eine kauernde Ziege; rechts neben ihren Füßen sitzt ein kleiner Eros auf einem Baumstamm. – Rechts von Ariadne ein Satyr mit Hirtenstab und eine Mänade mit Thyrsos und Tamburin, sich auf einen Altar stützend; auf diesem ist ein Dionysos mit hochgehobenem Arm und Thyrsosstab eingemeißelt. – Links von Dionysos Hermes, eine Nymphe und ein Satyr mit Tamburin. – Das Bild wird eingefaßt von zwei Statuen des bärtigen Dionysos mit dem Thyrsosstab, die als Trägerstatuen das Dach (die obere Querleiste) tragen.
Deckel: Dionysisches Treiben, von links: Ein kleiner Dionysos mit Thyrsos besteigt einen Wagen, der von zwei Tieren gezogen wird; auf dem einen der Tiere reitet ein kleiner, leierspielender Eros – Gruppe von fünf Personen: Ein Satyr mit Hirtenstab bläst auf einem Horn; rechts und links lagern zwei Mänaden mit Thyrsosstab; links davon blickt eine stehende kleinere Mänade auf die Gruppe, und rechts davon sitzt eine Mänade und spielt auf der Doppelflöte – ein betrunkener Silen wird von zwei Mänaden umsorgt – eine Mänade hebt das Tuch von einem Korb (Liknon) – eine Mänade öffnet die Cista mystica, aus welcher die Schlange kommt; rechts davon wendet sich ein Satyr mit Hirtenstab ab, die Hand abwehrend erhoben.
2. Jahrh. n. Chr.

Erwähnt in § 66, 73, 75 und 130.
F. Matz, Sarkophage II Nr. 75.

Abb. 61 Jahreszeitensarkophag aus Rom im Metropolitan Museum

In der Mitte reitet der jugendliche Dionysos auf dem Tiger. Er hat ein Fell umgebunden und führt in der Linken eine Thyrsos-Lanze; mit der Rechten greift er nach einer Trinkschale. Neben ihm ein Pan mit Weinschlauch. Unter dem Tiger ein Knabe mit Ziege; links davon die Cista mystica, aus welcher eine Schlange hervorkriecht. Links von den Hinterbeinen des Tigers eine Hirschkuh, die sich in der goldenen Zeit nicht vor dem Tiger zu fürchten braucht. Über dem Kopf des Tigers eine Mänade mit Handpauke. – Ganz links Mutter Tellus liegend, dann der Winter mit einem Schilfkranz im Haar und einem Schilfstengel (Thyrsos) in der Hand. Dann der Frühling in einem Blütenkranz, mit einem Blumenkorb und einem Blütenzweig. – Rechts von der Mittelgruppe der Sommer im Ährenkranz mit Sichel und Ährenkorb. Dann der Herbst in einem Kranz von Efeublüten (Korymboi); er hat ein Häschen gefangen und trägt ein Füllhorn mit allen Früchten. Ganz rechts liegt Vater Oceanus mit einem Wasserkrug. – Im Hintergrund verschiedene Köpfe von Eroten, Satyrn und Mänaden. Auf der Erde tummeln sich Knaben und verschiedene Tiere (beim Winter ein Eber, beim Frühling ein Hirsch, beim Sommer ein Reh, links vom Herbst ein Hund).
Linke Nebenseite (hier nicht abgebildet; s. Matz und Kranz, Tafel 86, 1): Links ein Satyr mit Fruchtkorb (wohl Trauben) und Wurfholz (Lagobólon; Herbst), daneben ein Panther mit einem Traubenkorb. Dann ein Genius im Ährenkranz (Sommer) mit Früchten und Ziegenfell. Unten Mutter Tellus, s. oben.
Rechte Nebenseite (hier nicht abgebildet; s. Matz und Kranz, Tafel 86, 2): Ein Satyr hält in der Hand eine Schale mit Wein und trägt auf der Schulter einen Ziegenbock (Winter). Dann ein geflügelter Genius mit einem Blütenkorb und einem großen Pflanzenstengel (Thyrsos) in der Hand (Frühling). Unten Vater Oceanus, s. oben.
Die Nebenseiten stellen einen zweiten Kreislauf der Jahreszeiten dar, die dionysische Trieteris.
Zweites oder drittes Viertel des 3. Jahrh. n. Chr.

Erwähnt in § 1, 76, 78, 97 und 99.
F. Matz, Ein römisches Meisterwerk. Der Jahreszeitensarkophag Badminton–New York (1958). – F. Matz, Sarkophage IV Nr. 258. – P. Kranz, Kat. Nr. 131. – Anna Marguerite McCann, Roman Sarcophagi in the Metropolitan Museum of Art (1978) S. 94–106 Nr. 17.
Ein ähnlicher Sarkophag in Kassel, Schloß Wilhelmshöhe, Museum Fridericianum: F. Matz, Sarkophage IV Nr. 259; P. Kranz, Kat. Nr. 130.

254

Abb. 62 Hochzeit des Dionysos und der Ariadne. Sarkophag im Vatican, Museo Chiaramonti. Hauptbild

Zwischen den beiden Löwenköpfen befindet sich das Brautpaar, der Gott liegend, Ariadne sitzend. Hinter Dionysos reicht eine Mänade etwas herzu. – Unterhalb des Dionysos keltern Satyrn und ein Pan (rechts) die Trauben, die sich in einem großen Keltertrog (ληνός) befinden. Links beugt sich ein Satyr über den Trog um zu trinken; hinter ihm ein Knabe mit Schäferstab und Querflöte. Zu Füßen des Trinkenden die Cista mystica mit der Schlange, links davon eine Ziege. Ganz links liegt ein bärtiger Mann, wohl der Erzieher (τροφεύς) des Gottes, in einer Grotte und hält staunend eine Traube hoch. In der Mitte des Keltertroges ein Löwenkopf, aus welchem der Traubensaft in einen Krug fließt. Am rechten Rand des Troges ein Schaf und ein Mischkrug, aus dem ein Panther trinkt. Rechts über dem Panther eine weitere Cista mystica mit Schlange und dahinter (im Schatten des Löwenkopfes) ein Knabe, der die Arme überrascht hochhebt. – Rechts neben dem Löwenkopf bläst ein Satyr im Fichtenkranz die Doppelflöte (teils weggebrochen). Rechts unten neben dem Panther liegt eine mit Efeu bekränzte Frau mit einer Trinkschale in einer Grotte, neben ihr eine Ziege. Sie ist gewiß die Gattin des auf der anderen Seite liegenden Erziehers und heißt vielleicht Nysa oder Amaltheia. Sie gehört bereits zu der rechten Nebenseite (Abb. 64); die linke Nebenseite in Abb. 63.
Um 190 n. Chr. (Andreae).

Erwähnt in §66, 73, 88, 109 und 130.
F. Matz, Sarkophage I Nr. 37. – W. Helbig – H. Speier, Führer I Nr. 370 (B. Andreae).

Abb. 63 Linke Nebenseite des Sarkophags Abb. 62

Opfer eines Widders: Aus einer
Schilfhütte tritt ein kleiner Opfer-
diener mit einem Korb. Vor ihm
ein bärtiger Silen mit Glatze; er
sticht einem Widder das Messer in
den Hals. Über ihm eine Dienerin
mit einer Schüssel voll Äpfeln und
Trauben. Rechts von dem Widder
ein brennender Altar, darüber ein
ländliches Heiligtum mit einer Statuette des Dionysos. Rechts daneben zwei Frauen in Rückenansicht.
– Rechts unten beginnt unter dem
Löwenkopf die zu Abb. 62 beschriebene Hauptszene mit der Figur des gelagerten Erziehers in einer Grotte; neben ihm ein kleiner
Satyr.

Erwähnt in § 132 und 187.

Abb. 64 Rechte Nebenseite des Sarkophags Abb. 62

Links unten liegt in einer Grotte die zu Abb. 62 besprochene Frau; rechts von ihr gießt ein Knabe einen
Wasserkrug aus (d. h. in der Grotte befindet sich eine Quelle). Oben links der ebenfalls zu Abb. 62
besprochene Satyr mit der Doppelflöte. Neben ihm ein Widder und eine liegende Nymphe, die aus einer
Urne Wasser quellen läßt. Rechts oben knabbern zwei Kälber am Laub eines Baumes. Ganz rechts unten
blickt ein Satyr mit Hirtenstab in die Ferne; er neigt den Kopf nach hinten und hält die Hand oberhalb
der Augen. Zu seinen Füßen eine Ziege, darüber eine Schilfhütte.

Abb. 65 Weinlese der Eroten. Sarkophag in Rom, Palazzo Venezia

Von rechts nach links: Eroten bei der Weinlese – bei der Kelter – Prozession mit dem Bock zum Altar
eines ländlichen Priapos, wo zwei Eroten Trauben und eine Schale Wein darbringen; hier wird der Bock
geopfert und verspeist werden.
3. Jahrh. n. Chr.

Erwähnt in §88, 132, 152 und 174.
Fr. Matz – F. v. Duhn, Antike Bildwerke in Rom mit Ausschluß der größeren Sammlungen II, Sarkophagreliefs (1881)
S. 208/9 Nr. 2756. – S. Reinach, Répertoire des reliefs (1912) III 294, 1. – R. Turcan 418. – M. Bonanno, Prospettiva
13, 1978, 45.

Abb. 67 Geburt und Aussetzung des Dionysos. Sarkophagdeckel im Vatican

Links: Semele hat Zeus im Blitz erblickt und sinkt tot nieder. Hinter dem Bett die drei Schwestern Ino, Agaue und Autonoe; die mittlere hat das Kind aufgenommen. Links davon enteilt ein Mann; neben ihm steht ruhig eine Frau. Matz deutet auf die Eltern der Semele, Kadmos und Harmonia, Andreae auf Eileithyia. Man könnte vielleicht auch erwägen, daß der enteilende Mann Zeus ist und die stehende Frau Hera; diese hatte sich in eine Amme verwandelt und Semele den verderblichen Rat gegeben, sie solle sich wünschen ihren Geliebten in göttlichem Glanz zu sehen. – Rechts vom Bett steht Hermes, der das Kind übernehmen wird. Dann ein Gott mit erhobener Hand, vielleicht Apollon (Andreae). Er weist Hermes den Weg, und rechts von dem weisenden Gott bringt Hermes eilig das Dionysoskind zu dem Flußgott Lamos; dieser liegt in einer Grotte und hält ein Steuerruder. Ganz rechts steht ein Hirt.
Um 160 n. Chr. (Andreae).

Erwähnt in §47, 48, 72 und 152.
F. Matz, Sarkophage III Nr. 197. – W. Helbig – H. Speier, Führer I Nr. 350 (B. Andreae).

◁ Abb. 66 Weinlese der Eroten und Jahreszeitengenien. Sarkophag im Konservatorenpalast

Deckel: Weinlese und Kelter der Eroten. In der Mitte halten zwei Eroten eine Tafel, auf welcher der Name des (der) Verstorbenen hätte eingemeißelt werden sollen; vgl. oben zu Abb. 51. Unter der Tafel verfolgt ein Hund einen Hasen.
Sarkophag: Zwei fliegende Eroten halten das Brustbild des (der) Verstorbenen. Darunter die Figuren von Oceanus und Tellus, zwischen ihnen zwei große Masken. – Links der Genius des Herbstes mit einem Fruchtkorb und einem Hasen, den er gefangen hat; neben ihm sein Hund und ein weiterer Fruchtkorb, zwischen den Füßen eine Rosenblüte. – Rechts der Winter im Mantel mit zwei gefangenen Vögeln. Zwischen seinen Füßen liegt eine Kuh.
Um 290 n. Chr. (Kranz).

Erwähnt in §76, 78, 88, 95, 152 und 174.
W. Helbig – H. Speier, Führer II 1735 (B. Andreae). – P. Kranz, Kat. Nr. 104.

258

Abb. 68 Jahreszeitensarkophag aus Rom (Photomontage aus zwei Photographien)

In der Mitte Dionysos unter einer Weinranke, den Trinkbecher (Kantharos) in der Hand und auf einen Satyr mit Schäferstab gestützt. Links und rechts von ihm je drei knabenhafte Genien, welche einen Zyklus von zweimal drei Jahreszeiten repräsentieren, die dionysische Trieteris. Von links: Herbst zwischen zwei Weinstöcken, im Haar einen Kranz aus Weinlaub und Trauben, zu seinen Füßen zwei Knaben, von denen einer den anderen auf die Schultern genommen hat, damit er Trauben pflücken könne – Sommer mit Ährenkranz und einem Korb mit Ähren in der Linken – ein Genius (Winter?) führt einen Ziegenbock am Horn und hält in der erhobenen Hand eine Girlande – Dionysos (s. oben) – Herbst mit einem Hasen in der Linken; mit der Rechten faßt er nach oben und greift nach einer Traube, die neben dem Kopf des Dionysos hängt – Frühling mit einem Blumenkorb und einem blühenden Stengel (Thyrsos); an seinem Bein springt ein Hund empor – Winter mit einem Kapuzenmantel, in der Hand zwei Enten; zwischen ihm und dem Frühling reitet ein Eros auf einem Panther; unter den Füßen des Eros nascht ein winziger Hase Trauben.
Erstes Drittel des 3. Jahrh. n. Chr. (Kranz).

Erwähnt in §76, 78 und 97.
F. Matz, Sarkophage IV Nr. 257. – P. Kranz, Kat. Nr. 135.

Abb. 70 Dionysos findet Ariadne und Weinlese der Eroten. Sarkophag in Rom, Thermenmuseum

Von links: Ein Satyr mit Hirtenstab pflückt Feigen – ein Satyr und eine Mänade liebkosen sich; darunter hat ein kleiner Panther eine Cista mystica geöffnet, aus der eine Schlange hervorkommt – eine Mänade trägt das verhüllte Liknon auf dem Kopf, eine andere führt sie – der trunkene Dionysos, umgeben von je zwei Satyrn links und rechts, von denen einer den Gott stützt; links ein Panther, und unter dem nach rechts gesetzten Fuß des Gottes ein zweiter, ganz kleiner Panther – eine leierspielende Mänade blickt sich nach Ariadne um – ein Satyr schreitet tanzend auf Ariadne zu, hat sie aber noch nicht erblickt; zwischen ihm und der Leierspielerin am Boden zwei Masken (des Silen und des jugendlichen Dionysos) – Pan hat die schlafende Schöne entdeckt und zeigt auf sie, ein Eros zieht die Decke von ihr weg, eine Mänade erhebt die Hand und scheint zu rufen – Ariadne.
Auf dem Deckel die Weinlese der Eroten.
Mitte des zweiten Jahrh. n. Chr.

Erwähnt in §65, 95, 99, 127, 152, 170 und 174.
F. Matz, Sarkophage III Nr. 209. – P. Kranz, Kat. Nr. 336 (Deckel).

◁ Abb. 69 Die Eroten bei der Getreideernte und Weinlese. Fragment vom Deckel eines Jahreszeitensarkophags in Rom, Thermenmuseum

Links Reste eines Eros, der Getreide schneidet, sowie ein zweiter, der es im Korb heimträgt. – Rechts bringt ein Eros die geernteten Trauben zum Keltertrog; zwei Eroten treten auf die im Trog befindlichen Trauben. Also Darstellungen von Sommer und Herbst.
Um 270 n. Chr. (Kranz).

Erwähnt in §37, 88, 99, 174 und 194.
P. Kranz, Kat. Nr. 334.

260

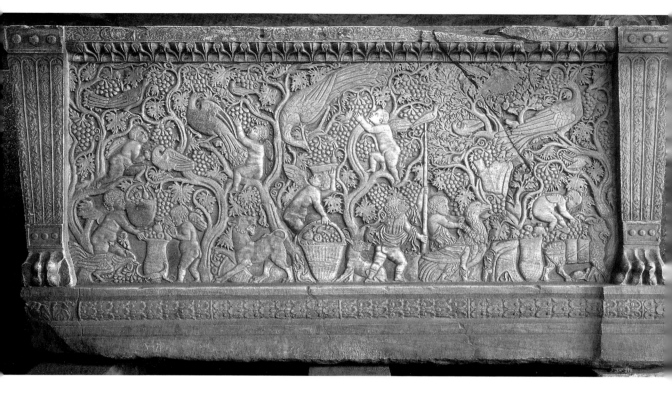

Abb. 71 Eroten und Vögel bei der Weinlese. Sarkophag in Rom, San Lorenzo

Von links unten: Zwei Eroten mit Erntekörben voll Trauben, Äpfeln und Birnen, unter ihnen ein Hahn und eine Eidechse – ein Panther – ein Eros mit Ernteschale auf dem Kopf und einem Korb – ein Hund – ein Eros hat mit einer Leimrute einen Vogel gefangen – ein Eros reitet auf einer Gans – ein Eros füllt Trauben in die Körbe, mit denen ein Ziegenbock bepackt ist – darunter eine Schildkröte. – Oben Eroten und Vögel. – Die Nebenseiten in Abb. 72 und 73.
Mitte des 3. Jahrh. n. Chr.

Erwähnt in §78, 79, 88, 99 und 174.
Fr. Matz – F. v. Duhn, Antike Bildwerke in Rom mit Ausschluß der größeren Sammlungen II, Sarkophagreliefs (1881) S. 213/4 Nr. 2770. – G. Rodenwald, Jahrbuch des Deutschen archäologischen Instituts 45, 1930, 116–189.

Abb. 72 Linke Nebenseite des Sarkophags Abb. 71

Wieder Eroten und Vögel bei der Weinlese. Unten reitet ein geflügelter Eros auf einem Panther, darunter ein Fuchs. Rechts hat ein Eros eine Gans angeschirrt.

Erwähnt in § 103.

Abb. 73 Rechte Nebenseite des Sarkophags Abb. 71

Wieder Eroten und Vögel bei der Weinlese. Rechts unten ein Hund und eine Gans. Dann ein Eros, der auf einem Hahn reitet.

Abb. 74 Jahreszeitensarkophag in Rom, Thermenmuseum

In der Mitte der trunkene Dionysos, gestützt von einem Satyr. Zu ihren Füßen ein Panther, oben rechts
ein kleiner Eros. – Rechts und links je vier Jahreszeitengenien, welche den zweimaligen Umlauf der
Jahre innerhalb der dionysischen Trieteris bezeichnen. Von links: Winter (?) mit Mantel und einer
Girlande (nach Kranz: Frühling) – Frühling (?) mit einer Trinkschale – Sommer mit einem Ährenkorb
– Herbst mit einem Hasen in der Rechten und einem Wurfholz (Lagobólon) in der Linken; neben ihm
will ein Hund zu dem Hasen hinaufspringen, aber ein Eros hält ihn zurück. – Von rechts: Winter mit
Mantel, Kapuze, Schuhen und zwei gefangenen Enten – Frühling, einen Ziegenbock tragend – Herbst
mit einem Korb Trauben; rechts neben ihm klettern Eroten in einen Weinstock und ernten – Sommer
mit einem Fruchtkorb, in der anderen Hand einen Zweig (Thyrsos). – Zwischen den Beinen und Köpfen
der Figuren mehrere Eroten.
Deckel: Links die Büste der Verstorbenen zwischen zwei Eroten – Mitte: Eine nicht ausgefüllte Schrifttafel
zwischen zwei Eroten; vgl. zu Abb. 51. – Rechts zwei Eroten bei der Getreideernte und beim Heimtrans-
port in Körben, die sie auf dem Rücken tragen.
Erstes Drittel des vierten Jahrh. n. Chr. (Kranz).

Erwähnt in §76, 78, 88, 95, 97, 99 und 174.
W. Helbig – H. Speier, Führer III 2389 (B. Andreae). – F. Matz, Sarkophage IV Nr. 256. – P. Kranz, Kat. Nr. 133.

Abb. 75 Triumphzug des Dionysos. Sarkophag im Konservatorenpalast

Von links: Der nackte Gott fährt auf einem Wagen, auf dem ein fliegender Eros abgebildet ist. Er hält den Thyrsosstab in der Hand und blickt zurück. Zwei Kentauren ziehen den Wagen: Der Ältere führt mit der einen Hand einen Löwen am Seil und stützt eines seiner Vorderbeine auf den Kopf eines Panthers; in der anderen Hand trägt er einen entwurzelten Baum. Auf seinem Hinterleib steht ein kleiner Eros mit der Peitsche in der Hand. Der zweite, jüngere Kentaur ist etwas nach rechts versetzt abgebildet; er trägt eine Leier. Zwischen den beiden schaut ein Widderkopf hervor. Dann im Hintergrund eine Mänade, die einen verhüllten Korb (Liknon) trägt, und ein Satyr mit Doppelflöte; er setzt seinen vorderen Fuß auf ein Paar Kymbala. Unter ihm hat eine Schlange den Deckel einer kleinen Cista mystica abgeworfen. Dann folgen eine Mänade mit Handpauke und ein tanzender Pan; er hebt mit dem einen Bein den Deckel von einer zweiten Cista mystica mit Schlange. Rechts über Pan ein Silen mit einem Fruchtkorb. Unter dem Silen fahren Ariadne und Semele auf einem Wagen, der von Eseln gezogen wird. Unter der Hand der Ariadne liegt eine Silensmaske. Der Wagen wird von einem nach vorn gebeugten Pan (mit Thyrsos) kutschiert. Rechts neben ihm ein Satyr mit Weinschlauch und ein anderer Satyr, der den zusammenbrechenden Esel am Geschirr wieder hochzieht.
Deckel: In der Mitte liegen Dionysos und Ariadne, die Vorbilder des in dem Sarkophag bestatteten Ehepaars. Nach rechts ein Pan und ein liegender Mann mit Silensmaske, neben ihm ein Eros. Nach links zu bekränzt ein Eros einen Liegenden. Ganz links bläst ein Diener ins Feuer, um den Kessel zu erhitzen.
Um 170/180 (Andreae).

Erwähnt in § 15, 66, 83 und 95.
W. Helbig – H. Speier, Führer II 1471 (B. Andreae). – F. Matz, Sarkophage II Nr. 152. – B. Andreae, Römische Kunst Abb. 99 (Farbaufnahme).

264

Abb. 76 Dionysos, Satyrn und Mänaden bei der Weinlese. Sarkophag aus Acqua Traversa (zwischen Tivoli und Palestrina), jetzt in Rom, Thermenmuseum

Links wächst ein Weinstock empor und bildet über der ganzen Szene eine Laube. Hinter dem Weinstock springt ein Pan herbei. Dann pflücken zwei Mänaden Trauben; der zweiten wird das Gewand vom Wind weggeblasen. Dann schwingt ein kräftiger Satyr seinen Schäferstock und steigt zu den Weintrauben empor; eine Mänade liebkost seinen Bart. Eine andere Mänade pflückt Trauben. Ganz rechts Dionysos, mit dem Thyrsos, einem Krug und den Stiefelchen (Kothurn); er setzt seinen Fuß auf einen Panther, der ihm den Fuß ableckt. Dazwischen vier kleine Eroten; einer pflückt neben dem Kopf des Dionysos Trauben, ein anderer nimmt dem Gott den geleerten Krug ab. Unter dem Satyr in der Mitte pickt ein Vogel Trauben.
Deckel, links: Eroten bei der Getreideernte, Weinlese und Kelter. Rechts Brustbilder der Verstorbenen, die nicht fertig ausgeführt sind. Der Sarkophag war auf Vorrat angefertigt worden; die Köpfe hätten nachträglich ausgeführt werden sollen. Vgl. zu Abb. 51.
Um 300 n. Chr. (Andreae).

Erwähnt in §37, 88, 152, 174 und 194.
W. Helbig – H. Speier, Führer III 2118 (B. Andreae). – F. Matz, Sarkophage III Nr. 178.

Abb. 77 Hochzeitsfahrt des Dionysos und der Ariadne. Sarkophag im Vatican

Von links kommt der Gott, von rechts seine Braut in einem eigenen Wagen gefahren; beide Wagen werden von Kentaurenpaaren gezogen. Dionysos trägt ein Rehfell und hält den Thyrsos; hinter ihm ein Satyr. Sein Kentaur hält eine Leier, und die Kentaurenfrau wendet sich freundlich zu dem kleinen Eros, der auf dem Hinterleib des Kentauren steht. Der Eros hält einen Schäferstab und trägt oben auf dem Kopf eine Satyrmaske. Voran schreitet eine Mänade mit Kymbala. – Von rechts kommt Ariadne; sie übergibt einem kleinen Eros eine Silensmaske. Der Eros steht auf dem Hinterleib des Kentauren, der auf einer Doppelflöte bläst. Seine Frau (im Hintergrund) trägt auf dem Kopf ein Liknon. Auch hier schreitet eine Mänade voran; sie trägt ein Tympanon. – In der Mitte halten zwei Satyrn einen Rundschild *(clipeus)*; darunter ein Pantherpaar. Auf dem Rundschild hätte die Inschrift für das Ehepaar angebracht werden sollen, welches in dem Sarkophag bestattet wurde; vgl. die Bemerkung zu Abb. 51. Hier in der Mitte wären Dionysos und Ariadne zusammengetroffen, hier hätten die Namen der Eheleute beieinander gestanden, und auf dem Deckel des Sarkophags ist eben über dem Rundschild das sich küssende Paar (Dionysos und Ariadne) abgebildet. Die menschlichen Verehrer des Gottes erhofften sich eine ähnliche Vereinigung.

Auf dem Deckel macht links ein Satyr im Freien Feuer für einen Kessel. Die weiteren Szenen sind durch einen Vorhang abgetrennt: Ein liegender Silen – ein liegender Satyr – ein Eros gibt einem kleinen Panther zu trinken – das sich küssende Paar – ein Eros mit dionysischer Maske und Hirtenstab – eine gelagerte Mänade – ein Silen mit einem großen Mischkrug (Kratér); er benützt einen Weinschlauch als Kissen – eine Mänade hört einem Satyr zu, der auf der Querflöte (Syrinx) spielt.

Bald nach 160 n. Chr. (Andreae).

Erwähnt in § 15, 66, 83, 95 und 127.
W. Helbig – H. Speier, Führer I Nr. 1119 (B. Andreae). – F. Matz, Sarkophage IV Nr. 265.

Abb. 78 Jahreszeitensarkophag in San Francisco

In der Mitte Brustbild des Verstorbenen mit einer Schriftrolle; das Bild wird von zwei Eroten gehalten.
– Darunter Spiel der Eroten: Der linke legt einem Widder, der rechte einem Löwen ein Halsband an
(omnia vincit Amor); in der Mitte sitzen zwei Eros-Knaben. – Die Jahreszeiten von links: Herbst mit
einem Fruchtkorb – Winter mit einem Schilfrohr in der Linken – Mittelgruppe – Sommer mit Ähren in
der gesenkten und Ährenkorb in der erhobenen Hand – Frühling mit Blütenkorb und Zweig (Thyrsos).
Danach sieht man von der Seite die Figur des Winters, welche zu der rechten Nebenseite des Sarkophags
gehört. – Links reitet ein Eros auf einem Panther, rechts ein anderer auf einem Löwen. Damit ist der
Bezug des Sarkophags auf die Welt des Dionysos gegeben.
Linke Nebenseite (hier nicht abgebildet, s. Kranz Tafel 89,1): Herbst mit einer großen Traube und dem
Schäferstab – Frühling im Mantel mit Blütenkorb und einem Zweig (Thyrsos).
Rechte Nebenseite (hier nicht abgebildet, s. Kranz Tafel 89,2): Winter mit zwei Enten – Sommer mit
Sichel und Erntekorb.
Es wird die zweimalige Folge der vier Jahreszeiten innerhalb der dionysischen Trieteris dargestellt.
Um 270 n. Chr. (Kranz).

Erwähnt in § 1, 97, 99 und 103.
P. Kranz, Kat. Nr. 58.

Abb. 80 Jahreszeitensarkophag im Vatican

Das Brustbild des (der) Verstorbenen ist nicht fertig ausgearbeitet, s. zu Abb. 51. Es wird von zwei Eroten gehalten, die Körbe mit Oliven tragen. – Darunter ein Spiel der Eroten: Ein Eros hat eine große Maske vor sich genommen und einen anderen so erschreckt, daß dieser zu Boden gestürzt ist. Rechts und links davon zwei Eroten mit Schäferstäben. – Unter den beiden Eroten, die das Rundbild halten, je ein kleiner Eros, der einen Fruchtkorb füllt. – Die Figuren von links: Eine Victoria mit Girlande – Winter mit einem Hasen in der erhobenen Hand, zu dem ein Hund emporspringt; neben ihm am Boden ein Korb mit Oliven – Herbst mit Fruchtkorb und Wurfholz (Lagobólon); zwischen seinen Füßen ein umgestürzter Fruchtkorb – Mittelgruppe – Sommer mit Ährenkranz und Ährenkorb, zwischen den Füßen ein umgestürzter Ährenkorb – Frühling mit Blütenkranz und einem großen Thyrsoszweig, zwischen den Füßen ein umgestürzter Blütenkorb – Victoria mit Girlande.
Etwa 270 n. Chr. (Kranz).

Erwähnt in § 1, 76, 95, 99 und 118.
P. Kranz, Kat. Nr. 62.

◁ Abb. 79 Hochzeit des Dionysos und der Ariadne. Sarkophag in Rom

In der Mitte lagert das Brautpaar. In der Grotte unter ihnen keltern ein Silen und zwei Satyrn die Trauben in einem Trog (ληνός). Ein weiterer Satyr schüttet von rechts neue Trauben in den Trog. – Rechts eine tanzende Mänade und ein Korb mit Äpfeln; hinter Ariadne der Kopf eines Satyrn mit einer Fruchtschale. – Links von Dionysos tritt Hercules (mit der Keule) heran, von einer Mänade begrüßt und von einem Satyr begleitet. Unter ihm liegt ein bärtiger und bekränzter Alter mit einem Thyrsosstab, wohl der Erzieher (τροφεύς) des Gottes. Links unter dem Löwenkopf sitzen ein Satyr und eine Mänade traulich beisammen.
Erste Hälfte des 3. Jahrh. n. Chr.

Erwähnt in § 66, 73, 88 und 130.
F. Matz, Sarkophage I Nr. 39. – M. Bonanno, Antichità di Villa Doria Pamphilj (Rom 1977) Nr. 202.

268

Abb. 81 Kindheit des Dionysos. Sarkophagplatte aus Rom, Villa Albani

Links zunächst eine Frau, die zu einer verlorenen Gruppe gehört (wohl Bad des Kindes). Dann hält eine Nymphe den kleinen Dionysos auf dem Schoß; eine andere Nymphe hat ihr das Kind gerade gereicht. Es folgen eine dritte Nymphe, ein gebückter Silen und ein Satyr. Die drei Nymphen sind vielleicht die Kadmostöchter Ino, Autonoe und Agaue, die Schwestern der Semele.
Mitte des 2. Jahrh. n. Chr.

Erwähnt in § 50 und 51.
F. Matz, Sarkophage III Nr. 198.

Abb. 83 Bad des Dionysosknaben. Nebenseite eines Sarkophags aus Rom in Woburn Abbey

Die rechte Nymphe gießt aus einem Krug Wasser in die Schüssel, die andere hat den Knaben ausgewickelt, um ihn zu baden. Ein Handtuch hängt gebrauchsbereit an zwei Ästen.

Erwähnt in § 50.
F. Matz, Sarkophage III Nr. 202a.
Mit Erlaubnis der Marquess of Tavistock, Woburn Abbey.

◁ Abb. 82 Jahreszeitensarkophag in Köln–Weiden

Zwei Victorien halten das Rundbild des verstorbenen Ehepaars. Darunter treten drei Eroten in einem Keltertrog die Trauben. Links der Frühling; er hält in der Linken einen Blütenkorb, in der Rechten einen Zweig (Thyrsos). Rechts der Winter mit zwei Enten und einem Korb Oliven.
Um 300 n. Chr. (Kranz).

Erwähnt in § 88 und 174.
J. G. Deckers – P. Noelke, Die römische Grabkammer in Weiden (1980). – P. Kranz, Kat. Nr. 74.

Abb. 84 Dionysische Kinderweihe. Stuckfresko aus der Villa Farnesina in Rom

Das einzuweihende Kind trägt einen Thyrsosstab in der Hand; sein Haupt ist verhüllt. Es schreitet auf einen Silen zu, der im Begriff ist, die Decke von einem Korb (Liknon) wegzuziehen. Hinter dem Kind eine Frau, die es geleitet, ein Korb (cista mystica) und eine Dienerin mit Tamburin.
Anfang des 1. Jahrh. n. Chr.

Erwähnt in § 56 und 102.
W. Helbig – H. Speier, Führer III S. 434 (unter Nr. 2482; B. Andreae).

Abb. 86 Weinlese und Kelter. Terra-sigillata-Becher des M. Perennius in Neuss

Rechts erntet ein Satyr die Trauben, links tritt ein kelternder Satyr auf sie. Vgl. die Zeichnung 9 (§ 87).
Ende des 1. Jahrh. v. Chr. oder Anfang des 1. Jahrh. n. Chr.

Erwähnt in § 87 und 152.

Abb. 87 Tanz der Satyrn bei der Weinlese. Terra-sigillata-Becher aus Graufesenque in München

1. Jahrh. n. Chr.

Erwähnt in § 87 und 152.
G. Ulbert, Die römischen Donau-Kastelle Aislingen und Burghöfe (Berlin 1959) Tafel 37, 1. – J. Garbsch, Terra sigillata. Ein Weltreich im Spiegel seines Luxusgeschirrs. Ausstellungskatalog der Prähistorischen Staatssammlung München (1982) S. 43 Nr. C 27. – Fragmente eines fast gleichen Gefäßes bei R. Knorr, Die verzierten Terra-sigillata-Gefäße von Rottweil (1907) Tafel 4, 17–18.

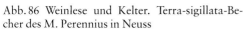

◁ Abb. 85 Die Silberteller von Mildenhall

Linker Teller: Pan mit Hirtenstab und Fell spielt auf einer Querflöte (Syrinx). Neben ihm spielt eine Mänade auf einer Doppelflöte. Zwischen ihnen ein Reh und eine Schlange, links von Pan eine Schüssel mit Deckel (Cista mystica). Oben liegt eine Quellnymphe und stützt sich auf einen Wasserkrug.
Rechter Teller: Tanzduett eines Satyrs und einer Mänade. Das Mädchen hält eine Handtrommel und einen Thyrsosspeer; unter ihrem linken Fuß zwei Kymbala, die sie fallengelassen hat. Der Satyr hat soeben seine Querflöte weggeworfen. Zu Füßen der beiden ein Tuch mit Früchten, welches an einem Krummstab (Schäferstab) getragen worden war. Oben die Cista mystica mit Deckel.
Wohl noch 2. Jahrh. n. Chr.

Erwähnt in § 38, 42, 93 und 152.
T. Dohrn, Mitteilungen des Deutschen Archäologischen Instituts 2 (1949) 78–81. – J. M. C. Toynbee, Art in Britain under the Romans (1964) 310. – K. S. Painter, The Mildenhall Treasure (1977) S. 26 Nr. 2 und 3.

272

Abb. 88 Hermes bringt das Dionysoskind zu einer Nymphe. Kratér des Salpion in Neapel

Hermes mit Reisehut übergibt den Knaben im Liknon einer sitzenden Nymphe (Ino oder Nysa); hinter ihrem Stuhl lehnt ein Thyrsosstab. Über den Personen Weinranken. Zeichnung des ganzen Kruges oben Zeichnung 4 in §50. Inschrift: Σαλπίων Ἀθηναῖος ἐποίησε (I. G. XIV 1260).
1. Jahrh. v. Chr.

Erwähnt in §50 und 101.
H. Brunn – F. Bruckmann, Denkmäler griechischer und römischer Skulptur Tafel 345. – W. Fuchs, Die Vorbilder der neuattischen Reliefs (1959) 140/1 und 166 Nr. 17. – Ein ganz ähnlicher Hermes befindet sich im Fogg Art Museum, Boston (David M. Robinson Fund 1970.25); vgl. G. M. A. Hanfmann – Ch. Moore, Fogg Museum Acquisitions 1969/70, 41–49 und C. Houser, Dionysos and his Circle, Fogg Art Museum 1979, S. 58/9 Nr. 39.

Register

I Stichwörter

Einschließlich der lateinischen Vocabeln. – Die Ziffern beziehen sich auf die Seitenzahlen; Anmerkungen in Klammern. Nicht verzeichnet sind: Dionysos ohne Beinamen, Iakchos, Bakchos, Liber pater, Bakche, Mänade, Satyr, Thyrsos. Für die Fundorte der Inschriften s. Register IV, der abgebildeten Monumente Register V.

II   Griechische Wörter

III Stellen aus antiken Autoren und Papyri

Achilleus Tatios I 1 – 140
  II 19,1 – 178(21)
  V 23 – 167(38)
  V 25,6; 26,3 und 10 – 178(21)
  VII 16,3 – 192(28)
  VIII 6,7/10 – 35(26)
  VIII 12,4 – 178(21)
Acta apostolorum 2,42 – 155(2)
  9,10 – 154(2)
  12,7 und 23,11 – 164(15)
Acta S. Timothei – 75(11)
Aelian, Hist. anim. IX 66 – 178(21)
  XII 34 – 13(46)
  Var. Hist. III 42,7 – 57(63)
Aemilianus, A.P. IX 756 – 146
Aesop Fab. 184 – 164(15)
Aischines der Sokratiker
  fr. 4 K. = 11 c D. – 110(66)
Aischylos, Eumeniden 22/4 – 33(16)
  25/6 – 168(43)
  Prometheus 284 – 164(17)
  Ammen des Dionysos – 42(6)
  Diktyulkoi – 69(60)
  Lykurgie (fr. 57–67) – 50, 168
  (fr. 61) – 157(10)
  Pentheus – 168
  Fr. 23 a – 111(72)
Alkaios fr. 129,9 – 119(111)
Anacreonteum 33,6 – 164(15)
  59 – 76(19)
Anakreon 357 Page – 27(53), 33(15)
Anthol. Lat. 319 R. = 314 Sh.-B. – 122(3)
Anthol. Pal. VI 165 (Flaccus) – 112(80)
  VI 177 (Theokrit) – 36
  VI 213 (Simonides) – 13(43)
  VI 339 (Theokrit) – 125(10)
  VII 9,5 (Damagetos) – 130(1)
  IX 75 (Euenos) – 123
  IX 99 (Leonidas) – 123(5)
  IX 338 (Theokrit) – 107(48)
  IX 524/5 – 98(8)
  IX 756 (Aemilianus) – 146
  XIII 28 (Antigenes) – 9(14)
  XVI 156 – 35(25)
Antigenes A.P. XIII 28 – 9(14)
Antoninus Liberalis 10,2 – 57(63)
  28,3 – 14(50)
Apollodor von Athen 244 F 132 – 14(48)
Ps. Apollodor, Bibl. I 15 – 130(1)
  III 28/9 – 42, 157(10), 14(47)
  III 35 – 103(34), 143(14)

(Ps. Apollodor, Bibl.) III 38 – 53(38), 169(51)
  III 43 – 104(37)
Apollonios von Rhodos II 907 – 64(29)
Apostolios XVII 28 – 175(11), 195(37)
Appuleius – 199
  Apologie 55/6 – 47(23), 95(24), 99
  Metam. IV 31,6 – 27(52)
  V 28,5 – 37(37)
  V 30,3 – 144(17)
  VI 8/9 – 144(17)
  XI – 187(8)
  XI 6,3 – 154(2)
  XI 8,3 – 174(7)
  XI 13,1 – 154(2)
  XI 18,1 – 192(28)
  XI 18,2/3 – 180(2)
  XI 22,2/5 – 154(2)
  XI 24,4 – 179(23)
  XI 26,2 – 198(3)
  XI 27,4/9 – 154(2)
  XI 29,5 – 177(14)
Archilochos fr. 322 – 31(1)
Aristeides orat. 48,30/36 – 154(2)
Aristides Quintilianus II 19 – 187(8)
  III 25 – 104
Aristoph. Frösche – 31(1)
  330 – 12(39)
  Vögel 700 – 164(18)
  Wespen 10 – 61(12)
  Wolken 254/62 – 103
Aristoteles, Ath. Pol. 3 – 61(11)
  De philosophia fr. 15 – 121(1)
Arnobius V 28 – 113(82)
Arrian, Anabasis I 17,12 – 145
Artemidor II 70 – 164(15)
Athenagoras, Supplicatio 22,6 – 196(39)
Athenaios II 12 p. 40E – 177(14)
  III 20 p. 81A – 12(37)
  III 23 p. 82D – 12(36)
  IV 29 s. Sokrates von Rhodos
  V 25ff. s. Kallixeinos
  V 26 p. 196F – 65(36)
  V 45 p. 210B – 145
  VII 2 p. 276B – 63(13)
  VIII 64 p. 363B – 166(34)
  XI 51 p. 476A – 13(42)
  XIV 29/30 p. 631AB – 50(31), 80(28), 85(51)
Augustin, civ. dei VII 21 – 20(19), 80(27)
  epist. 16/7 – 21
M. Aurelius bei Fronto IV 5 – 80(31)

Pap. Köln   6,242 – 64(33), 71(64)
Pap. Oxy.   1381 – 154(2)
Pap. Soc. It.   1162 – 177(14)
   1220 – 143(15)
Pap. Vindob. bei Page, Poetae Melici   929b –
   9(15)
Paulus Diaconus, Hist. Langob.   III 12 – 81(38)
Pausanias   I 20,3 – 14(51)
   I 22,3 – 32(8)
   I 31,4 – 10(22)
   II 1,8 – 27(52)
   II 11,3 – 31(1)
   II 36/7 – 32(4)
   III 22,2 – 55(57)
   III 24,3 – 41(5)
   III 24,4 – 64(24)
   V 19,6 – 12(36), 64(28)
   VI 26,1 – 110(59)
   VI 26,2 – 109(57)
   VII 21,6 – 10(22)
   VIII 19,2 – 13(44)
   VIII 23,1 – 114(85)
   X 4,3 – 18(8)
Pausanias atticista   α 76 – 76(17)
   ε 87 – 115, 124
Petron   25/6 – 178(20)
Phanokles   fr. 3 – 98(8)
Philetas   fr. 18 – 12(36)
Philochoros   328 F 5b – 8(8)
   F 61 – 32(8)
Philodamos   – 64(30)
Philostrat, Imag.   I 14 – 41(3), 57(63)
   I 15 – 58(67)
   I 18 – 51(19)
   I 19 – 53(52)
   I 25 – 109(57)
   II 16 – 27(52)
Philostrat, vit. Apoll.   I 23 – 154(2)
   IV 21 – 8(11), 84(49)
   vit. soph.   II 1,3 – 63(14)
Pindar, Isthm.   VII 4 – 31(1)
   Ol.   XIII 19 – 13(43)
   Dithyrambos Kerberos   15/6 – 111(72)
   Fr. 75/6 + 83 – 11(23)
   137 – 52(45), 194(31)
   153 – 12(33)
Platon, Apologie   41 C – 190(16)
   Gesetze   VII 815 C – 74(4), 84(50), 103(32)
   Gorgias   497 C – 28(59)
   Ion   534 A – 110(66)
   Phaidon   69 C – 93(21)
   Phaidros   248 C/252 C – 165(24)
   Staat   II 363 C – 133(9)

(Platon) Sympos.   178 BC – 164(18)
   195 A/C – 165(22)
   197 D – 71(63)
   203 D – 165(23)
   210 E – 165(33)
Platon der Komiker   – 145
Plautus, Miles   1016 – 100
   Pseudolus und Rudens   – 145
Plinius, Epist.   VI 10 s. zu Abb. 51
Plinius, nat. hist.   II 206 – 161(2)
   II 231 – 109(57)
   V 139 – 161(2)
   XXXIV 81 – 145
Plutarch, Alexander   2 – 92(17)
   73,9 – 164(15)
   Antonius   24 – 74(4 und 6)
   Lucullus   10,2 – 164(17)
   Lysandros   28,7 – 42(9)
   Theseus   23 – 80(28)
   Amatoriae narrat.   1 – 42(9)
   Consolatio   10 – 100(14), 132(7), 152
   De cupiditate divitiarum   8 – 80(27), 113(82),
   118(107)
   De Iside   – 200
   De Iside   35 – 13(40), 18(8), 91(13)
   De mulierum virtut.   13 – 18(8)
   De sera numinis vindicta   27 – 66(41)
   Non posse suaviter vivi   30 – 146(22)
   Quaest. conviv.   III 2 – 166(34)
   V 3,1 – 11(25)
   Quaest. Graec.   36 – 13(40)
   Fr.   178 – 100(16)
Poetae Melici ed. Page   855 – 123(7)
   871 – 13(40)
   929b – 9(15)
Pollux   III 38 – 115(89)
   IV 55 – 76(19)
   IV 114 – 97(4)
Porphyrios, De abstinentia   III 11 und IV 16 –
   160(10)
   De antro nymph.   20 – 64(27)
   Orakelphilosophie   – 35/6
Possidius, Vita Augustini   31 – 169(47)
Prodikos   84 B 5 – 31(1)
Properz   I 18,20 – 35(24)
   III 17,21/8 – 40
Prudentius, Peristephanon   9 – 140
   10,1008 ff. – 155(3)

Sappho   fr. 105 a – 184(21)
Schol. Apoll. Rhod.   IV 1131 – 64(25)
Schol. Clemens, Protrept.   2,2 – 76(19)
Schol. A zu Homer   A 39 – 14(49)

286

Schol. Kallim. Hymn.   1,47 – 92(15)
Schol. zu Juvenal   8,29 – 196(39)
Schol. in Lucianum   p. 279 f. – 76(17)
Schol. Pind. Nem.   X 31 – 115(89)
Schol. Theokrit   8,1 und 93 – 168(44)
Semos von Delos   396 F 23 – 32(8)
Seneca, Apocol.   13 – 196(39)
  epist.   36,9/11 – 7(5)
  Oedipus   488/97 – 58
  Phaedra   469/74 – 37(37)
Servius zu Vergil, Bucol.   6,13 – 104(37 b)
     6,78 – 160(10)
     8,68 – 168(44)
   Georg.   I 166 – 91(13), 92, 156(6)
     Aen.   III 14 – 50(35)
       III 20 und IV 58 – 187(7)
       VI 252 – 72(67)
Silius Italicus   VII 181/4 – 120
       VII 186/94 – 54
       VII 200/3 – 84
       XIV 466/70 – 133
Simias, Ei – 98(8)
   Flügel – 134(16/7), 164(18)
Simonides, A.P.   VI 213 – 13(43)
Sokrates von Rhodos   192 F 2 – 65(39)
Sophokles, Antigone   1115/21 – 31(1)
     1126 ff. – 33(17)
   Oed. Col.   680 – 33(17)
   Athamas   (fr. 5) – 110(65)
   Dionysiskos – 42(6)
   Ichneutai – 104(37 a)
   Herakles – 104(37 a)
   Fr. 255 – 55(58)
     837 – 52(45), 194(31)
Sosibios   595 F 10 – 12(34)
Steph. Byz. s. v. Ἄγρα – 28(60)
   Ἀκρώρεια – 14(48)
   Νάξος – 58(64)
   Νῦσαι – 55(58)
Stobaios   I 1,31 a – 146(21)
Strabon   VIII 3,14 – 29(66)
       X 3,10 – 32(2), 33(18), 98(7)
       XIII 2,4 – 161(2)
Suda   σ 1021 – 102(26)
Sueton, Aug.   94,4 – 154(2)
   Tib.   39 – 66(41)
Supplementum Hellenisticum   1045 – 46,
   151(14)
Symmachus, epist.   III 23 – 80(35)

Tacitus, ann.   IV 59 – 66(41)
   XI 31,2 – 81

Theodoretos, Hist. eccles.   IV 24,3 – 22(25)
   V 21,4 – 97(4)
Theognis   15/7 – 124, 204
Theokrit   1,15/8 – 35(28)
   2,120 – 12(36)
   7 – 106
   7,13/9 – 62
   7,15 – 97(4)
   7,43/4 – 105
   7,67/8 – 62
   7,128/9 – 68, 105
   7,132/7 – 63
   7,154/5 – 76, 110(63)
   10,42/55 – 197(42)
   20,3 – 61(6)
   26,2 – 98(8)
   27,3 und 49 – 143(10)
   Syrinx – 34, 156(7)
   Epigramm   2 – 36, 68, 97(4), 105, 193
     3 – 107
     12 – 125(10)
Theon von Smyrna   p. 12 H. – 179(23)
     14 H. – 177(14)
Theopomp   115 F 75 – 104(37 b)
     115 F 277 – 110(59)
Thukydides   III 81,5 – 14(51)
Tibull   II 1,3/4 – 31
     II 1,55/6 – 84
Timotheos   Fr. 780 Page – 145(19)
Trag. Graec. Fragm., Adespoton   646 a – 64(33),
   71(64)

Vergil, Bucol.   5 – 37/9, 117
   5,73 – 83
   5,88 – 105
   6 – 104
   6,13/22 – 115(92), 133(12)
   6,27/30 – 133
   Georg.   I 7/9 – 31
     I 166 – 18, 92
     II 1/6 – 12
     II 380/96 – 118
     II 395 – 72(69)
Vita Sophoclis   15 – 164(15)
Vorsokratiker   1 B 18 und 20 – 152(19)
     1 B 23 – 94(23)

Xenophon, Memorabilia   II 1,27 – 164(17)
Xenophon von Ephesos   II 8,2 – 190(16)
     IV 6 – 155(3)
     V 12,2 – 190(16)
     V 13,3 – 169(54)

IV Inschriften

L'Antiquité Classique 52 (1983) 153 – 32(8)
  Thorikos
Ath. Mitt. 24, 1899, 179 Nr. 31 – 61(7), 84(45)
  Pergamon
  24, 1899, 180 – 61(7), 84(45)
  29, 1904, 316 – 93(18)
  30, 1905, 145 – 93(18)

Buecheler, Carm. Lat. Epigr. 439 – 8(10) Sassina
  1233 – 89 (bei Philippi)
  1519 – 111 (Lambaesis)
Bull. Corr. Hell. 19, 1895, 332 Nr. 6, 6 – 145
  Thespiai
  62, 1938, 51/4 – 24(34), 61(7), 66(43) Abdera
  88, 1964, 155 – 66(43) Mangalia
K. Buresch, Aus Lydien S. 11 Nr. 8 – 20(20), 61(7)
  Philadelphia

C. I. G. 3092 – 60(4) Teos
C. I. L. III 703/4 – 116(101) Philippi
  VI 1780 – 32(5) Rom
  VIII 4681, 4683, 4687 – 21(21) Madaura

Dessau 18 – 102(24) Bruttium
  1260 – 32(5) Rom
  3364 – 128(19) Puteoli
  3366 – 31(1) Puteoli
  3369/70 – 63(18) Rom
  3374 – 111 (Lambaesis)
A. Dieterich, Kl. Schr. 72/4 – 61(7) Perinthos

Ephemeris archaiologiké 1936, Parartema S. 17 –
  116(100) Thrakien
Epigraphica Anatolica 4, 1984, 37 – 89(7) Bith.
  1 (1983) 34 – 17(4) Kyme

Greek Inscr. in the Brit. Mus. 909 – 102(25 und
  27) Halikarnass
Guide de Thasos (1969) 172 – 19

Harv. Stud. Class. Philol. 82, 1978, 139 – 27(49)
  Melitaia

I. Délos 2480 – 127(16)
I. Didyma 217 – 119(114)
I. G. II² 949 – 32(8) Athen
  1028 – 13(43)
  1356, 16 – 32(8)
  1358 – 32(8)
  1368 s. Sylloge³ 1109 (Iobakchen)
  1369 – 101(19)

(I. G. II²) 3827 – 145
  4748, 4750, 4777/8, 5006 – 32(8)
  11 674 – 89(7)
I. G. IV 666 – 32(4) Epidauros
  1485 – 145 Epidauros
I. G. V 1, 1134, 2 – 145 Geronthrai
I. G. VII 682 – 116(95) Tanagra
  3092 – 33(12) Lebadeia
  3392 – 112(79) Chaironeia
I. G. IX 1², 670 – 61(7), 98(8) Physkos
I. G. X 2, 1 Nr. 255, 2 – 164(15) Thessalonike
  Nr. 260 – 117(103), 143(13)
I. G. XI 4, 1299 – 169(54) Delos
I. G. XII 1, 786, 21 – 63(17) Rhodos
I. G. XII 2, 235/7 – 17(7) Mytilene
  499 – 166(34) Methymna
I. G. XII 3, 420 und 522 – 60(4) Thera
  817 – 145 Thera
  Suppl. 1335 – 164(17)
I. G. XII 5, 972 – 10(21), 27(49), 60(1) Tenos
I. G. XII 8, 335, 13 – 145 Thasos
  387 – 24 Thasos
  643 – 24(34) Peparethos
  1125 – 24(34) Melos
I. G. XII Suppl. p. 167 Nr. 447 – 24(33), 60(4)
  Thasos
I. G. XIV 641/2 – 152(19) Thurii
  1260 – s. bei Abb. 88
I. G. Bulg. 401 – 61(7), 97(2), 109(54), 112(79)
  Apollonia
  1517 – 61(7), 84(46), 112(79) Killai
I. G. R. IV 1567 – 12(37), 24(23) Teos
I. G. urbis Romae 160 – 17 und s. Pompeia
  Agrippinilla
  1169 – 89(7)
  1228 – 93(19)
  1272 und 1324 – 89(7)
I. K. 2, 201 – 32(8) Erythrai
  206 – 103(32), 108(51)
  207, 61 – 12(30)
  210 a – 60(4)
  222 – 24(34)
  345 und 357 – 131(4)
I. K. 5, 17 und 30 – 24(34) Kyme
  41 – 53(49), 199(1)
I. K. 12, 275 – 19(16), 23(26) Ephesos
  502 – 23(26)
I. K. 13, 661, 20 – 75(11) Ephesos
  675 und 834 – 23(26)
  902 – 12(30)
I. K. 14, 1061 – 23(27) Ephesos

(I. K. 14) 1099 und 1129 – 23(26)
   1257 – 12(30)
   1267 – 19(16), 23(26)
   1268 – 61(7), 86(58)
   1270 – 12(30), 31(1)
I. K. 15, 1595 – 12(30), 19(16), 31(1) Ephesos
   1600 – 19(16), 23(27), 28(41), 31(1), 33(11
    und 20), 84(48), 86(58)
   1601 – 19(16), 23(26)
   1602 – 19(16), 61(7), 76(18), 86(58), 97(2)
   1932a – 23(26)
   1982 – 86(58)
I. K. 17, 3064 – 23(26) Ephesos
   3329 – 25(40) Thyaira
I. K. 22, 527 – 24(34) Stratonikeia
   637 – 106
   640, 643/4 – 107
   645 – 106
   647 – 107
   672 – 24(34)
   1209 – 107
I. K. 23, 330 – 116(96) Smyrna
I. K. 24, 622 und 639 – 25(37) Smyrna
   706 – 25(38)
   722 – 63(19)
   728 – 29(63)
   729 – 25(35)
   731 – 25(38), 89(8)
   732 – 89(8)
I. Magnesia 117 – 25(39), 116(99)
   215 – 26(49), 60(4), 141(3)
   309 – 25(41)
Imhoof-Blumer, Kleinasiatische Münzen 153 –
   106(46)
I. Pergamon 222 – 63(16)
   297 – 24(34)
   485 – 61(7)
   486a – 61(7), 84(45)
I. Priene 174 – 12(30), 75(10)
I. Sardis 5, 13 – 144(16)

G. Kaibel, Epigrammata 588 – 89(7), 93(20) Rom
   821 – 32(4) Lerna
   871 – 27(49), 60(1) Tenos
   1106 – 123(5) Pompei
Keil–v. Premerstein, (Erste) Reise in Lydien S. 54
   Nr. 12 – 29(69) Hierocaesarea
Keil–v. Premerstein, Zweite Reise S. 9 – 20(20)
   Philadelphia
Kern, Orph. Fr. p. 61 test. 210 – 61(7) Perinthos

Le Bas-Waddington 106 – 12(37), 24(23) Teos
   110 – 60(4) Teos

(Le Bas-Waddington) 662 – 145 Philadelphia
   798 – 145 Kotiaion

Mon. As. Min. Ant. IV 194 – 145 Apollonia

Nilsson, Mysteries 54(49) – 61(7) Perinthos
   66(114) – 116(100) Oldenoi

Paton-Hicks, Inscr. of Cos 386 – 115(89)
W. Peek, Versinschr. 974 – 93(19) Rom
   975 – 89(7) Rom
   1016 – 145 Kotiaion
   1029 – 89(7) Athen
   1030 – 89(7) Rom
   1344 – 60(4), 98(8), 128/9 Milet
Philodamos von Skarpheia – 64(30) Delphi
Philologus 117, 1973, 66 – 27(49) Melitaia
Pippidi, Studii de Istorie a Religilor antice
   111 – 66(44) Mangalia

Quandt, De Baccho 129 – 93(18) bei Miletupolis
   180 – 20(20), 61(7) Philadelphia

J. und L. Robert, Bull. ép. 1965, 262 – 66(44)
   Mangalia
   1974, 307 – 27(49) Melitaia
L. Robert, Études anatoliennes 24/5 – 60(4) Teos
L. Robert, Les gladiateurs 107 Nr. 48 – 24(33),
   60(4) Thasos

E. Schwyzer, Dial. Graec. Exempla 791/2 –
   116(98), 131(5) Cumae
F. Sokolowski, Lois sacrées d'Asie min. 48 –
   75(10), 119(112) Milet
   84 – 29(63) Smyrna
F. Sokolowski, Lois sacrées, Suppl. 20 und 28 –
   32(8) Athen
   51 s. Sylloge[3] 1109 (Iobakchen)
   127 – 166(34) Methymna
   181 – 61(7) Physkos
Sterrett, Epigraphical Journey S. 77/8 – 145
   Ormeleis
Suppl. Epigr. Gr. XVIII 279/84 – 23 Byzantion
   XXVI 1139 – 132(6) Hipponion
   XXVIII 659/61 – 130(2), 131(3) Olbia
   XXVIII 841 – 102(25 und 27) Halikarnass
   XXXII 488 – 116(96) Tanagra
Sylloge[3] 717 – 13(43) Athen
   1006 – 115(89) Kos
   1024 – 32(8) Mykonos
   1109 – 25/9, 61(8), 63(15), 75(10), 83(44),
    86(55), 88(3), 89(8), 92(18), 95(26), 100(14),
    101(19), 109, 116, 133/4, 174 Iobakchen

(Sylloge³) 1168,37 – 164(15) Epidauros
   1169 – 154(2) Epidauros

Tit. As. Min. III 1,922 – 106(43) Termessos
Tit. As. Min. V 1,817 und 822 – 116 Attaleia
M. Totti, Texte 1 – 53(49) Kyme

Z. P. E. 7,280 – 89(7) Tusculum
  34,221 – 17(6) Mytilene
L. Ziehen, Leges Graecorum sacrae 46 s. Sylloge³
  1109 (Iobakchen)
  132 – 115(89) Kos.

V Verzeichnis der Fundorte und jetzigen Standorte der abgebildeten Monumente

VI   Im Text besprochene, aber nicht abgebildete Monumente

Die Ziffern beziehen sich auf die Seitenzahl (und Anmerkung)